# Access数据库
# 与程序设计研究

主　编　赵　娟　　司小玲　　王　飞
副主编　史乙力　　林烨秋　　靳　婷
　　　　张　瑛　　百　顺　　赵　韬

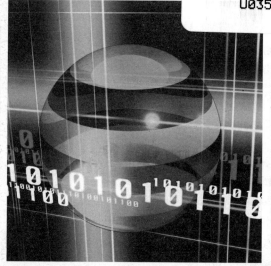

中国水利水电出版社
www.waterpub.com.cn

## 内 容 提 要

全书以 Microsoft Access 2003 中文版为平台,分 12 章,内容包括数据库基础知识,Access 数据库系统概述、关系数据库理论及设计、数据表的基本操作、结构化查询语言 SQL,以及查询、窗体、报表、数据访问页、宏、模块与 VBA 的设计,数据库安全管理,数据库应用系统的开发过程,并在最后给出了一个教学管理系统设计案例。

本书条理清晰,通俗易懂。不仅可以作为各类办公人员、中小型数据库应用开发人员的参考用书,同时对于计算机应用人员和计算机爱好者也是一本实用的参考书。

## 图书在版编目(CIP)数据

Access 数据库与程序设计研究/赵娟,司小玲,王
飞主编.--北京:中国水利水电出版社,2014.6(2022.10重印)
ISBN 978-7-5170-1890-2

Ⅰ.①A… Ⅱ.①赵…②司…③王… Ⅲ.①关系数
据库系统－程序设计 Ⅳ.①TP311.138

中国版本图书馆 CIP 数据核字(2014)第 070311 号

策划编辑:杨庆川 责任编辑:杨元泓 封面设计:马静静

| 书　　名 | Access 数据库与程序设计研究 |
| --- | --- |
| 作　　者 | 主 编 赵 娟 司小玲 王 飞 |
| 出版发行 | 中国水利水电出版社 |
| | (北京市海淀区玉渊潭南路 1 号 D 座 100038) |
| | 网址:www. waterpub. com. cn |
| | E-mail:mchannel@263. net(万水) |
| | 　　　　 sales@ mwr.gov.cn |
| | 电话: (010)68545888(营销中心) 、 82562819 (万水) |
| 经　　售 | 北京科水图书销售有限公司 |
| | 电话:(010)63202643、68545874 |
| | 全国各地新华书店和相关出版物销售网点 |
| 排　　版 | 北京鑫海胜蓝数码科技有限公司 |
| 印　　刷 | 三河市人民印务有限公司 |
| 规　　格 | 184mm×260mm 16 开本 24.75 印张 633 千字 |
| 版　　次 | 2014 年 6 月第 1 版 2022年10月第2次印刷 |
| 印　　数 | 3001-4001册 |
| 定　　价 | 86.00 元 |

# 前　　言

　　数据库技术是现代信息科学与技术的重要组成部分,是计算机数据处理与信息管理系统的核心,随着计算机与网络技术的飞速发展,作为计算机应用的一个重要领域,数据库技术得到了广泛的应用与发展。

　　近些年,有关数据库的研究成果和新产品不断涌现,数据库技术与网络通信技术、面向对象技术、多媒体技术、人工智能等技术相互渗透、结合,逐步成为数据库新技术发展的主要特征,最终形成了新一代数据技术体系。典型的数据库管理系统的种类有很多,如 SQL Server、Oracle等,相对于这些大型数据库,Access 这一桌面数据库管理系统为数据管理提供了简单实用的操作环境,如可视化操作工具及向导。同时,Access 中还提供了强大的程序设计语言 VBA(Visual Basic for Application),配合 VBA 代码,能够开发出性能更高的数据库应用系统。此外,由于Access 易于使用和功能强大的特性,无论对于经验丰富的数据库设计人员,还是刚刚接触数据库管理系统的初学人员,都能够获得高效的数据处理能力。

　　Microsoft Access 2003 关系型数据库管理系统是 Microsoft Office 系列应用软件的一个重要组成部分,它界面友好,功能全面且操作简单,不仅可以有效的组织和管理、共享和开发应用数据库信息,而且可以把数据库信息与 Web 结合在一起,为局域网络与互联网共享数据库信息奠定了基础。

　　本书以 Access 2003 为实践环节,分 12 章内容,包括数据库系统基础知识、关系数据库理论及设计、Access 数据库管理系统操作基础、数据表的基本操作、查询的创建与操作、结构化查询语言 SQL、数据访问页设计、窗体与报表设计、宏的设计、模块与 VBA 程序设计、Access 数据库的安全管理、Access 2003 应用系统开发实例。更好地体现了 Access 的基本知识体系,突出数据库的本质概念和应用要求,强调数据库应用系统的开发方法。书中案例中用到的人名、电话、电子邮件等均为虚构,如有雷同,实属巧合。

　　本书在编写过程中,参考了国内外大量有价值的文献与资料,并得到了众多前辈的支持与帮助,在此一一表示感谢。由于编者水平有限,书中难免存在疏漏或不妥之处,恳请广大专家学者批评指正。

编　者
2014.3

# 目　　录

# 第1章 绪 论

## 1.1 数据库系统概述

### 1.1.1 数据与信息

在信息技术(Information Technology,IT)领域,数据和信息是两个重要的基本概念,它们之间既有联系又有区别。数据是信息的基础,如何实现数据的存储、操纵、管理和检索,进而从中获取有价值的信息,已成为当今计算机技术研究和应用的重要课题。

数据是数据库系统存储、处理和研究的对象,它是指描述客观事物的数、字符,以及所有能输入计算机并被计算机程序处理的符号的集合。因此,在计算机科学技术中,数据的含义是十分广泛的,它不仅可以是数值,其他诸如字符、图形、图像乃至声音等都可以视为数据。数据集合中的每一个个体称为数据元素,它是数据的基本单位。

数据有"型"和"值"之分。数据的型是指数据的结构,而数据的值是指数据的具体取值。数据的结构指数据的内部构成和对外联系。

信息在管理和决策中起着主导作用,是管理和决策的依据,是一种重要的战略资源。在信息技术中,信息通常是指"经过加工而成为有一定的意义和价值且具有特定形式的数据,这种数据对信息的接收者的行为有一定的影响"。

信息具有以下一些基本特征:

①时间性。即信息的价值与时间有关,它有一定的生存期,当信息的价值变为零时,则其生命结束。

②事实性。即信息需是正确的、能够反映现实世界事物的客观事实,而不是虚假的或主观臆造的。

③明了性。即信息中所含的知识能够被接收者所理解。

④完整性。即信息需详细到足够的程度,以便信息的接收者能够得到所需要的完整信息。

⑤多样性。即信息的定量化程度、聚合程度和表示方式等都是多样化的。可以是定量的也可以是定性的,可以是摘要的也可以是详细的,可以是文字的也可以是数字、表格、图形、图像、声音等表示形式。

⑥共享性。即信息可以广泛地传播,为人们所共享。

⑦模糊性。即由于客观事物的复杂性、人类掌握知识的有限性和对事物认识的相对性,信息往往具有一定的模糊性或不确定性。

由上可知,数据是信息的素材,是信息的载体;而信息则是对数据进行加工的结果,是对数据的解释,是数据的内涵。数据与信息的关系如图 1-1 所示。这里指出,尽管数据与信息的概念是有区别的,但在某些场合人们通常并不去严格地区分它们。

数据库系统的每项操作,均是对数据进行某种处理。数据输入计算机后,经存储、传送、排序、计算、转换、检索、制表以及仿真等操作,输出人们需要的结果,即产生信息。

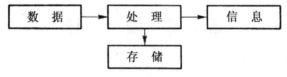

图 1-1　数据与信息的关系

### 1.1.2　数据库系统的特点

数据库系统(DataBase System,DBS)是引入数据库后的计算机系统。它由数据库、数据库管理系统及其开发工具、应用系统、数据库管理员和用户构成,如图 1-2 所示。

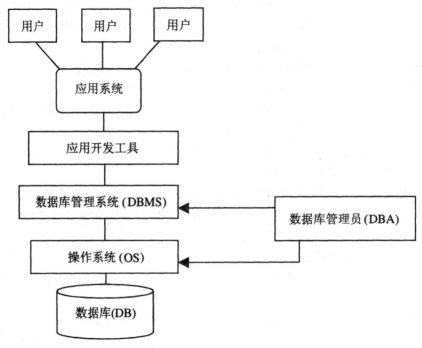

图 1-2　数据库系统的构成

数据的重要价值是使用而非收集,数据库系统就是为了方便使用数据而设计的,它对数据进行集中控制,能有效地维护和利用数据。

#### 1. 数据是结构化的

这是与文件系统的根本区别。目的是节省空间、增强灵活性,可以为多个应用提供服务。在数据库系统中,不仅数据是结构化的,而且存取数据的方式也很灵活,可以存取数据库中的某一个数据项、一组数据项、一个记录或一组记录。

数据库系统中不仅要考虑某个应用的数据结构,还要考虑整个组织的数据结构,以便为各部门的管理提供必要的记录。例如,图 1-3 为一个学校的管理信息系统中,不仅要考虑学生的人事管理,还要考虑学籍管理、选课管理等,根据图中所示方式为该校的管理信息系统组织学生数据。

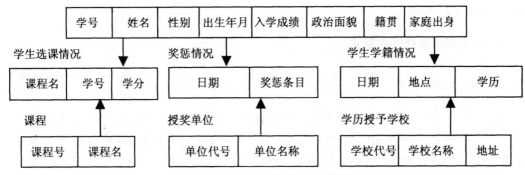

**图 1-3　适应多种管理的学生数据记录**

　　采用这种数据组织方式为多种管理提供必要的记录,使学校的学生数据结构化。这就要求在描述数据时不仅要描述数据本身,还要描述数据之间的联系。

**2. 实现广泛的数据共享**

①不同的用户可以并发地访问同一数据。
②具有广泛的适应性,有多种语言的接口。
③某个应用所使用的只是数据库的一个子集,不同的子集可以任意重叠。

**3. 保证数据的安全可靠**

①确保数据的安全存取。系统只对有权使用数据的用户授有限使用权,任何一个用户都不能无限制地使用数据库中的数据。系统提供一套有效的安全性检查功能和控制设施,确保数据的合法使用。
②保证数据的完整一致。数据完整性在系统应用中是十分重要的,如果某个应用程序破坏了数据的完整性,使其他的应用程序使用了不正确的数据,可能产生错误的处理结果,甚至会造成重大的经济损失。因此,为了保证用户所使用的数据是正确、合理和相容的,系统提供了数据完整性约束条件和控制机制。
③并发控制。不同的应用程序同时访问数据库,就有可能使数据受到损坏而失去完整性。系统提供的并发控制机制,就是用来排除和避免损坏数据的一致性,保证数据库的完整、准确。
④故障的发现、排除与系统的恢复。数据库系统在运行时,随时都会受到局部或全局性的破坏。系统提供一套完整的中断和后援方案,确保能及时发现并排除故障。

**4. 尽可能减少数据的冗余度**

数据库系统只能尽量减小,而不能消除数据的冗余。这是因为满足某些要求时,同一数据的多次存储是必须的,系统会对这些冗余进行控制,保证不会因此引起数据不一致性。

**5. 保证数据独立性**

当数据库系统的物理性质发生变化(如更换存储设备、改变组织方法等)和逻辑性质发生变化(如改变模式和外模式等)时,都不用修改应用程序。

**6. 实现标准化**

数据库对数据的集中控制管理便于实现数据的标准化。标准化的实施,有利于行业间、国家间的信息交流与技术协作。

### 1.1.3　数据库系统的发展史

**1. 第一代数据库系统**

20 世纪 70 年代,主要的数据库系统都是网状和层次型的。其中,1968 年 IBM 公司研制的 IMS(Information Management System)是层次型数据库系统的典型代表,而 1969 年 CODASYL 系统,为 CODASYL(Conference on Data System Language)下属的数据库任务组提出的一个方案系统,也称 DBTG 系统。它是网状模型的典型代表。

在第一代的数据库系统中,无论是层次型的还是网状型的系统都支持数据库系统的三级模式结构和两级映像功能,可以保证数据与程序间的逻辑独立性和物理独立性;它们都使用记录型及记录型之间的联系来描述现实世界中的事物及其联系,并用存取路径来表示和实现记录型之间的联系;同时,它们都用导航式的 DML 来进行数据的管理。

这一时期,由于硬件价格相对较贵,各 DBMS 的实现方案都关注于能提供对信息的联机访问,注重处理效率的提高,以降低高价硬件的成本。

这两种数据库系统具有以下几个共同特点:

①支持三级模式的体系结构。

②独立的数据定义语言。

③导航的数据操纵语言。

④用存取路径来表示数据之间的联系。

**2. 第二代数据库系统**

20 世纪 70 年代末,IBM 公司 San Jose 研究实验室的高级研究员 Edgar Frank Codd 在《Communication of ACM》上发表了题为"A Relational Model of Data for Large Shared Data Banks"的文章提出了崭新的关系数据模型,这成为数据库发展历史上的一个划时代的标志和伟大的转折点。1981 年 IBM 推出了具有 System R 所有特性的数据库软件产品 SQL/DS。与此同时,美国加州大学伯克利分校也研究出了 INGRES 这一关系数据库系统的实验系统,被 IN-GRES 公司采用并发展成了 INGRES 数据库产品。自此,关系数据库系统如雨后春笋,相继出现众多商用的关系数据库产品,取代层次和网状关系数据库系统称为主流产品。

关系数据库系统采用的关系模型,是建立在严格的数学基础之上,概念简单清晰,使用关系(二维表)来描述现实世界中的事物及其联系,并用非过程化的 DML 对数据进行管理,易于用户理解和使用。凭借这种简洁的数据模型、完备的理论基础、结构化的查询语言和方便的操作方法,关系数据库系统深受广大用户的欢迎。20 世纪 80 年代,几乎所有新开发的数据库系统都是关系型的。

目前,关系数据库系统在全球信息系统中得到了极为广泛的应用,基本上满足了企业对数据管理的需求,世界上大部分企业的数据都是由这种关系数据库系统来管理的。

但是,随着数据库新的应用领域尤其是 Internet 的出现,传统的关系数据库受到了很大的冲击。其自身所具有的局限性也愈加明显,很难适应建立以网络为中心的企业级快速事务交易处理应用的需求。因为关系数据库是用二维表格来存放数据的,因此不能有效地处理大多数事务处理应用中包含的多维数据,结果往往是建立了大量的表,用复杂的方式来处理,却仍然很难模仿出数据的真实关系。同时,由于 RDBMS 是为静态应用(例如报表生成)而设计的,因此在具有图形用户界面和 Web 事务处理的环境中,其性能往往不能令人满意,除非使用价格昂贵的硬件。

### 3. 第三代数据库系统

第二代数据库系统的数据模型虽然描述了现实世界数据的结构和一些重要的相互联系,但是仍不能捕捉和表达数据对象所具有的丰富而重要的语义,因此还只能属于语法模型。第三代的数据库系统将以更丰富的数据模型和更强大的数据管理功能为特征,从而可以满足更加广泛、复杂的新应用的要求。

新一代数据库技术的研究和发展导致了众多不同于第一、二代数据库的系统诞生,构成了当今数据库系统的大家族。这些新的数据库系统无论是基于扩展关系数据模型的(对象关系数据库),还是面向对象模型的;是分布式、C/S 还是混合式体系结构的;是在并行机上运行的并行数据库系统,还是用于某一领域的工程数据库、统计数据库、空间数据库,都可以广泛地称为新一代数据库系统。

1990 年,高级 DBMS 功能委员会发表了题为《第三代数据库系统宣言》的文章,提出了第三代 DBMS 应具有以下 3 个基本特征:

(1)第三代数据库系统应支持数据管理、对象管理和知识管理

第三代数据库系统不像第二代关系数据库那样有一个统一的关系模型。但是,有一点应该是统一的,即无论该数据库系统支持何种复杂的、非传统的数据模型,都应该具有面向对象模型的基本特征。数据模型是划分数据库发展阶段的基本依据,因此第三代数据库系统应该是以支持面向对象数据模型为主要特征的数据库系统。但是,只支持面向对象模型的系统不能称为第三代数据库系统。第三代数据库系统除了提供传统的数据管理服务外,将支持更加丰富的对象结构和规则,应该集数据管理、对象管理和知识管理为一体。

(2)第三代数据库系统必须保持或继承第二代数据库系统的技术

第三代数据库系统必须保持第二代数据库系统的非过程化数据存取方式和数据独立性,应继承第二代数据库系统已有的技术。这不仅能很好地支持对象管理和规则管理,而且能更好地支持原有的数据管理,支持多数用户需要的即时查询等功能。

(3)第三代数据库系统必须对其它系统开放

数据库系统的开放性表现在:支持数据库语言标准;在网络上支持标准网络协议;系统具有良好的可移植性、可连接性、可扩展性和可互操作性等。

就数据库技术而言,在许多新的数据库应用领域前面,传统的数据库技术和系统已不能满足需求,对传统的数据库技术和研究工作提出了挑战。数据库技术面临的挑战主要表现在以下几个方面:

①环境的变化。数据库系统的应用环境由可控制的环境转变为多变的异构信息集成环境和 Internet 环境。

②数据类型的变化。数据库中的数据类型由结构化扩大至半结构化、非结构化和多媒体数据类型。

③数据来源的变化。大量数据将来源于实时和动态的传感器或监测设备,需要处理的数据量成倍剧增。

④数据管理要求的变化。许多新型应用需要支持协同设计和工作流管理。

为了应付这些挑战,许多数据库技术研究和实践人员认为有两条可行的途径。第一条可行途径是反思原先的研究和开发思路,将原有的思想和技术进行扩充、推广和转移来解决面临的难题。第二条可行路径是拓宽研究思路,研究全新的技术,提出新的数据库管理系统概念。实际上,只有结合这两个方面,才有可能开辟新的数据库技术研究局面。

### 1.1.4 组成数据库系统的软硬件

数据库系统由支持系统的计算机硬件设备,数据库、相关的计算机软件系统,以及开发管理数据库系统的人员组成。

**1. 数据库系统对硬件的要求**

数据库系统是建立在计算机硬件基础之上的,必须有相应的硬件资源支持才能运行。支持数据库系统的计算机的硬件资源需要 CPU、内存、外存及其他设备。外部设备主要包括某个具体的数据库系统所需的数据通信设备和数据输入/输出设备。

数据库系统因数据量大、数据结构复杂、软件内容多,因而要求其硬件设备能够快速处理它的数据。所以在配置数据库系统的硬件时,要满足以下 3 个方面的要求。

(1)尽量大的内存

数据库系统的软件结构包括操作系统、数据库管理系统(DBMS)、应用程序及数据库,构成较为复杂。工作时它们都需要占用一定的内存作为程序工作区或数据缓冲区,因此,与其他计算机相比需要更大的内存。而内存的大小对数据库系统性能的影响非常明显,内存大可以建立较多、较大的程序工作区或数据缓冲区,以管理更多的数据文件和控制更多的程序进程,进行更复杂的数据管理,更快地进行数据操作。每种数据库系统对内存有一定的要求,如果内存达不到要求,便无法正常运行。

(2)尽量大的外存

计算机外存主要有磁带、光盘和硬盘,其中硬盘为主要的外存设备。数据库系统要求硬盘有尽量大的容量,这样的优势在于:

①能够为数据文件和数据库软件提供足够的空间,满足数据和程序的存储要求。

②能够为系统的临时文件提供存储空间,保证系统的正常运行。

③数据检索时间缩短,加速数据存取速度。

(3)计算机尽量快的数据传输速度

由于数据库的数据量大而操作复杂度不大,数据库运行时要经常进行内、外存之间的交换操作,要求计算机不仅有较强的运算能力,而且数据存取和数据交换的速度要快。对一般的系统来说,计算机的运行速度是由 CPU 和数据 I/O 的传输速度两者决定的,但对于数据库系统来说,数据 I/O 的传输速度是提高运行速度的关键问题,而提高数据传输速度则是提高数据库系统效率的重要部分。

**2. 数据库系统的软件组成**

(1)操作系统

操作系统是所有计算机软件运行的基础,在数据库系统中它支持数据库管理系统(DBMS)

及主语言系统的工作。

(2)数据库管理系统(DBMS)和主语言系统

数据库管理系统(DBMS)是为定义、建立、维护、使用及管理数据库而提供的有关数据管理的系统软件。

主语言系统是为应用程序提供诸如程序控制、数据输入/输出、功能函数、图形处理、计算方法等数据处理功能的系统软件。应用系统的设计与实现,需要将数据库管理系统(DBMS)和主语言系统的结合才能完成。

(3)应用开发工具软件

应用开发工具是数据库管理系统(DBMS)为应用开发人员和最终用户提供的高效率、多功能的应用生成器等各种软件工具,如报表生成器、表单生成器、查询和视图设计器等,它们为数据库系统的开发提供了良好的环境和有效的支持。

(4)应用系统及数据库

数据库应用系统包括:为特定应用环境建立的数据库、开发的各类应用程序及编写的文档资料。它们是一个有机整体。数据库应用系统涉及各个方面,如人工智能和计算机控制等。通过运行数据库应用系统,可以实现对数据库中数据的维护、查询、管理和处理操作。

数据库系统人员则由软件开发人员、软件使用人员和软件管理人员组成。其中软件开发人员包括系统分析员、系统设计员及程序设计员,他们的主要职责便是对数据库系统的开发;软件使用人员是数据库的最终用户,他们利用功能菜单、表格及图形用户界面等实现数据的查询与管理工作;软件管理人员是数据库管理员(Data Base Administrator,DBA),他们负责对数据库系统的全面管理与控制。数据库系统与计算机软、硬件的关系如图 1-4 所示。

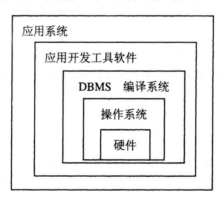

图 1-4 数据库系统与软、硬件的关系

# 1.2 数据模型

## 1.2.1 数据模型组成要素

数据模型是数据库系统的核心和基础,通常人们要将现实世界中的具体事物进行抽象、组织成 DBMS 所支持的数据模型,其一般过程是将现实世界抽象为信息世界,再将信息世界转换成数据世界,如图 1-5 所示。

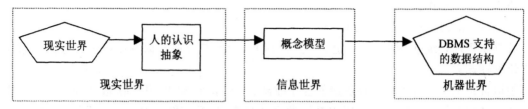

图 1-5　从现实世界到机器世界的过程

数据库的发展集中表现在数据模型的发展。从最初的层次数据模型、网状数据模型发展到关系数据模型，数据库技术产生了巨大的飞跃。数据库系统均是基于某种数据模型的。

模型是现实世界的模拟，在数据库技术中，模型是一组严格定义的概念的集合。数据库管理系统的一个主要功能就是将数据组织成一个逻辑集合，为系统定义该集合的数据及其联系的过程称为数据建模，其使用技术与工具则称为数据模型。数据模型就是关于数据的数学表示，包括数据的静态结构和动态行为或操作，结构又包括数据元素和元素间关系的表示。这些概念精确地描述了系统的静态特性、动态特性和完整性约束条件（Integrity Constraints）。

数据模型的三要素就是数据结构、数据操作和完整性约束三部分。

**1. 数据结构**

数据结构是数据模型最基本的组成部分，规定了如何把基本的数据项组织成较大的数据单位，以描述数据的类型、内容、性质和数据之间的相互关系。在数据库系统中，通常按照数据结构的类型来命名数据模型。例如，采用层次型数据结构、网状型数据结构、关系型数据结构的数据模型分别称为层次模型、网状模型和关系模型。数据结构是刻画一个数据模型性质最重要的方面。

数据结构描述了数据库的组成对象以及对象之间的联系。一般由两部分组成：①与对象的类型、内容、性质有关的，如网状模型中的数据项、记录，关系模型中的域、属性、关系等。②与数据之间联系有关的对象，如网状模型中的系型（Set Type）。

**2. 数据操作**

数据操作是指一组用于指定数据结构的任何有效的操作或推导规则，包括操作及有关的操作规则。常见的数据操作主要有两大类：检索和更新（包括插入、删除、修改）、数据模型定义的操作。此外，还有数据模型定义的操作。

数据模型要给出这些操作确切的含义、操作规则和实现操作的语言。因此，数据操作规定了数据模型的动态特性。

**3. 完整性约束**

完整性约束条件是一系列完整性规则的集合。完整性规则是给定的数据模型中数据及其联系所具有的制约和依存规则，用于限定符合数据模型的数据库状态以及其变化，以确保数据正确、有效地相容。

完整性约束的定义对数据模型的动态特性作了进一步的描述与限定。因为在某些情况下，若只限定使用的数据结构及可在该结构上执行的操作，仍然不能确保数据的正确性、有效性和相

容性。为此,每种数据模型都规定了通用和特殊的完整性约束条件:

①通用的完整性约束条件。通常把具有普遍性的问题归纳成一组通用的约束规则,只有在满足给定约束规则的条件下才允许对数据库进行更新操作。例如,关系模型中通用的约束规则是实体完整性和参照完整性。

②特殊的完整性约束条件。把能够反映某一应用所涉及的数据所必须遵守的特定的语义约束条件定义成特殊的完整性约束条件。例如,关系模型中特殊的约束规则是用户定义的完整性。数据结构、数据操作和数据的约束条件又称为数据模型的三要素。

### 1.2.2 基本数据模型

模型是对现实世界的抽象。在数据库技术中,用模型的概念描述数据库的结构与语义,对现实世界进行抽象。即数据模型是现实世界数据特征的抽象,是用来描述数据的一组概念和定义。换言之,数据模型是能表示实体类型及实体间联系的模型。

数据模型的种类很多,按照不同的应用层次可将其划分为概念数据模型和逻辑数据模型,如图 1-6 所示。

**图 1-6　数据模型**

#### 1. 概念数据模型

概念数据模型简称为概念模型,也称为信息模型。它是一种独立于计算机系统的数据模型,完全不涉及信息在计算机中的表示,只是用来描述某个特定组织所关心的信息结构,是对现实世界的第一层抽象。概念模型是按用户的观点对数据进行建模,强调其语义表达能力,概念应该简单、清晰、易于用户理解,它是对现实世界的第一层抽象,是用户和数据库设计人员之间进行交流。

概念模型是按用户的观点来对数据进行建模,强调的是语义表达能力。概念模型的设计方法很多,其中最早出现的、最著名的、最常用的方法便是实体—联系方法(Entity-Relationship Approach,E-R 方法),即用 E-R 图来描述现实世界的概念模型。

E-R 数据模型的基本思想是:首先设计一个概念模型,它是现实世界中实体及其联系的一种信息结构,并不依赖于具体的计算机系统,与存储组织、存取方法、效率等无关,然后再将概念模型转换为计算机上某个数据库管理系统所支持的逻辑数据模型。因此,概念模型是现实世界到计算机世界的一个中间层。在 E-R 模型中,只有实体、联系和属性三种基本成分,所以简单易懂、便于交流。

E-R 模型是各种数据模型的共同基础,也是现实世界的纯粹表示,它比数据模型更一般、更抽象、更接近现实世界。

E-R 模型包含 3 个基本成分:实体、属性和联系。

实体(entity)是可区别且可被识别的客观存在的事、物或概念,它是一个数据对象。例如,一把椅子、一个学生、一个产品、一个部门等都是一个实体。具有共性的实体可划分为实体集(entity set)。实体的内涵用实体类型(entity type)表示。在 E-R 图中,实体以矩形框表示,实体名写在框内。

属性(attribute)是实体所具有的特性或特征。一个实体可以有多个属性,例如,一个大学生有学生的姓名、学号、性别、出生年月、所属学校、院、系、班级、健康情况等属性。在 E-R 图中,属性以椭圆形框表示,属性名写在其中,并用线与相关的实体或联系相连接,表示属性的归属。对于多值属性可以用双椭圆形框表示,而派生属性则可以用虚椭圆形框表示。值得一提的是,不仅实体有属性,联系也可以有属性。

唯一标识实体集中的一个实体,又不包含多余属性的属性集称为标识属性,如实体"学生"的标识属性为"学号"。实体的一个重要特性是能唯一标识。

联系(relationship)表示一个实体集中的实体与另一个实体集中的实体之间的关系,例如,隶属关系、亲属关系、上下级关系、成员关系等。联系以菱形框表示,联系名写在菱形框内,并用连线分别将相连的两个实体连接起来,可以在连线旁写上联系的方式。通常,根据联系的特点和相关程度,联系可分为以下四种基本类型:

①一对一联系。一对一联系(记为 1∶1)是指实体集 A 中的一个实体至多对应实体集 B 中的一个实体。例如,学生与教室座位,每位学生都具有一个座位。

②一对多联系。一对多联系(记为 1∶N)是指实体集 A 中至少有一个实体对应于实体集 B 中的一个以上的实体。例如,班级与学生,每个班级有多名学生等。

③多对多联系。多对多联系(记为 M∶N)是指实体集 A 中至少有一个实体对应于实体集 B 中的一个以上的实体,且实体集 B 中至少有一个实体对应于实体集 A 中的一个以上的实体。例如,学生与课程,每个学生选修多门课程,一门课程可供多名学生选读。

④条件联系。条件联系是指仅在某种条件成立时,实体集 A 中有一个实体对应于实体集 B 中的一个实体,当条件不成立时没有这种对应关系。例如,职工姓名与子女姓名,仅当该职工有子女这个条件成立时,才有确定的子女姓名,对于没有子女的职工,其子女姓名为空。

属性又可分为原子属性和可分属性,前者是指不可再分的属性,后者则是还可以细分的属性。例如,在学生的属性中,学生的姓名、性别、出生年月、所属学校、院、系、班级都是原子属性,而健康情况则是可再细分为身高、体重、视力、听力等属性的可分属性。

属性的可能取值范围称为属性的值域,简称为属性域。属性将实体集中每个实体和该属性的值域中的一个值联系起来。一个实体诸属性的一组特定的属性值,就确定了一个特定的实体,实体的属性值是数据库中存储的主要数据。

2. 层次模型

层次模型(Hierarchical Model)是按照层次结构的形式组织数据库数据的数据模型,是三种传统的逻辑数据模型(层次模型、网状模型和关系模型)之一,是出现最早的一种数据库管理系统的数据模型。

层次模型采用树形结构来表示实体及实体之间的联系,数据被组织成由"根"开始的"树",每个实体由根开始沿着不同的分支放在不同的层次上。树中的每一个结点代表实体型,连线则表示它们之间的关系。根据树形结构的特点,要建立数据的层次模型需要满足如下两个条件:

①有且只有一个结点没有双亲结点,这个结点就是根结点。

②根结点以外的其他结点有且仅有一个双亲结点,这些结点称为从属结点。

层次模型是按照层次结构(即树型结构)来组织数据的,树中的每一个结点表示一个记录类

型,箭头表示双亲—子女关系。因此,层次模型实际上是以记录类型为结点的有向树,每一个结点除了具有①②性质外,还具有:

③由"双亲—子女关系"确定记录间的联系,上一层记录类型和下一层记录类型的联系是一对多联系。

层次模型的这种结构方式反映了现实世界中数据的层次关系,如机关、企业、学校等机构中的行政隶属关系及商品的分类等,比较简单、直观。

在层次模型中,每个结点表示一个记录类型,它对应实体联系模型中的实体,每个记录类型包含若干字段,它表示实体中的属性。记录类型及其字段都必须命名,各个记录类型不能同名,同一记录类型的各个字段也不能同名。父子结点之间用直线(有向边)相连,它们是一对多的联系,同一双亲的子结点称为兄弟结点(twin),没有子结点的结点称为叶子结点,对于层次模型还需做以下说明。

①结点所表示的记录类型的任何属性都是不可再分的简单数据类型,即具有原子性。

②层次模型中的树为有序树,规定树中任一结点的所有子树的顺序都是从左到右的,这一限制隐含了对层次模型数据库的存取路径的一种控制。

③树中实体间的联系是单向的,即由父结点指向子结点,而且一对父子结点不存在多于一种的联系。这一规定限制了两个实体间可能存在的多种联系的建模。

④层次模型中的联系只能是双亲结点对子结点的一对多的联系,这一规定限制了层次模型对多对多联系的直接表示。

层次模型不能直接表示多对多的联系,通过层次模型表示多对多的联系时,必须首先将其分解成多个一对多的联系。通常的分解方法有两种:冗余结点法和虚结点法。

①冗余结点法,采用冗余结点法就是增加两个结点,将多对多的联系转换成两个一对多的联系,具体如图1-7所示。

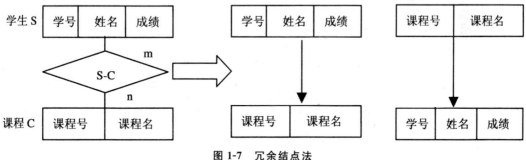

图 1-7　冗余结点法

②虚结点法,采用虚结点法就是将冗余结点法中的冗余结点换为虚拟结点,这个结点存放指向该虚结点所代表的结点的指针,具体如图1-8所示。

一般来说,冗余结点法结构清晰,允许结点改变存储位置,但是占用存储空间大,有潜在的不一致性;虚拟结点法占用存储空间小,能够避免潜在的不一致问题,但是改变存储位置时可能会引起虚拟结点指针的改变。

在层次模型中,通过指针来实现记录之间的联系,查询效率较高。但是,由于层次数据模型中的从属结点有且仅有一个双亲结点,所以它只能描述 1：M 联系,且复杂的层次使得数据的查询和更新操作比较复杂。因此,需要使用其他的数据模型来描述实体间更复杂的联系。

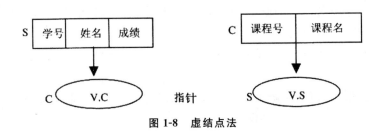

图 1-8 虚结点法

### 3. 网状模型

网状模型和层次模型在本质上是一样的,从逻辑上看它们都使用连线表示实体之间的联系,用节点表示实体集;从物理上看,层次模型和网络模型都用指针来实现两个文件之间的联系,其差别仅在于网状模型中的连线或指针更加复杂,更加纵横交错,从而使数据结构更复杂。

网状数据模型用以实体型为结点的有向图来表示各实体及其之间的联系,且各结点之间的联系不受层次的限制,可以任意发生联系。网状模型中的结点有如下特点:

①允许有一个以上的结点无双亲结点。

②至少有一个结点有多于一个的双亲结点。

③允许两个结点之间有两种或两种以上的关系。

网状模型中的联系用结点间的有向线段表示。每个有向线段表示一个记录间的一对多的联系。由于网状模型中的联系比较复杂,两个记录之间可以存在多种联系,这种联系也简称为系,一个记录允许有多个父记录,所以网状模型中的联系必须命名。图 1-9 为网状数据模型。记录 $R_i(i=1,2,\cdots,8)$ 满足以下条件:

①可以有一个以上的节点无双亲(如 $R_1$、$R_2$)。

②至少有一个节点有多于一个以上的双亲(如 $R_7$、$R_8$)。

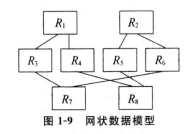

图 1-9 网状数据模型

在医生、病人、病房案例中,医生集合由若干个节点($m$ 个医生节点)无双亲,而病房集合有 $p$ 个节点(病房),并有 1 个以上的双亲(病人)。

用网状模型设计出来的数据库称为网状数据库。网状数据库是目前应用较为广泛的一种数据库,它不仅具有层次模型数据库的一些特点,而且也能方便地描述较为复杂的数据关系。

### 4. 关系模型

关系模型是目前最重要的、应用最广泛的一种数据模型,是一种逻辑数据模型,该数据模型的产生开创了数据库的新模式。它是在层次模型和网状模型之后发展起来的一种逻辑数据模型,由于它具有严格的数学理论基础且其表示形式更加符合现实世界中人们的常用形式,因此和层次、网状模型相比,数据结构简单,容易理解。

关系模型是数学化的模型,由于把表格看成一个集合,因此,集合论、数理逻辑等知识可引入到关系模型中。从用户观点看,关系模型由一组关系组成,每个关系的数据结构是一张规范化的二维表,用来表示实体集,表中的列称为属性,列中的值取自相应的域,域是属性所有可能取值的集合,表中的一行称为一个元组,元组用主键标识。一般的二维表都是由多行和多列组成。

①关系(Relation):一个关系就是通常说的一张二维表。

②元组(Tuple):表中的一行即为一个元组,描述一个具体实体,在关系数据库中称为记录。

③属性(Attribute):表中的一列即为一个属性,给每一个属性起一个名称即属性名,在关系数据库中称为数据项或字段。

④关系模式(Relation Mode):是对关系的描述。通常,关系模式可表示为

关系名(属性 1,属性 2,…,属性 n)

⑤域(Domain):属性的取值范围称为域。例如,大学生年龄属性的域为(16~35)。

⑥分量(Element):元组中的一个属性值称为分量。

⑦在关系模型中,键占有重要地位,主要有下列几种键:

· 超键(Super Key):在一个关系中,能唯一标识元组的属性集。

· 候选键(Candidate Key):一个属性集能够唯一标识元组,且不含多余属性。

· 主键(Primary Key):关系模式中用户正在使用的候选键。

· 外键(Foreign Key):如果模式 $R$ 中某属性集是其他模式的主键,那么该属性集对模式 $R$ 而言是外键。

一个 $m$ 行、$n$ 列的二维表格的结构如图 1-10 所示。表中每一行表示一个记录,每一列表示一个属性(即字段或数据项)。该表一共有 $m$ 个记录,每个记录包含 $n$ 个属性。

| | 属性 1 | 属性 2 | 属性 3 | 属性 4 | …… | 属性 n |
|---|---|---|---|---|---|---|
| 记录 1 | …… | …… | …… | …… | …… | …… |
| 记录 2 | …… | …… | …… | …… | …… | …… |
| …… | …… | …… | …… | …… | …… | …… |
| 记录 m | …… | …… | …… | …… | …… | …… |

图 1-10　$m$ 行、$n$ 列的二维表格的结构图

作为一个关系的二维表,必须满足以下条件:

①表中每一列必须是基本数据项(即不可再分解)。

②表中每一列必须具有相同的数据类型(如字符型或数值型)。

③表中每一列的名字必须是唯一的。

④表中不应有内容完全相同的行。

⑤行的顺序与列的顺序不影响表格中所表示的信息的含义。

在关系数据库中,对数据的操作几乎全部建立在一个或多个关系表格上,通过对这些关系表格的分类、合并、连接或选取等运算来实现对数据的管理。

由关系数据结构组成的数据库系统称为关系数据库管理系统,被公认为最强有力的一种数据库管理系统。它的发展十分迅速,目前在数据库管理系统中占据主导地位。自 20 世纪 80 年

代以来,作为商品推出的数据库管理系统几乎都是关系型的,例如,Oracle、DB2、Sybase、Informix、Visual FoxPro、Access 和 SQL Server 等。

**5. 面向对象数据模型**

面向对象数据模型(Object-Oriented Data Model,OO 数据模型)是面向对象程序设计方法与数据库技术相结合的产物,用以支持非传统应用领域对数据模型提出的新需求。它的基本目标是以更接近人类思维的方式描述客观世界的事物及其联系,且使描述问题的问题空间和解决问题的方法空间在结构上尽可能一致,以便对客观实体进行结构模拟和行为模拟。

在面向对象数据模型中,基本结构是对象(Object)而不是记录,一切事物、概念都可以看做对象。一个对象不仅包括描述它的数据,而且还包括对其进行操作的方法的定义。另外,面向对象数据模型是一种可扩充的数据模型,用户可根据应用需要定义新的数据类型及相应的约束和操作,而且比传统数据模型有更丰富的语义。因此,面向对象数据模型自 20 世纪 80 年代以后,受到人们的广泛关注。

对象是现实世界中实体的模型化,它是面向对象系统在运行时的基本实体,它将状态(State)和行为(Behavior)封装(Encapsulate)在一起,每个对象有一个唯一的标识。其中,对象的状态是该对象属性值的集合,对象的行为是在该对象属性值上操作的方法集(Method Set)。对象具有:封装性,是操作集描述可见的接口,界面独立于对象的内部表达;继承性,即一个类(子类)可以是另一个类(超类)的特化(层次关系);子类继承超类的结构和操作,且可加入新的结构和操作;多态性,又称为可重用性,是对象行为的一种抽象,是指允许存在名称相同但实现方式不同的方法,当调用某一个方法时,系统将自动进行识别并调用相应的方法。对象所具有的多态性可提高类的灵活性。

类是具有相同结构(属性)和行为(方法)的对象所组成的集合。属于同一个类的对象具有相同的操作。类具有若干个接口,它规定了对用户公开的操作,其中细节对用户不公开,用户通过消息(Message)来调用一个对象接口中公开的操作,一个消息包括接收消息的对象、要求执行的操作和所需要的参数。

在面向对象模型中,若类 Y 具有类 X 的操作时,则称类 Y 是类 X 的子类(也称导出类),而类 X 则称为是类 Y 的超类。子类除了具有超类的操作外,还可具有本身特有的操作。子类可再分为子类,即类具有层次性。一个子类可有多个超类,它可以从直接和间接超类中继承所有的属性和方法。

类中的每个对象称为实例。一个类的实例可聚集存放,一个类有一个实例化机制,提供访问实例的路径。

继承是指类继承,即继承是类之间的一种关系,它使一个类的定义和实现建立在其他已存在的类的基础上,也可以让其他的类共享该类的定义和实现。子类继承超类的属性和方法,子类也可以定义特殊的属性和方法或重新定义超类的属性和方法。子类从单一超类的继承称为单继承,直接从多个超类的继承称为多继承。在面向对象模型中,继承不仅支持代码的共享和重用,而且对于系统的扩展具有重大意义。

目前面向对象数据模型还没有一个统一的定义,大概可归纳为:

①面向对象数据模型的数据结构描述工具是对象、类和继承,其对应的约束条件可以包括每一个对象具有唯一的由系统定义的标识,每一个对象标识仅标识一个对象。

②面向对象数据模型的操作集包括与对象相关的方法。

通常,若一个数据库管理系统是建立在面向对象数据模型基础上,并能够向用户提供定义面向对象数据库的模式的功能以及将一个面向对象数据库转换为另一个相同模式的面向对象数据库的操作,则称其为面向对象数据库管理系统。

根据数据模型的三要素:数据结构、数据操作和数据约束条件,将面向对象数据模型与关系数据模型进行简单比较,发现①在关系数据模型中基本数据结构是表,相当于面向对象数据模型中的类(类中还包括方法),而关系中的数据元组相当于面向对象数据模型中的实例(也应包括方法)。②在关系数据模型中,对数据库的操作都归结为对关系的运算,而在面向对象数据模型中对类层次结构的操作分为两部分:一部分是封装在类内的操作,即方法;另一部分是类间相互沟通的操作,即消息。③在关系数据模型中有域、实体和参照完整性约束,完整性约束条件可以用逻辑公式表示,称为完整性约束方法。在面向对象数据模型中,这些用于约束的公式可以用方法或消息表示,称为完整性约束消息。

面向对象数据模型具有封装性、信息隐匿性、持久性、数据模型的可扩充性、继承性、代码共享和软件重用性等特性,并且有丰富的语义便于更自然地描述现实世界。因此,面向对象数据模型的研究受到人们的广泛关注,有着十分广阔的应用前景。

6. XML 数据模型

随着 Web 应用的发展,越来越多的应用都将数据表示成 XML 的形式,XML 已成为网上数据交换的标准。所以当前数据库管理系统都扩展了对 XML 的处理,存储 XML 数据,支持 XML 和关系数据之间的相互转换。由于 XML 数据模型不同于传统的关系模型和对象模型,其灵活性和复杂性导致了许多新问题的出现。在学术界,XML 数据处理技术成为数据库、信息检索及许多其他相关领域研究的热点,涌现了许多研究方向,包括 XML 数据模型、XML 数据的存储和索引、XML 查询处理和优化、XML 数据压缩、XML 检索等。

XML 数据类似于半结构化数据,可当作半结构化数据的特例,但二者存在差别,即半结构化数据模型无法描述 XML 的特征。

目前还没有公认的 XML 数据模型,W3C 已经提出的有:XML Information Set,XPath 1.0 Data Model,DOM Model 和 XML Query Data Model。这 4 种模型都采用树结构。XML Query Data Model 是较为完全的一种。

7. 半结构化数据模型

Web 环境中的数据大都是半结构化的数据(Semi-Structured Data)和无结构(Unstructured Data)的数据。随着 Internet 的全球普及,海量的 Web 数据已经成为一种新的重要的信息资源,如何对 Web 数据进行更有效的访问和管理已成为信息领域也是数据库领域面临的新课题。

一般的半结构化数据存在一定的结构,但这些结构或者没有被清晰地描述,或者是动态变化的,或者过于复杂而不能被传统的模式定义来表现。因此,针对半结构化数据的特点,研究它的数据模型及描述形式,成为研究半结构化数据模式提取方法的基础的必要条件。

从描述形式上,半结构化数据大致可分为基于逻辑和基于图两类描述形式。

采用逻辑方式描述半结构化数据模型的代表有 AT&T 实验室的 Information Manifold 系

统。它采用描述逻辑(Description Logic)来表示数据模型。还有用一阶逻辑(First-Order Logic)和 Datalog 规则描述数据模型的方法。Datalog 规则描述半结构化数据模型的主要思想是通过指明对象的人边和出边来定义对象的类型,数据模型定义就是一组 Datalog 规则。

# 1.3　数据库系统结构

## 1.3.1　数据库系统的模式结构

数据库系统的一个主要目的就是为用户提供数据的逻辑抽象视图,并隐藏数据的实际物理存储和操作细节。由于数据库是一个共享资源,所以不同用户需要获取数据库中数据的不同逻辑视图。为了满足所有用户的需求,数据库系统就必须构建严谨的模式体系结构,这种对数据库的整体描述称为数据库模式结构。

数据库系统的模式结构可以从不同的角度来认识。在数据库系统中,用户看到的数据与计算机中存放的数据是不同的,当然这两种数据之间是有联系的。它们之间实际上是经过了两次变换(即二级映射):第一次是系统为了减少冗余,实现数据共享,对所有用户的数据进行了综合,抽象成一个统一的数据视图;第二次是为了提高存取效率,改善性能,将若干个数据视图集合而成为全局视图,并将其数据按照物理组织的最优形式存放。

用户使用的数据视图称为外模型,又叫子模型,外模型是一种局部数据逻辑视图,它是表示用户所理解的实体、实体属性和实体联系。全局的数据逻辑视图称为概念模型,简称模型,它是数据库管理员所看到的实体、实体属性和实体间的联系。数据存储的模型称为内模型,即数据存放的具体形式。

数据库系统分为三层:外层、概念层和内层,分别对应外模型、概念模型和内模型。用户只能看到外层,即用户级,其他两层是看不到的。外模型可以有多个,而概念模型(概念级)和内模型(物理级)分别只有一个,内模型是整个数据库的最底层。

数据库管理系统尽管产品很多,它们可以支持不同的数据模型,使用不同的数据库语言,建立在不同的操作系统上,数据结构也各不相同,但它们在体系结构上通常都具有相同的特征,即采用三级模式结构,提供两级映像功能。

### 1. 数据库系统模式概念

数据模型中有"型"和"值"的概念。型是指对某一类数据的结构和属性的说明,值是型的一个具体赋值。例如,学生记录定义是一个型,而具体的某一条记录则是一个值。

模式是数据库中全体数据的逻辑结构和特征的描述,它只涉及型的概念,不涉及具体的值。模式的一个具体值称为模式的一个实例,涉及具体的值。同一个模式可以涉及很多实例。模式与实例的区别在于,模式相对稳定,实例是相对变动的。模式反映的是数据的结构及其联系,而实例反映的是数据库某一时刻的状态。

### 2. 三层模式结构

现在世界中运行的各式各样的数据库系统,其类型和规模可能相差很大,但它们的模式体系结构大体相同,几乎所有的数据库系统在某种程度上都是基于 ANSI-SPARC① 三层模式体系结构的,如图 1-11 所示。

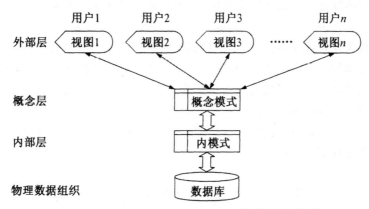

**图 1-11 数据库系统 ANSI-SPARC 三级模式体系结构**

三层模式体系结构对数据库的组织从内到外分三个层次描述,即内模式、概念模式和外模式。

掌握数据库的三级结构及其联系与转换关系是深入了解数据库的关键所在。模式是用数据描述语言精确地定义数据模型的程序。定义外模型的模式称为外模式,又称外模式,用外模式定义语言来定义。定义概念模型的模式称为概念模式,简称模式,用模式定义语言来定义。定义内模型的模式称为内模式或者存储模式,用设备介质语言来定义。

在外部层,有许多外部模式与不同的数据视图相对应。在概念层,有概念模式,描述所有实体、属性和联系,以及完整性约束。在最底层有内模式,是内部模型的完整描述,包括对存储记录的定义、表示方法、数据域界定等。

ANSI-SPARC 三层模式体系结构将用户的数据库逻辑视图与数据库物理描述分离开来。用户从外部层观察数据;数据库管理系统和操作系统从内部层观察数据。在内部层,数据实际上是使用了某种数据结构和文件组织方法存储;概念层提供内部层和外部层之间的映射和必要的数据独立性。一个数据库的概念层和内部层均只有一个。

这样的分层模式结构可以达到如下效果。

①每个用户通过各自的自定义数据逻辑视图访问相同的数据。每个用户都可以改变自己的数据逻辑视图而不会影响其他用户。

②用户不直接参与数据库物理存储的细节,即用户与数据库的交互是独立于物理存储细节的,如对数据进行索引。

③数据库管理员可以在不影响所有用户逻辑视图的前提下,修改数据库存储结构和概念结构。

④数据库的内部结构不受存储设备物理数据组织变化的影响,如转换存储设备。

(1)外部层

外部层又称外模式或子模式,是数据库的用户视图。这一层描述每个与用户相关的数据库部分。

---

① 美国国家标准委员会所属标准计划和要求委员会——Standards Planning and Requirments Committee,在 1975 年公布了一个关于数据库的标准报告,提出了数据库的三层结构组织,也就是 SPARC 分级模式结构。

外部层由若干数据库的不同视图组成。每个用户都可以用其熟悉的方式显示其感兴趣的实体、属性和联系的逻辑视图(其中的数据也许直接来源于数据库,也许是通过计算之后而得到的数据),而不感兴趣的部分仍存储在数据库中,却不在用户的视图范围内。

(2)概念层

概念层又称概念模式或逻辑模式,描述数据库的整体逻辑结构特征。这一层描述了数据库中的数据以及数据和数据之间的关系,是所有用户的公共数据在逻辑层面上的视图。

概念层包括数据库管理员可以看到的整个数据库的逻辑结构,是关于自制的数据需求的完整视图,且完全独立于实际的物理存储。

概念层描述以下内容:①所有实体、实体的属性和实体间的联系。②数据的约束。③数据的语义信息。④安全性和完整性信息。

(3)内部层

内部层又称内模式或存储模式,是数据库在计算机上的物理表示。这一层描述数据库中数据的实际存储结构。

内部层包括了为得到数据库最佳运行效果而采用的所有物理实现方法。它包括在存储设备上存储数据所使用的数据结构和文件组织,以及数据库与操作系统的访问方式接口,以便将数据存到存储设备上,建立索引、检索数据等。

内部层的主要功能为:数据和索引的存储空间分配;用于存储的记录描述(数据项的存储大小);记录放置;数据压缩和数据加密技术。

内部层再之下是物理层,物理层在数据库管理员的指导下受到操作系统的控制。

3. 两层模式映射

事实上,三层模式中,只有内模式才是真正存储数据的,概念模式和外模式只是一种逻辑表示数据的方法,但用户却可以放心地使用它们,这是由数据库管理系统的映射功能实现的。映射实现三层模式结构间的联系和转换,使用户可以逻辑地处理数据,不必关心数据的底层表示方式和存储方式。三层模式结构保证了数据的独立性,即对较底层的数据修改不会影响较高层的操作。数据独立性分逻辑数据独立性和物理数据独立性。

这三层模式之间提供了两层映射:外模式与概念模式之间的映射和概念模式与内模式之间的映射,如图 1-12 所示。

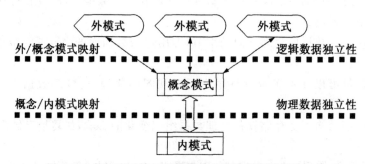

**图 1-12 数据库系统三层模式的两层映射和数据独立性**

每个外模式都由概念模式导出,且它必须使用概念模式中的信息,完成外模式与概念模式的映射。概念模式通过概念层到内部层的映射与内模式相关联,这样,数据库管理系统就能在物理存储中找到构成概念模式中逻辑记录的实际记录或者记录的组合，以及对逻辑记录进行操作过程中应该执行的约束。它允许两类模式在实体名称、属性名称、属性顺序、数据类型等方面存在不同。最后，每一个外模式通过外部层到概念层的映射与概念模式项联系。图 1-13 展示了数据库系统三层模式表现形式的异同。

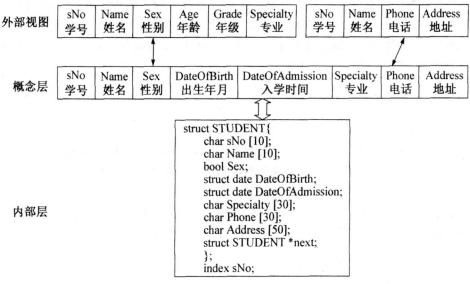

**图 1-13　数据库系统三层模式表现形式的异同**

（1）外模式/概念模式映射

外模式/概念模式映射将用户数据库与概念数据库联系了起来。这一层的映射可以保证逻辑数据的独立性。

逻辑数据独立性指外模式不受概念模式变化的影响。当概念模式改变时（如增加新的关系、新的属性、改变属性的数据类型等），由数据库管理员对各个外模式/概念模式的映射作相应改变，可以使外模式保持不变。应用程序是依据数据的外模式编写的，因此不必修改，保证了数据与程序的逻辑独立性。

（2）概念模式/内模式映射

概念模式/内模式映射将概念数据库与物理数据库联系了起来。这一层的映射可以保证物理数据独立性。

物理数据独立性指概念模式不受内模式变化的影响。当数据库的存储结构改变了（如选用了另一种存储结构），由数据库管理员对概念模式/内模式的映射作出相应改变，使概念模式保持不变，从而应用程序也不必改变，保证了数据与程序的物理独立性。

## 1.3.2　数据库应用系统的体系结构

一般一个数据库应用系统中都会包括数据存储层、业务处理层与界面表示层 3 个层次。数据存储层主要完成对数据库中数据的各种维护操作；业务处理层也称应用层，即数据库应用将要处理的与用户紧密相关的各种业务操作；界面表示层也称用户界面层，是用户向数据库系统提出请求和接收回答的地方，主要用于数据库系统与用户之间的交互，是数据库应用系统提供给用户的可视化的图形操作界面。

根据对数据库系统的应用需求,可以把数据库应用系统的体系结构分为:单用户结构、集中式结构、客户机/服务器结构、浏览器/服务器结构和 Internet 结构。

### 1. 单用户结构

单用户数据库应用架构也称桌面型数据库管理系统(Desktop DataBase Management System),是指可以运行在个人机上的数据库系统。桌面型 DBMS 虽然在数据的完整性、安全性、并发性等方面存在许多缺陷,但是已经基本上实现了 DBMS 所应具备的功能。目前,比较流行的桌面型 DBMS 有 Microsoft Access、Visual FoxPro 等。

### 2. 集中式结构

集中式数据库应用系统体系结构也称"灵敏的服务器"结构,是一种采用大型主机和多个终端相结合的系统。这种结构将操作系统、应用程序、数据库系统等数据和资源均放在作为核心的主机上,而连接在主机上的许多终端,只是作为主机的一种输入/输出设备。

在集中式结构中,由于所有的处理均由主机完成,因而对主机的性能要求很高,这是数据库系统初期最流行的结构。随着计算机网络的兴起和 PC 性能的大幅度提高且价格又大幅度下跌,这种传统的集中式数据库应用系统结构已经被客户机/服务器数据库应用系统结构所代替。

### 3. 客户机/服务器结构

客户机/服务器(Client/Server,C/S)结构是目前比较流行的数据库应用系统结构。客户机/服务器架构本质上是通过对服务功能的分功来实现的,即客户机提出请求,服务器对客户机的请求作出回应。

在 C/S 结构中,客户机负责管理用户界面,接收用户数据,处理应用逻辑,生成数据库服务请求,并将服务请求发送给数据库服务器,同时接收数据库服务器返回的结果,最后再将返回的结果按照一定的格式或方式显示给用户。数据库服务器接收客户机的请求,对服务请求进行处理,并返回处理结果给客户机

C/S 应用架构使应用程序的处理更加接近用户,这样整个系统就具有了较好的性能。除此之外,该架构的通讯成本比较低,其原因有两个:第一,降低了数据传输量,服务器返回给客户机的是执行数据操作后的结果数据;第二,将许多简单的处理交给了客户机,因这样就免去了一些不必要的通讯连接。

### 4. 浏览器/服务器结构

浏览器/服务器(Browser/Server,B/S)结构是针对 C/S 结构的不足而提出的一种数据库应用系统结构。基于 C/S 结构的数据库应用系统把许多应用逻辑处理功能分散在客户机上完成,就要求客户机必须拥有足够的能力运行客户端应用程序与用户界面软件,同时还必须针对每种要连接的数据库安装客户端软件造成客户机臃肿的局面。此外,由于应用程序运行在客户机端,当客户机上的应用程序修改之后,就必须在所有安装该应用程序的客户机上重新安装此应用程序,维护起来非常困难。

而在 B/S 结构的数据库应用系统中,客户机端仅安装通用的浏览器软件就可以实现同用

户的输入/输出,应用程序则主要在服务器端安装和运行。在服务器端,除了要有数据库服务器保存数据并运行基本的数据库操作外,还要有另外的称做应用服务器的服务器来处理客户端提交的处理请求,即 B/S 结构中客户端运行的程序转移到了应用服务器中,而应用服务器则充当了客户机与数据库服务器的中介,架起了用户界面同数据库之间的桥梁,因此也可称为三层结构。

5. Internet 结构

随着 Internet 技术的迅猛发展,数据库的应用架构也开始由客户机/服务器架构向 Internet 数据库应用架构转变。Internet 数据库应用架构的核心是 Web 服务,负责接收远程(或本地)浏览器的超文本传输协议(Hypertext Transfer Protocol,HTTP)数据请求,然后根据查询条件到数据库服务器获取相关的数据,并将结果翻译成超文本标记语言(Hypertext Markup Language,HTML)文件传送给提出请求的浏览器。

# 1.4　数据库管理系统

数据库系统的核心是数据管理系统,它提供所有对数据库的定义、操作、安全和维护等功能;结构化组织模式的数据库是数据库系统的操作对象;而计算机软硬件是数据库系统的基础平台和技术支撑。

## 1.4.1　数据库管理系统的功能

数据库管理系统(Database Management System,DBMS)是一个复杂的系统,位于用户与操作系统之间的一层数据管理软件,具有语言解释、引导数据存取等功能。在数据库系统运行时,DBMS 要对数据库进行监控,以保证整个系统的正常运行,这称为数据库的管理或保护。DBMS 具有语言解释、引导数据存取等功能,其主要作用有 5 个方面。

1. 数据定义

DBMS 提供了数据定义语言(Data Definition Language,DDL),用户通过它可以方便地对数据库中的数据对象(如表、视图、索引、存储过程等)进行定义。数据库管理系统中应包括有 DDL 和 DCL 的编译或解释程序,来实现数据库定义功能。

数据定义语言(DDL)所描述的各项内容(包括外模式、模式、内模式的定义,数据库完整性定义,安全保密定义和存取路径定义等)从源形式编译成目标形式,并存放到数据字典中,它们是 DBMS 存取和管理数据的基本依据,DBMS 可以根据这些定义,从物理记录导出全局逻辑记录,再从全局逻辑记录导出用户所需的局部逻辑记录。

2. 数据操纵

DBMS 提供数据操纵语言(Data Manipulation Language,DML),用户可以通过 DML 操纵数据实现对数据库的基本操作,如查询、插入、删除和修改等。国际标准数据库操作语言 SQL 语言,就是 DML 的一种。

DML 可分为两种类型:一种是自含型的 DML,即可由用户独立地通过交互方式进行操作;

另一种是嵌入型的 DML,即它不能独立地进行操作,必须嵌入某一种宿主语言(如 C、PL/1 等)中才能使用。同样,在数据库管理系统中应包括有 DML 的编译或解释程序,来实现数据库操纵功能。

### 3. 数据库的运行管理

数据库运行期间的动态管理是 DBMS 的核心部分,包括并发控制、存取控制(或安全性检查、完整性约束条件的检查)、数据库内部的维护(如索引、数据字典的自动维护等)、缓冲区大小的设置等。所有的数据库操作都是在这个控制部分的统一管理下,协同工作,以确保事务处理的正常运行,保证数据库的正确性、安全性和有效性。

### 4. 数据库的保护、维护功能

DBMS 对数据库的保护主要通过以下 4 个方面实现:

①数据库的并发控制。在多个用户同时对同一个数据进行操作时,系统应能加以控制,防止破坏数据库中的数据。

②数据完整性控制。保证数据库中数据及语义的正确性和有效性,防止任何对数据造成错误的操作。

③数据库的恢复。在数据库被破坏或数据不正确时,系统有能力把数据库恢复到正确的状态。

④数据安全性控制。防止未经授权的用户存取数据库中的数据,以避免数据的泄露、更改或破坏。

数据库的维护功能包括数据库的数据载入、转换、存储,数据库的改组以及性能监控等功能,这些功能分别由各个实用程序完成。

### 5. 数据字典及其他功能

数据库系统中存放三级结构定义的数据库称为数据字典(Data Dictionary,DD),对数据库的操作都要通过数据字典才能实现。数据字典中还存放数据库运行时的统计信息,例如记录个数、访问次数等。

此外,为了扩大数据库的应用,数据库管理系统还应具有与其他类型数据库系统之间的格式转换以及网络通信等功能。

随软件产品和版本不同,DBMS 也有所差异。通常大型机上的 DBMS 功能最全,小型机上 DBMS 的功能稍弱点,微机上的 DBMS 更弱些。目前,由于硬件性能和价格的改进,微机上的 DBMS 功能越来越完善。

### 1.4.2 数据库管理系统组成及工作过程

DBMS 是个高度复杂的软件,不同的系统之间也存在较大差异,没有一个标准的组成结构。一般根据 DBMS 提供的主要功能,可将其划分为若干个软件组件(模块),每个模块完成特定的操作和功能。

### 1. DML 预处理器

DML 预处理器(数据操作语言及其编译/解释程序)有 DML 处理程序、终端查询语言解释程序、数据存取程序、数据更新程序等。DML 处理程序或终端查询语言解释程序对用户数据操作请求进行语法、语义检查,有数据存取或更新程序完成对数据库的存取操作。

### 2. DDL 编译器

DDL 编译器(数据定义语言及其翻译处理程序)有 DDL 翻译处理程序(包括外模式、模式、存储模式处理程序)、保密定义处理程序(如授权定义处理程序)、完整性约束定义处理程序等。这些程序接收相应的定义,进行语法、语义检查,把它们翻译为内部格式存储在数据字典中。DDL 翻译处理程序还根据模式定义负责建立数据库的框架(即形成一个空库),等待装入数据。

### 3. 查询处理器

查询处理的目标是将应用程序表示的查询转换为正确有效的、用低级语言表达的执行策略(关系代数),并通过执行该策略来获取所需要的数据。查询处理通常分为 4 个主要阶段:分解(分析和验证)、优化、代码生成和代码执行。

### 4. 数据库管理器

数据库管理器(数据库运行控制程序)与用户提交的应用程序和查询相连接,它接受查询并检查外模式和概念模式,确定需要哪些概念记录才能满足查询的请求,并通知文件管理器来执行请求。其中包括系统初启程序,负责初始化 DBMS,建立 DBMS 的系统缓冲区,系统工作区,打开数据字典等。还有安全性控制,完整性检查、并发控制、事务管理、运行日志管理等程序模块,在数据库运行过程中监视着对数据库的所有操作,控制管理数据库资源,处理多用户的并发操作等。一方面保证用户事务的正常运行及其一致性,另一方面保证数据库的安全性和完整性。

### 5. 数据字典管理器

数据字典中存放着数据库三层模式结构的描述,对于数据库的操作都要通过查阅 DD 进行。现有的大型系统中,把 DD 单独抽出来自成一个系统,成为一个软件工具,使得 DD 成为一个比 DBMS 更高级的用户和数据库之间的接口。

DBMS 采用分层设计技术,各层之间尽可能相对独立,每个系统层次构成了一个虚拟机,它具有相应的数据结构和操作运算集合。上层可以把下层仅仅看做是一个提供一定数据结构和操作运算的基本机,从而掩盖了下层机器的若干形态,使得下层的任何变化对上层没有影响或影响较小。具体的可见图 1-14 所示,图中每一层都由自己的描述语言说明。为了达到高度的数据独立性,要求系统中任何一层尽可能少地对相邻下层做出假定,以便各层有充分的修改自由而不致产生反作用,从而形成一种无需了解下级的系统分层模型。

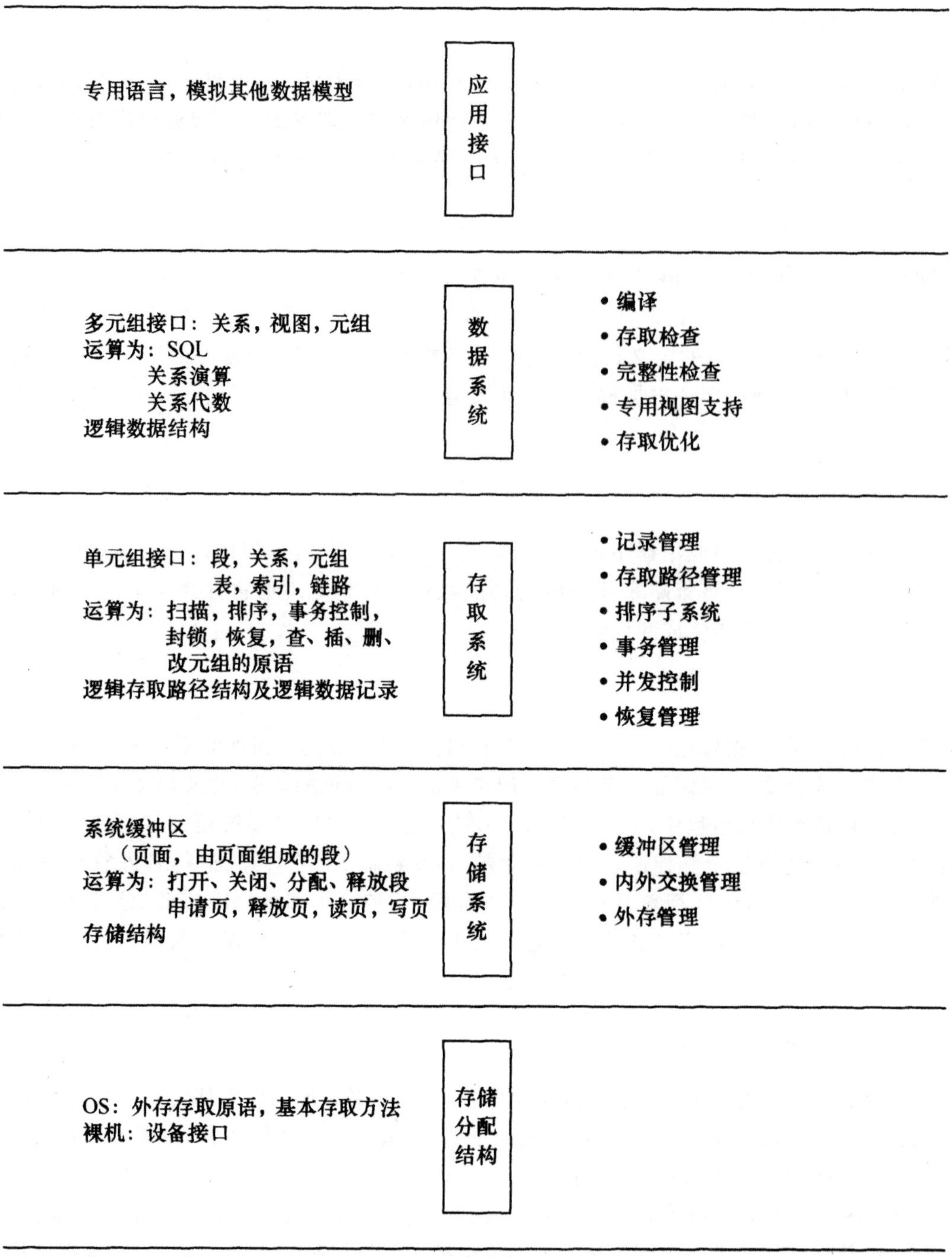

| | | |
|---|---|---|
| 专用语言，模拟其他数据模型 | 应用接口 | |
| 多元组接口：关系，视图，元组<br>运算为：SQL<br>　　　　关系演算<br>　　　　关系代数<br>逻辑数据结构 | 数据系统 | • 编译<br>• 存取检查<br>• 完整性检查<br>• 专用视图支持<br>• 存取优化 |
| 单元组接口：段，关系，元组<br>　　　　　　表，索引，链路<br>运算为：扫描，排序，事务控制，<br>　　　　封锁，恢复，查、插、删、<br>　　　　改元组的原语<br>逻辑存取路径结构及逻辑数据记录 | 存取系统 | • 记录管理<br>• 存取路径管理<br>• 排序子系统<br>• 事务管理<br>• 并发控制<br>• 恢复管理 |
| 系统缓冲区<br>　　　（页面，由页面组成的段）<br>运算为：打开、关闭、分配、释放段<br>　　　　申请页，释放页，读页，写页<br>存储结构 | 存储系统 | • 缓冲区管理<br>• 内外交换管理<br>• 外存管理 |
| OS：外存存取原语，基本存取方法<br>裸机：设备接口 | 存储分配结构 | |

**图 1-14　数据管理系统的系统层及接口**

　　当数据库建立，即数据库的各级目标模式已建立，数据库的初始数据已装入后，用户就可以通过终端操作命令或应用程序在 DBMS 的支持下使用数据库。具体的在执行用户的请求存取数据时，DBMS 是怎样工作的，现以用户从数据库中读出一个外部记录（即用户记录）为例，进一步说明 DBMS 的工作过程及其与操作系统的关系。应用程序 A 从数据库中读取一个外部记录的过程，可见图 1-15 所示，其过程如下：

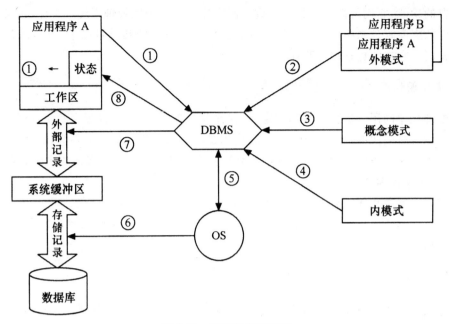

图 1-15 存取数据库过程

①应用程序 A 用相应的 DML 命令向 DBMS 发出请求并递交必要的参数,控制转入 DBMS。

②DBMS 分析应用程序提交的命令及参数,按照应用程序 A 所用的外模式名,确定其对应的概念模式名,同时还可能需要进行操作的合法性检查,若通不过则拒绝执行该操作,并向应用程序送回出错状态信息。

③DBMS 根据概念模式名,调用相应的目标模式,根据外模式/概念模式的映射确定应读取的概念记录类型和记录,再根据概念模式到内模式的映射找到其对应的存储记录类型和存储记录。同时可能还要进一步检查操作的有效性,如通不过则拒绝执行该操作,送回出错状态信息。

④DBMS 查阅存储模式,确定所要读取的存储记录所在的文件。

⑤DBMS 向操作系统发出请求读指定文件中指定记录的请求,把控制转到操作系统。

⑥操作系统接到命令后,分析命令参数确定该文件记录所在存储设备及存储区,启动 I/O 读出相应的物理记录,从中分解出 DBMS 所需的存储记录并送入系统缓冲区,把控制返回给 DBMS。

⑦DBMS 根据概念模式/外模式之间的映射,将系统缓冲区中的内容映射为应用程序所需的外部记录,并控制系统缓冲区与用户工作区之间的数据传输,把所需的外部记录送往应用程序工作区。

⑧DBMS 向应用程序 A 送回状态信息,说明此次请求的执行情况,如"执行成功"、"数据找不到"等。记载系统工作日志,启动应用程序 A 继续执行。

⑨应用程序 A 查看"状态信息",了解它的请求是否得到满足,根据"状态"信息决定其后继处理。

### 1.4.3 数据库管理程序

数据库管理系统是由许多数据库定义、控制、管理和维护功能的程序程序集合而成。各个程序都有各自的功能,它们可以几个程序协调共同完成一件数据库管理系统的工作,也可以一个程序完成几件数据库管理系统的工作。不同的数据块管理系统的功能可以不一样,所包含的程序组成也不相同。它主要包括以下程序。

1. 语言处理程序

语言处理程序向用户提供数据库的定义、操作等功能,由以下编译程序和解释程序组成。

①数据库各级模式的语言处理程序。其作用是将各级源模式编译成各级目标模式。

②数据库操作语言的编译处理程序。即将应用程序中 DML 语句转换成主语言编译程序能处理的形式,实现预编译。

③查询语言解释程序。处理终端查询语句,并决定其操作的执行过程。

④数据库控制语言(DBCL)解释程序。作用是解释每个数据库控制命令的含义,并决定操作的执行过程。

2. 运行控制程序

运行控制程序负责数据库运行时的管理、调度和控制。它由以下程序模块组成。

①系统总控程序。它是整个 DBMS 的核心,负责控制和协调 DBMS 各个程序的活动,保证系统有条不紊地工作。

②通信控制程序。实现用户程序与 DBMS 之间的通信。

③访问控制程序。其内容包括核对用户标识和口令表,核对授权表和密码,检验访问的合法性,以决定一个访问是否能够进入数据库。

④保密控制程序。在执行操作之前,核对保密规定。例如,检查保密锁、处理密码等,实现对数据库数据的安全保密控制。

⑤并发控制程序。在多个用户同时访问数据库时,通过管理访问队列和封锁表,以及封锁的建立和撤销等工作,协调各个用户的访问,以避免造成数据修改和丢失等不正常的现象,从而保证各应用程序读写数据的正确性。

⑥数据的完整性控制程序。在执行用户请求的每次操作前或后,核对数据的完整性约束条件,从而决定是否允许操作执行,或消除已执行操作的影响。

⑦数据存取程序。执行数据中数据存取操作,是 DBMS 与文件系统的接口。它把用户对数据库的访问请求转换成相应的文件存取命令,通过文件系统从相应的物理文件中读出或向相应的物理文件写入数据。

⑧数据更新程序。执行数据库中数据的插入、删除和修改操作,并负责修改相应的指针。

3. 服务性程序

服务性程序提供数据库中数据的装入和维护等服务性功能,又称为实用程序或例行程序。主要由以下一些程序模块组成。

①数据库装入程序。它根据概念模式对数据库的定义和内模式所规定的文件组织方式把大批原始数据存入指定的存储设备上,完成数据库的建立工作,或者是用新的数据替换数据库中原有数据的一部分或全部。

②数据库恢复程序。由于软硬件的故障而引起数据库的破坏,利用恢复程序可将数据库恢

复到正确状态。

③性能监控程序。负责监控用户使用数据库的方式是否符合要求,收集和统计各个操作执行的时间与存储空间占用情况,对系统的性能进行统计分析,以决定数据库是否需要重新组织。

④重组织程序。当数据库系统性能变坏时(如查找时间超过规定值),需要对数据重新进行物理组织。一般来说,重新组织是数据库系统的一种周期性活动。

⑤运行日志程序。记录每次访问数据库的用户标识、进入系统时间、执行的操作、操作的数据及操作执行后的数据变化情况等,用以保留每次访问数据库的轨迹,供故障恢复等使用。

⑥转贮程序。当对数据库进行维护性重组时,把数据库内容转存到大容量存储设备上。一是为数据库建立副本,供故障恢复时用;二是对磁盘上的数据库重组。

⑦编辑和打印程序。用于编辑数据,或按规定格式打印所选的部分数据。

上述程序模块内容并不是所有的 DBMS 都必须包括的,具体的 DBMS 系统设计人员应该根据具体的条件和要求具体选择。

# 1.5  数据库新技术

## 1.5.1  数据库技术的研究

关于数据库的研究一般都是从数据库管理系统软件的研制、数据库设计和数据库理论三个方面来看的。

### 1. 数据库管理系统软件的研制

DBMS 是数据库系统的基础,其核心技术的研究和实现是这些年来数据库领域所取得的主要成就。DBMS 是一个基础软件系统,它提供了对数据库中的数据进行存储检索和管理的功能。

DBMS 的研制包括研制 DBMS 本身及以 DBMS 为核心的一组相互联系的软件系统,包括工具软件和中间件。研制的目标是提高系统的可用性、可靠性、可伸缩性;提高性能和提高用户的生产率。

### 2. 数据库设计

数据库设计的主要任务是在 DBMS 的支持下,按照应用的要求,为某一部门或组织设计一个结构合理、使用方便、效率较高的数据库及其应用系统。其中主要的研究方向是数据库设计方法学和设计工具。包括数据库设计方法、设计工具和设计理论的研究,数据模型和数据建模的研究,计算机辅助数据库设计方法及其软件系统的研究,数据库设计规范和标准的研究等。

### 3. 数据库理论

数据库理论研究主要集中于关系的规范化理论、关系数据理论等。近年来,随着人工智能与数据库理论的结合、并行计算技术等的发展,数据库逻辑演绎和知识推理、数据库中的知识发现(Knowledge Discovery from Database,KDD)、并行算法等成为新的理论研究方向。

计算机领域中其他新兴技术的发展对数据库技术产生了重大影响。数据库技术和其他计算机技术的互相结合、互相渗透,使数据库中新的技术内容层出不穷。数据库的许多概念、技术内容、应用领域,甚至某些原理都有了重大的发展和变化,建立和实现了一系列新型数据库系统,如分布式数据库系统、并行数据库系统、知识库系统、多媒体数据库系统等。它们共同构成了数据库系统大家族,使数据库技术不断地涌现新的研究方向。

数据、应用需求、计算机硬件及相关技术的发展是推动数据库发展的三个主要动力或重要因素。随着计算机系统硬件技术的进步、Internet 和 Web 技术的发展,数据库系统所管理的数据以及应用环境发生了很大的变化,表现在数据种类越来越多、数据结构越来越复杂、数据量剧增、应用领域越来越广泛,可以说数据管理无处不需、无处不在,为数据库技术带来了新的需求、新的挑战和发展机遇。研究的范围和重点已从数据库核心技术逐渐拓展到信息基础设施等与信息管理相关的各个领域。

数据库技术作为管理数据的技术,随着近年 Internet 的广泛应用和不断涌现的新的数据源数据类型越来越多,数据结构越来越复杂,数据量越来越巨大。

传统的数字类型和字符串数据类型一直是数据库管理的主要数据对象。现在,新的数据类型不断涌现。例如,图形、图像数据、视频数据、音频数据、文本数据、动画、多媒体文档、数据仓库中的 Cube 类型数据、多维数据、Web 上的 HTML、XML 数据、时间序列数据、流数据、过程或"行为"数据等。

上述新数据类型要么具有复杂的结构,要么是半结构的或无结构的,或没有清晰的结构。对复杂数据的建模(Data Modeling)比传统的结构化数据要困难和复杂得多。因此对它们的数据操作、存储策略、存取方法和服务质量也随之复杂得多。数据采集和数字化技术的飞速发展,使得今天人们可以获得的数据量正在以 TB(Tera Bytes, $10^{12}$)和 PB(Peta Bytes, $10^{15}$)数量级增长。巨大变化给数据管理领域提出了一系列挑战性问题。例如 DBMS 的架构问题,是在传统的DBMS 中增加对复杂数据类型的存储和处理功能,还是应该重新思考 DBMS 基本架构,是当前数据库界面临的重要问题。还有对复杂数据的数据建模、数据查询和检索以及服务质量问题,对海量数据的数据存储、管理和使用问题等。这些问题不仅涉及到数据库技术而且涉及网络技术、多媒体、人机交互、全文检索、海量存储系统等众多领域,数据库的研究和发展需要多学科交叉和融合。数据库系统真正成为计算机应用系统的核心和基础。

20 世纪 80 年代以后,出现了一大批新的数据库应用,如工程设计与制造、办公室自动化、实时数据管理、科学与统计数据管理、多媒体数据管理等。

20 世纪 90 年代以后,数据库的应用从联机事务处理扩展到联机分析处理,数据仓库、OLAP分析、数据挖掘等技术为企业商务智能高层决策应用提供了强有力的支持。数字图书馆、工作流管理也成为数据库的重要应用领域。

目前其最主要的应用领域要数 Internet。这是一个全新的应用领域和应用环境,它向数据库提出了前所未有的应用需求,电子商务、电子政务、Web 医院、Web 信息管理、Web 信息检索、远程教育等一大批新一代数据库应用应运而生。在 Internet 应用环境下所有应用已经从企业内部扩展为跨企业间的应用。例如,在最成熟的传统事务处理应用领域,数据库应用也已经从封闭的企业或部门内部的处理方式发展为以网络和 Internet 为基础,跨部门跨行业的开放的处理方式,需要 DBMS 对信息安全和信息集成提供更有力的保障和支持。

在应用领域,Internet 是当前最主要的驱动力。另一个重要的应用领域是科学研究领域。

前面已经提到,这些研究领域产生大量复杂的数据,需要比目前数据库技术和产品所能提供的更高级的支持。同时,它们也需要信息集成机制,需要对那些在数据分析和对顺序数据的处理过程中产生的中间数据进行管理,需要和全球范围内的数据网格进行集成。

数据库应用不再限于机构内部的商务逻辑管理,而是面向开放的和有更多其他要求的应用环境。分布自治的计算环境、移动环境、实时处理要求、隐私保护等成为数据库的研究题目。新一代应用提出的挑战极大地激发了数据库技术的研究和开发者,使数据库技术的研究和开发不断深入不断扩大。

### 1.5.2 数据库热点新技术

#### 1. Web 数据的提取及集成

随着 Internet 的飞速发展,Web 迅速成为全球性的分布式计算环境,Web 上有极其丰富的数据资源。如何获取 Web 上的有用数据并加以综合利用,成为一个广泛关注的研究领域。Web 数据源具有不同的数据类型(数据异构)、不同的模式结构(模式异构)、不同的语义内涵(语义异构);此外,Web 数据源还具有分布分散、动态变化、规模巨大等特点。这些都造成了 Web 信息集成与传统的异构数据库集成非常不同的难题。

自 20 世纪 90 年代以来,数据库界在 Web 数据集成方面开展了大量研究。研究包括信息集成的数据仓库方法和 Wrapper/Mediator 方法,Web 信息检索技术,本体和 Semantic Web,Web 信息集成系统架构等。总的来说,Web 数据库技术的研究刚刚开始,还有大量理论和技术的问题需要解决。

#### 2. 传感器网络数据管理技术

传感器网络由大量的低成本的设备组成,用以测量诸如目标位置、环境温度等数据。每个设备都是一个数据源,将会提供重要的数据,这就产生了新的数据管理需求。传感器网络是以数据为中心的网络,其目的是感知、获取、传输感知数据,回答观察者对物理世界的查询。以数据为中心的特点要求传感器网络的设计必须以感知数据管理为中心,把数据库技术和网络技术密切结合,以实现一个高性能的以数据为中心的网络系统。传感器网络数据管理技术是确定传感器网络可用性和有效性的关键技术,关系到传感器网络的成败。

由于大量传感器设备具有移动性、分散性、动态性和传感器资源的有限性等特点,传感器数据库系统需要解决许多新的问题。

#### 3. 数据流管理技术

在网络监控、股市分析、传感器网络等新的应用中数据是持续到达的,形成了不可预测的无界数据流,产生了数据流这一新的数据类型。如何对这种大量的动态流数据进行实时的、连续的收集、存储、查询、分析处理等是目前数据库研究的一个热点。其中一个方面是研究如何对流数据提供有效的管理,即针对流数据多样性、快速性、时变性等特点,研究和开发数据流管理系统(Data Stream Management System, DSMS);另一个方面是在数据流管理系统基础上,结合机器学习、知识发现、数据挖掘等技术,对数据流进行分析与挖掘。

### 4.移动数据管理

研究移动计算环境中的数据管理技术即嵌入式移动数据库技术。移动计算环境指的是具有无线通信能力的移动设备及其上运行的相关软件所共同构成的计算环境。移动计算环境使人们可以随时随地访问任意所需的信息。移动计算环境具有其鲜明的特点,主要包括移动性和位置相关性、频繁的通信断接性、带宽多样性、网络通信的非对称性、移动设备的资源有限性等。嵌入式移动数据库的关键技术主要包括:数据复制/缓存技术、移动事务处理技术、移动查询处理、服务器数据源的数据广播、移动用户管理、数据的安全性等。

### 5.数据库和信息检索的融合

数据库和信息检索(Information Retrieval)以往是两个独立的计算机科学研究领域。信息检索的对象是非结构化的数据(通常指文本),通过构建检索模型来度量用户需求和数据之间相关性并将数据根据相关性排序,其主要目标是提高检索的查准率(Precision)和查全率(Recall)。信息检索过去主要应用于图书馆、资料库等的文档检索,由于应用领域的限制而影响力有限。Internet 的兴起,基于信息检索技术的互联网搜索引擎成为人们获取信息的主要方式,信息检索技术引起了学术界和工业界的广泛兴趣。并且随着互联网成为用户获取信息的主要渠道,越来越多的数据库被置于互联网上直接供用户查询,例如 Amazon 网站就是一个典型的互联网数据库。但传统的数据库系统使用 SQL,其语法复杂和需要预先知道数据库模式(Schema),难以使用。同时,数据库查询缺少对相关性排序的支持,用户难于有效地从成千上万的查询结果中发现所需要的信息。这些互联网上搜索引擎搜索不到的数据构成了所谓的 Deep Web。

互联网环境下 Surface Web 和 Deep Web 信息共享和应用的需求,促进了数据库和信息检索渗透和融合。包括数据库关键词检索模型、检索语言、检索算法、检索结果排列、结果展现到系统架构等研究内容。对应的研究目标是将信息检索中基于概率的相关性检索技术与数据库中的基于代数的结构化数据查询技术结合起来,构建一个像信息检索系统一样易于使用,同时又像数据库系统一样能充分管理和利用结构化信息的系统。

### 6.网格数据管理

简单地讲,网格是把整个网络整合成一个虚拟的、巨大的超级计算环境,实现计算资源、存储资源、数据资源、信息资源、知识资源、专家资源的全面共享。

网格环境下的数据管理目标是保证用户在存取数据时无需知道数据的存储类型(如数据库、文档、XML)和位置。

如何在网格环境下存取数据库,提供数据库层次的服务,是数据网格研究的重要问题之一,因为数据库明显应是网格中十分宝贵而巨大的数据资源。数据库网格服务不同于通常的数据库查询,也不同于传统的信息检索,需要将数据库提升为网格服务,把数据库查询技术和信息检索技术有机结合,提供统一的基于内容的数据库检索机制和软件。此外,还有信息网格中个性化服务、信息安全性和语义 Web 的研究。

具体所涉及的问题有:如何联合不同的物理数据源,抽取元数据构成逻辑数据源集合;如何制定统一的异构数据访问的接口标准;如何虚拟化分布的数据源等。

**7. 海量数据管理和永久存储技术**

针对当前数据密集型应用中,数量庞大、类型众多新的数字资源,海量数据管理越来越受到人们的密切关注,其主要关键技术:海量数字资源管理的体系结构,海量数字资源的组织与存储系统,海量数字资源管理的数据模型,数据存储管理和性能分析,海量 Web 数据建模和查询处理等。

永久存储方面,数字化信息的存储中如何无限期保存信息的问题已经日益明显。由于存储介质的失效或换代(如照相胶片、磁带、磁盘等)、读取设备过时(如驱动器换代)、存取数据的应用程序失效等各种原因,数据会失效而不能读取,数据会丢失而无法保存。因此需要相应的技术和手段来转移数据、从失效或者过时的介质上备份数据、找到能解释数据的老方法,加以仿真,使得信息能够长期保存。

**8. DBMS 的自适应管理**

随着 RDBMS 复杂性的增强以及新功能的增加,对于 DBA 的技术需求、熟练 DBA 的薪水支出都在大幅度增长,从而导致企业人力成本的支出迅速增加。随着关系数据库规模和复杂性的增加,系统调整和管理的复杂性相应增加。基于上述原因,数据库系统自调优和自管理工具的需求增加,对数据库自调优和自管理的研究也逐渐成为关注的热点。

DBMS 的自适应管理要求所有的调整均由 DBMS 自动完成。它可以依据默认的规则,如响应时间和吞吐率的相对重要性做出选择,也可以依据用户的需要制定规则。因此,建立能够清楚描述用户行为和工作负载的更完善的模型,是这一领域取得进展的先决条件。除了不需要手工调整,DBMS 还需要能够发现系统组件内部及组件之间的故障,辨别数据冲突,侦查应用失败,并且做出相应的处理。这就要求 DBMS 具有更强的适应性和故障处理能力。

### 1.5.3　数据库新技术的发展趋势

数据库技术的一个显著特征是与相关学科内容技术的相结合,具体可见图 1-16 所示。

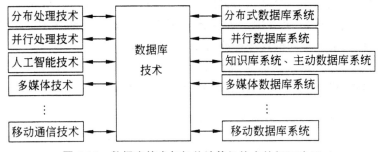

**图 1-16　数据库技术与相关计算机技术的相互渗透**

数据库技术与分布处理技术相结合,出现了分布式数据库系统。

数据库技术与并行处理技术相结合,出现了并行数据库系统。

数据库技术与多媒体技术相结合,出现了多媒体数据库系统。

数据库技术与模糊技术相结合,出现了模糊数据库系统等。

数据库技术与人工智能技术相结合,出现了知识库系统和主动数据库系统。

数据库技术与移动通信技术相结合,出现了移动数据库系统等。

数据库技术与 Web 技术相结合,出现了 Web 数据库等。

数据库技术被应用到特定的领域中,出现了数据仓库、工程数据库、统计数据库、空间数据库、科学数据库等多种数据库,使数据库领域的应用范围不断扩大。

这些数据库系统都明显地带有某一领域应用需求的特征。由于传统数据库系统具有局限性,无法直接使用当前 DBMS 市场上销售的通用的 DBMS 来管理和处理这些领域内的数据对象,因而广大数据库工作者针对各个领域的数据库特征探索和研制了各种特定的数据库系统,取得了丰硕的成果,不仅为这些应用领域建立了可供使用的数据库系统,有的已实用化。

### 1. Internet 与数据库技术的进一步融合

(1)Web 2.0 与数据库

伴随博客的兴起,Web 2.0 一词深入人心,现在每一个重要的万维网应用程序都由一个专门的数据库驱动:Google 的网络爬虫,Yahoo! 的目录(和网络爬虫),Amazon 的产品数据库,eBay 的产品数据库和销售商等。数据库管理将是 Web 2.0 公司的核心竞争力,其重要性已使得这些程序被称为"讯件"(Infoware)而不仅仅是软件。

(2)Web 服务数据库

Web 服务数据库(Web Service Databases)的解释至少有两种:一是利用 DBMS 的结构来实现对 Web 服务的管理,代表性的工作包括有 U. Srivastava 等人提出的 WSMS(Web Service Management System);还有一种理解是利用 Web 服务技术来进一步强化数据库系统的功能,特别是系统的灵活性(如异常处理)和可扩展性。

(3)语义网数据库

语义网数据库(Semantic Web Databases)。语义网作为下一代万维网,是对现今万维网本质的变革。可以对它高度信任,让它帮助你滤掉不喜欢的内容,使得网络更像是自己的网络。不像现在的万维网,只罗列出数以万计的无用搜索结果。语义网中的计算机能利用自己的智能软件,在搜索数以万计的网页时,通过"智能代理"从中筛选出相关的有用信息。从而将万维网中一个个现存的信息孤岛,发展成一个巨大的数据库。而要使语义网搜索更精确彻底,更容易判断信息的真假,首先需要制定标准,允许用户给网络内容添加元数据,并能让用户精确地指出他们正在寻找什么;然后需要确保不同的程序都能分享不同网站的内容;最后,要求用户可以增加其他功能,如添加应用软件等。语义网的实现是基于 XML 语言和资源描述框架(RDF)来完成的。若要实现更丰富多彩、更个性化的 Web 数据库,还有很多研究工作要做。

### 2. 时空数据库与传感器网络技术的融合

具体的研究方向有以下几种:

(1)多媒体数据库与移动技术的结合

随着移动技术的不断发展,多媒体数据在移动网络上将变得越来越频繁。如何有效地管理移动网络上的多媒体数据将是一个富有商业前景和挑战。

随着第三代无线移动网络的推广,第三代移动多媒体数据库(3G Mobile Multi Media Databases)有效管理移动网络上的多媒体数据(包括数据流)的研究越来越受到关注。例如,移动流媒体数据的索引建立,移动设备上的数据流及多媒体搜索和查询,移动网络上的数据安全性,隐私保护等。

移动数字图书馆(Mobile Digital Libraries)将数字图书馆与 3G 无线移动网络结合起来,具有广阔的实用前景。学校的学生能通过 Web 或者移动终端,把图书下载到 U 盘、MP3 等移动设备里,以借阅的方式带回家阅读。而被下载的图书都进行了加密,不可被复制,并且按照预先的设定在下载一段时间后自动销毁。这样既可提供极大的方便,又能有效的保护版权,使得大规模、低成本的数字图书读书活动成为了现实。有利于推动未来社会公共信息的进程。

移动地理数据库(Mobile Geographic Databases),地理信息系统(Geographic Information System,GIS)的核心和基础。自 20 世纪 90 年代末期以来,GIS 技术发展进入了一个非常重要的时期。组件式 GIS、Internet GIS 和嵌入式 GIS 的发展,是 GIS 软件发展的重要里程碑,也是新一代 GIS 的重要标志。新一代 GIS 系统与 3G 无线移动网络结合起来,能给用户带来巨大的便捷。

(2)导航数据库

导航数据库(Navigational Databases)为智能交通系统(Intelligent Transportation Systems,ITS)和基于位置的服务(Location-Based Services,LBS)应用需求而建立的具有统一技术标准的地理数据库。导航数据库是一个综合的数据集,包括空间要素的几何信息、要素的基本属性、要素的增强属性、交通导航信息等。内容越多,建设导航数据库的成本就越高,其适用范围也越广。根据不同的应用需求,可从这一综合数据集中提取出不同的数据产品。导航数据库不但要描述道路网及相关空间要素的地理位置及形状,还要表达它们的空间关系及其在交通网络中的交通关系。将传感器网络技术与导航数据库结合起来也是一个新的发展趋势。

(3)智能普适数据管理

智能普适数据管理(Smart Data Management for Pervasive Computing),普适计算指的是无所不在、随时随地可以进行计算的一种方式。在普适计算时代,计算机主要不是以单独的计算设备的形式出现,而是通过将嵌入式处理器、存储器、通信模块和传感器集成在一起,以信息设备的形式出现。各种信息设备可以与 Internet 连接,并按照用户的个性需求进行定制,以嵌入式产品(众多的智能移动设备)的方式呈现在人们的工作和生活中。

### 3. 新硬件环境下的数据库技术

现代计算机硬件技术发展非常迅速,尤其是处理器、存储设备等在近几年都取得了巨大的进展。这些新技术的出现为数据库技术的发展带来了新的机遇和挑战,数据库研究者应该充分的利用硬件的新特性和新技术来促进数据库系统的发展。例如,以前数据库在性能优化方面的研究,主要集中在如何减少磁盘 I/O,很少考虑如何高效地利用硬件的特性来提高数据库的性能。新的硬件环境下,人们可以更好地利用硬件特性的优势。

①多核处理器与数据库并行技术。处理器的一个发展趋势是采用多核技术,处理器多核技术为软件技术提供了更多的并行化机会。

②现代处理器大多采用多级缓存来减少处理器与内存之间的数据交换,多级缓存的优化首先要研究清楚数据库应用在多级缓存上的表现是什么,特别是现代处理器上不同负载所表现出来的特征与性能是什么样的,因此需要分析数据库应用对处理器的利用情况,并在此基础上进一步优化各级缓存(包括指令,数据)来提高数据库性能。

③现代图形处理器(GPU)具备了极高的计算性能,具有并行流处理和可编程的特征,在非

绘制方面的计算,而且 GPU 的一些独有的技术是通用处理器所无法比拟的。将这种高计算能力用于数据管理以协助数据库提高性能,例如,利用 GPU 完成数据库的一些基本操作,如聚集、选择等,将会有非凡意义。

数据库技术的核心是数据管理。随着新应用领域不断涌现,数据对象趋于多样化,数据库工作者也应该不断拓宽数据库的研究领域,在众多新领域中勇敢地承担起其中的数据管理研究开发任务。

# 第 2 章　关系数据库理论及设计

## 2.1　关系数据库

### 2.1.1　关系数据库的发展

关系数据库应用数学方法来处理数据库中的数据。最早将这类方法用于数据处理的是 1962 年 CODASYL 发表的"信息代数",之后有 1968 年 David Child 在 IBM 7090 机上实现的集合论数据结构,但系统地、严格地提出关系模型的是美国 IBM 公司的 E. F. Codd。

1970 年 E. F. Codd 在美国计算机学会会刊《Communications of the ACM》上发表的题为"A Relational Model of Data for Shared Data Banks"的论文,开创了数据库系统的新纪元。ACM 在 1983 年把这篇论文列为从 1958 年以来的四分之一世纪中具有里程碑意义的 25 篇研究论文之一。以后,他连续发表了多篇论文,奠定了关系数据库的理论基础。

20 世纪 70 年代末,关系方法的理论研究和软件系统的研制均取得了很大成果,IBM 公司的 San Jose 实验室在 IBM 370 系列机上研制的关系数据库实验系统 System R 历时 6 年获得成功。1981 年 IBM 公司又宣布了具有 System R 全部特征的新的数据库软件产品 SQL/DS 问世。

与 System R 同期,美国加州大学伯克利分校也研制了 INGRES 关系数据库实验系统,并由 INGRES 公司发展成为 INGRES 数据库产品。

30 多年来,关系数据库系统的研究和开发取得了辉煌的成就。关系数据库系统从实验室走向了社会,成为最重要、应用最广泛的数据库系统,大大促进了数据库应用领域的扩大和深入。因此,关系数据模型的原理、技术和应用十分重要。

目前,关系数据库系统早已从实验室走向了社会,出现了很多性能良好、功能卓越的数据库管理系统,在国内使用比较普遍的数据库管理系统除了 Access 之外,还有 IBM DB2、Sybase、Oracle、MS SQL Server、FoxPro 等。

### 2.1.2　关系的形式定义

通常把关系称为二维表,这是对关系的直观描述。由于关系的概念源于数学,所以有必要从数学的角度给出关系的形式化定义,并对有关概念做一论述。

为了给出形式化的关系定义,首先定义笛卡儿积:

设 $D_1,D_2,\cdots,D_n$ 为任意集合,定义 $D_1,D_2,\cdots,D_n$ 的笛卡儿积为:

$D_1 \times D_2 \times \cdots \times D_n = \{(d_1,d_2,\cdots,d_n)\} \mid d_i \in D_i, i=1,\cdots,n\}$ 其中集合的每一个元素 $(d_1,d_2,\cdots,d_n)$ 称作一个 $n$ 元组,简称元组,元组中每一个 $d_i$ 称作元组的一个分量。

例如,假设:

$D_1 = \{P_2,P_4,P_7,P_9\}$

$D_2 = \{显示卡,声卡,解压卡\}$

则

$D_1 \times D_2 = \{(P_2,显示卡),(P_2,声卡),(P_2,解压卡),(P_4,显示卡),(P_4,声卡),(P_4,解压卡),(P_7,显示卡),(P_7,声卡),(P_7,解压卡),(P_9,显示卡),(P_9,声卡),(P_9,解压卡)\}$

笛卡尔积实际上就是一个二维表,如图 2-1 所示。

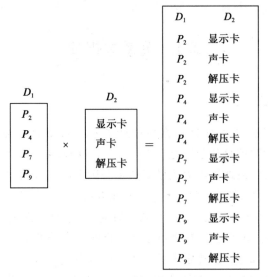

图 2-1　笛卡尔积

在图 2-1 中,表的任意一行就是一个元组,它的第一个分量来自 $D_1$,第二个分量来自 $D_2$。笛卡尔积就是所有这样的元组的集合。

根据笛卡儿积的定义可以给出一个关系的形式化定义:笛卡儿积 $D_1 \times D_2 \times \cdots \times D_n$ 的任意一个子集称为 $D_1, D_2, \cdots, D_n$ 上的一个 $n$ 元关系。

形式化的关系定义同样可以把关系看成二维表,给表的每一列取一个名字,称为属性。元关系有 $n$ 个属性,属性的名字要唯一。属性的取值范围 $D_i(i=1,\cdots,n)$ 称为值域(Domain)。

比如对刚才的例子,取子集:

$R = \{(P_2,显示卡),(P_4,声卡),(P_7,声卡),(P_9,解压卡)\}$

构成一个关系。二维表的形式如图 2-2 所示,把第一个属性命名为器件号,把第二个属件命名为器件名称。

| 器件号 | 器件名称 |
|:---:|:---:|
| $P_2$ | 显示卡 |
| $P_4$ | 声卡 |
| $P_7$ | 声卡 |
| $P_9$ | 解压卡 |

图 2-2　一个关系

注意：

(1)关系是元组的集合,集合(关系)中的元素(元组)是无序的;而元组不是分量扰的集合,元组中的分量是有序的。

例如,在关系中$(a,b) \neq (b,a)$,但在集合中$\{a,b\} = \{b,a\}$。

(2)若一个关系的元组个数是无限的,则该关系称为无限关系,否则称为有限关系;在数据库中只考虑有限关系。

若关系中的某一属性组的值能唯一地标识一个元组,则称该属性组为候选码(Candidate key)。

若一个关系有多个候选码,则选定其中一个为主码(Primary key)。

候选码的诸属性称为主属性(Prime attribute)。不包含在任何候选码中的属性称为非主属性(Non-prime attribute)或非码属性(Non-key attribute)。

在最简单的情况下,候选码只包含一个属性。在最极端的情况下,关系模式的所有属性是这个关系模式的候选码,称为全码(All-key)。

在关系数据库中可以通过外部关键字使两个关系关联,这种联系通常是一对多($1:n$)的,其中主(父)关系(1 方)称为被参照关系(Referenced relation),从(子)关系($n$ 方)称为参照关系(Referencing relation)。图 2-3 说明了通过外部关键字关联的两个关系,其中职工关系通过外部关键字仓库号参照仓库关系。

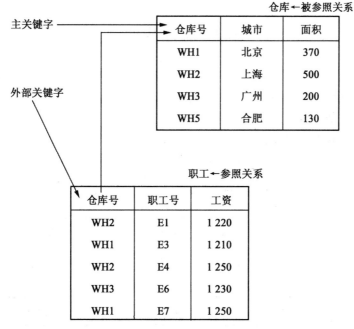

图 2-3　参照关系与被参照关系

### 2.1.3　关系数据库的性质

关系可以看作是二维表,但并不是所有的二维表都是关系,关系数据库需要满足以下性质。

①每一分量必须是不可分的最小数据项,即每个属性都是不可再分解的,这是关系数据库对

关系的最基本的限定,图 2-4 就是一个不满足限定的表格,其中高级职称人数不是最小数据项,它可以分解为教授和副教授两个数据项。

| 系名称 | 高级职称人数 | |
|---|---|---|
| | 教授 | 副教授 |
| 计算机系 | 6 | 10 |
| 信息管理系 | 3 | 5 |
| 电子与通信系 | 4 | 8 |

图 2-4 不满足限定的表格

②列的个数和每列的数据类型是固定的,即每一列中的分量是同类型的数据,来自同一个值域。

③不同的列可以出自同一个值域,每一列称为属性,每个属性要给予不同的属性名。

④列的顺序是无关紧要的,即列的次序可以任意交换,但一定是整体交换,属性名和属性值必须作为整列同时交换。

⑤行的顺序是无关紧要的,即行的次序可以任意交换。

⑥元组不可以重复,即在一个关系中任意两个元组不能完全一样。

## 2.2 关系模式

关系模式是对关系的描述。关系实际上就是关系模式在某一时刻的状态或内容,即关系模式是型,关系是它的值。关系模式是静态的、稳定的,而关系是动态的、随时间不断变化的,因为关系操作在不断地更新着数据库中的数据。

关系数据库同样具有三级模式,即概念模式、存储模式和外模式,如图 2-5 所示。

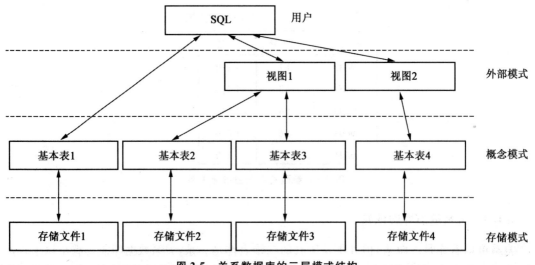

图 2-5 关系数据库的三层模式结构

### 2.2.1　关系概念模式

关系数据库系统中与概念模式中的文件对应的是基本表。所谓基本表是指本身独立存在的表，即不是由其他表导出的表。

关系概念模式主要包括出现在数据库中的每个关系的说明，包括对关系名、属性名和属性取值范围（类型）的说明。在关系数据模型中可以不说明关系与关系之间的联系。关系与关系之间的联系是通过连接属性实现的。假如有如下两个关系：

班级（班级号，班级名，人数）

学生（学号，姓名，性别，年龄，班级号）

相应属性的取值类型和宽度如表 2-1 所示。

表 2-1　学生与班级关系的属性说明

| 关系名 | 属性名 | 类型 | 宽度 | 备注 |
|---|---|---|---|---|
| 班级 | 班级号 | 字符 | 6 | 主键 |
| 班级 | 班级名 | 字符 | 6 | |
| 班级 | 人数 | 数值 | 3 | |
| 学生 | 学号 | 字符 | 6 | 主键 |
| 学生 | 姓名 | 字符 | 6 | |
| 学生 | 性别 | 字符 | 2 | |
| 学生 | 年龄 | 数值 | 2 | |
| 学生 | 班级号 | 字符 | 6 | 外键 |

下面用关系数据库标准语言 SQL 来定义关系概念模式：

CREATE TABLE 班级（班级号 CHAR(6)NOT NULL，

　　班级名 CHAR(6)NOT NULL，

　　人数 NUMBER）；

CREATE TABLE 学生（学号 CHAR(6)NOT NULL，

　　姓名 CHAR(6)NOT NULL，

　　性别 CHAR(2)，

　　年龄 NUMBER，

　　班级号 CHAR(6)NOT NULL）；

CREATE TABLE 命令是用来定义表的，即用来定义出现在数据库中的关系，一般称为基本表（也称为概念文件）。另外，NOT NULL 说明相应的属性值不能为空，这样的属性一般为主键或外键（联接属性）。

关系模型中主键或外键的属性值不能为空，对关系模式的联系没有直接说明，它实际上由外键（联接属性）隐含说明。从刚才的概念模式中可以看出，班级关系中的"班级号"和学生关系中的"班级号"属性具有相同的类型和宽度，该属性实际上就是这两个关系的关联属性。这就意味着，人们可以用任一关系中的"班级号"属性值与另一关系中的班级号属性值比较相等或不相等，更重要的是通过这样的属性用关系数据操作语言可以实现关系间的联系。例如,若希望查询某给定班级的所有学生的元组,只需要取出该班级的班级号属性值,然后用该值去和学生关系的班级号属性值进行比较即可。显然,该属性值相等的学生记录是所要查询的内容。

### 2.2.2 关系存储模式

从原理上讲,关系存储模式与其他类型数据库系统的存储模式没有什么不同,关系数据库中的每个基本表都应该对应一个存储文件。基于主关键字进行直接存取时,可根据需要建立索引,包括建立单列索引或复合索引。

在关系存储模式中不用说明存储文件,存储文件的说明由 RDBMS 根据基本表(概念文件)的定义自动映射产生。因此,在关系存储模式中要说明的主要内容是索引。下面是用 SQL 命令定义的两个索引:

CREATE UNIQUE INDEX gender ON 学生(性别);

CREATE INDEX name ON 学生(姓名);

在定义索引的命令中,用关键字 UNIQUE 表示该索引的每一个索引值只对应唯一的元组。

### 2.2.3 关系外模式

外模式是概念模式的逻辑子集,是用户与数据库系统的接口,是对用户所用到的那部分数据的描述。

在关系数据库中,外模式被称做视图(View),下面是用 SQL 命令定义的一个视图:

CREATE VIEW state As SELECT 学号,姓名 FROM 学生;

此视图名是 state,含有从学生关系中抽取的两个属性,即"学号"和"姓名"。

在一个关系中不能有重复元组,但是如果从一个关系中去掉一列或几列,所剩的结果就可能会出现重复行。为了使所剩的结果仍然是一个关系(满足关系的性质),就必须消除重复元组。事实上,一个完善的 RDBMS 能够自动完成这项工作。

# 2.3 关系操作

关系模型给出了关系操作的能力的说明,但不对 RDBMS 语言给出具体的语法要求。也就是说,不同的 RDBMS 可以定义和开发不同的语言来实现这些操作。

### 2.3.1 基本的关系操作

关系模型中常用的关系操作主要包括查询(Query)操作和插入(Insert)、删除(Delete)、修改(Update)操作两大部分。

关系的查询表达能力很强,是关系操作中最主要的部分。查询操作又可以分为:选择(Select)、投影(Project)、连接(Join)、除(Divide)、并(Union)、差(Except)、交(Intersection)、笛卡尔积等。

其中,选择、投影、并、差、笛卡尔积是 5 种基本操作。其他操作是可以用基本操作来定义和导出的。就像乘法可以用加法来定义和导出一样。

关系操作的特点是集合操作方式,即操作的对象和结果都是集合。这种操作方式也称为一次一集合(set-at-a-time)的方式。相应地,非关系数据模型的数据操作方式则为一次一记录(re-cord-at-a-time)的方式。

### 2.3.2 关系数据语言的分类

早期的关系操作能力通常用代数方式或逻辑方式来表示,分别称为关系代数(Relational Algebra)和关系演算(Relational Calculus)。关系代数是用对关系的运算来表达查询要求的。关系演算是用谓词来表达查询要求的。关系演算又可按谓词变元的基本对象是元组变量还是域变量分为元组关系演算和域关系演算。关系代数、元组关系演算和域关系演算三种语言在表达能力上是完全等价的。

关系代数、元组关系演算和域关系演算均是抽象的查询语言,这些抽象的语言与具体的一RDBMS中实现的实际语言并不完全一样。但它们能用作评估实际系统中查询语言能力的标准或基础。实际的查询语言除了提供关系代数或关系演算的功能外,还提供了许多附加功能,例如聚集函数(Aggregation Function)、关系赋值、算术运算等等。使得目前实际查询语言功能十分强大。

另外还有一种介于关系代数和关系演算之间的结构化查询语言 SQL(Structured Query Language)。SQL 不仅具有丰富的查询功能,而且具有数据定义和数据控制功能,是集查询、DDL、DML 和 DCL 于一体的关系数据语言。它充分体现了关系数据语言的特点和优点,是关系数据库的标准语言。

这些关系数据语言的共同特点是,语言具有完备的表达能力,是非过程化的集合操作语言,功能强,能够嵌入高级语言中使用。

关系语言是一种高度非过程化的语言,用户不必请求 DBA 为其建立特殊的存取路径,存取路径的选择由 RDBMS 的优化机制来完成。例如,在一个存储有几百万条记录的关系中查找符合条件的某一个或某一些记录,从原理上讲可以有多种查找方法。例如,可以顺序扫描这个关系,也可以通过某一种索引来查找。不同的查找路径(或者称为存取路径)的效率是不同的,有的完成某一个查询可能很快,有的可能极慢。RDBMS中研究和开发了查询优化方法,系统可以自动地选择较优的存取路径,提高查询效率。

### 2.3.3 关系数据语言的评价

关系语言是数据库系统提供给用户对关系数据进行操作的语言。迄今为止,人们已研究出了数十种关系语言。其中以 ISBL、QUEL、QBE 和 SQL 等语言为代表。关系语言的特点之一就是结构简单明了,是一种非常方便的用户接口。自 20 世纪 70 年代中期以来,人们将数据的定义(关系、窗口等结构的定义和撤销)、数据查询、数据更新(数据的插入、修改和删除)、数据控制(授权控制、完整性控制等)功能合并于一个语言中,这样用户不仅可以对数据进行查询、更新,而且还可以根据需要对数据进行定义与控制。

根据关系语言的结构特点,可以将关系语言分成四类:关系代数语言(如 ISBL)、关系演算语言(如 QUEL)、基于显示的语言(如 QBE)和基于映像的语言(如 SQL)。这些语言根据其数学特征和含义又可分成两类:关系代数语言、关系演算语言。后一种又细分为元组关系演算语言(如 QUEL)和域关系演算语言(如 QBE)。SQL 语言是一种具有关系代数和关系演弹双重特点的语言。

评价一个关系语言的优劣应从以下四个方面考虑：

（1）非过程化程度

语言的非过程化程度是指用户使用该语言时参与过程设计的程度。一般来说，用户只需说明"做什么"，而不必说明"怎样做"的语言就是非过程化程度高的语言。非过程化越高，用户使用就越方便，但实现也就越困难。对于上述 4 种语言来说，QBE 语言的非过程化程度最高，ISBL语言的非过程化程度最低。

（2）语言的功能

关系语言具有查询、更新等数据操作功能，还具有数据控制和聚合操作的功能。不同的关系语言有各自的风格。关系代数语言的数学思想严格；域关系演算语言（如 QBE）适合于非计算机专业的用户使用；SQL 语言使用结构式英语语法，语义与功能相近，能"见文知意"。

（3）语言的完备性

关系语言的完备性是衡量该语言表达式能力的一个概念。一般地说，能够表达任意查询需求的语言，则该语言在关系上就是完备的。

（4）对高级语言的支持

将关系语言作为子语言嵌入到高级语言中使用，这样既增强了高级语言对数据的操作能力，又扩充了关系数据语言的功能。

# 2.4  函数依赖

数据依赖是通过一个关系中数据间值的相等与否体现出来的数据间的相互关系，是实现世界属性间相互关系的抽象，是数据内在的性质。函数依赖、多值依赖和连接依赖等都是数据依赖的形式表现。

### 2.4.1  函数依赖的定义

**定义 2-1**  设 $R(U)$ 是一个属性集 $U$ 上的关系模式。$X,Y$ 是 $U$ 的子集。若对于 $R(U)$ 的任意一个可能的关系 $r,r$ 中不可能存在两个元组在 $X$ 上的属性值相等，而在 $Y$ 上的属性值不等，则称 $X$ 函数确定 $Y$ 或 $Y$ 函数依赖于 $X$，记作 $X{\to}Y$。这里称 $X$ 为决定因素，$Y$ 为依赖因素。

函数依赖是语义范畴的概念，这和别的数据依赖是一样的。我们只能根据语义来确定一个函数依赖，而不能按照其形式化定义来证明一个函数依赖是否成立。例如，"姓名→年龄"这个函数依赖只有在该部门没有同名人的条件下成立。如果允许有同名人，则年龄就不再函数依赖于姓名了。设计者也可以对现实世界作强制的规定。例如，规定不允许同名人出现，这样就会使"姓名→年龄"函数依赖成立。这样当插入某个元组时这个元组上的属性值必须满足规定的函数依赖，如果发现有同名人存在，那么拒绝插入该元组。

需要注意，函数依赖不是指关系模式 $R$ 的某个或某些关系满足的约束条件，而是指 $R$ 的一切关系均要满足的约束条件。

下面对一些相关的术语和记号做一个简单介绍。

①若 $X{\to}Y$，但 $Y\not\subset X$ 则称 $X{\to}Y$ 是非平凡的函数依赖。

②若 $X{\to}Y$，但 $Y\subseteq X$ 则称 $X{\to}Y$ 是平凡的函数依赖。对于任一关系模式，平凡函数依赖都是必然成立的，它不反映新的语义。若不特别声明，总是讨论非平凡的函数依赖。

③若 $X \rightarrow Y$，则 $X$ 称为这个函数依赖的决定属性组，也称为决定因素(Determinant)。

④若 $X \rightarrow Y$，并且 $Y \rightarrow X$，则记作 $X \leftrightarrow Y$。

⑤若 $Y$ 不函数依赖于 $X$，则记作 $X \nrightarrow Y$。

**定义 2-2**　在 $R(U)$ 中，如果 $X \rightarrow Y$，并且对于 $X$ 的任何一个真子集 $X'$，都有 $X' \nrightarrow Y$，则称 $Y$ 对 $X$ 完全函数依赖，记作 $X \xrightarrow{F} Y$。

若 $X \rightarrow Y$，但 $Y$ 不完全函数依赖于 $X$，则称 $Y$ 对 $X$ 部分函数依赖(partial functional dependency)，记作：$X \xrightarrow{P} Y$。

**定义 2-3**　在 $R(U)$ 中，如果 $X \rightarrow Y$，$(Y \not\subset X)$，$Y \nrightarrow X$，$Y \rightarrow Z$，$Z \not\subseteq Y$，则称 $Z$ 对 $X$ 传递函数依赖(transitive functional dependency)。记为：$X \xrightarrow{传递} Z$。

定义中之所以加上条件 $Y \nrightarrow X$，是因为如果 $Y \rightarrow X$，则 $X \leftrightarrow Y$，实际上是 $Z$ 直接依赖于 $X$，即 $X \xrightarrow{直接} Z$，是直接函数依赖而不是传递函数依赖。

### 2.4.2　函数依赖和键码

本节从函数依赖的角度，给出一个规范的键码定义。

**1. 超键码**

**定义 2-4**　在某个关系中，若一个或多个属性的集合 $\{A_1, A_2, \cdots, A_n\}$ 函数决定该关系的其他属性，则称该属性的集合为该关系的超键码。

超键码的含义是关系中不可能存在两个不同的元组在属性 $A_1, A_2, \cdots, A_n$ 的取值完全相同。由定义可以看出，在一个关系中，超键码的数量是没有限制的，例如，如果属性集合 $\{A_1, A_2, \cdots, A_n\}$ 是超键码，那么包含该属性集合的所有属性集合都是超键码。

**2. 键码**

超键码定义范围太宽，使得其数量过多，使用起来很不方便。键码是在超键码定义的基础上，增加一些限制条件来定义的。

**定义 2-5**　在某个关系中，若一个或多个属性的集合 $\{A_1, A_2, \cdots, A_n\}$ 函数决定该关系的其他属性，并且集合 $\{A_1, A_2, \cdots, A_n\}$ 的任何真子集都不能函数决定该关系的所有其他属性，则称该属性的集合为该关系的键码。

在键码的定义中包括了两方面的含义，即关系中不可能存在两个不同的元组在属性 $A_1$，$A_2, \cdots, A_n$ 的取值完全相同，且键码必须是最小的。

同一个关系中可能键码的数目多于一个，可以选定其中一个最为重要的键码指定为主键码，把其他键码称为候选键码。

**3. 外码**

**定义 2-6**　关系模式 $R$ 中属性或属性组 $X$ 并非 $R$ 的码，但 $X$ 是另一个关系模式的码，则称 $X$ 是 $R$ 的外部码，也称外码。

主码与外码提供了一个表示关系间联系的手段。

### 2.4.3 函数依赖的基本性质

（1）投影性

由平凡的函数依赖定义可知，一组属性函数决定它的所有子集。

说明：投影性产生的是平凡的函数依赖，需要时也能使用的。

（2）扩张性

若 $X \rightarrow Y$ 并且 $W \rightarrow Z$，则 $(X, W) \rightarrow (Y, Z)$。

（3）合并性

若 $X \rightarrow Y$ 并且 $X \rightarrow Z$，则必有 $X \rightarrow (Y, Z)$。

说明：决定因素相同的两函数依赖的被决定因素可以合并。

（4）分解性

若 $X \rightarrow (Y, Z)$，则 $X \rightarrow Y$ 并且 $X \rightarrow Z$。很容易看出，分解性为合并性的逆过程。

说明：决定因素能决定全部，当然也能决定全部中的部分。

由合并性和分解性，很容易得到以下事实：

$X \rightarrow A_1, A_2, \cdots, A_n$ 成立的充分必要条件是 $X \rightarrow A_i (i=1, 2, \cdots, n)$ 成立。

### 2.4.4 函数依赖的逻辑蕴含

#### 1. 函数依赖逻辑蕴含的定义

在讨论函数依赖时，经常会需要判断从已知的一组函数依赖是否能够推导出另外一些函数依赖。例如，设 $R$ 是一个关系模式，$A$、$B$、$C$ 为其属性，如果在 $R$ 中函数依赖 $A \rightarrow B$ 和 $B \rightarrow C$ 成立，函数依赖 $A \rightarrow C$ 是否一定成立？函数依赖的逻辑蕴含就是要研究这方面的内容。

**定义 2-7** 假定 $F$ 是关系模式 $R$ 上的一个函数依赖集，$X$、$Y$ 是 $R$ 的属性子集，如果从 $F$ 的函数依赖能够推导出 $X \rightarrow Y$，则称 $F$ 逻辑地蕴含 $X \rightarrow Y$，或称 $X \rightarrow Y$ 可以从 $F$ 中导出，或称 $X \rightarrow Y$ 逻辑蕴含于 $F$，记为 $P \Rightarrow X \rightarrow Y$。

**定义 2-8** 函数依赖集合 $F$ 所逻辑蕴含的函数依赖的全体称为 $F$ 的闭包（closure），记为 $F^+$，即 $F^+ = \{X \rightarrow Y \mid P \Rightarrow X \rightarrow Y\}$。

#### 2. Armstrong 公理系统

Armstrong 提出了一套完备的推理规则，称为 Armstrong 公理，目的就是能够从已知的函数依赖推导出其他的函数依赖。设 $U$ 是关系模式 $R$ 的属性集，$F$ 是 $R$ 上的函数依赖集，那么 Armstrong 推理规则有以下三条：

A1（自反律）：若 $Y \subseteq X \subseteq U$，则 $X \rightarrow Y$ 在 $R$ 上成立。

A2（增广律）：若 $X \rightarrow Y$ 在 $R$ 上成立，且 $Z \subseteq U$，则 $X \cup Z \rightarrow Y \cup Z$（简记为 $XZ \rightarrow YZ$，以下类同）在 $R$ 上成立。

A3（传递律）：若 $X \rightarrow Y$ 和 $Y \rightarrow Z$ 在 $R$ 上成立，则 $X \rightarrow Z$ 在 $R$ 上成立。

#### 3. 公理的正确性正确性

Armstrong 公理是有效的和完备的。

可以证明 Armstrong 公理给出的推理规则是正确的。即：如果 $X \rightarrow Y$ 是用推理规则 A1、A2、A3 从 $F$ 推出的，则 $X \rightarrow Y \in F^+$（正确性）。

Armstrong 公理的有效性是指，由 $F$ 出发，根据公式推理出来的每一个函数依赖一定在 $F^+$ 中；完备性是指 $F$ 所蕴含的所有函数依赖都可以用推理规则 A1、A2、A3 推出。由完备性还可以知道，$F^+$ 是由 $F$ 根据 Armstrong 公理系统推导出来的函数依赖的集合，从而在理论上解决了由 $F$ 计算 $F^+$ 的问题。

**4. Armstrong 公理的推论**

还可以由 A1、A2、A3 推出其他一些推理规则，它们在求 $F$ 蕴含的函数依赖中很实用：

①$A_4$ 合并规则：$\{X \rightarrow Y, X \rightarrow Z\} \Rightarrow X \rightarrow YZ$。

②$A_5$ 分解规则：$\{X \rightarrow Y, Z \subseteq Y\} \Rightarrow X \rightarrow Z$。

③$A_6$ 伪传递规则：$\{X \rightarrow Y, WY \rightarrow Z\} \Rightarrow WX \rightarrow Z$。

根据合并和分解规则可以得到一个很重要的结论：

如果 $A_1, A_2, \cdots, A_n$ 是关系模式 $R$ 的属性集，则 $X \rightarrow A_1 A_2 \cdots A_n$ 成立的充分必要条件是 $X \rightarrow A_i (i = 1, 2, \cdots n)$ 成立。

利用 Armstrong 公理及其推论，可以找出一个关系模式中的候选码。

### 2.4.5　属性集的闭包

我们并不希望费时费力地去计算一个函数依赖集的闭包或最小覆盖。事实上，给定一个函数依赖集 $F$，对于任何函数依赖 $X \rightarrow Y$，无须计算闭包 $F^+$，仅需计算规模小得多的属性集 $X$ 的闭包 $X^+$，就可以判断它是否在 $F^+$ 中。所以我们先对属性集闭包的概念进行定义。

**定义 2-9**　设有属性集 $U$，$F$ 为 $U$ 的一函数依赖集，$X$ 为 $U$ 的一个子集。$F$ 所蕴涵的所有形如 $X \rightarrow A$ 的 FD 所确定的属性 $A$ 的集合称为 $X$ 关于 $F$ 的闭包，记为 $X^+$。

由该定义及推导规则，很容易证明下列引理 2-1 的成立。

**引理 2-1**　一个函数依赖 $X \rightarrow Y$ 属于一个依赖集闭包 $F^+$ 的必要充分条件是 $Y \subseteq X^+$。

这样一来，判断一个函数依赖 $X \rightarrow Y$ 是否属于一个依赖集闭包 $F^+$ 或者说计算 $F^+$ 的问题就变成了计算 $X^+$ 的问题，这要简单得多。计算属性集闭包的方法如下列算法所示。

**算法 2-1**　CLOSURE()

输入：函数依赖集 $F$；属性集 $X$

输出：$X^+$。

步骤：

1. 初始化：C0 := $\phi$；C1 := X；
2. WHILE(C0 ≠ C1)DO
　　{C0 := C1；
　　　　FOR EACH　(Y→Z)∈F
　　　　　　IF Y⊆C1　C1 := C0∪{Z}
　　}ENDWHILE
3. $X^+$ := C1

可以证明，利用此算法能正确地计算出属性集 $X$ 的闭包 $X^+$，且在最坏情况下，其时间

复杂度为 $O(|F|^2)$。还可以有更有效的算法，其执行时间仅为 $|F|$（其 $FD$ 的个数）的线性函数。

利用上述求属性集闭包的算法，不但可以检验一个 $FD$ 是否属于一个依赖集闭包，还能够判定一个属性集 $K$ 是否为其关系的超关键字。由超关键字的定义和属性集闭包 $K^+$ 的定义又可以证明下列引理 2-2 的成立。

**引理 2-2**　给定关系模式 $R=(A,F)$，属性集 $K\subseteq A$ 为 $R$ 的超关键字的必要充分条件是：它关于 $F$ 的闭包 $K^+=A$。

上述算法实际上给出了一种求关系 $R=(A,F)$ 的函数依赖集闭包 $F^+$ 的一种简单方法：

步骤 1. 对任一属性集 $X\subseteq A$，计算出其闭包 $X^+$。

步骤 2. 对所有的 $Y\subseteq X^+$，得所有形如 $X\rightarrow Y$ 的一个 $FD$ 集。

步骤 3. 对所有可能的属性集 $X$，求这种 $FD$ 集的并集，即为 $F^+$。

之所以要计算属性集的闭包，原因在于经过归纳，其有以下三类用途：

①判定一个 $FD$ 是否属于某 $FD$ 集的闭包。

②判定一个属性集是否为一个关系的超关键字（进而是否为候选关键字）。

③是计算规模要小得多的求 $FD$ 集闭包 $F^+$ 的一种简单方法。

## 2.5　关系模式的规范化

范式（Normal Forms，NF）为可以作为分解的依据和评价的标准。关系模式的规范化问题由 E. F. Codd 最先提出。他于 20 世纪 70 年代初提出了 1NF、2NF 和 3NF，此后，E. F. Codd 和其他一些学者又提出了 BCNF、4NF 和 5NF 等。不同的范式满足不同程度规范化的要求。满足最低要求的范式是第一范式（简记为 1NF）；在第一范式中进一步满足其他一些要求的为第二范式（简记为 2NF）；其余依次类推。所谓"第 N 范式"就是表示关系模式的某种级别，因此经常称某一关系模式为低级范式。

如果把范式理解为满足某一种级别的关系模式的集合，则各类范式之间的包含关系有：5NF $\subseteq$ 4NF $\subseteq$ BCNF $\subseteq$ 3NF $\subseteq$ 2NF $\subseteq$ 1NF，如图 2-6 所示。

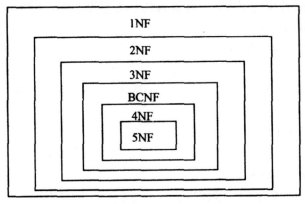

**图 2-6　各类范式之间的包含关系**

其中，外层的范式规范化程度较低，内层的范式规范化程度较高。在已知的范式中，最高级是 5NF，最低级是 1NF。规范化程度高的关系模式可以最大限度地避免冗余，并能够有效地消除插入、修改和删除异常。一个低级范式的关系模式,经过模式分解可转换为若干高级范式的关系模式的集合,这种分解转换的过程称为关系模式规范化。关系数据库的设计者应该尽量使关系模式规范化。

### 2.5.1　关系模式规范化的必要性

在构造关系时,经常会发现数据冗余和更新异常等现象,这是由关系中各属性之间的相互依赖性和独立性造成的。如果一个关系没有经过规范化,可能会导致上述谈到的数据冗余大、数据更新造成不一致、数据插入异常和删除异常问题。

例如,学校要建立一个对学生的成绩进行管理的数据库,该数据库涉及的数据包括学生的学号、姓名、性别、院系、办公地点、课号、成绩、教工号。假设用一个关系模式"教学"来表示,则该关系模式的属性集合表示如下。

$$R=\{学号,姓名,性别,院系,办公地点,课号,成绩,教工号\}$$

现实世界的已知事实(语义)如下:

①一位学生只能有唯一的学号,规定一位学生只能登记一个姓名。

②一位学生自然只有一种性别。

③一个院系有若干学生,规定一位学生只属于一个院系。

④规定一个院系只能有一个办公地点。

⑤每位学生选修每一门课程只有一个成绩。

⑥每位教工只教一门课,每门课由若干教工教。

⑦某位学生选定某门课,就确定了一位固定的教工。

⑧某位学生选修某位教工的课就确定了所选课的课号。

表 2-2 为某一时刻关系模式"教学"的一个关系。

表 2-2　"教学"表

| 学号 | 姓名 | 性别 | 院系 | 办公地点 | 课号 | 成绩 | 教工号 |
|------|------|------|--------|----------|------|------|--------|
| 11001 | 李艳 | 女 | 计算机系 | 教二五楼 | 1 | 80 | 001 |
| 11001 | 李艳 | 女 | 计算机系 | 教二五楼 | 2 | 55 | 002 |
| 11001 | 李艳 | 女 | 计算机系 | 教二五楼 | 3 | 78 | 003 |
| 11001 | 李艳 | 女 | 计算机系 | 教二五楼 | 4 | 92 | 004 |
| 11002 | 秦朗 | 男 | 计算机系 | 教二五楼 | 2 | 36 | 002 |
| 11002 | 秦朗 | 男 | 计算机系 | 教二五楼 | 3 | 98 | 003 |

此关系模式存在如下四个问题。

#### 1. 数据冗余太大

一个关系中某属性有若干个相同的值称为数据冗余。本关系模式数据冗余太大。比如,某学生选修了 $n$ 门课程,那么其学号、姓名、性别、院系、办公地点等数据都要重复出现 $n$ 次,这将浪费大量的存储空间。

**2. 删除异常**

一个关系中，因要清除某些属性上的值而导致连同删除了一个确实存在的实体，称为删除异常。

如果某个院系的学生全部毕业了，在删除该院系学生信息的同时，把这个院系及其办公地点信息也丢掉了。这就是删除异常。

**3. 插入异常**

"教学"关系模式的主键为(学号，课号)。如果一个院系刚成立，尚无学生，学号这一主属性为空值，根据实体完整性规则，无法把这个刚成立的院系名称及其办公地点信息存入数据库。这就是插入异常。

一个关系中，现实中某实体确实存在，但某些属性(尤其是主属性)的值暂时还不能确定，这会导致该实体不能插入该关系中，称为插入异常。

**4. 修改异常**

比如，要修改某院系的办公地点，必须逐一修改有关的每一个元组的"办公地点"属性值，否则就会出现数据不一致。这就是修改异常。

对于冗余的数据，如果只修改其中一个，其余的未修改，就会出现数据不一致，称为修改异常。

由于"教学"关系模式存在以上四个问题，"教学"关系尽管看起来简单，但存在较多问题，因此它是一个不好的关系模式。一个好的关系模式不会发生插入异常、删除异常、修改异常，而且数据冗余应尽可能少。

### 2.5.2 第一范式

**定义 2-10** 如果关系模式 $R$ 中的所有属性值都是不可再分解的最小数据单位，那么就称关系 $R$ 符合第一范式(first normal form，1NF)，记作 $R \in$ 1NF。

第一范式是最基本的范式。不是 1NF 的关系称为非规范化的关系，满足 1NF 的关系称简为关系。1NF 是对关系模式的起码要求，在关系型数据库管理系统中，涉及的研究对象都满足 1NF 的规范化关系。

不过关系中的属性是否都是原子的，取决于实际研究对象的重要程度。例如，在某个关系中，属性 address 是否是原子的，取决于该属性所属的关系模式在数据库模式中的重要程度和该属性在所在关系模式中的重要程度。如果属性 address 在该关系模式中非常重要，那么属性 address 是非原子的，还要继续细分成属性 province、city、street、building 和 number；如果属性 address 不重要，可以将其认为成是原子的。

### 2.5.3 第二范式

如果想消除 1NF 关系的冗余和操作异常，就要消除其关系模式所具有的部分函数依赖，即要满足第二范式。第二范式没有 3NF 和 BCNF 重要，但是掌握它有助于培养数据库设计人员设计合理关系模式的素质。

**定义 2-11** 如果一个关系模式 $R \in 1NF$,且每个非主属性都完全函数地依赖于 $R$ 的每一关键字(或主关键字),则关系 $R$ 属于第二范式,简称为 2NF,记作 $R \in 2NF$。

由于主关键字的任选性,因而定义中"每一关键字"与"主关键字"是等价的。该定义中强调的是"所有"非主属性都必须"完全函数"依赖于关键字,由此可知,第二范式的实质是要从第一范式中去掉所有对主关键字的部分函数依赖。其方法是,将所考虑的关系分解成多个关系,一个由主关键字属性加完全函数依赖于主关键字的所有属性组成。其余则分别由各部分函数依赖中的属性组成,即部分函数地依赖于相同主关键字属性的所有属性加上相应的那部分主关键字属性组成的关系,这种关系可能很多。

如图 2-7 中的关系 STUD-COUR 是 1NF 但非 2NF 的,所以必须将其规范到 2NF。其规范化的方法如图 2-8 所示模式分解,所得关系 GRADES 和 COUR-INSTRU 都是 2NF 的。显然,只有在组合关键字的情况下,才需要考虑 1NF 关系到 2NF 关系规范化的问题。

**GRADE-REPORT**

| STUD# | S-NAME | MAJOR | COUR# | C-TITLE | I-NAME | I-ADDR | GRADE |
|-------|--------|-------|-------|---------|--------|--------|-------|
| 2006030074 | 李文明 | CST | CS200 | PL | 刘 军 | XYZ1 | 92 |
| 2006030074 | 李文明 | CST | CS360 | DS | 王明华 | XYZ2 | 84 |
| 2006030074 | 李文明 | CST | CS420 | OS | 张继业 | XYZ3 | 96 |
| 2006030074 | 李文明 | CST | CS460 | DB | 王明华 | XYZ2 | 68 |
| 2007100125 | 赵大元 | ISYS | CS200 | PL | 刘 军 | XYZ1 | 83 |
| 2007110103 | 刘蓉润 | SOFT | SF420 | OS | 张继业 | XYZ3 | 70 |
| … | … | … | … | … | … | … | … |

(UNF)

**STUDENT**

| STUD# | S-NAME | MAJOR |
|-------|--------|-------|
| 2006030074 | 李文明 | CST |
| 2006030074 | 李文明 | CST |
| 2006030074 | 李文明 | CST |
| 2006030074 | 李文明 | CST |
| 2007100125 | 赵大元 | ISYS |
| 2007110103 | 刘蓉润 | SOFT |
| … | … | … |

(3NF)

**STUD-COUR**

| STUD# | COUR# | C-TITLE | I-NAME | I-ADDR | GRADE |
|-------|-------|---------|--------|--------|-------|
| 2006030074 | CS200 | PL | 刘 军 | XYZ1 | 92 |
| 2006030074 | CS360 | DS | 王明华 | XYZ2 | 84 |
| 2006030074 | CS420 | OS | 张继业 | XYZ3 | 96 |
| 2006030074 | CS460 | DB | 王明华 | XYZ2 | 68 |
| 2007100125 | CS200 | PL | 刘 军 | XYZ1 | 83 |
| 2007110103 | SF420 | OS | 张继业 | XYZ3 | 70 |
| … | … | … | … | … | … |

(1NF)

**图 2-7 规范到 1NF 的例子**

但是第二范式的关系还是会引起一些操作上的异常。如图 2-8 中描述有关课程及主讲教师(假定每门课只有一位主讲教师)信息的关系 COUR-INSTRU 是 2NF 的,但它还会引起插入、删除、修改操作异常。如果想新增加一位教师,必须事先确定他至少是一门课的主讲教师,否则关于他的数据不能进入数据库。非主属性 I-NAME 和 I-ADDR 之间存在函数依赖是导致这些异常的原因,所以还需要进一步优化,去掉这种非主属性之间的函数依赖,以达到更高级的规范化程度。

STUD-COUR

| STUD# | COUR# | C-TITLE | I-NAME | I-ADDR | GRADE |
|---|---|---|---|---|---|
| 2006030074 | CS200 | PL | 刘 军 | XYZ1 | 92 |
| 2006030074 | CS360 | DS | 王明华 | XYZ2 | 84 |
| 2006030074 | CS420 | OS | 张继业 | XYZ3 | 96 |
| 2006030074 | CS460 | DB | 王明华 | XYZ2 | 68 |
| 2007100125 | CS200 | PL | 刘 军 | XYZ1 | 83 |
| 2007110103 | SF420 | OS | 张继业 | XYZ3 | 70 |
| ... | ... | ... | ... | ... | ... |

(1NF)

GRADES

| STUD# | COUR# | GRADE |
|---|---|---|
| 2006030074 | CS200 | 92 |
| 2006030074 | CS360 | 84 |
| 2006030074 | CS420 | 96 |
| 2006030074 | CS460 | 68 |
| 2007100125 | CS200 | 83 |
| 2007110103 | SF420 | 70 |
| ... | ... | ... |

(3NF)

COUR-INSTRU

| COUR# | C-TITLE | I-NAME | I-ADDR |
|---|---|---|---|
| CS200 | PL | 刘 军 | XYZ1 |
| CS360 | DS | 王明华 | XYZ2 |
| CS420 | OS | 张继业 | XYZ3 |
| CS460 | DB | 王明华 | XYZ2 |
| ... | ... | ... | ... |

(2NF)

图 2-8　1NF 规范到 2NF

### 2.5.4　第三范式

**定义 2-12**　如果关系模式 $R \in 2NF$，且每个非主属性都不传递依赖于 $R$ 的码，则称关系 $R$ 属于第三范式，简称为 3NF，记作 $R \in 3NF$。

此定义的含义即为，若 $R \in 3NF$，则每一个非主属性既不部分依赖于码也不传递依赖于码。由此可知，第三范式的实质是要从第二范式中去掉非主属性对码的传递函数依赖。

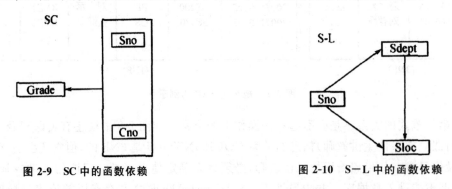

图 2-9　SC 中的函数依赖　　　　图 2-10　S-L 中的函数依赖

其中，Sno 为学生的学号；Cno 为课程号；Grade 为成绩；Sloc 为学生的住处，并且每个系的同学住在同一地方；Sdept 所在系。如图 2-9 中关系模式 SC 没有传递依赖，而图 2-10 中关系模式 S-L 存在非主属性对码的传递依赖。在 S-L 中，由 Sno→Sdept，(Sdept ↛ Sno)，Sdept→Sloc，可得 Sno $\xrightarrow{\text{传递}}$ Sloc。因此 SC$\in$3NF，而 S-L$\notin$3NF。

一个关系模式 $R$ 若不符合 3NF,就会产生与 2NF 相类似的问题。读者可以类比 2NF 的反例加以说明。解决的办法同样是将 S-L 进行分解,分解的原则和方法与 2NF 的规范化时遵循的原则相同,分解结果为:

$$S\text{-}D(Sno,Sdept);D\text{-}L(Sdept,Sloc)$$

分解后的关系模式 S-D 与 D-L 中不再存在传递依赖。

### 2.5.5　BC 范式

第二范式和第三范式都是以关系模式中的非主属性对主码的依赖关系为讨论的对象,但是主属性对主码也有依赖关系,BC 范式(Boyce-Codd Normal Form,BCNF)讨论的就是主属性对于主码的依赖程度。BCNF 建立在 1NF 的基础之上,是对 3NF 的修正。

**定义 2-13**　关系模式 $R(U)$ 中,$X$、$Y$ 分别是属性集的两个子集,且 $X$ 与 $Y$ 无公共属性,$Y$ 完全函数依赖 $X$($X{\rightarrow}Y$),则称 $X$ 为关系模式 $R(U)$ 的决定因素。

**定义 2-14**　若关系模式 $R{\in}1NF$,且其中的每一个决定因素都是 $R$ 的候选关键字,则称关系 $R(U)$ 符合 BC 范式,记为 $R{\in}BCNF$。

由定义可知,一个满足 BCNF 的关系模式有下列性质:

①关系模式所有的非主属性对每一个候选码都是完全函数依赖。

②关系模式所有的主属性对每个不包含它的码也是完全函数依赖。

③关系模式中不存在任何属性完全函数依赖于任何一组非码属性。

**例 2-2**　在关系 SCT(S♯,C♯,T) 中,如图 2-11 所示,S♯ 为学生号,C♯ 为课程号,T 为教师。规定每个教师只教一门课,每门课有若干教师教,一个学生选定某门课就对应一个教师。由上述语义可得如下的函数依赖关系,如图 2-12 所示。

SCT(S♯,C♯,T)

(S♯,C♯)→T

(S♯,T)→C♯

T→C♯

**SCT**

| S# | C# | T |
|----|----|----|
| S1 | C2 | T1 |
| S2 | C1 | T2 |
| S1 | C3 | T3 |
| S2 | C2 | T1 |
| S3 | C1 | T4 |

图 2-11　SCT 关系

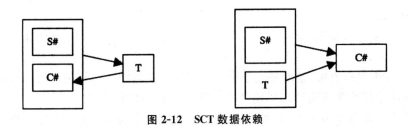

图 2-12　SCT 数据依赖

由于(S♯,C♯)与(S♯,T)均为候选关键字,并且不存在任何非关键字属性对关键字的传递依赖,或部分依赖,所以关系 SCT 是 3NF。但因为属性 T 是决定因素,却不是候选关键字,所以关系 SCT 不是 BCNF。

在非 BCNF 的关系模式,也会遇到异常问题。如在 SCT 关系中删除了 S2 学生选修的课程 C1 的元组,就会同时丢失 T2 讲授 C1 课程的信息。当将 SCT 分解成如图 2-13 所示的关系 SC 和 CT 后,就不会有上述的异常问题了,且关系 SC 和 CT 都是 BCNF。

**SC**

| S# | C# |
|----|----|
| S1 | C2 |
| S2 | C1 |
| S1 | C3 |
| S2 | C2 |
| S3 | C1 |

**CT**

| C# | T |
|----|----|
| C1 | T2 |
| C2 | T1 |
| C3 | T3 |
| C1 | T4 |

图 2-13　关系 SCT 分解后的关系组

由上述分析可知:如果 $R \in$ BCNF,那么将消除任何属性对码的部分函数依赖和传递函数依赖,所以有 $R \in$ 3NF;但反之,如果 $R \in$ 3NF,$R$ 并不一定是 BCNF。BCNF 是在函数依赖的条件下,对一个关系模式进行分解所能达到的最高程度,如果一个关系模式 $R(U)$ 分解后得到的一组关系都属于 BCNF,那么在函数依赖范围内,这个关系模式 $R(U)$ 已经彻底分解了,消除了插入、删除等异常现象。

### 2.5.6　关系模式规范化步骤

对一个关系模型规范化的基本思想是逐步消除数据依赖中的不合适的部分,从而使得模式中的每个关系模式达到某种程度的分离,让一个关系描述一个概念、一个实体或者实体间的一种联系。规范化实质上是概念的单一化。关系模式规范化的基本步骤如图 2-14 所示。

图 2-14　关系模式的规范化过程

①对 1NF 关系进行投影,消除原关系中非主属性对关键字的函数依赖,将 1NF 关系转换为若干个 2NF 关系。

②对 2NF 关系进行投影,消除原关系中非主属性对关键字的传递函数依赖,从而产生一组 3NF 关系。

③对 3NF 关系进行投影,消除原关系中非主属性对关键字的部分函数依赖和传递函数依赖(也就是说,使决定属性都成为投影的候选键),得到一组 BCNF 关系。

以上三步也可以合并为一步,对关系进行投影,消除决定属性不是候选键的任何函数依赖。

④对 BCNF 关系进行投影,消除原关系中非平凡且非函数依赖的多值依赖,从而产生一组 4NF 关系。

⑤对 4NF 关系进行投影,消除原关系中不是由候选键所蕴含的连接依赖,即可得到一组 5NF 关系。

⑥5NF 是最终范式。

需要注意的是,规范化过程过低的关系可能会存在插入异常、删除异常、修改复杂、数据冗余等问题,需要对其进行规范化,转换成高级范式。但这并不意味着规范化程度越高的关系模式就越好。在设计数据库模式结构时,必须对现实世界的情况和用户应用需求作进一步分析,确定一个合适的、能够反映现实世界的模式。也就是说,上面的规范化步骤可以在其中任何一步终止。

## 2.6 关系代数与关系演算

### 2.6.1 关系代数

关系模型源于数学,关系是由元组构成的集合,可以通过对关系的运算来表达查询要求,而关系代数恰恰是关系操作语言的一种传统表示方式,它是一种抽象的查询语言。

关系代数的运算对象是关系,关系代数的运算结果也是关系。与一般的运算一样,运算对象、运算符和运算结果也是关系代数的三个要素。关系代数的运算可以分为两大类:

传统的集合运算,这类运算完全把关系看作是元组的集合。传统的集合运算包括集合的广义笛卡儿积运算、并运算、交运算和差运算。

专门的关系运算,这类运算除了把关系看作是元组的集合,它还通过运算表达了查询的要求。专门的关系运算包括选择运算、投影运算、连接运算和除运算。

关系代数中的运算符可以分为 4 类:集合运算符、专门的关系运算符、比较运算符和逻辑运算符,表 2-3 列出了这些运算符,其中比较运算符和逻辑运算符是用于配合专门的关系运算来构造表达式的。

表 2-3 关系代数的运算符

| 运算符 | | 含义 | 运算符 | 含义 |
|---|---|---|---|---|
| 集合<br>运算符 | ∪ | 并 | 比较<br>运算符 | 大于 |
| | ∩ | 交 | | 大于等于 |
| | － | 差 | | 小于 |
| | × | 广义笛卡尔积 | | 小于等于 |
| | | | | 等于 |
| | | | | 不等于 |
| 专门的<br>关系运算符 | σ | 选取 | 逻辑<br>运算符 | 与 |
| | Π | 投影 | | 或 |
| | ÷ | 除 | | 非 |
| | ∞ | 连接 | | |

比较运算符列: $>$ 大于, $\geqslant$ 大于等于, $<$ 小于, $\leqslant$ 小于等于, $=$ 等于, $\neq$ 不等于

逻辑运算符列: $\wedge$ 与, $\vee$ 或, $\neg$ 非

1. 传统的集合运算

传统集合运算是二目运算,包括并、交、差、笛卡儿积四种运算。关系的集合运算要求参加运算的关系必须具有相同的目(即关系的属性个数相同),且相应属性取自同一个域。

(1)并(Union)

设 $R$ 和 $S$ 都是 $n$ 目关系,而且两者各对应属性的数据类型相同,则 $R$ 和 $S$ 的并定义为:

$$R \cup S = \{t \mid t \in R \lor t \in S\}$$

$R \cup S$ 的结果仍为 $n$ 目关系,由属于 $R$ 或属于 $S$ 的元组组成。$R \cup S$ 可以用图 2-15 表示。

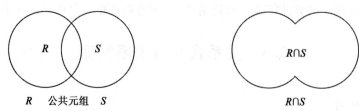

图 2-15　并操作

(2)交(Intersection)

设 $R$ 和 $S$ 都是 $n$ 目关系,而且两者各对应属性的数据类型相同,则 $R$ 和 $S$ 的交定义为:

$$R \cap S = \{t \mid t \in R \land t \in S\}$$

$R \cap S$ 的结果仍为 $n$ 目关系,有即属于 $R$ 又属于 $S$ 的元组组成,如图 2-16 所示。

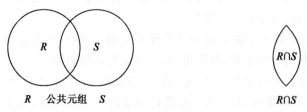

图 2-16　交运算

(3)差(Difference)

设 $R$ 和 $S$ 都是 $n$ 目关系,而且两者各对应属性的数据类型相同,则 $R$ 和 $S$ 的差定义为:

$$R - S = \{t \mid t \in R \land t \notin S\}$$

$R - S$ 的结果仍为 $n$ 目关系,由属于 $R$ 而不属于 $S$ 的元组组成,如图 2-17 所示。

图 2-17　差运算

(4)广义的笛卡儿积(Extended Cartes Jan Product)

设 $R$ 是 $n$ 目关系,$S$ 是 $m$ 目关系,$R$ 和 $S$ 的笛卡儿积定义为:

$$R \times S = \{t_r t_s \mid t_r \in R \land t_s \in S\}$$

$R \times S$ 是一个 $(n+m)$ 目关系,前 $n$ 列是关系 $R$ 的属性,后 $m$ 列是关系 $S$ 的属性。

每个元组的前 $n$ 个属性是关系 $R$ 的一个元组,后 $m$ 个属性足关系 $S$ 的一个元组。

若关系 $R$ 有 $p$ 个元组,关系 $S$ 有 $q$ 个元组,关系 $R \times S$ 有 $p \times q$ 个元组,且每个元组的属性为 $(n+m)$ 个。

**2. 专门的关系运算**

为了满足用户对数据操作的需要,在关系代数中除了需要一般的集合运算外,还需要一些专门的关系运算。

(1)选择

从关系中找出满足给定条件的所有元组称为选择。其中的条件是以逻辑表示式给出的,该逻辑表达式的值为真的元组被选取。这是从行的角度进行的运算,即水平方向抽取元组。经过选择运算得到的结果可以形成新的关系,其关系模式不变,但其中元组的数目小于或等于原来的关系中的元组的个数,它是原关系的一个子集,如图 2-18 所示。

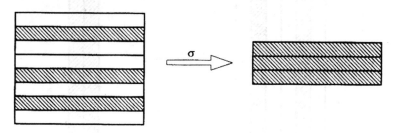

**图 2-18　选择**

选择又称为限制。它是在关系 $R$ 中选择满足给定条件的元组,记作

$$\sigma_F(R) = \{t \mid t \in R \wedge F(t) = \text{'真'}\}$$

其中 F 表示选择条件,它是一个逻辑表达式,取逻辑值"真"或"假"。

逻辑表达式 F 由逻辑运算符 $\neg, \wedge, \vee$ 连接各算术表达式组成。算术表达式的基本形式为:

$$X_1 \theta Y_1$$

其中 $\theta$ 表示比较运算符,它可以是 $>, \geq, <, \leq, =$ 或 $\neq$。$X_1, Y_1$ 是属性名,或常量或简单函数,属性名可以用它的序号来代替。

设有一学生成绩统计表,如表 2-4 所示。试找出满足条件(计算机成绩在 90 分以上)的元组集 T。结果如表 2-5 所示。

**表 2-4　学生成绩统计表**

| 学号 | 姓名 | 数学 | 英语 | 计算机 |
|------|------|------|------|--------|
| 001 | 陈亮 | 99 | 76 | 92 |
| 002 | 周小军 | 91 | 84 | 91 |
| 003 | 彭军 | 68 | 88 | 76 |
| 004 | 张丽芳 | 82 | 90 | 88 |
| 005 | 朱湘平 | 60 | 69 | 94 |

表 2-5　选择结果 T

| 学号 | 姓名 | 数学 | 英语 | 计算机 |
|------|------|------|------|--------|
| 001 | 陈亮 | 99 | 76 | 92 |
| 002 | 周小军 | 91 | 84 | 91 |
| 005 | 朱湘平 | 60 | 69 | 94 |

（2）投影

从关系中挑选若干属性组成新的关系称为投影。这是从列的角度进行运算的。经过投影运算可以得到一个新关系，其关系所包含的属性个数往往比原关系少，或者属性的排列顺序不同，如果新关系中包含重复元组，则要删除重复元组，如图 2-19 所示。

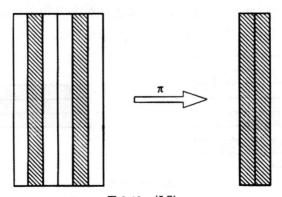

图 2-19　投影

关系 R 上的投影是从 R 中选择出若干属性列组成新的关系，记作：

$$\prod_F(R) = \{t[A] \mid t \in R\}$$

或者 R[A]，其中 A 为 R 中的属性列。

查询学生成绩统计表（表 3-3）在学号和姓名两个属性上的投影 T，结果如表 2-6 所示。

表 2-6　投影结构 T

| 学号 | 姓名 |
|------|------|
| 001 | 陈亮 |
| 002 | 周小军 |
| 003 | 彭军 |
| 004 | 张丽芳 |
| 005 | 朱湘平 |

（3）连接

连接也称 θ 连接。它是从两个关系的笛卡尔积中选取属性间满足一定条件的元组。记作：

$$R \underset{A\theta B}{\infty} S = \{t_r t_s \mid t_r \in R \land t_s \in S \land t_r[A]\theta t_s[B]\}$$

其中 A 和 B 分别为 R 和 S 上度数相等且可比的属性组。θ 是比较运算符。连接运算从 R

和 S 的广义笛卡尔积 R×S 中选取(R 关系)在 A 属性组上的值与(S 关系)在 B 属性组上值满足比较关系 θ 的元组。如图 2-20 所示。

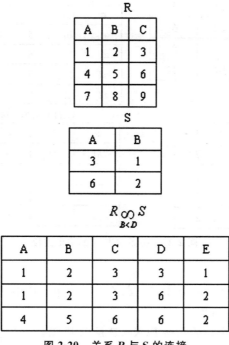

图 2-20　关系 *R* 与 *S* 的连接

连接运算中有两种最为重要也最为常见的连接,一种是等值连接,另一种是自然连接。

θ 为"="的连接运算称为等值连接。它是从关系 R 与 S 的广义笛卡尔积中选取 A,B 属性值相等的那些元组,如图 2-21 所示。

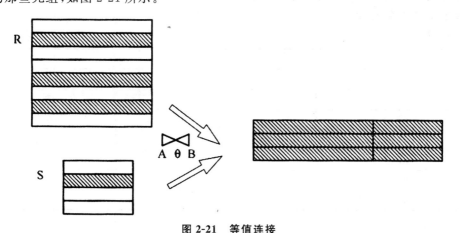

图 2-21　等值连接

给定关系 R 和 S,其等值连接如图 2-22(a)所示。

自然连接是一种特殊的等值连接,它要求两个关系中进行比较的分量必须是相同的属性组,并且在结果中把重复的属性列去掉。如图 2-22(b)所示。

一般的连接操作是从行的角度进行运算。但自然连接还需要取消重复列,所以是同时从行和列的角度进行运算的。

$R$

| A | B | C |
|---|---|---|
| a1 | b1 | 5 |
| a1 | b2 | 6 |
| a2 | b3 | 8 |
| a2 | b4 | 12 |

(a) 等值连接 $R \underset{R.B=S.B}{\infty} S$

| A | R.B | C | S.B | E |
|---|---|---|---|---|
| a1 | b1 | 5 | b1 | 3 |
| a1 | b2 | 6 | b2 | 7 |
| a2 | b3 | 8 | b3 | 10 |
| a2 | b3 | 8 | b3 | 2 |

$S$

| B | E |
|---|---|
| b1 | 3 |
| b2 | 7 |
| b3 | 10 |
| b3 | 2 |
| b5 | 2 |

(b) 自然连接 $R \infty S$

| A | B | C | E |
|---|---|---|---|
| a1 | b1 | 5 | 3 |
| a1 | b2 | 6 | 7 |
| a2 | b3 | 8 | 10 |
| a2 | b3 | 8 | 2 |

**图 2-22　关系 $R$ 与 $S$ 的等值连接**

(4)除

给定关系 R(X,Y)和 S(Y,Z),其中,X、Y、Z 为属性组。R 中的 Y 与 S 中的 Y 可以有不同的属性名,但必须出自相同的域集。

R 与 S 的除运算得到一个新的关系 P(X),P 是 R 中满足下列条件的元组在 X 属性列上的投影:元组在 X 上分量值 x 的象集 $Y_x$ 包含 S 在 Y 上投影的集合。记作

$$R \div S = \{t_r[X] \mid t_r \in R \wedge \pi_Y(S) \subseteq Y_x\}$$

其中 $Y_x$ 为 x 在 R 中的象集,$x = t_r[X]$。

除操作是同时从行和列角度进行运算的。

设有如下的关系 R 和 S:

R

| A | B | C |
|---|---|---|
| a1 | b1 | c2 |
| a2 | b3 | c7 |
| a3 | b4 | c6 |
| a1 | b2 | c3 |
| a4 | b6 | c6 |
| a2 | b2 | c3 |
| a1 | b2 | c1 |

S

| B | C | D |
|---|---|---|
| b1 | c2 | d1 |
| b2 | c1 | d1 |
| b2 | c3 | d2 |

则 $R \div S$ 结果如下：

a1 的象集为{(b1,c2),(b2,c3),(b2,c1)}

a2 的象集为{(b3,c7),(b2,c3)}

a3 的象集为{(b4,c6)}

a4 的象集为{(b6,c6)}

$S$ 在$(B,C)$上的投影为

{(b1,c2),(b2,c1),(b2,c3)}

因只有 a1 的象集包含了 $S$ 在$(B,C)$属性组上的投影，故

$$R \div S = \{a1\}$$

即 $R \div S$ 为

| A |
|---|
| a1 |

### 2.6.2　关系演算

除了使用关系代数表示关系的操作之外，还可以使用谓词运算来表示关系的操作，称为关系演算(Relational Calculus)。关系演算按照谓词变元的不同分为元组关系演算和域关系演算。用关系代数表示查询操作时，需要提供一定的查询过程描述。反之，元组关系演算是非过程化的，它只需提供所需信息的描述，而不需要给出获得该信息的具体过程。当前，面向用户的关系数据语言基本上是以关系演算为基础的。

关系演算是以数理逻辑中的谓词演算为基础的，常见的谓词如表 2-7 所示。

表 2-7　关系演算谓词

| 比较谓词 | $>$、$>=$、$<$、$<=$、$=$、$\neq$ |
|---|---|
| 包含谓词 | IN |
| 存在谓词 | EXISTS |

#### 1. 元组关系演算

关系 $R$ 可用谓词 $R(t)$ 表示，$t$ 为变元。关系 $R$ 与谓词间关系如下：

$$R = \{t \mid \varphi(t)\}$$

式中，$R$ 是所有使 $\varphi(t)$ 为真的元组 $t$ 的集合。当谓词以元组为变量时，称为元组关系演算；当谓词以域为变量时，称为域关系演算。

在元组关系演算中，把$\{t \mid \varphi(t)\}$称为一个演算表达式，把 $\varphi(t)$ 称为一个公式，$t$ 为 $\varphi$ 中唯一的自由元组变量。可递归地定义元组关系演算公式如下：

(1)原子命题函数是公式，称为原子公式(atom)，它有下面 3 种形式。

①$R(t)$。在该原子公式中，$R$ 为关系名，$t$ 为元组变量。它表示 $t$ 是关系 $R$ 中的一个元组，有 $t \in R$。

②$t[i]\ \theta\ C$ 或 $C\ \theta\ t[i]$。$t[i]$表示元组变量 $t$ 的第 $i$ 个分量，$c$ 是常量，$\theta$ 为算术比较运算符。

它表示 $t$ 的第 $i$ 个分量与常量 $C$ 之间满足 $\theta$ 运算。

③$t[i] \theta u[j]$。$t$、$u$ 是两个元组变量。$t[i]$ 和 $u[j]$ 表示分别是 $t$ 的第 $i$ 个分量和 $u$ 的第 $j$ 个分量。例如，$t[1]<u[2]$ 表示元组 $t$ 的第一个分量必须小于元组 $u$ 的第二个分量。

（2）设 $\varphi_1$、$\varphi_2$ 是公式，则 $\rightarrow\varphi_1$、$\varphi_1 \wedge \varphi_2$、$\varphi_1 \vee \varphi_2$、$\varphi_1 \rightarrow \varphi_2$ 同样是公式。

（3）设 $\varphi$ 是公式，$t$ 是 $\varphi$ 中的某个元组变量，那么 $(\forall t)(\varphi)$、$(\exists t)(\varphi)$ 都是公式。

$\forall$ 为全称量词，含义是"对所有的……"；$\exists$ 为存在量词，含义是"至少有一个…"。在一个公式中，如果元组变量的前面没有全称量词 $\forall$ 或者存在量词 $\exists$，则称其为自由元组变量，否则称其为约束元组变量。

（4）在元组演算的公式中，各种运算符的运算优先次序为：

①算术比较运算符优先级最高。

②量词次之，且按 $\exists$、$\forall$ 的先后次序进行。

③逻辑运算符优先级最低，按 $\rightarrow$、$\wedge$、$\vee$、$\rightarrow$（蕴含）的先后次序进行。

④如果加括号，则括号内优先。

（5）元组演算的所有公式按（1）～（4）所确定的规则经有限次复合求得，不再存在其他形式。

为了表明元组关系演算的完备性，只要说明关系代数的五种基本运算均可等价地用元组演算式表示即可，所谓等价是指双方运算表达式的结果关系相同。

（1）并：$R \cup S = \{t \mid R(t) \vee S(t)\}$。

（2）交：$R \cap S = \{t \mid R(t) \wedge S(t)\}$。

（3）差：$R - S = \{t \mid R(t) \wedge \rightarrow S(t)\}$。

（4）投影：$\prod_{i_1,i_2,\cdots i_k}(R) = \{t^{(k)} \mid (\exists u)(R(u) \wedge t[1]=u[i_1] \wedge t[2]=u[i_2]) \wedge \cdots t[k]=u[ik]\}$；

连接：$R \infty_F S = \{t^{(n+m)} \mid (\exists u^{(n)})(\exists v^{(m)})(R(u) \wedge S(v) \wedge t[1]=u[1] \wedge t[2]=u[2] \wedge t[n]=u[n] \wedge t[n+1]=v[1] \wedge \cdots t[n+m]=v[m] \wedge F')\}$选择：$\sigma_F(R) = \{t \mid R(t) \wedge F'\}$。

### 2. 域关系演算

域关系演算同元组关系演算类似，两者的不同之处是公式中的变量不是元组变量而是表示元组变量中各个分量的域变量。

域演算表达式的一般形式为

$$\{t_1 t_2 \cdots t_k \mid \varphi(t_1, t_2, \cdots, t_k)\}$$

式中，$t_1 t_2 \cdots t_k$ 为元组变量 $t$ 的各个分量，统称为域变量，域变量的变化范围是某个值域而不是一个关系，$\varphi$ 是一个公式，与元组演算公式类似。可以像元组演算一样定义域演算的原子公式和表达式。

在域关系演算中，原子公式有以下三种形式：

（1）$R(t_1 t_2 \cdots t_k)$，其中 $R$ 是一个 $k$ 元关系，每个 $t_i$ 是域变量或常量。$R(t_1 t_2 \cdots t_k)$ 表示命题函数："以 $t_1 t_2 \cdots t_k$ 为分量的元组在关系 $R$ 中"。

（2）$t_i \theta c$ 或 $c \theta t_i$，其中 $t_i$ 是元组 $t$ 的第 $i$ 个域变量，$c$ 是常量，$\theta$ 是比较运算符。它表示元组 $t$ 的第 $i$ 个域变量 $t_i$ 与常量 $C$ 之间满足 $\theta$ 关系。

（3）$t_i \theta u_j$，其中 $t_i$ 是元组 $t$ 的第 $i$ 个域变量，$u_i$ 是元组 $u$ 的第 $j$ 个域变量，$\theta$ 是比较运算符。它表示 $t_i$ 与 $u_i$ 之间满足 $\theta$ 关系。

设 $\varphi_1$、$\varphi_2$ 是公式，则 $\rightarrow\varphi_1$，$\varphi_1 \wedge \varphi_2$，$\varphi_1 \vee \varphi_2$，$\varphi_1 \rightarrow \varphi_2$ 也是公式。

设 $\varphi(t_1, t_2, \cdots t_k)$ 是公式，则 $(\forall t_i)(\varphi)$，$(\exists t_i)(\varphi)$，$i=(1,2,\cdots,k)$ 同样是公式。

# 第3章 Access 2003 数据库管理系统操作基础

## 3.1 Access 数据库概述

Access 2003 是微软公司推出的 Office 2003 办公套件中的一个重要组件,是一个非常实用的关系型数据库管理系统,具有操作灵活、运行环境简单等优点,适用于中小企业管理和办公自动化。同所有数据库管理系统一样,Access 2003 用于构造数据库应用程序并对数据库实行统一管理。用户能够通过 Access 2003 提供的开发环境及工具,方便的构建数据库应用程序,大部分工作是直观的可视化操作,并不需要编写程序代码。

### 3.1.1 Access 数据库的发展历程

1992 年 11 月,Microsoft 公司发行了关系数据库管理系统 Microsoft Access 1.0,从此 Access 经历了版本不断更新、功能不断加强的发展过程。

1995 年末,Access 95 发布,这是世界上第一个 32 位的 RDBMS,使得 Access 在桌面关系型数据库领域的应用得到普及和继续发展。

1997 年,Access 97 发布。它的最大特点是在 Access 数据库中开始支持 Web 技术,这一技术使得 Access 数据库从桌面应用拓展到网络应用。

21 世纪初,Microsoft 公司发布 Access 2000,这是 Microsoft 公司桌面数据库管理系统的第 6 代产品,也是 32 位 Access 的第 3 个版本。至此,Access 在桌面关系数据库领域的普及已经跃上了一个新台阶。

2003 年,Microsoft 公司正式发布了 Access 2003,它除继承了以前版本的优点外,又新增了一些实用功能。

2007 年 1 月,Microsoft 公司推出了 Microsoft Office 2007 套件,Access 2007 是其中的重要成员。

2010 年 6 月,Microsoft Office 2010 正式在中国发布,这是 Microsoft 公司推出的新一代办公软件,其中 Microsoft Access 2010 是其中的重要组件。

从 Microsoft Office 2003 起,Microsoft 公司将 Microsoft Office 改称 Microsoft Office System,原来的 Office 只是 Microsoft Office System 的核心部分,此外,还包括相应版本的其他程序和服务器产品。所以,Microsoft Office 2003、Microsoft Office 2007 和 Microsoft Office 2010 包含了很多组件,而数据库管理系统 Access 是其重要的组件,在通用的办公事务管理中发挥重要作用。

Access 与其他数据库开发系统之间相当显著的区别是:可以在很短的时间里开发出一个功能强大而且相当专业的数据库应用程序,并且这一过程是完全可视的,如果能给它加上一些简短的 VBA 代码,那么开发出的程序功能将更丰富。

从应用和开发的角度看,Access 数据库管理系统都具有许多优越的特性。

### 3.1.2 Access 2003 数据库功能

Access 是真正的关系数据库系统。它具有丰富的帮助信息和使用的方便的应答向导；数据导入、导出和连接外部数据文件；所见即所得的窗体和报表；强大的查询和筛选功能；丰富的数据类型和内部函数；存储文件简单，一个数据库文件中包含了该数据库中的全部数据表、窗体、查询、报表、宏等，便于计算机硬盘上的文件管理；体现了面向对象的思想，通过 DDE 和 OLE 完成对象的动态数据交换及对象的嵌入和连接；具有强大的网络功能。

Access 2003 是微软公司代替 Access 2000 的一个全新的升级版本，它提供了更多的新增功能。

（1）Windows XP 主题支持

Microsoft Windows XP 操作系统提供了若干主题。如果选择了默认主题之外的主题，Access 就会将选中的主题应用到视图、对话框和控件。通过数据库或者项目中的选项设置，能够防止窗体控件从操作系统中继承主题。

（2）传播字段属性

在 Microsoft Access 的早期版本中，只要修改了字段的被继承属性，就必须手动修改各个窗体和报表中相应控件的属性。现在，修改"表"设计视图中的被继承字段属性时，Access 将显示一个选项，此选项用于更新全部或部分绑定到该字段的控件属性。

（3）备份数据库或项目

Access 2003 对当前的数据库或项目作较大的改动之前，可以先对其进行备份。备份将保存在默认的备份位置，或保存在当前文件夹中。若要恢复数据库，请转到备份的位置，重命名该文件，然后在 Access 中打开它。

（4）自动更正选项

在 Microsoft Office Access 2003 中，能跟好地控制自动更正功能的行为。"自动更正选项"按钮将出现在已经自动更正的文本旁边。

（5）安全性增强

Access 2003 允许通过设置宏安全等级来防止可能不安全的 Visual Basic for Applications（VBA）代码。用户可以设置安全等级，以便在每次打开包含 VBA 代码的数据库时接收提示，也可以自动阻止那些来自于未知源的数据库。

另外，Access 2003 使用了 Microsoft Authenticode 技术，此技术可使用数字证书来对宏项目进行数字签名。用于创建此签名的证书确认宏是否源于该签名者，该签名将确认它没被更改。设置宏安全等级时，可以根据宏是否由可信任源列表上的开发人员进行数字签名来运行宏。Access 也可以利用 Microsoft Jet Expression Service 增强沙盒模式来阻止表达式中所使用的潜在不安全可能性。

（6）方便的任务窗格

Access 2003 展现了一个开放式的、充满活力的新外观。另外，也可以使用新增和改进的任务窗格。新增的任务窗格包括"入门"、"帮助"、"搜索结果"和"信息检索"。

（7）强大的纠错功能

新的错误检查功能能够标记出窗体和报表中的常见错误，使得可以比以前更快地测试和修复错误。标记出错误后，在纠正错误的过程中可以有的放矢，这样不但能够节省时间，而且有助于创建更准确的窗体和报表。

（8）强大的 Web 页工具

Access 2003 能够在 Web 上发布窗体和报表，并能够将信息绑定到记录源，从而能够显示、更新和处理数据库的数据。

### 3.1.3　Access2003 数据库特色

Access 2003 提供了一组功能强大的工具，这些工具提供的功能相当完善，能够满足专业开发人员的需求，同时对新用户而言也十分容易上手。

（1）传播字段属性

在 Access 的早期版本中，只要修改了字段的被继承属性，就必须手动修改各个窗体和报表中相应控件的属性。现在，修改"表"设计视图中的被继承字段属性时，Access 2003 将显示一个选项，此选项用于更新全部或部分绑定到该字段的控件属性。

（2）备份数据库或项目

Access 2003 对当前的数据库或项目作较大的改动之前，可以先对其进行备份。备份将保存在默认的备份位置，或保存在当前文件夹中。若要恢复数据库，请转到备份的位置，重命名该文件，然后在 Access 中打开它。

（3）窗体和报表中的错误检查

在 Access 2003 中，可以启用自动错误检查以检查窗体和报表的常见错误。错误检查可指出错误，例如两个控件使用了同一键盘快捷方式，报表的宽度大于打印页面的宽度等。启用错误检查可帮助识别错误并更正它。

（4）查看相关性信息

在 Access 2003 中，可以查看数据库对象之间的相关性信息，有助于随时对数据库进行维护。查看相关对象的完整列表，有助于节省时间并减少错误。

除查看那些绑定到选中对象的对象列表外，还可以查看那些正由选定对象使用的对象。但不能对宏、模块和数据访问页进行相关性搜索，Access 项目不支持这项功能。

（5）备份数据库或项目

对当前的数据库或项目作较大的改动之前，可以先对其进行备份，备份将保存在默认的备份位置，或保存在当前文件夹中。

若要恢复数据库，可以转到备份的位置，重命名该文件，然后在 Access 2003 中打开它。

（6）自动更正选项

在 Access 2003 中，可以更好地控制自动更正行为。"自动更正选项"按钮将出现在已自动更正的文本旁边。如果不希望更正该文本，则可以撤销更正，或者通过单击该按钮通过选择的方式来打开或关闭"自动更正"选项。

（7）智能标记

在 Access 2003 中，可以使用 SmartTags 属性将智能标记添加到数据库中的表、查询、窗体、报表或数据访问页中的任何字段或控件中。

使用智能标记可以执行通常需要打开其他程序才能完成的操作。通过设置"智能标记"属性可将智能标记添加到字段或控件中。添加完后，当激活字段或控件中的单元格时，将显示"智能标记操作"按钮。单击该按钮可看到使用智能标记采取的操作菜单。

(8)安全性增强

Access 2003 允许通过设置宏安全等级来防止可能不安全的 Visual Basic for Applications（VBA）代码。可以设置安全等级，以在每次打开包含 VBA 代码的数据库时接收提示，也可以自动阻止那些来自于未知源的数据库。

另外，Access 2003 使用了 Microsoft Authenticode 技术，此技术可使用数字证书来对宏项目进行数字签名，用于创建此签名的证书将确认宏是否源于该签名者，该签名将确认数字签名没被更改。设置宏安全等级时，可以根据宏是否由可信任源列表上的开发人员进行数字签名来运行宏。

Access 2003 可利用 Microsoft Jet Expression Service 增强的沙盒模式来阻止表达式中所使用的潜在不安全的功能。

(9)控件增强的排序功能

可以对窗体和报表的"列表框向导"和"组合框向导"以及 Access 2003 数据库的"查阅向导"中的最多 10 个字段指定升序或降序的排序方式。添加到这些向导的排序页看起来像"报表向导"中的排序页。

(10)SQL 视图中的增强字体功能和基于上下文的帮助

在 Access 2003 数据库、项目查询的 SQL 和查询"设计"视图中，可以使用新添加的"查询设计字体"选项（选择"工具"菜单下的"选项"命令，打开"选项"对话框的"表/查询"选项卡）更改文本的字体和字体大小。这些设置将应用到所有的数据库，而且可以使用计算机的高对比度和其他辅助功能设置。

在 Access 2003 数据库查询的 SQL 视图中，可以获得关于特定 Jet SQL 关键字、VBA 函数和 Access 函数的帮助，只需按 F1 键即可显示光标附近文本的相应帮助。此外，还可搜索 Jet SQL 和 VBA 函数的参考信息主题。

(11)导入、导出和链接

①从 Access 导入、导出或链接到 Microsoft Windows SharePoint Services 列表，用户可以对 Windows SharePoint Services 列表执行下列操作：

· 表或查询的内容导出到列表。

· 将列表内容导入到表。

· 将表链接到列表。

②从 Windows SharePoint Services 导出并链接到 Access 数据，用户可以将 Windows SharePoint Services 的"数据表"视图中的列表导出到 Access 中的静态表或链接表中。导出到静态表时，即在 Access 中创建了一个表。然后就可以独立于 Windows SharePoint Services 中的源列表来查看和更改该表。同样，也可以在不影响 Access 中的表的情况下更改 Windows SharePoint Services 中的列表。

导出到链接表时，实际上是在 Access 中创建了一个表并在表和列表之间建立动态链接。这样列表可以反映出对该表的更改，同时表也可以反映出对该列表的更改。

③从已链接的表中生成本地表。在 Microsoft Office Access 2003 中，可以对已链接表中的结构（或数据和结构）生成本地副本。

(12)XML 支持

从 XML 中导出数据或将数据导入到 XML 时，可以使用 Microsoft Office Access 2003 中增

强的 XML 支持来指定转换文件。指定后,转换将被自动应用。导入 XML 数据时,转换将召数据导入完成后和创建任何新表或附加到任何现有表之前应用到该数据。将数据导出到 XML 时,将在导出操作后应用转换。

很多时候,数据库包含的查阅值都存储在其他数据库中。Access 2003 可以在导出时包括这些相关的表。此外,还可以在导出对象时包括该对象的任何预定义筛选器或排序顺序。

(13)支持 ODBC(Open DataBase Connectivity,开放数据库互连)

利用 Access 强大的 DDE(动态数据交换)和 OLE(对象的联接和嵌入)特性,可以在一个数据表中嵌入位图、声音、Excel 表格、Word 文档,还可以建立动态的数据库报表和窗体等。Access 还可以将程序应用于网络,并与网络上的动态数据相连接,利用数据库访问页对象生成 HTML 文件,轻松构建 Internet/Intranet 的应用。

Access 属于小型数据库管理系统,在实际应用中存在一定的局限性,其缺点主要表现在以下几方面。

①当数据库过大(通常当 Access 数据库达到 50 MB 左右)时性能会急剧下降。

②当记录数过多(通常记录数达到 10 万条左右)时性能就会急剧下降。

③当网站访问太频繁(经常达到 100 人左右的在线)时性能会急剧下降。

(14)功能强大的集成开发环境

Access 2003 内置了功能强大且简单易用的 VBA(Visual Basic for Application)集成开发环境,从而使数据库开发人员无须安装并使用其他独立的开发工具便可以轻松地为数据库开发各种高级的功能。

(15)提供了大量的内置函数与宏

Access 2003 提供了大量的内置函数与宏,从而使数据库开发人员,甚至是不懂编程语言的开发人员都可以快速地以一种无代码的方式实现各种复杂数据的操作与管理任务。

# 3.2　Access 的开发环境

## 3.2.1　Access 2003 的安装

### 1. Access 2003 的运行环境

Access 2003 对于运行环境要求不高,但在配置低的系统上执行 Access 会花费许多宝贵的时间,甚至 Access 2003 所提供的一些功能可能无法实现。下面是安装 Office 2003 对硬件和软件的基本要求。

①Pentium 233MHz 或更高频率的处理器。

②245MB 以上的硬盘空间及 115MB 的系统空间。

③内存至少 64MB。

④超级 VGA 或更高分辨率的显示器、256 色或更高。

⑤Microsoft 鼠标或兼容指针设备。

⑥安装了 Microsoft Windows 2000 SP3 或更高版本,或者使用 Windows XP 操作系统。

⑦目前,一般的个人计算机完全满足 Office 2003 的配置要求。

2. Access 2003 的安装

在 Microsoft Office 2003 软件中,主要包含了 Word、Excel、Access、PowerPoint、Outlook、Publisher 等应用程序和其他 Office 工具。Access 2003 是作为 Office 2003 的一个组成部分一同发布的,用户在安装时可以选择是否安装 Office 2003 其他组件。一般 Access 的安装方式有 3 种,可以将 Access 安装在本地硬盘驱动器、网络服务器或网络工作站上,多数用户是将 Access 安装在本地硬盘驱动器上。

将 Office 2003 的安装光盘插入光盘驱动器,系统会自动安装程序。若系统未能自动启动安装程序,用户可以通过打开光盘根目录,用鼠标双击安装文件 Setup,安装程序即开始运行。Microsoft Office 2003 的安装向导为用户提供了完全安装、最小安装、典型安装、自定义安装等多种安装类型。当使用自定义安装时,用户可以根据需要选择安装的组件,如果只是选择安装 Access 2003,则需 5 分钟左右的时间。

### 3.2.2 Access 2003 的启动与退出

Access 2003 是一个 32 位的软件,可以运行在 Windows 9x/NT/2000/XP 等操作系统环境中。Access 2003 包含在 Access Office XP 套件中,在安装 Access Office XP 的过程中会自动安装。当然也可以单独安装 Access 系统,在提示信息的引导下,其安装过程也较为简单。

1. Access 2003 的启动

安装好 Office 2003 后,用户可通过以下几种方式来启动 Access 2003。
(1)"开始"菜单启动
单击"菜单"→"程序"→"Microsoft Office"→"Microsoft Office Access 2003"菜单,具体可见图 3-1 所示。

**图 3-1 "开始"菜单启动 Access 2003**

(2)快捷图标启动

除了从"开始"菜单启动外,还可以从计算机桌面上的 Access 2003 的快捷图标来启动。

(3)使用已有的文档启动 Access 2003

若进入 Access 2003 是为了打开一个已有的数据库,则使用这种方法启动 Access2003 是很方便的。方法是在 Windows"我的电脑"或"资源管理器"窗口中,双击要打开的数据库文件即可启动 Access 2003。如果 Access 2003 还没有运行,它将启动 Access 2003,同时打开这个数据库文件;如果 Access 2003 已经运行,它将打开这个数据库文件,并激活 Access 2003。

**2. Access 2003 的退出**

当用户完成了数据库的操作工作,或者需要为其他应用程序释放内存空间时,可以退出 Access。退出 Access 的方法有以下几种方式:

①单击 Access 主窗口标题栏右上角的"关闭"按钮。

②选择 Access 主窗口菜单中"文件"→"退出"菜单命令。

③双击 Access 主窗口标题栏左上角的"控制菜单"图标。

④按 Alt+F4 组合键。

在退出系统时,若正在编辑的数据库对象没有保存,则会弹出一个对话框,提示是否保存对当前数据库对象的更改,这时可根据需要选择保存、不保存或取消这个操作。

### 3.2.3　Access 2003 数据库主窗口

Access 2003 采用传统的 Windows 界面,工作界面同其他 Office 应用程序十分相似,同样展现了一个开放式的、充满活力的外观。Access 工作界面主要有标题栏、菜单栏、工具栏、任务窗格、工作区、状态栏等部分组成,如图 3-2 所示。

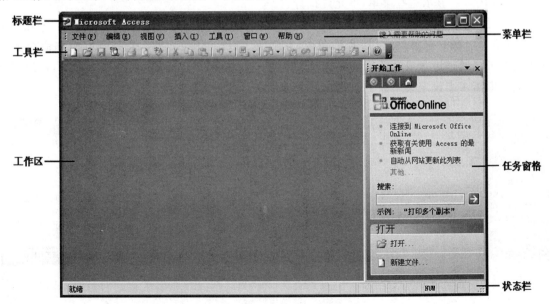

图 3-2　Access 2003 工作界面

1. 标题栏

标题栏位于 Access 2003 启动窗口的顶端,用于显示应用程序名"Microsoft Access"。单击标题栏左上方的"程序图标"按钮 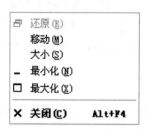,可以弹出如图 3-3 所示的菜单。该菜单包括"还原"、"移动"、"最小化"、"最大化"和"关闭"按钮。

图 3-3　快捷菜单

2. 菜单栏

标题栏下面是菜单栏,上面包含多个下拉菜单项。如果用户需要使用菜单,只需将鼠标指针移到菜单栏的菜单项上,如果该菜单项有效,则以淡蓝色方式显示。此时单击即可打开该菜单的下拉菜单,单击下拉菜单的菜单项可激活该菜单。其中,可用的菜单呈正常黑色显示,不可用的菜单呈灰色显示。

如果菜单项后有一个省略号,表示选择该菜单项将打开一个对话框。如果菜单项后有一个下三角按钮,表示该菜单为层叠式菜单,单击该菜单将显示多个子菜单选项。某些菜单项后有一些组合键名称,表示该菜单可以通过操作键盘来执行该命令。

注意:不可用的菜单并不是永远不可用的,当满足一定的条件时即可使用。当条件不满足时,Access 用灰色显示这些菜单,不允许执行它。

菜单栏位于标题栏的下一行,包含"文件"、"编辑"、"插入"、"工具"、"窗口"、"帮助"等几个菜单,这些菜单均有下拉菜单,包括若干命令,它们是 Microsoft Access 2003 所以操作命令的集合。用户可以通过键盘或者鼠标选择打开菜单项。Access 2003 具有个性化菜单功能,可以依照用户的习惯需求来设定菜单项目,如图 3-4 所示。

图 3-4　菜单栏

### 3. 工具栏

菜单栏下面是工具栏,其中的按钮对应了最常用的一些菜单项的快捷方式,要选择某个菜单项,只需单击相应的功能按钮即可。

工具栏中的功能按钮对应不同的功能,这些功能都可以通过执行菜单栏中的相应菜单项来实现,但使用功能按钮更快捷。如果想知道某个按钮是什么功能,只要把鼠标箭头移到该按钮上,停留大约两秒钟,就会出现按钮的功能提示。

除了启动 Access 2003 默认的工具栏,Access 2003 中还有其他工具栏,一般都处于隐藏状态,在需要时可以将其打开,不需要时可以将其关闭,以节省屏幕上的空间。若要显示和隐藏 Access 2003 的其他工具栏,有许多不同的方法,下面介绍其中的几种。

①选择"视图"→"工具栏"→"××"菜单命令。其中,"××"是"工具栏"子菜单中列出的工具栏的名称。

②选择"工具"→"自定义"菜单命令,将打开"自定义"对话框,选择其中的"工具栏"选项卡,从中选取所需要的工具选项,然后单击"关闭"按钮,就可以在屏幕上看到相应的工具栏。

③将鼠标移到工具栏上任何位置并单击右键,调出其快捷菜单,在快捷菜单中选择所需的工具栏选项,即可显示该工具栏。如果要用到在快捷菜单中没有列出的工具栏,可以在快捷菜单中选择"自定义"命令,从打开的"自定义"对话框中选择所需要的工具栏。

### 4. 任务窗格

主窗口的最右边是任务窗格,它提供了 Access 2003 的常用任务,以方便用户的操作。Access 2003 提供了 8 种任务窗格,分别是开始工作、帮助、搜索结果、文件搜索、剪贴板、新建文件、模板帮助和对象相关性。Access 2003 启动时自动显示"开始工作"任务窗格,根据当前执行任务的不同,任务窗格会自动随之变化。

单击任务窗格右上角的"关闭"按钮 ✖ ,即可关闭任务窗格。关闭任务窗格后,可以使用以下 4 种方式重新打开。

①选择"视图"→"任务窗格"命令。

②选择"视图"→"工具栏"→"任务窗格"命令。

③单击工具栏上的"新建文件"按钮 ▫ 。

④选择"文件"→"新建"命令。

### 5. 工作区

工作区是 Access 2003 用来打开和编辑数据库的区域。Access 2003 一次只能在工作区中打开一个数据库文件。工作区中打开的数据库文件的窗口叫做数据库窗口,数据库窗口是 Access 的命令中心,在这里可以创建和使用 Access 数据库中的对象。

### 6. 状态栏

状态栏可以显示正在进行的操作信息,可以帮助用户了解所进行的操作的状态。

### 3.2.4　Access 数据库窗口

数据库窗口是 Access 中非常重要的部分，它可以帮助用户方便、快捷地对数据库进行各种操作，创建及综合管理各种数据库对象。

数据库窗口主要包括"标题栏"、"菜单工具栏"、"数据库组件选项卡"、"对象创建方法和已有对象列表"4 个部分，如图 3-5 所示。

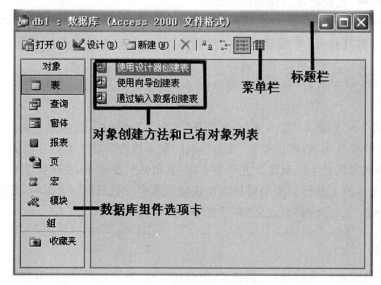

图 3-5　数据库窗口

数据库窗口的菜单工具栏集成了菜单栏和工具栏的功能，单击其上的功能按钮可以执行一个操作命令，随着数据库对象的不同，工具栏上会显示不同的功能按钮。

数据库窗口左侧为"数据库组件选项卡"，它包含"对象"、"组"和"收藏夹"3 栏。

"对象"栏下列出了 Access 的所有数据库对象，单击某一对象按钮，可选中该对象，窗口右边会显示当前数据库中已经创建的该对象列表。例如单击"表"对象按钮，窗口右边就会显示当前数据库中已经创建的所有表对象。

"组"栏提供了另一种管理对象的方法。在"组"中可以把那些关系比较紧密的对象分为同一组，不同类别的对象也可以归到同一组中。在数据库中的对象很多，用分组的方法可以更方便地管理各种对象。

## 3.3　Access 的数据库对象

Access 2003 所提供的对象均存放在同一个数据库文件（.mdb）中。进入 Access 2003，打开一个示例数据库，可以看到如图 3-6 所示的界面。在这个界面的"对象"栏中，包含有 Access 2003 的 7 个对象，各对象的关系如图 3-7 所示。

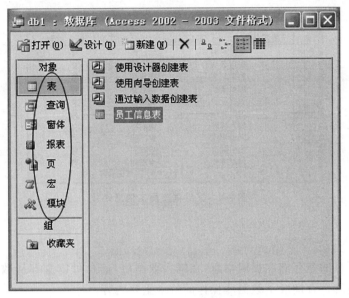

图 3-6　Access 2003 数据库窗口

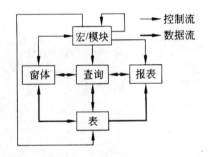

图 3-7　Access 2003 中各对象之间的关系

### 3.3.1　表

　　表(Table)是 Access 数据库中唯一用于存储数据的对象,同时也是数据库中最基本、最重要的对象,通常由表结构和数据两个部分组成。

　　表中的每一行称为一条"记录",对应一个真实的对象;每一列称为一个"字段",对应着对象的一个属性信息,表示同种类型的数据。字段名显示在表的第一行。

　　每个表由若干记录组成,每条记录都对应于一个实体,每条记录都具有相同的字段定义,每个字段储存着对应于实体的不同属性的数据信息。每个表都要有关键字,以使表中的记录保持唯一性。在表内还可以定义索引,当表内存放大量数据时,可以加快数据查询的速度。

　　Access 最多可以同时打开 1024 个表。

　　表是实现数据库管理的基础,是关于特定主题数据的集合,例如,员工信息,如图 3-8 所示。

　　用户可以在数据表视图下输入和编辑表中的数据。如果要查看和修改表中字段的属性,可以选择"视图"菜单中的"设计视图"命令,切换到"设计视图"下查看和修改表的结构。

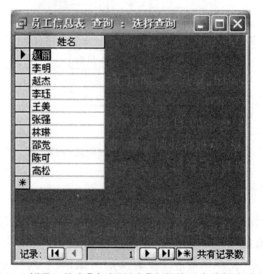

图 3-8　某数据库员工信息表

### 3. 3. 2　查询

数据库的主要目的是存储和提取信息,在输入数据后,信息可以立即从数据库中获取,也可以后再获取这些信息。查询成了数据库操作的一个重要内容。

在 Microsoft Access 中常用的查询包括:选择查询、参数查询、交叉表查询和 SQL 查询。图3-9 是对"员工信息"表中"姓名"字段的一次查询结果。

图 3-9　对"员工信息"表中"姓名"字段的一次选择查询结果

(1)交叉数据表查询

查询数据不仅要在数据表中找到特定的字段、记录,有时还需要对数据表进行统计、分析,如求和、计数、求平均值等,这样就需要交叉数据表查询方式。

(2)动作查询

动作查询也称为操作查询,可以运用一个动作同时修改多个记录,或者对数据表进行统一修改。动作查询有 4 种:生成表、删除、添加和更新。

(3)参数查询

参数即条件。参数查询是选择查询的一种,指从一张或多张表中查询那些符合条件的数据信息，并可以为它们设置查询条件。

### 3.3.3　窗体

窗体是数据库管理者提供给普通用户的一个交互的图形界面，是 Access 数据库系统中一个非常重要的基本对象。Access 的窗体有多种用途，可以创建窗体用于向表中输入数据，或创建对话框让用户进行选择操作，或是创建切换面板窗体来打开其他窗体和报表。在打开窗体时，Access 将从一个或多个数据源中检索数据，并按照用户设计的窗体版面布局在窗体上显示数据。窗体中使用的数据通常是来自 Access 表、Jet 或 ODBC 等数据源的查询结果。数据源中的数据是通过在窗体中使用的所谓控件进行链接的。

与数据库表不同，窗体本身不能存储数据，也不像表那样只能以行和列的形式显示数据。通过窗体还可以控制应用程序的运行过程，因而窗体是 Access 最灵活的对象。

窗体具有类似于窗口的界面，窗体中的各种按钮、列表框、菜单等称为控件。窗体所包含的控件及大小称为窗体的属性。在窗体中适当安排一些控件可以增强和完善窗体的功能。

常见的窗体一般由页眉、主体和页脚三个部分组成。从窗体显示数据的方式来看，窗体可分为纵栏式窗体、表格式窗体、数据表窗体、图表窗体、数据透视表窗体、对话框窗体和主/子表窗体等类型，以满足不同用户的应用需求。图 3-10 是"公司管理系统"中的"员工信息"窗口。要设计一个好的窗体必须建立起友好的用户界面，给用户带来便利，能更好地提示完成自己的工作，这是建立窗体的基本目标。

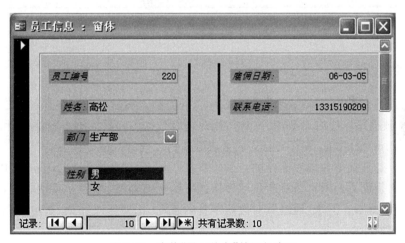

图 3-10　窗体"员工信息"的运行窗口

### 3.3.4　报表

报表（Report）是对表中信息，进行计算、分类、汇总、排序等操作的一种数据库对象。设计报表可以不用编程，只通过对可视化控件进行设置来完成对报表的设计即可。报表以打印的形式表现用户数据，其来数据源主要来自基础的表、查询或 SQL 语句。图 3-11 为"员工信息表"的打印窗口。

在日常的信息管理中，报表是一种常见的呈现信息的方式。一个好的数据库管理系统往往需要将选定的数据信息进行格式化的显示和打印。它既可以实现对大量数据的综合整理，又可以将综合整理结果按规定格式打印输出。打印输出的报表既便于阅读和保存,同时也具有分析、汇总的功能,还可以在网上发布。

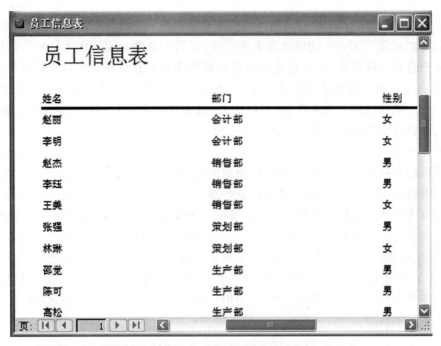

图 3-11　报表"员工信息表"打印预览窗口

### 3.3.5　数据访问页

数据访问页是 Access 与 Internet 技术相结合的产物。实际上可以将其看做是一个网页,是独立于 Access 数据库以外的 HTML 文件。用户通过数据访问页能够查看、编辑和操作来自 Internet 或者 Intranet 的数据,实现交互式的报表数据输入或者数据分析。

数据访问页是直接与数据库连接的。当用户在 Microsoft Internet Explorer 中显示页时,实际上正在查看的是该页的副本。对所显示数据进行的任何筛选、排序和其他相关数据格式的改动,只影响该页的副本。但是,通过页对数据本身的改动,比如修改数据、添加或删除数据,都会被保存在基本数据库中。

### 3.3.6　宏

宏是若干个操作的集合,用来简化一些经常性的操作。用户可以设计一个宏来控制一系列的操作,当执行这个宏时,就会按这个宏的定义依次执行相应的操作。宏可以用来打开并执行查询、打开表、打开窗体、打印、显示报表、修改数据及统计信息、修改记录、修改数据表中的数据、插入记录、删除记录、关闭数据库等操作,也可以运行另一个宏或模块。宏没有具体的实际显示,只有一系列的操作。图 3-12 为宏设计视图窗口。

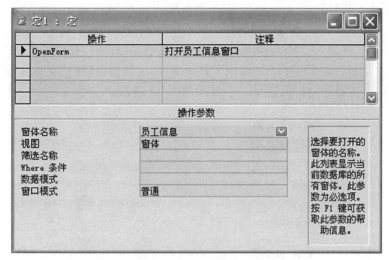

图 3-12　宏设计视图窗口

### 3.3.7　模块

模块(Module)是 Access 2003 数据库中的一个重要对象,由 VBA(Visual Basic for Application)语言编写的程序集合。对于一些复杂的程序功能,仅仅使用宏是不能解决问题的,这时模块就至关重要了,Visual Basic 是内嵌在 Access 中的一种数据库编程语言,利用它可以实现比较复杂的数据库操作功能。

一般可将模块分为类模块和标准模块两类。窗体模块和报表模块都是类模块,而且它们各自与某一窗体或某一报表相关联。标准模块包含的是通用过程和常用过程,前者不与任何对象关联,后者可以在数据库中的任何位置执行。具体可见图 3-13 所示的模块设计视图窗口。

图 3-13　模块设计窗口

## 3.4　Access 的联机帮助

Access 2003 提供了能在操作过程中及时解决疑难问题的帮助系统。为了更好地使用 Access 2003,我们有必要了解它的帮助系统。

可以采用下述方法打开 Access 2003 的帮助系统。

(1)Access 帮助

Access 2003 的"帮助"→"Microsoft Office Access 帮助(H)F1"提供了更加详细和全面的帮助信息,可以通过执行"帮助"→"Microsoft Office Access 帮助(H)F1"菜单命令;或者执行"视图"→"任务窗格"菜单命令,打开 Access 帮助,如图 3-14 所示。

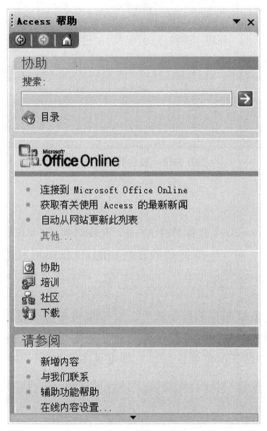

图 3-14 "Access 帮助"界面

(2)Office 助手

Office 助手提供了四种帮助方式:向导帮助、提示技巧、显示警告信息、日积月累等。如果要打开 Office 助手,可以执行"帮助"→"显示 Office 助手"菜单命令。如果需要关闭 Office 助手,可以右键单击 Office 助手,从快捷菜单中选择"隐藏"命令,或者选项执行"帮助"→"隐藏 Office 助手"命令。

在 Office 助手中包括许多选项设置,右键单击"Office 助手",从中选择"选项(O)…",用户可以通过调出 Office 助手,然后对其进行相应设置,来满足不同需求。

这里需要注意的是,Office 助手是在安装 Office 组件时安装的,因此在使用前需要安装 Office 助手,否则不能使用。

(3)"F1"键

按"F1"键可获得上下文有关的帮助信息。如在表的"设计"视图"字段名称"处,按"F1"键,可获得"字段名称"的帮助信息。

（4）在线帮助

选择"帮助"→"Microsoft Office Online"，计算机将通过 Internet 连接到微软公司的网站上，让用户获取相关的帮助信息。图 3-15 为微软公司网站中的 Office 专页。

图 3-15　微软公司的 Office 主页

# 3.5　Access 数据库的创建

在 Access 2003 中，需要先建立一个空数据库，然后才能创建相关的表、查询、窗体等对象。Access 2003 中提供了多种建立数据库的方法。一种是使用 Access 2003 提供的数据库向导，在向导的帮助下，用户只需一些简单的操作，就可以创建一个新的数据库。这种方法很简单，适合初学者使用。用户还可以先创建一个空的数据库，然后根据实际问题添加所需要的表、窗体、查询、报表等对象。这种方法灵活，可以创建出用户需要的各种数据库，但是操作较为复杂。另外，Access 2003 还提供了比较标准的数据库模板。本节介绍 3 种数据库的创建方法：使用模板创建数据库、直接创建空白数据库和根据现有文件创建数据库。

## 3.5.1　使用模板创建数据库

为便于用户的使用，Access 2003 中提供了一些标准的数据库框架，即称为"模板"。这些的模板有"订单"、"分类总账"、"联系人管理"等,通过这些模板,可以方便地创建基于这些模板的数据库,或通过一定的修改,使其符合自己的需要。一般情况下,在使用"数据库向导"之前,应先从"数据库向导"所提供的模板中找出与所建数据库相似的模板。当然,Access 2003 中提供的这些标准数据库模板不一定符合用户的实际要求,但在向导的帮助下,对这些模板稍加修改,即可建立一个新的数据库。另外,通过这些模板还可以学习如何组织构造一个数据库。由于模板已经预制了常用的数据对象,如表、查询、窗体和布局等,用户只需根据模板向导选择所需的数据库对象即可,能够大大提高工作效率。

使用模板创建数据库的具体操作步骤如下:

①启动 Access 2003,在"开始工作"的任务窗口中单击 ▼ ,从下拉列表中选择"新建文件"选项,如图 3-16 所示。也可以单击工具栏上的"新建"按钮 ,进入"新建文件"任务窗口。

②在"新建文件"任务窗格(见图 3-17)中单击"本机上的模板"选项,打开"模板"对话框,切换至"数据库"选项卡,出现图 3-18 所示对话框。单击该对话框中的"Microsoft.com 上的模板"按钮,可在 Microsoft 中寻找用户所需模板。

**图 3-16　选择"新建文件"选项**

**图 3-17　"新建文件"窗格**

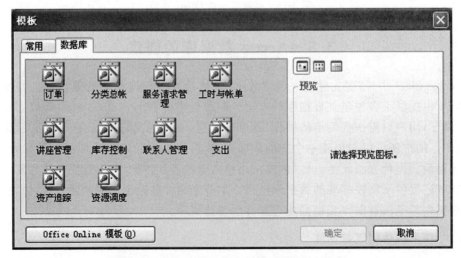

**图 3-18　"模板"对话框中的"数据库"选项卡**

③根据需要选择模板,单击"确定"按钮,打开"文件新建数据库"对话框,在该对话框中输入新建数据库文件的名称,指定数据库的保存位置。

这里选择"订单"模板,"文件新建数据库"对话框中的"保存位置"下拉列表中选择存放数据库的位置,在"文件名"文本框中输入数据库的文件名,如图 3-19 所示。

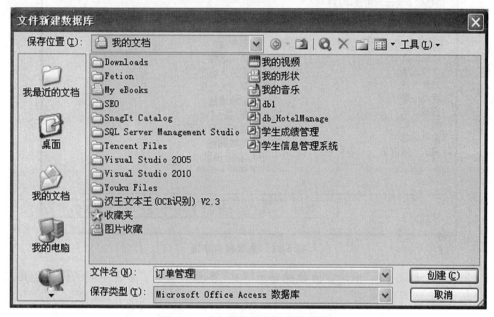

图 3-19　"文件新建数据库"对话框

④单击"创建"按钮,进入"数据库向导"对话框,如图 3-20 所示。

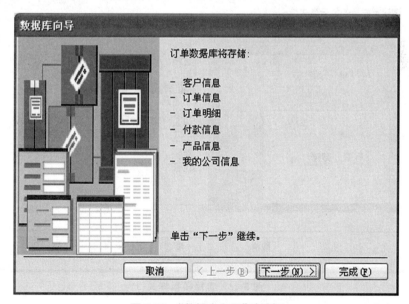

图 3-20　"数据库向导"对话框

⑤单击"下一步"按钮,"数据库中的表"列表框中列出了要创建的数据库所包含的表的名称,"表中的字段"列表框中列出了所包含的字段名称,用户可以选择表中字段,如图 3-21 所示。

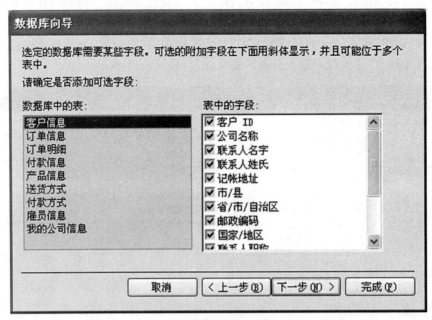

图 3-21　选取表中字段

　　⑥单击"下一步"按钮,"请确定屏幕的显示样式"界面中列举了多种不同的模扳样式,这里选择"标准"选项,如图 3-22 所示。

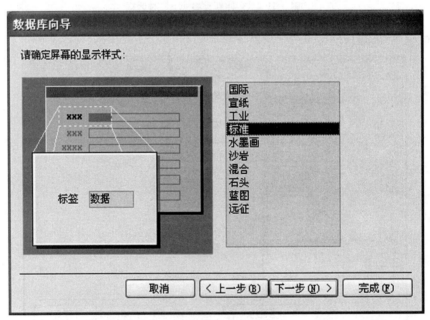

图 3-22　选择模扳样式

　　⑦单击"下一步"按钮,"请确定打印报表所用的样式"界面列表框中列举了多种不同的打印报表所用的样式,这里选择"组织"选项,如图 3-23 所示。

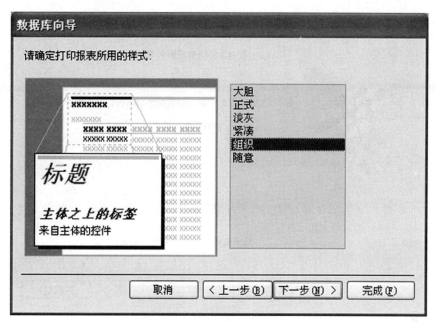

图 3-23　选择打印报表演示

⑧单击"下一步"按钮,在"请指定数据库的标题"文本框中输入数据库的名称"订单管理",如图 3-24 所示。若需要在报表中添加一幅图片,选中"是的,我要包含一幅图片"复选框,然后单击"图片"按钮,在打开的"插入图片"对话框中选择要插入的图片即可。

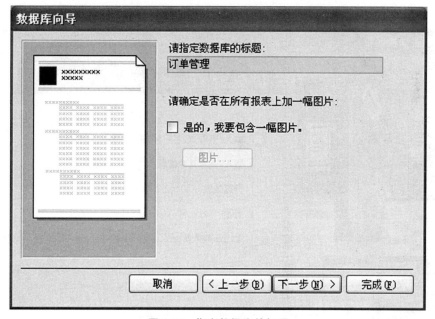

图 3-24　指定数据库的标题

⑨单击"下一步"按钮,打开如图 3-25 所示的完成数据库创建页面,单击"完成"按钮,完成数据库的创建。此时系统开始启动数据库,并打开数据库启动进度对话框。

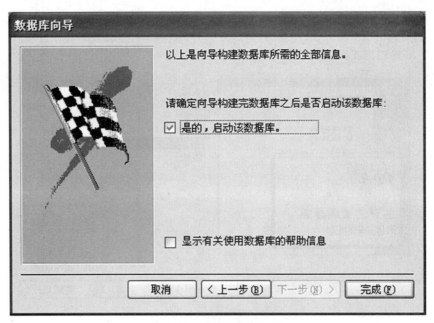

图 3-25　完成数据库创建

⑩数据库启动后,进入"主切换面板"界面,界面中列举了一系列的按钮选项,用户可以通过单击不同的按钮完成数据库的操作,如图 3-26 所示。单击最下方的"退出该数据库"按钮可以退出数据库系统。注意,在打开"主切换面板"对话框的同时,对应的数据库窗口(见图 3-27)也会打开。

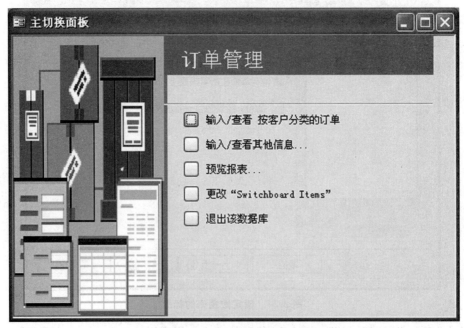

图 3-26　"主切换面板"界面

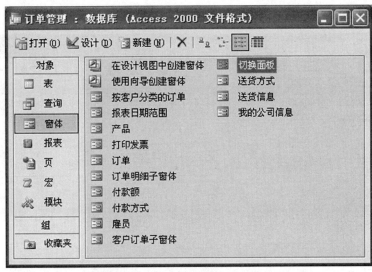

图 3-27　"订单管理"数据库窗口

### 3.5.2　直接创建空白数据库

在 Access 2003 中创建一个空数据库,实际上只是建立了一个包含数据库对象的"空"数据库,还需要根据需要,向其中添加表、窗体、报表等对象。这种方法相对于使用模板创建数据库要灵活得多,但是需要对每个数据库要素进行自行定义。

创建空数据库的基本步骤如下:

①在 Access 2003 主窗口中,选择"文件"→"新建"菜单命令,或单击"常用"工具栏上的"新建"按钮,或单击"开始工作"任务窗格中的"新建文件"链接,打开"新建文件"任务窗格,如图 3-28 所示。

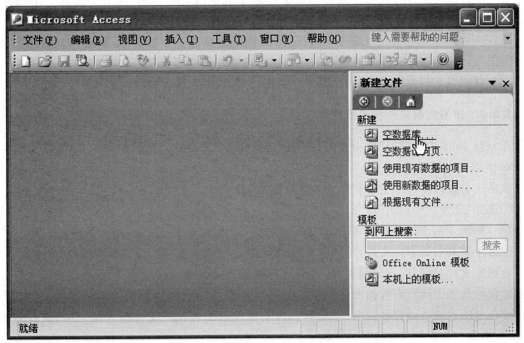

图 3-28　"新建文件"任务窗格

②单击"空数据库"链接,打开"文件新建数据库"对话框,如图 3-29 所示。

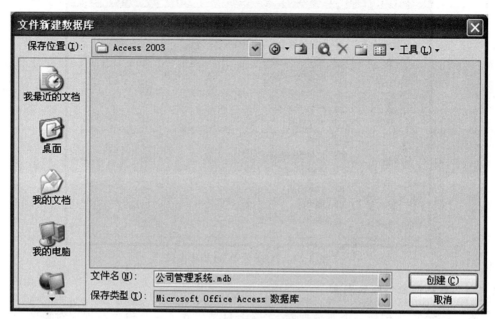

图 3-29　"文件新建数据库"对话框

③在该对话框的"保存位置"下拉列表框中选择文件保存路径,在"文件名"下拉列表框中输入新创建空白数据库的名称,单击"创建"按钮。

至此,完成空数据库的创建,同时打开新创建的数据库窗口。用户还可以利用 Windows 任务栏"开始"菜单创建一个新的数据库。虽然通常不把数据库看成是文档,但 Office 2003 却是把其所有应用程序产品作为文档来处理的,Excel 电子表单、PowerPoint 演示文稿和 Access 数据库都是文档。可以从 Office 2003 启动一个新数据库,而不用先启动 Access 2003。

Access 在同一时间只能处理一个数据库库,因此每新建一个数据库,就会自动关闭已经打开的数据库。使用直接创建空数据库的方法创建数据库的过程较为简单,只是数据库中缺少表、查询以及窗体等数据库对象,这些对象可以由用户灵活添加、修改或删除。

### 3.5.3　根据现有文件创建数据库

Access 2003 中提供的"根据现有文件新建数据库"的方法,也是 Access 2002 以上版本与 Access 旧版本不同的地方。

根据现有文件新建一个数据库的具体步骤如下:

①选择"文件"→"新建"命令,弹出"新建文件"任务窗格(见图 3-30),单击"根据现有文件新建"命令,如图 3-31 所示,弹出"根据现有文件新建"对话框。

②选中需要的数据库文件,然后单击"创建"按钮,便会弹出对应的数据库窗口。

数据库文件前面有一个 符号,用户可以根据它来判断一个文件是否是数据库文件。新建的数据库与选中的已有数据库文件存放在同一文件夹中,但是它的文件名是在选中的已有数据库文件名的后面自动添加"1"。它的数据库对象与已有数据库文件的对象一样,而且包括数据,就好像是已有数据库文件的一个副本。

图 3-30　单击"根据现有文件新建"命令

图 3-31　"根据现有文件新建"对话框

## 3.6　Access 数据库的基本操作

在 Access 2003 中,当创建完成一个数据库后,就会以".mdb"的数据库文件存储在磁盘上。要对创建好的数据库进行修改或扩充,如添加、修改、删除数据库对象等,在进行这些操作之前应先打开数据库,操作结束后要关闭数据库。

### 3.6.1　Access 数据库的打开

①在"开始工作"任务窗格的"打开"栏中的文件列表中单击数据库文件名,或者单击"其他"

链接,弹出"打开"对话框。

②选择"文件"→"打开"菜单命令,或单击工具栏中的"打开"按钮,弹出"打开"对话框。

"打开"对话框如图 3-32 所示。在该对话框的"查找范围"下拉列表框中选择包含所需数据库的文件夹,在文件夹列表中浏览到包含数据库的文件夹并选中需要打开的数据库文件,然后单击"打开"按钮即可。

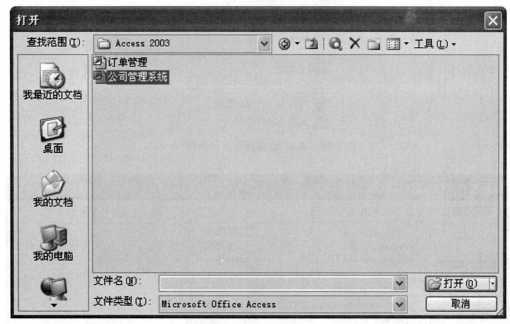

图 3-32 "打开"对话框

以上是单用户环境下,打开数据库的方法。若在多用户环境下(即多个用户,通过网络共同操作一个数据库文件),则应根据使用方式的不同,选中相应的打开方式。

在"打开"对话框中,"打开"按钮的右侧有一个下拉按钮,单击该按钮会弹出一个下拉菜单,如图 3-33 所示。打开数据库时,打开方式的不同,对数据库的操作权限也会不相同。

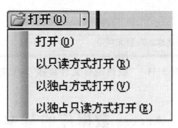

图 3-33 "打开"下拉菜单

菜单中的 4 个选项含义如下:

(1)以共享方式打开

采用这种方式,网络上的其他用户也可以同时打开这个文件,并能够对这个文件进行编辑,这是 Access 默认的打开方式。

(2)以只读方式打开

如果只是查看已有的数据库而并不想对其进行修改,可以选择只读方式,这样可以防止数据无意间被修改。

(3)以独占方式打开

在默认情况下,Access 数据库以"共享"方式打开,这样可以保证多人能够同时使用同一个数据库。不过,在共享方式打开数据库的情况下,有些功能比如压缩和修复数据库是不可用的。此外,当系统管理员要对数据库进行维护时,并不希望其他人打开数据库。这时就需要采用独占方式打开。

(4)以独占只读方式打开

为了防止网络上的其他用户同时访问这个数据库文件,并且不能对数据库进行修改,用户可以选择该种方式。

此外,还可以在"新建文件"任务窗格中单击"根据现有文件"链接,在打开的"根据现有文件新建"对话框中选择需要打开的数据库,然后单击"创建"按钮来打开数据库。实际上,该种方式只能以共享模式打开数据库。

### 3.6.2　设置数据库文件默认文件格式

在创建新的数据库文件时,Access 2003 使用默认的文件格式创建,用户可以更改默认的文件格式。例如,新创建数据库时默认采用"Access 2002－2003"文件格式。由于必须打开一个数据库文件后,才能设置数据默认的文件格式。

①打开"现有文件"数据库,选择"工具"→"选项"命令。

②打开"选项"对话框。切换至"高级"选项卡,在"默认文件格式"下拉列表框中选择"Access 2002－2003"选项,如图 3-34 所示,然后单击"确定"按钮即可。

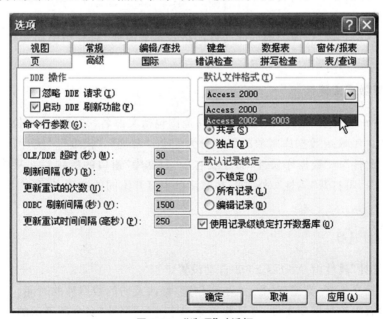

图 3-34　"选项"对话框

### 3.6.3　设置数据库默认文件夹

在创建新的数据库文件时,Access 2003 指定了一个默认的文件夹。如果用户不想每次都要更改保存的文件夹,可以设置数据库默认的文件夹。

具体就是在"选项"对话框中切换到"常规"选项卡,如图 3-35 所示,在"默认数据库文件夹"文本框中直接输入默认的文件夹路径,单击"确定"按钮即可。

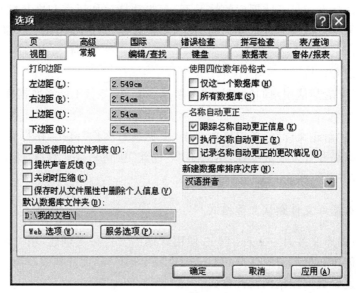

图 3-35    设置数据库默认文件夹

"选项"对话框中包含了 12 个选项卡,可以设置 Access 的一些默认值,从而符合用户个人的使用习惯。例如,可以确定数据表的显示格式、数据库的打开模式、数据库的性能和数据库表字段的大小和类型等。

修改默认文件格式后,对应的数据库文件的格式不会改变,只有当使用新建数据库时,数据库才将采用 Access2002−2003 文件格式。

### 3.6.4    查看数据库属性

数据库是 Access 对象,因此具有属性,属性范围包括文件名、文件大小和位置及由谁修改和最后修改的日期。Access 数据库对象的属性分为 5 类:"常规"、"摘要"、"统计"、"内容"和"自定义"。通过选择"文件"→"数据库属性"命令或右击"数据库"窗口的标题栏并从快捷菜单中选择"数据库属性"命令,可打开"属性"对话框,在对话框中打开不同的选项卡,可查看数据库的属性。如图 3-36 所示。

1. 常规和统计属性

"常规"和"统计"属性由 Access 2003 自动设置。

常规属性包括文件名、类型、位置、大小和创建、修改及访问数据库的时间。常规属性与用户在资源管理器中右击该数据库文件,并从快捷菜单中选择"属性"命令所显示的信息一样。

统计属性包括最后打印、编辑信息(例如版本修正号)的日期、总的编辑时间和最后保存文件者的名字。

## 2. 摘要属性

摘要属性包括数据库的说明信息。这些属性通常用于试图找出难以查找的文件,因为 Access 2003 将通过主题、作者、关键字和分类来检索文件。

## 3. 内容属性

"内容"选项卡列出按类分组的数据库中所有对象的名称,包括表、查询、窗体、报表、据访问页、宏和模块。当给数据库添加更多的对象(如查询、窗体和报表)时,内容属性也随之增加。

## 4. 自定义属性

数据库的自定义属性也可以帮助用户在不知道文件名的情况下找出数据库文件。就像某些摘要属性一样,用户可以设置自定义属性并把这些属性用作高级搜索条件,如图 3-37 所示。

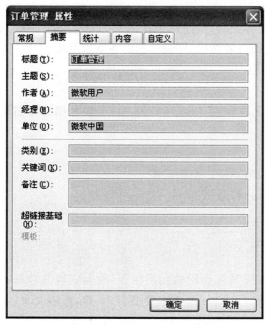

图 3-36　"订单管理属性"对话框

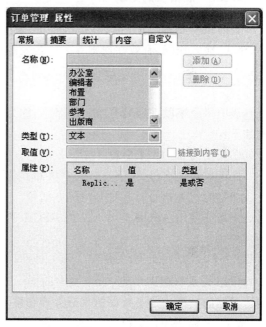

图 3-37　自定义属性

设置自定义属性时,可在"名称"列表框中选择一个名称,或者在"名称"文本框中输入一个名字。在"类型"下拉列表框中选择一个类型,如"文本"、"日期"、"数字"或"是/否"。然后在"取值"文本框中输入属性的值并单击"添加"按钮,该属性就被添加到"属性"列表中。添加完属性后单击"确定"按钮即可存储这些属性并关闭"属性"对话框。

# 第4章 数据表的基本操作

## 4.1 创建数据表

表是数据库最基本的对象,数据库中的数据都存放在表中,用户对数据的操作也基本上是通过表来完成的。建立了空的数据库后,就需要向其中添加表对象,并建立各表之间的关系,以提供数据的存储构架,然后逐步创建其他 Access 对象,最终形成完备的数据库。

### 4.1.1 表结构的组成

表的结构是指表的组织形式,它包括表中字段的个数,每个字段的名称、数据类型、字段大小、格式、输入掩码、有效性规则等。创建表必须先创建表结构,即说明表的各字段组成。

**1. 字段名称**

表中每个字段都应具有唯一的名字,称为字段名称。在 Access 2003 中,字段名称的命名规则如下:

①长度为 1~64 个字符。

②可以包含字母、汉字、数字、空格和其他字符,但不能以空格开头。

③不能包含句号".""、叹号"!"、方括号"[]"和重音符号"'"。

④不能使用 ASCII 为 0~32 的 ASCII 字符。

**2. 数据类型**

根据关系数据库理论,一个表中的同一列数据应具有相同的数据特征,称为字段的数据类型。数据的类型决定了数据的存储方式和使用方式。Access 的数据类型有 10 种,包括文本、备注、数字、日期/时间、货币、自动编号、是/否、OLE 对象、超级链接和查阅向导等类型。

(1)文本型

文本型字段可以保存文本或文本与数字的组合。例如,姓名、地址,也可以是不需要计算的数字,例如,电话号码、邮政编码。默认文本型字段大小是 50 个字符,但一般输入时,系统只保存输入到字段中的字符。设置"字段大小"属性可控制能输入的最大字符个数。文本型字段的取值最多可达到 255 个字符,如果取值的字符个数超过了 255,可使用备注型。

(2)备注型

备注型字段可保存较长的文本和数字,如简短的备忘录或说明。与文本型一样,备注型也是字符或字符和数字的组合,它允许存储长达 64000 个字符的内容。在备注型字段中可以搜索文本,但搜索速度比在有索引的文本字段中慢。不能对备注型字段进行排序或索引。

(3)数字型

数字型字段用来存储进行算术运算的数值数据,一般可以通过设置"字段大小"属性定义一个特定的数字型字段。通常按字段大小分为字节、整型、长整型、单精度型和双精度型,分别占 1、2、4、4 和 8 个字节,其中单精度的小数位精确到 7 位,双精度的小数位精确到 15 位。

（4）日期/时间型

日期/时间型字段主要用来存储日期、时间或日期与时间的组合,在 Access 中这种字段共占 8 个字节,可分为普通日期（默认格式）、短日期、长日期、中日期、中时间、mm/dd/yy 等几种形式,具体的形式可以在属性中设定。

（5）货币型

货币型是数字型的特殊类型,等价于具有双精度属性的数字型。向货币型字段输入数据时,不必输入美元符号和千位分隔符号,Access 会自动显示这些符号,并添加两位小数到货币字段中。货币型字段大小为 8 个字节。

（6）自动编号型

对于自动编号型字段,每当向表中添加一条新记录时,Access 会自动插入一个唯一的顺序号。最常见的自动编号方式是每次增加 1 的顺序编号,也可以随机编号。自动编号型字段不能更新,每个表只能包含一个自动编号型字段。

（7）是/否型

是/否型是针对只有两种不同取值的字段而设置的,如 Yes/No、True/False、On/Off 等数据,又被称为布尔型数据。是/否型字段大小为 1 个字节。

（8）OLE 对象型

OLE 对象型是指字段允许单独链接或嵌入 OLE 对象。可以链接或嵌入到表中的 OLE 对象是指其他使用 OLE 协议程序创建的对象,如 Word 文档、Excel 电子表格、图像、声音或其他二进制数据。OLE 对象型字段最大为 1 GB,受磁盘空间限制。

（9）超级链接型

超级链接型字段是用来保存超级链接的。超接链接型字段包含作为超级链接地址的文本或以文本形式存储的字符与数字的组合。超级链接地址是通往对象、文档、Web 页或其他目标的路径。一个超级链接地址可以是一个 URL 或一个 UNC 网络路径。超级链接地址也可能包含其他特定的地址信息,如数据库对象、书签或该地址所指向的 Excel 单元的范围。当单击一个超级链接时,Web 浏览器或 Access 将根据超级链接地址到达指定的目标。超级链接型字段允许存储最长为 65536 个字符内容。

（10）查阅向导型

查阅向导用于创建一个查阅列表字段,该字段可以通过组合框或列表框选择来自其他表或值列表的值。该字段实际的数据类型和大小取决于数据的来源。

从表设计窗口（见图 4-1）下侧的"常规"选项卡中,数据表中的每一个字段都有一些用于自定义字段数据的保存、处理和显示的属性,其具体可用属性取决于为该字段选择的数据类型。例如,可以通过设置文本字段的"字段大小"属性来控制允许输入的最多字符数。字段属性中,"字段大小"用于指定文本数据的长度或数字数据的大小;"小数位数"指定数字、货币数据的小数位数;"标题"指定在数据表视图以及窗体中显示该字段时所用的标题;"默认值"为字段指定默认值。这些字段属性含义可以较为明确的理解。

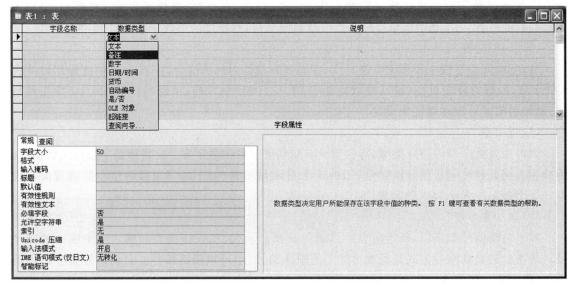

图 4-1　表设计窗口

**3. 字段属性**

在设计表结构时,除要定义每个字段的字段名称和数据类型外,如果需要,还要定义每个字段的相关属性,如字段大小、格式、输入掩码、标题、默认值、有效性规则等。定义字段属性可实现输入数据的限制和验证,或控制数据在数据表视图中的显示格式等。

(1)字段大小

只有当字段数据类型设置为"文本"或"数字"时,这个字段的"字段大小"属性才可设置,设置的值将随着该字段数据类型的不同而不同。当设置字段的类型为文本类型时,字段大小的值可设置为 1～255,表示该字段可容纳的字符个数最少为 1 个字符,最多为 255 个字符,当设置字段的类型为数字类型时,字段大小的设置如表 4-1 所示。

**表 4-1　数字型字段大小的属性取值**

| 可设置值 | 说明 | 小数位数 | 大小 |
|---|---|---|---|
| 字节 | 保存 0～255 且无小数位的数字 | 无 | 1 个字节 |
| 整型 | 保存无小数的数字 | 无 | 2 个字节 |
| 长整型 | 系统的默认数字类型 | 无 | 4 个字节 |
| 单精度型 | — | 7 | 4 个字节 |
| 双精度型 | — | 15 | 8 个字节 |

(2)格式

格式决定数据的显示方式。文本、备注、数字、货币、日期/时间、是/否类型都可以设置格式属性。文本和备注类型可以使用表 4-2 所示的符号来创建自定义的格式。

表 4-2  文本和备注类型的"格式"属性

| 符号 | 说明 |
| :---: | :---: |
| @ | 显示文本字符,字符个数不够时加前导空格 |
| & | 显示文本字符,无字符时省略 |
| — | 强制向右对齐 |
| ! | 强制向左对齐 |
| < | 强制所有字符为小写 |
| > | 强制所有字符为大写 |

数字和货币类型可设置常规数字、货币、欧元、固定等格式,如图 4-2 所示。选择数字或货币类型后,"常规"选项卡中的"格式"属性下方会出现"小数位数"属性,默认值为"自动",除"常规数字"格式外,其余格式的小数位数均可由"小数位数"属性设定,最多可设置 15 位。

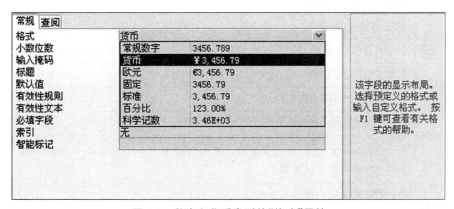

图 4-2  数字和货币类型的"格式"属性

日期/时间类型可设置常规、长、中、短日期等格式,如图 4-3 所示,默认值为"常规日期"。

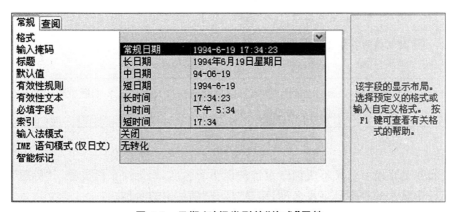

图 4-3  日期/时间类型的"格式"属性

(3)输入掩码

输入掩码用于控制输入数据时的格式外观以及存储方式,便于统一输入格式,减少输入错误,提高输入效率。主要用于文本、日期/时间类型的字段。

输入掩码和字段格式都对格式产生影响,但两者是有区别的。格式属性定义数据的显示与打印外观,输入掩码属性定义的数据的输入外观,能对数据输入作必要的控制,以保证输入数据的正确性。简单来讲,格式属性控制输出格式,而输入掩码属性控制输入格式。

Microsoft Access 按照表 4-3 转译"输入掩码"属性定义中的字符。若要定义字面字符,请输入该表以外的任何其他字符,包括空格和符号。若要将下列字符中的某一个定义为字面字符,则在字符前面加上反斜线(\)。

表 4-3　输入掩码格式字符说明

| 字　符 | 说　明 |
|---|---|
| 0 | 数字(0 到 9,必选项;不允许使用加号[＋]和减号[－]) |
| 9 | 数字或空格(非必选项;不允许使用加号和减号) |
| ♯ | 数字或空格(非必选项;空白将转换为空格,允许使用加号和减号) |
| L | 字母(A 到 Z,必选项) |
| ? | 字母(A 到 Z,可选项) |
| A | 字母或数字(必选项) |
| a | 字母或数字(可选项) |
| & | 任一字符或空格(必选项) |
| C | 任一字符或空格(可选项) |
| . , : ; － / | 十进制占位符和千位、日期和时间分隔符(实际使用的字符取决于 Microsoft Windows 控制面板中指定的区域设置) |
| ＜ | 使其后所有的字符转换为小写 |
| ＞ | 使其后所有的字符转换为大写 |
| ! | 使输入掩码从右到左显示,而不是从左到右显示。输入掩码中的字符始终都是从左到右填入。可以在输入掩码中的任何地方包括感叹号 |
| \ | 使其后的字符显示为原义字符。可用于将该表中的任何字符显示为原义字符(例如,\A 显示为 A) |
| 密码 | 将"输入掩码"属性设置为"密码",以创建密码项文本框。文本框中键入的任何字符都按字面字符保存,但显示为星号(＊) |

(4)标题

标题可看作是字段名意义不明确时设置的说明下名称,如果给字段设置了"标题"属性,数据表视图或控件中显示的将不是字段名称,而是"标题"属性中的名称。

(5)默认值

在表中新增加一个记录且未填入数据时,如果希望 Access 自动为某个字段填入一个特定的数据,则应为该字段设置"默认值"属性值。此处设置的默认值将成为新增记录中 Access 为该字段自动填入的值。一般可用"向导"帮助完成该属性的设置。例如,可以将籍贯默认值设置为"云南昆明"。

（6）有效性规则

"有效性规则"属性用于指定对输入到记录中字段值的要求。当输入的数据违反了"有效性规则"的设置时，将给用户显示"有效性文本"设置的提示信息。例如，"性别"字段的有效性规则设置为"男"或"女"，若输入除此之外的内容时，将出现"输入的数据有误"的提示信息。

（7）有效性文本

有效性文本是和有效性规则一起使用的。当输入的数据不满足有效性规则的条件限制时，就会弹出一个提示窗口，显示有效性文本，以提示用户字段的输入规则。

（8）必填字段

"必填字段"属性取值仅有"是"或"否"两个选项。当取值为"是"时，表示必须填写该字段，即不允许该字段数据为空；当取值为"否"时，表示可以不必填写字段数据，即允许字段数据为空。例如，将"姓名"字段设为"必填字段"后，如果不输入任何数据，则在存盘或输入下一条记录时会弹出提示"字段'姓名'不能包含 Null 值"的信息。

（9）允许空字符串

允许空字符串是文本型字段的专有属性，默认值为"是"，表示该字段可以是空字符串，如果设置为"否"，则不允许出现空字符串。空字符串是长度为零的字符串，输入时要用双引号括起来。

（10）索引

索引是将记录按照某个字段或某几个字段进行逻辑排序，就像字典中的索引提供了按拼音顺序对应汉字页码的列表和按笔画顺序对应汉字页码的列表，利用它们可以很快地找到需要的汉字。建立索引有助于快速查找和排序记录。在表设计器中，"常规"选项卡的"索引"属性有 3 个选项，如表 4-4 所示。

表 4-4　"索引"属性

| 设　　置 | 说　　明 |
|---|---|
| 无 | 默认值，表示无索引 |
| 有（有重复） | 表示有索引，且允许字段有重复值 |
| 有（无重复） | 表示有索引，但不允许字段有重复值 |

（11）Unicode 压缩

该属性决定是否对文本、备注等字段的内容进行压缩，以节约存储空间，系统默认选择"是"。

（12）输入法模式

输入法模式用于控制不同字段采用不同的输入法模式，以减少启动或关闭中文输入法的次数。

（13）查阅属性

查阅属性用于改变数据输入的方式，文本、数字、是/否类型可以设置该属性。在表设计视图的"查阅"选项卡的"显示控件"属性下拉列表框中有文本框、列表框和组合框 3 个选项。文本和数字类型字段的默认值为"文本框"，是/否类型为"复选框"。通过改变某些字段的查阅属性可以提高输入速度、减少输入错误。

### 4.1.2 表结构的创建

表是数据库最基本的对象,数据库中的数据都存放在表中,用户对数据的操作也基本上是通过表来完成的。建立了空的数据库后,就需要向其中添加简单表。创建表的方法很多,使用向导、设计器和通过输入数据都可以用来创建表。

#### 1. 使用向导创建表

使用表向导是最简单的创建表的方法,Access 在向导中内置了一批常见的"商务"和"个人"示例表,这些表中都包含了足够多的字段,用户可以根据需要进行选择,而不需要自己一步一步定义;同时,向导提供的对话框均带有详细的说明,用户可以根据提示轻松地完成每一步的操作,并生成新表的结构和相应的关联。

使用向导创建表的具体操作步骤如下:

①启动表向导。打开"公司管理系统"数据库,选择"表"对象,然后双击右侧窗格中"使用向导创建表"选项。或者单击工具栏中的"新建"按钮,在图 4-4 所示的"新建表"对话框中选择"表向导"列表项,然后单击"确定"按钮,弹出"表向导"对话框,如图 4-5 所示。

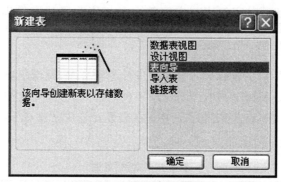

图 4-4 "新建表"对话框

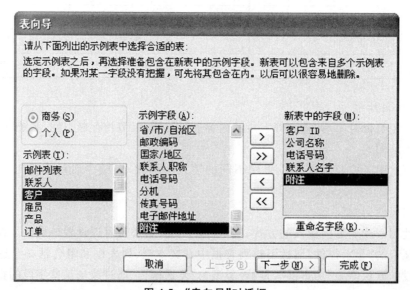

图 4-5 "表向导"对话框

②选择字段。在图 4-5 中,选择"商务"单选项,然后在"示例表"列表框中选择单选项"客户"表,接着双击"示例字段"中的字段,将"客户 ID"、"公司名字"、"电话号码"、"联系人名字"、"附注"等列表项作为新建表的字段,向导自动将其添加到"新表中的字段"列表框中。

③修改字段名称(可选项)。对于上述所建的新表,若要修改表中字段的名称,可在"新表中的字段"列表框中选中需修改的字段,例如,选择"客户 ID"字段,然后单击"重命名字段"按钮,弹出"重命名字段"对话框,如图 4-6 所示。输入新的字段名称"客户编号",单击"确定"按钮。如需修改多个字段名,可重复此过程。

图 4-6　"重命名字段"对话框

④指定表的名称、设置主键。单击图 4-5 中的"下一步"按钮,打开表向导对话框之二,如图 4-7 所示。在"请指定表的名称"文本框中输入新建表的名称:"客户信息表"。在"请确定是否用向导设置主键:"单选框中,确定设置主键的方法。选择"是,帮我设置一个主键",然后单击"下一步"按钮。

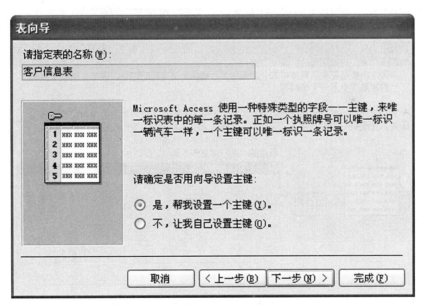

图 4-7　表向导设置主键

如果选择"不,让我自己设置主键",然后单击"下一步"按钮,则弹出如图 4-8 所示的表向导对话框之三。在"请确定哪个字段将拥有对每个记录都是唯一的数据:"的下拉列表中选择字段作为主关键字字段"客户编号"。然后,指定其数据类型,如"让 Microsoft Access 自动为新记录指定连续数字",即自动编号类型。

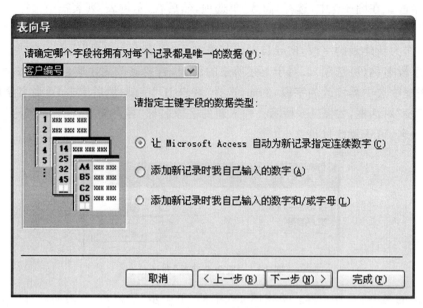

图 4-8　表向导设置记录唯一字段

⑤设置表之间的关系。如果创建的表为数据库中的第 1 张表,则不会出现此步操作,如果不是,则需要设置该表与已有表之间的关系,弹出如图 4-9 所示的表向导对话框之四,如表之间不相关联,直接单击"下一步"按钮即可;如表之间有关联,单击图 4-10 中的关系进行设置。

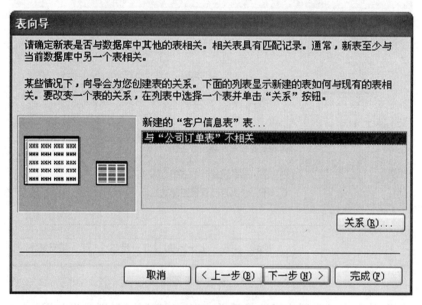

图 4-9　表向导设置新表与已有表之间的关系

⑥完成表的创建。单击"下一步"按钮,系统弹出如图 4-11 所示表向导对话框五,选择利用向导创建完表之后的工作,如"直接向表中输入数据",然后单击"完成"按钮。

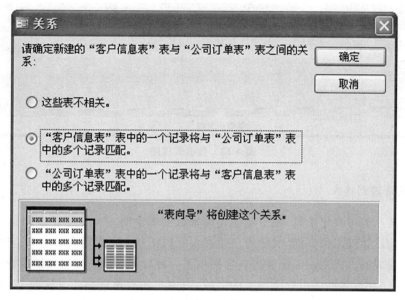

图 4-10　设置表之间的关系

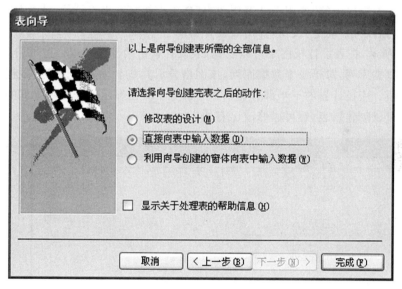

图 4-11　表向导完成对话框

　　⑦输入数据。新建表完成之后,将在数据表视图中打开,如图 4-12 所示。在数据表视图中,可以直接输入字段值。输入完一个字段后,按回车键确认,并跳到下一个字段(需要注意的是,自动编号类型的字段值,由系统给出,用户不能输入)。

　　输入完一条记录的最后一个字段后,按回车键,系统会自动保存本条记录,并定位到下一条记录的第一个字段。也可单击工具栏中的"保存"按钮,保存记录。切换回"数据库"窗口,可查看客户信息表已创建成功。

图 4-12　数据表视图

2. 使用设计器创建表

表设计器是一种可视化工具,用于设计和编辑数据库中的表。使用表设计器创建表就是以设计器所提供的设计视图为界面,引导用户通过人-机交互来完成对表的定义。这是 Access 最常用的创建数据表的方式之一。虽然表向导提供了一种较为简单的方法来创建数据库的基本对象"表",但如果向导不能提供用户所需要的字段,则用户还得重新创建。这时,一般情况下用户都是在设计器中设计表。在设计器中用户可以创建自己所需要的字段。

使用表设计器创建表的具体操作如下:

①双击数据库窗口中的"使用设计器创建表"选项直接打开表设计器,或选择列表框中的"设计视图"选项,然后单击"确定"按钮,弹出表设计器。

如图 4-13 所示,在表设计视图中可以看到,表设计器由两部分组成。上部分显示网格,每行网格描述一个数据库列,对于每个数据库列,该网格显示其基本特征:列名称、数据类型、长度,以及是否允许空值。表设计器的下半部分显示上半部分中突出显示的任何数据列的其他特征。使用表设计器既可以创建新表,也可以修改已有的表。

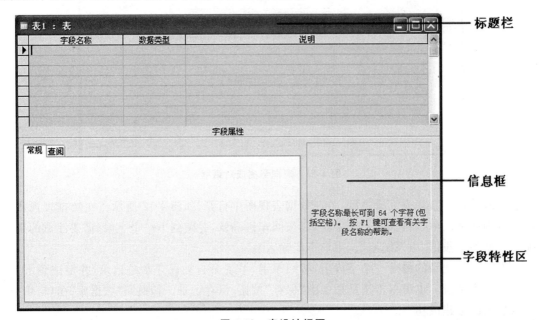

图 4-13　表设计视图

要使用表设计器创建数据表,首先要了解跟表设计器相关的一些内容,包括表设计器的结构、字段及其数据类型、字段属性等方面的内容。

表设计器包括表设计器视图和"表设计"工具栏两部分。设计视图的最上方是窗口的标题栏,这里显示的是打开表的名称。上半部分的表格用于设计表中的字段。表格的每一行均由 4 部分组成。最左边灰色的小方块为行选择区,当用户移动鼠标到某一行时,对应行选择区会出现一个黑三角形符号——行指示器,用它指明当前操作行。表设计器有 3 列,分别是字段名称、数据类型和说明。用户可以在"字段名称"列中输入所需字段的名称。当光标移至"数据类型"列中时,该列右端会出现一个下三角按钮。单击此按钮,在打开的下拉列表中将显示所有可用的数据类型,用户可以根据需要指定数据类型。在定义名称与数据类型之后,最好在"说明"列输入相应的字段说明文字,如指明字段的用途等,用来增加可读性。当然,"说明"部分也可以不写。

表设计器左下部是字段特性参数区。当定义了一个字段后,在此区域会显示出对应字段的特性参数。这些参数将在后面详细介绍。

表设计器右下角是一个信息框,用来显示有关字段或特性信息。信息框内的内容将随当前工作焦点的改变而改变,用来提供帮助和指导。

图 4-14 所示为"表设计"工具栏,当用户打开表设计器时,Access 2003 会自动打开这个工具栏。

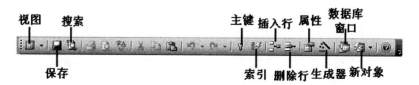

**图 4-14　"表设计"工具栏**

"表设计"工具栏中各个按钮的作用如下:

· "视图"按钮。单击此按钮,将弹出一个下拉菜单,下拉菜单中包含"设计视图"、"数据表视图"、"数据透视表视图"和"数据透视图表视图"4 个命令。相应地,Access 2003 中每个数据表都有 4 种显示状态——设计视图、数据表视图、数据透视表和数据透视图表视图。设计视图用于修改表的结构,数据表视图用于显示、输入、修改表的记录。数据透视表视图用来对选定的字段进行计算,例如求和("数字"字段的默认值)与计数("文本"字段的默认值)。数据透视图表视图用来将所选字段的数据显示在一个全局图表中。通过这个按钮可以在 4 种显示状态之间进行切换。

· "主键"按钮。选中一个或多个字段,再单击"主键"按钮,就可以把选定的字段设置为主键。要用多个字段作为主键,只需按住 Ctrl 键的同时,用鼠标选择所需字段,然后再单击此按钮即可。

· "索引"按钮。单击"索引"按钮,可以打开当前表的索引窗口。

· "属性"按钮。单击"属性"按钮,Access 2003 将弹出表的"属性"窗口,用于指定表的属性。

· "生成器"按钮。单击"生成器"按钮,将出现"字段生成器"对话框。在该对话框中,用户可以根据需要从"示例表"中选择字段,作为新表的字段。

· "数据库窗口"按钮。单击"数据库窗口"按钮,将回到数据库窗口。

· "新对象"按钮。单击"新对象"按钮,可以在数据库中添加新的对象。

②在"字段名称"下面的单元格中输入字段名称,并在"数据类型"栏中进行类型的设定,在"说明"栏中输入信息进行字段的注释。字段的"说明"用于为字段添加说明性的文字,以便使用该字段的人知道其作用。字段的"说明"可有可无。若输入字段说明,则在数据表或窗体中操作该字段时,将在状态栏加以显示。

③设置每一字段的属性。字段属性主要包括字段大小、格式、输入掩码、默认值、有效性规则和有效性文本等,如图 4-15 所示。

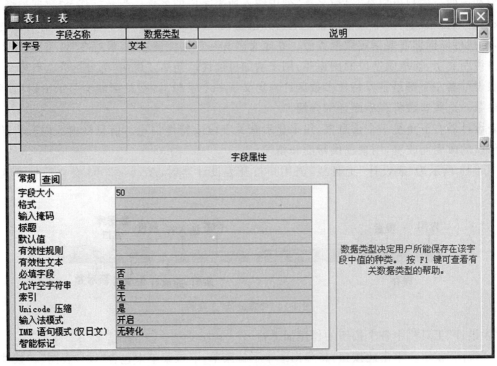

**图 4-15　字段属性**

· 字段大小:文本、自动编号和数字等类型字段可以指定字段大小,但应在该字段允许的字符个数或数值范围内。

· 格式:使用"格式"属性可以指定字段数据的显示或输入格式。不同类型的数据,其格式会有所不同。

· 输入掩码:使用"输入掩码"属性可以创建输入掩码,也称为"输入模板"。"输入掩码"使用原义字符来控制字段数据输入。

· 标题:用于设置字段在窗体中的显示标签。如果未设置标题属性,则以字段名为标签。

· 默认值:用于指定字段新记录的默认值。输入数据时默认值自动输入到新记录字段中。用户可以使用常量、函数或表达式来设置字段默认值。单击"默认值"属性框右边的生成器按钮"…",可打开"表达式生成器"对话框,在其中可自定义所需的表达式。

· 有效性规则:用于限制字段的数据输入。比如 Like"＊@＊"规则要求输入数据中必须包含一个"@"符号。该规则可用于限制"电子邮件地址"输入的有效性。单击"有效性规则"属性框右边的生成器按钮"…",可打开"表达式生成器"对话框,在其中可自定义所需的表达式。

· 有效性文本:用于指定当用户输入了有效性规则所不允许的值时的提示信息。

·必填字段：可以使用"必填字段"属性指定字段中是否必须有值。如果此属性设置为"是"，则在记录中输入数据时，必须在此字段或绑定到此字段的任何控件中输入数值，而且此数值不能为 Null。

④在输入完字段名称和类型后选中其中的一个字段，然后单击工具栏中的设置"主键"按钮，将该字段设置为主键。每个表都应该有一个主键。

⑤在工具栏中单击"视图"按钮右侧的下拉箭头，图 4-16 所示，在打开的菜单中选择"数据表视图"选项，此时打开如图 4-17 所示的提示框，提示用户应首先保存数据表。

图 4-16  "视图"下拉菜单

图 4-17  Microsoft office Access 保存表

⑥单击"是"按钮，打开"另存为"对话框，在"表名称"文本框中输入表名称，如图 4-18 所示。

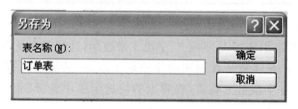

图 4-18  "另存为"对话框

⑦单击"确定"按钮，此时打开如图 4-19 所示的数据表视图，用户可以在该视图中直接输入数据。输入完成后，选择"文件"→"保存"将保存该数据表。

| 订单号 | 供应商 | 订单日期 | 签名 | 是否执行完毕 |
|---|---|---|---|---|
| 121100 | 861300 | 2012-3-12 | 黄文 | ☑ |
| 121101 | 861300 | 2012-4-14 | 林芳 | ☐ |
| 121102 | 861300 | 2012-4-22 | 王思维 | ☑ |
| 121103 | 861300 | 2012-4-2 | 李蕾薇 | ☑ |
| 121104 | 861300 | 2012-6-13 | 上官文飞 | ☐ |
| 121105 | 861300 | 2012-7-8 | 林芳 | ☑ |
| 121106 | 861300 | 2012-3-4 | 王思维 | ☐ |
| 121107 | 861300 | 2012-8-10 | 黄文 | ☑ |

订单表 : 表

图 4-19  在视图中直接输入数据

在数据库窗口中,用户可以对创建的数据表进行删除、复制或重命名等操作。右击数据表名称,在弹出的快捷菜单中选择“删除”、“复制”或“重命名”命名即可。

3. 通过输入数据创建表

通过输入数据创建表是一种“先输入数据,再确定字段”的创建表方式。

选择通过输入数据创建表的方式创建数据表,用户可以首先在数据库视图的对象栏中单击“表”按钮,然后在右边的列表中双击“通过输入数据创建表”选项,即可打开一个如图 4-20 所示的空数据表。

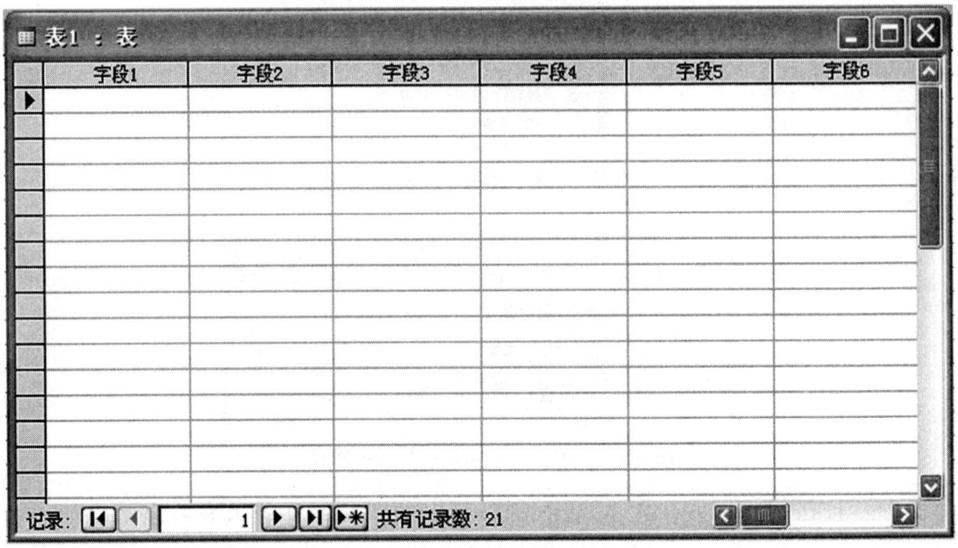


图 4-20　通过输入数据创建表

默认情况下,字段名是用字段 1、字段 2、字段 3 来表示,这样很容易混淆且没有实际意义,所以需要将字段重新命名。具体就是在原来的字段名上双击,然后输入有实际意义的名字,按下 Enter 键即可,或者直接在字段名上右击,在弹出的快捷菜单中选择“重命名列”命令,输入新字段名后,按下 Enter 键,如图 4-21 所示。

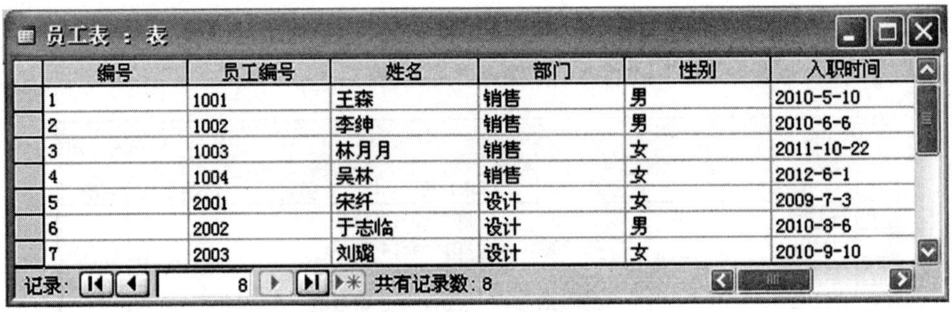

员工表 : 表

| 编号 | 员工编号 | 姓名 | 部门 | 性别 | 入职时间 |
|---|---|---|---|---|---|
| 1 | 1001 | 王森 | 销售 | 男 | 2010-5-10 |
| 2 | 1002 | 李绅 | 销售 | 男 | 2010-6-6 |
| 3 | 1003 | 林月月 | 销售 | 女 | 2011-10-22 |
| 4 | 1004 | 吴林 | 销售 | 女 | 2012-6-1 |
| 5 | 2001 | 宋纤 | 设计 | 女 | 2009-7-3 |
| 6 | 2002 | 于志临 | 设计 | 男 | 2010-8-6 |
| 7 | 2003 | 刘璐 | 设计 | 女 | 2010-9-10 |

记录: 8 共有记录数: 8

图 4-21　在表中输入数据

在数据表中输入数据时,要将同一种数据类型输入到相应的列中。如果输入的是日期、时间或数字,则需要输入一致的格式。

将数据添加到要使用的所有列后,便可以选择“文件”→“保存”命令,打开“另存为”对话框,输入数据表名称,单击"保存"按钮,保存数据库。保存之前,Access 将询问是否要创建一个主键。如果还没有输入能唯一标识每一行的数据,用户可以单击"是"按钮,由 Access 自动生成 ID;若输入的列数据中有唯一标识每一行的数据,用户可以单击"否"按钮,然后切换到设计视图,将包含这些数据的字段指定为主键。

**4. 通过导入外部数据创建表**

Access 为使用外部数据源(如 Excel 工作簿、XML 文件、文本文件或其他数据库)的数据提供了导入或链接表两种选择。

①导入:即将数据导入到新的 Access 表中,这是一种将数据从不同格式的数据转换并复制到 Access 中的方法。导入数据将在新表中创建其信息的副本,在该过程中源表或源文件并不改变。

②链接:是一种链接到其他应用程序中的数据但不将数据导入的方法,在原始应用程序和 Access 文件中都可以查看并编辑这些数据。通过链接数据,可以在不进行导入的情况下读取外部数据源中的数据,并在大多数情况下可对数据进行更新。

使用导入外部数据创建表的具体操作方法如下:

①打开数据库窗口,在菜单栏上执行"文件"→"获取外部数据"→"导入"命令,打开"导入"对话框。

②在"导入"对话框中的"文件类型"选择框中选择"Microsot Excel(*.xls)"文件类型,在"查找范围"组合框中找到要导入文件的位置,如图 4-22 所示。

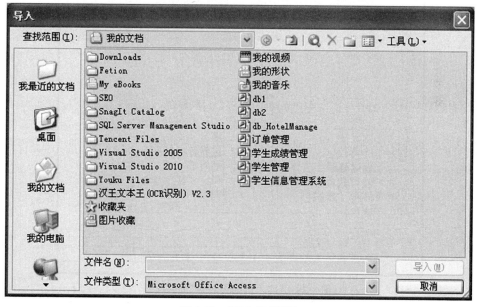

**图 4-22　"导入"对话框**

③单击"导入"按钮,弹出"导入数据表向导"对话框,如图 4-23 所示。在这个对话框中列出了所要导入表的内容。

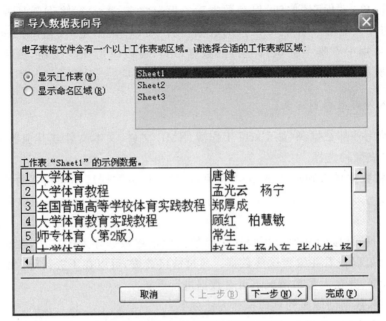

图 4-23  "导入数据表向导"对话框 1

④单击"下一步"按钮,选中"第一行包含列标题"选项,如图 4-24 所示。

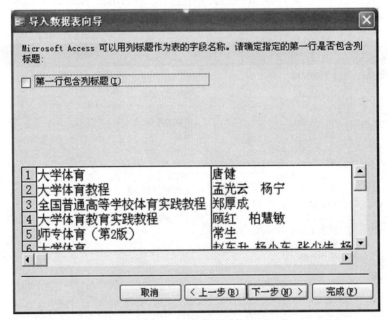

图 4-24  "导入数据表向导"对话框 2

⑤单击"下一步"按钮,选择将该 Excel 数据表导入到哪个数据库表中。如果要将其放到一个新表中,单击"新表中"选项;如果要将其导入到当前数据库的已存在的表中,则单击"现有的表中"选项,然后在后面的选择框中选择将该表导入到哪个数据库表中。如图 4-25 所示。

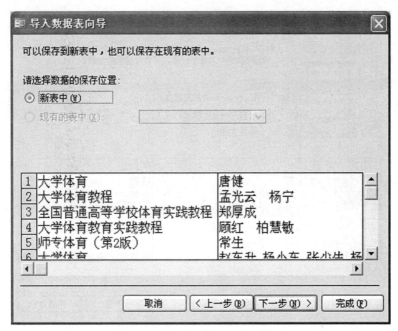

图 4-25　"导入数据表向导"对话框 3

⑥单击"下一步"按钮，如图 4-26 所示，在这里可以选中字段并对其进行一些必要的修改。

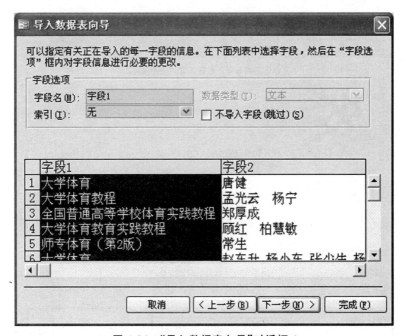

图 4-26　"导入数据表向导"对话框 4

⑦单击"下一步"按钮，如图 4-27 所示，在这里可以设置表的主键。单击"让 Access 添加主键"选项，则会由 Access 添加一个自动编号的字段作为主关键字；单击"我自己选择主键"选项，可以在右侧的选择框中选择一个字段作为主关键字；如果不设置主关键字，可以单击"不要主键"选项。

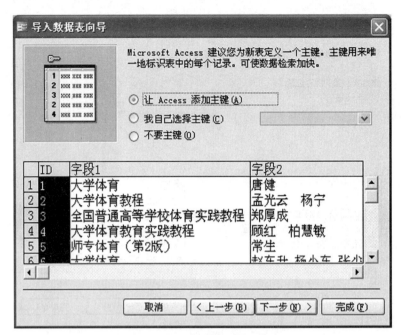

图 4-27 "导入数据表向导"对话框 5

⑧单击"下一步"按钮,在弹出的对话框的"导入到表"文本框中设置导入表的名称,如图 4-28 所示。

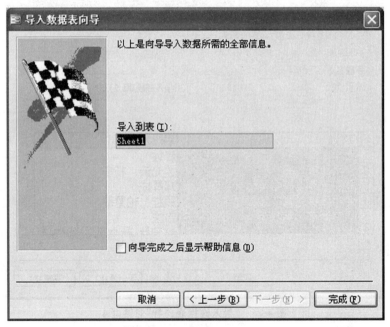

图 4-28 "导入数据表向导"对话框 6

⑨单击"完成"按钮,弹出一个提示框表示数据导入已经完成,单击"确定"按钮完成数据表的创建与数据的导入。

# 4.2 维护数据表

表是数据库的核心，对它的修改将会影响到整个数据库。尤其是在已设定了关系的数据库中，必须将相互关联的表同时进行修改，如果出现遗漏，将导致出错。因此，用户在设计数据库时，有必要详细记录数据库的设计结构，以备日后修改数据库的结构时使用。对表进行修改时要注意，打开的表或正在使用的表是不能进行修改的，必须先将其关闭。如果在网络中使用，必须保证所有的用户都退出使用。

## 4.2.1 打开与关闭表

### 1. 打开表

在 Access 2003 中，可以在数据表视图中打开表，也可以在表设计视图中打开表。

在数据表视图中打开表的方法是：在数据库窗口中，单击"表"对象，再选择要打开表的名称，然后单击数据库窗口的"打开"按钮，或直接双击要打开表的名称，或右击要打开表的名称，在弹出的快捷菜单中选择"打开"命令。此时，Access 在数据表视图中打开所需的表。

在数据表视图下打开表以后，可以在该表中输入、修改和删除数据，还可以添加、删除和修改字段。

如果要修改字段的数据类型或属性，应当在表设计视图中打开表。方法是：使用主窗口工具栏上的"视图"按钮切换到表设计视图，或在数据库窗口中，单击"表"对象，再选择要打开表的名称，然后单击数据库窗口的"设计"按钮，或右击要打开表的名称，在弹出的快捷菜单中选择"设计视图"命令。此时，Access 直接在表设计视图中打开所需的表。

### 2. 关闭表

表的操作结束后，应该将其关闭。无论表是处于表设计视图状态，还是处于数据表视图状态，在主窗口中选择"文件"→"关闭"菜单命令或单击视图窗口的"关闭"按钮都可以将打开的表关闭。

在关闭表时，如果曾对表的结构或内容进行过修改，会显示一个提示框，询问用户是否保存所作的修改，选择"是"则会保存所作的修改；选择"否"则会放弃所作的修改；选择"取消"则取消关闭表的操作。

## 4.2.2 数据表的复制、删除、重命名

### 1. 复制表

复制表就是将选定的表复制生成另一张表。复制表的操作有三种：复制表的结构；复制表的结构和数据；把一张表的记录追加到另一张表之后。

复制表的操作步骤如下：

①在"数据库"窗口中选中要复制的表。

②单击工具栏中的"复制"按钮，或者选择"编辑"→"复制"命令。

③单击工具栏中的"粘贴"按钮,或者选择"编辑"→"粘贴"命令。

④系统会打开"粘贴表方式"对话框,在"表名称"文本框中输入表名;然后根据需要在 3 个"粘贴选项"单选按钮中选择其中之一;单击"确定"按钮即可完成复制工作。

### 2. 删除表

在发现数据库中存在多余的表时,可以将它们删除。操作方法是:在数据库窗口中,选中需要删除的表,然后按 Delete 键;也可以右击需要删除的表,从打开的快捷菜单中选择"删除"命令。

### 3. 重命名表

重命名表就是修改表的名称,操作方法与改文件名一样。但表名一旦修改,将会影响到表间关系和其他对象,因此建议不要轻易重命名表。在 Access 中重命名数据表方法与文件夹的操作类似,主要有如下 3 种方法。

①利用"编辑"菜单:选中数据表,然后选择菜单栏中的"编辑"→"重命名"命令。

②直接利用鼠标:选中需要重命名的对象,然后在对象的名称上再单击一次鼠标左键(前后两次单击不可太快,需要时间间隔)。

③利用快捷菜单:右击需要重命名的数据表,从弹出的快捷菜单中选择"重命名"命令。

通过上述 3 种方法执行重命名操作时,当数据表名称进入可编辑状态,即可重新输入数据表名称,输入完毕后.存窗口任意处单击完成命名操作。

#### 4.2.3 备份表

为了确保数据安全,修改前必须做好数据库的备份,以备修改不成功时使用。数据库文件的备份,与 Windows 下普通文件的备份一样,只需将该数据库文件复制一份即可。在一个数据库中只修改某个或某几个表时,也可以只对这几个表进行备份。

表的备份操作过程如下:

①打开数据库窗口。

②单击"对象"栏中的"表"按钮,在窗口右侧显示所有表的名称。

③选中要备份的表,然后选择"编辑"→"复制"命令,或者直接按 Ctrl＋C 键。此时,该表已被复制到剪贴板上。

④选择"编辑"→"粘贴"命令,或者直接按 Ctrl＋V 键,弹出"粘贴表方式"对话框,如图 4-29 所示。

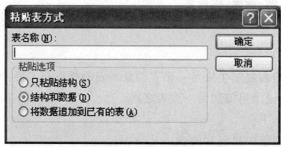

**图 4-29　"粘贴表方式"对话框**

⑤在"表名称"文本框中输入当前表的名称。

此外,用户还可以根据需要在"粘贴选项"选项组中选择复制的方式:"只粘贴结构"、"结构和数据"、"将数据追加到已有的表"。然后单击"确定"按钮,完成备份操作。另外一种备份表的方法是选中要备份的表,右击鼠标,弹出快捷菜单,在快捷菜单中选择"另存为"命令,弹出"另存为"对话框,如图 4-30 所示。单击"保存类型"下拉列表框右端的下三角按钮,在下拉列表中选择"表"选项,然后在"将表'公司订单表'另存为"文本框内输入新表名称。最后单击"确定"按钮,完成备份。

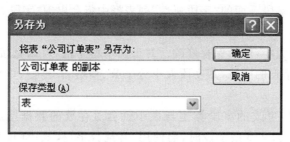

**图 4-30 "另存为"对话框**

### 4.2.4 修改表的结构

Access 数据库允许通过表设计视图和数据表视图对表的结构进行修改。对表结构的修改,会影响与之相关的查询、窗体和报表等其他对象,因此一定要慎重,提前备份。

**1. 添加字段**

添加字段有两种方法:

①在表设计视图下添加字段。用表设计视图打开需要添加字段的表,然后将光标移动到要插入新字段的位置,选择"插入"→"行"菜单命令,或单击主窗口工具栏上的"插入行"按钮,或单击鼠标右键,在弹出的快捷菜单中选择"插入行"命令,则在当前字段的上面插入一个空行,在空行中依次输入字段名称、字段数据类型等。

②在数据表视图窗口中添加字段。用数据表视图打开需要添加字段的表,在某一列标题上单击鼠标右键,在弹出的快捷菜单中选择"插入列"命令,或选中某一列,然后选择"插入"→"列"菜单命令,则在当前列的左侧插入一个空列,再双击新列中的字段名"字段 1",为该列输入唯一的名称。

**2. 修改字段**

修改字段包括修改字段的名称、数据类型、说明和字段属性等。在数据表视图中,只能修改字段名,其操作方法为:双击需要修改的字段名进入修改状态,或右击需要修改的字段名,在弹出的快捷菜单中选择"重命名"命令。

如果还要修改字段数据类型或定义字段的属性,需要切换到表设计视图进行操作。

修改数据类型的操作步骤如下:

①以设计视图方式打开所要修改的表,单击所要修改的字段的"数据类型"栏,此时出现下三角按钮。

②单击下三角按钮,弹出下拉列表,从中选择所需的数据类型,然后单击工具栏上的"保存"按钮保存修改。更改数据类型之前,要仔细考虑更改对数据库造成的影响。如果某些查询、报表、窗体使用的字段发生更改,那么也要相应地更改对该字段的引用。

③更改字段的数据类型之后,Access 2003 将对该字段中的数据进行转换。字段类型的改变可能会造成所存放数据的丢失。因此,在转换之前,Access 2003 将提示用户进行确认。

对于文本型、数字型字段,还可以重新设置"字段大小"属性,具体操作步骤如下:

①以设计视图方式打开所要修改的表,单击所要修改的字段。

②文本型或数字型字段下面的"字段属性"列表框中将会出现"字段大小"文本框。

③单击"字段大小"下拉列表框旁边的下三角按钮,打开下拉列表。

④选中所要的字段大小,然后保存修改。对于文本型字段,可以直接输入其大小值,最大值为 255 个字符;对于数字型的字段,其字段大小分字节、整型、长整型、单精度、双精度、同步复制等 6 种。

若表中已经有数据,更改的字段类型与大小就会对存放的数据造成一定的影响。Access 2003 将数字型字段转换为文本型字段时,会使用"常规数字"格式;将日期型字段转换为文本型字段时,会使用"常规日期"格式,并且转换后的字段中不包含任何特殊的字符(非数字字符)。Access 2003 将文本型字段转换为数字型或货币型字段时,要求该字段中的数据全部都是数字,而不能包含其他字符,否则会造成数据的丢失。其中货币符号将根据 Windows XP"控制面板"中"区域和语言选项"的设置值来转换。

对于从文本型向逻辑型的转换,"是"、"真"和"开"都将转换为"是",而"否"、"假"和"关"都将转换为"否"。对于从数字型向逻辑型的转换,"零"和"Null"都转换为"否",向非零值都将转换为"是"。

货币型和数字型之间,以及文本型与备注型之间的转换不存在任何问题。但是如果将超过255 个字符的备注型字段转换为文本型字段会造成数据丢失,因为文本型字段最多只能存放 255个字符。

3. 删除字段

与添加字段操作相似,删除字段也有两种方法。

①在表设计视图下删除字段。用表设计视图打开需要删除字段的表,然后将光标移到要删除的字段行上。如果要选择一组连续的字段,可用鼠标指针拖过所选字段的字段选定器;如果要选择一组不连续的字段,可先选中要删除的某一个字段的字段选定器,然后按下 Ctrl 键不放,再单击每一个要删除字段的字段选定器。最后选择"编辑"→"删除行"菜单命令,或单击鼠标右键,在弹出的快捷菜单中选择"删除行"命令。

②在数据表视图窗口中删除字段。用数据表视图打开需要删除字段的表,选中要删除的字段列,然后单击鼠标右键,在弹出的快捷菜单中选择"删除列"命令。

4. 移动字段

移动字段可以在表设计视图中进行。用表设计视图打开需要移动字段的表,单击字段选定器选中需要移动的字段行,然后再次单击并按住鼠标左键不放,拖动鼠标即可将该字段移到新的位置。

5. 重新设置主关键字

重新设置主关键字时,需要确定与原主关键字相关的关系已经被删除。具体操作方法为:选定新的主关键字字段(对多字段主关键字,需要使用 Ctrl 键),单击工具栏上的"主键"按钮,则消除原主关键字字段前的主关键字标志,在新的主关键字字段前显示主关键字标志。

一个表只能有一个主关键字,当设置另一主关键字时,原来的主关键字自动取消。

### 4.2.5　设置表属性

Access 数据库表中的表属性分别是表对象属性和表定义属性。表对象属性包括名称、拥有者、创建日期和最后修正日期以及诸如"隐藏"或"可复制"等特性。

①查看这些属性可以选择下列方法之一。

·右击"数据库"窗口中的表名,从快捷菜单中选择"属性"命令。

·选中表名并选择"视图"→"属性"命令。

·选中表名,单击工具栏中的"属性"按钮。

②弹出的"属性"对话框,如图 4-31 所示。

图 4-31　"属性"对话框

③在设计视图中打开表,同时打开"属性"对话框,可以查看和定义当前设计表的属性,如图 4-32 所示。

图 4-32　"表属性"对话框

进行下列一种操作即可打开"表属性"对话框。

·选择"视图"→"属性"命令。

·单击工具栏上的"属性"按钮。

·右击字段输入区并从快捷菜单中选择"属性"命令。

④如果要更改默认的表设计属性,可选择"工具"→"选项"命令,弹出如图 4-33 所示的"选项"对话框,然后打开"表/查询"选项卡。

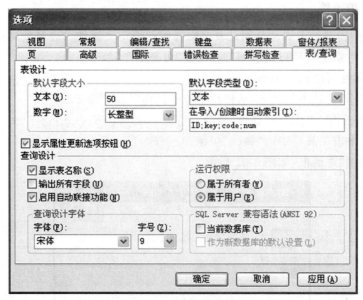

图 4-33　"选项"对话框

该选项卡中的选项包括:

·"文本"(默认为 50),要更改默认的文本字段大小,可输入所需的数字。

·"数字"(默认为"长整型"),要更改数字字段类型,可从"数字"下拉列表框中选择。

·"默认字段类型"(默认为"文本"),要更改默认的字段类型,可从"默认字段类型"下拉列表框中选择。该下拉列表框中不包括作为字段类型的"查阅向导"。

·"在导入/创建时自动索引",利用该选项,可把经常用在字段开头和结尾的文字规定为导入和创建表时的索引基础。

### 4.2.6　修改表的外观

对表设计的修改,将导致表结构的变化,会对整个数据库产生影响。如果只是针对数据表视图进行修改,则只影响数据在数据表视图中的显示,而对表的结构没有任何改变。

#### 1. 改变字体、字号和颜色

在数据表视图中,要改变数据表显示数据的字体、字号和颜色,其操作步骤如下:

①将表以数据表视图的方式打开。

②选择"格式"→"字体"菜单命令,系统将弹出如图 4-34 所示的"字体"对话框。

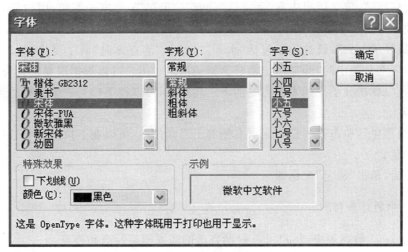

图 4-34 "字体"对话框

③在该对话框中,选择好合适的"字体、"字形"、"字号"和"颜色"等,在"示范"窗口中可以看到与设置相对应的效果。

④设置好后,单击"确定"按钮即可。

## 2. 设置数据表格式

要设置数据表格式,具体操作步骤如下:

①将表以数据表视图的方式打开。

②选择"格式"→"数据表"菜单命令,将打开如图 4-35 所示的"设置数据表格式"对话框。

图 4-35 "设置数据表格式"对话框

③在此对话框中可以设置"单元格效果"、"网格线显示方式"、"背景颜色"、"网格线颜色"、"边框和线条样式"和"方向"等数据表视图属性,以改变表格单调的样式布局风格。其中各选项的功能如下:

• "单元格效果"：该选项组中有"平面"、"凸起"、"凹陷"3 个单选按钮，用户可以根据需要选择适当的选项。

• "网格线显示方式"：该选项组包括"水平方向"和"垂直方向"两个复选框，Access 2003 在默认情况下两项都是选中的，即显示出横竖交错的网格。用户可以根据需要进行设置。

• "背景色"：单击其下拉列表框右侧的下三角按钮，可以在下拉列表中选择适当的颜色作为背景颜色。

• "网格线颜色"：单击其下拉列表框右侧的下三角按钮，可以在下拉列表中选择适当的颜色作为网格线颜色。

④设置好后，单击"确定"按钮即可。

### 3. 调整表中的行和列

在 Access 2003 数据表中，用户可以根据自己的需要调整行高和列宽。

调整行高的具体步骤如下：

①在数据表视图下选择"格式"→"行高"命令，弹出"行高"对话框，如图 4-36 所示。

**图 4-36 "行高"对话框**

②在"行高"文本框中直接输入行高数值，其单位是像素，由显示器的分辨率决定，然后单击"确定"按钮。用户也可以直接选中"标准高度"复选框，采用标准行高。

若只要更改某一行的高度也可以直接用鼠标调整行高，将光标移至行选定器的分界线上，按住鼠标左键并上下拖动，行高就会随之变化。

修改列宽的操作与上述类似。

如要对某列进行隐藏，只要将某一列宽设为 0；或者单击要隐藏的列的列选定器，然后选择"格式"→"隐藏列"命令。

恢复隐藏列的操作稍微复杂一些，其操作过程如下：

①在数据表视图方式下选择"格式"→"取消隐藏列"命令，弹出"取消隐藏列"对话框，如图 4-37 所示。

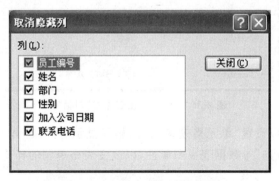

**图 4-37 "取消隐藏列"对话框**

②在"列"列表框中显示出了当前表中的所有字段,每个字段前都有一个复选框,选中的字段为表中已显示的字段,未选中的字段为隐藏的字段;选中隐藏的字段前的复选框,然后单击"关闭"按钮,即可恢复隐藏列的显示。

在数据表中,只需单击所要移动字段的列选定器,并拖动即可移动列、更改列顺序,其到所需的位置。

当表中字段较多时,一些重要的字段会被移出屏幕外,为了能使这些字段总在屏幕内显示,可以对它们进行冻结。其操作步骤为:以数据表视图方式打开所要编辑的表,单击所要冻结的字段的列选定器,然后选择"格式"→"冻结列"命令,该字段就被固定在屏幕上。若要取消冻结列,只要选择"格式"→"解除冻结列"命令即可。

此外,用户还可以删除、增加列,方法是右击"字段选定器",然后在弹出的快捷菜单中选择相应的命令即可。

# 4.3　操作表中数据

在表创建和设置完成后,在数据表视图窗口中,用户可以对表中的数据进行查找、替换、排序和筛选等操作。通过 Access 提供的数据的排序和筛选功能,以便用户更有效地查找和浏览数据记录。

## 4.3.1　数据的编辑

### 1. 定位记录

在数据表中,每一条记录都有一个记录号,记录号是由系统按照记录录入的先后顺序赋给记录的一个连续整数。在数据表中记录号与记录是一一对应的。数据表中有了记录后,修改是经常需要的操作,其中定位和选择记录是首要工作。

常用的定位方法有两种:

(1)使用数据表视图下方的定位记录号定位

在数据表视图窗口的底端有一组记录号浏览按钮。可以用这些按钮在记录间快速移动,如图 4-38 所示。

记录: |◀ ◀　　　　 2 　▶ ▶| ▶※ 共有记录数: 3

图 4-38　记录定位器

- 单击 |◀ 按钮可以定位到第 1 条记录。
- 单击 ◀ 按钮可以定位到上 1 条记录。
- 单击 ▶ 按钮可以定位到下 1 条记录。
- 单击 ▶| 按钮可以定位到最后 1 条记录。
- 单击 ▶※ 按钮可以定位到新记录字段中,方便直接输入新记录。

如果要定位到指定的记录,就可以在记录编号框中输入该记录的编号,按 Enter 键。

(2)使用快捷键定位

Access 提供了一组快捷键,通过这些快捷键可以方便地定位记录。表 4-5 列出了这些快捷键及其定位功能。

表 4-5　快捷键及其定位功能

| 快捷键 | 定位功能 |
| --- | --- |
| Tab+Enter→ | 下一字段 |
| Shift+Tab← | 上一字段 |
| Home | 当前记录中的第一个字段 |
| Ctrl+Home | 第一条记录中的第一个字段 |
| End | 当前记录中的最后一个字段 |
| Ctrl+End | 最后一条记录中的最后一个字段 |
| ↑ | 上一条记录中的当前字段 |
| Ctrl+↑ | 第一条记录中的当前字段 |
| ↓ | 下一条记录中的当前字段 |
| Ctrl+↓ | 最后一条记录中的当前字段 |
| Page Down | 下移一屏 |
| Page Up | 上移一屏 |
| Ctrl+Page Down | 右移一屏 |
| Ctrl+Page Up | 左移一屏 |

**2. 选择记录**

可以在数据表视图下用鼠标或者键盘两种方式来选择记录或数据的范围。使用鼠标的操作方法如表 4-6 所示，使用键盘的操作方法如表 4-7 所示。

表 4-6　鼠标操作方法

| 数据范围 | 操作方法 |
| --- | --- |
| 字段中的部分数据 | 单击开始处，拖动鼠标到结尾处 |
| 字段中的全部数据 | 移动鼠标到字段左侧，待鼠标指针变为"+"后单击鼠标左键 |
| 相邻多字段中的数据 | 移动鼠标到字段左侧，待鼠标指针变为"+"后拖动鼠标到最后一个字段尾部 |
| 一列数据 | 单击该列的字段选定器 |
| 多列数据 | 将鼠标放在一列字段顶部，待鼠标指针变为向下箭头后，拖动鼠标到选定范围的结尾列处 |
| 一条记录 | 单击该记录的记录选定器 |
| 多条记录 | 单击第一条记录的记录选定器，按住鼠标左键，拖动鼠标到选定范围的结尾处 |
| 所有记录 | 选择"编辑"菜单中的"选择所有记录"的命令 |

表 4-7　键盘操作方法

| 选择对象 | 操作方法 |
|---|---|
| 一个字段的部分数据 | 光标移到字段开始处,按住 Shift 键,再按方向键到结尾处 |
| 整个字段的数据 | 光标移到字段中,单击 F2 键 |
| 相邻多个字段 | 选择第一个字段,按住 Shift 键,再按方向键到结尾处 |

3. 添加记录

添加记录时,使用数据表视图打开要编辑的表,可以将光标直接移动到表的最后一行,直接输入要添加的数据;也可以单击记录定位器上的添加新记录按钮,或单击主窗口工具栏上的"新记录"按钮,或选择"记录"→"数据项"菜单命令,待光标移到表的最后一行后输入要添加的数据。

4. 删除记录

删除记录时,使用数据表视图打开要编辑的表,单击要删除记录的记录选定器,然后单击工具栏上的"删除记录"按钮,在弹出的"删除记录"提示框中单击"是"按钮。

在数据表中,可以一次删除多条相邻的记录。如果要一次删除多条相邻的记录,则在选择记录时,先单击第一条记录的记录选定器,然后拖动鼠标经过要删除的每条记录,最后单击工具栏上的"删除记录"按钮。

5. 修改数据

打开要删除记录的数据表视图,选定要删除的一条或多条记录,单击工具栏上的按钮(或右击,选择快捷菜单中的"删除记录"命令),系统会弹出一个对话框来确认是否删除,如图 4-39 所示,单击"是"按钮即可删除选定的记录。被删除的记录是无法恢复的,因此需要谨慎操作。

图 4-39　确认是否删除记录提示记录对话框

### 4.3.2　数据的查找与替换

1. 数据的查找

打开数据表视图,选择"编辑"→"查找"命令,弹出"查找和替换"对话框,如图 4-40 所示。"查找内容"文本框用于输入需要查找的数据;"查找范围"是一个下拉列表框,可以选择查找范围是在插入点所在的字段中还是全表范围内查找;"匹配"下拉列表有 3 个选项,即"字段任何部分"、"整个字段"和"字段开头",我们可以根据实际需要来选择;"搜索"下拉列表也有 3 个选项,即"向上"、"向下"和"全部",用来决定查找数据的方向,减少搜索范围。

图 4-40 "查找和替换"对话框

在"查找内容"文本框中输入要查找的指定内容来进行搜索也是可行的,但是如果我们对要查找的内容记忆不全,那么这时就需要使用通配符作为占位符来查找满足一定条件的数据。通配符的用法如表 4-8 所示。

表 4-8 查找通配符

| 字　　符 | 作　　用 | 示　　例 |
|---|---|---|
| * | 匹配任何数量的字符 | ab＊,可以找到 abd、abejjg,找不到 rabde |
| ? | 匹配任何单个字符 | ab?,可以找到 abd,找不到 abejjg |
| [] | 匹配[]内的任何单个字符 | a[hj]b,可以找到 ahb 和 ajb,找不到 acb |
| ! | 被排除的字符 | a[! hj]b,可以找到 acb,找不到 ahb 和 ajb |
| — | 指定一个范围的字符 | a[d−f]b,可以找到 adb、aeb、afb,找不到 ahb |
| ＃ | 匹配任何单个数字 | a＃b,可以找到 a7b、a0b,找不到 ah、a78b |

值得注意的是,在 Access 中空值和空字符串的含义不同,若要查找空值,则可在查找文本框中输入 Null 进行查找;要查找空字符串则需要用双引号括起来,即在文本框中输入""(引号中间没有空格)。

2. 数据的替换

在操作数据时,如果需要修改多处相同的数据,就可以使用 Access 的替换功能,其方法类似与其他 Office 组件。打开数据表视图,选择"编辑"→"替换"命令,或者切换到图 4-40 中的"替换"选项卡,它比"查找"选项卡多了一个"替换为"文本框。先需要设置好要查找的内容,然后在"替换为"文本框中输入要替换的数据,单击"查找下一处"按钮,找到后再单击"替换"按钮,可依次进行替换。我们也可以直接单击"全部替换"按钮,系统将会弹出一个"您将不能撤销该替换操作"的提示对话框,如图 4-41 所示,单击"是"按钮即可完成"全部替换"操作。

图 4-41 不能撤销该替换操作的提示对话框

### 4.3.3 数据的筛选与排序

**1. 数据的筛选**

使用数据表时,经常需要从众多的数据中挑选出一部分满足某种条件的数据进行处理。Access 提供了 4 种筛选记录的方法:按选定内容筛选、按窗体筛选、内容排除筛选和高级筛选。经过筛选后的表只显示满足条件的记录,而将那些不满足条件的记录隐藏起来。

(1)按选定内容筛选

按选定内容筛选,就是直接在表中选择需要查看的数据。它属于直观式的筛选方式,用于轻松地找到并选择要包含在被筛选记录中的值。其方法最简单和快速,只要用鼠标选择需要查看的数据,然后选择相应命令,Access 将显示那些与所选样例匹配的记录。

在数据表视图中,打开数据表,选择记录中要参加筛选的一个字段中的全部或部分内容,使用"记录"菜单中的"筛选"操作,选择"按内容筛选"命令即可,或单击工具栏上的"按内容筛选"按钮。例如,在"员工信息表"中可以选择"性别"字段中的"女",应用筛选后,在数据表视图中仅显示"性别"为"女"的员工的记录。如果选择"内容排除筛选",则显示"员工信息表"中"性别"字段为"男"的所有记录。如图 4-42 所示。

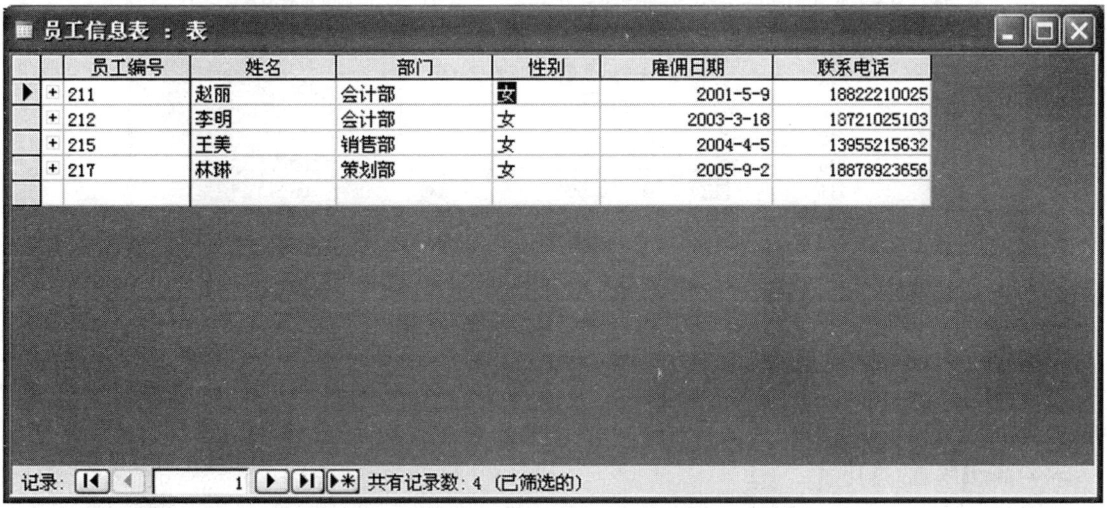

| | 员工编号 | 姓名 | 部门 | 性别 | 雇佣日期 | 联系电话 |
|---|---|---|---|---|---|---|
| + | 211 | 赵丽 | 会计部 | 女 | 2001-5-9 | 18822210025 |
| + | 212 | 李明 | 会计部 | 女 | 2003-3-18 | 18721025103 |
| + | 215 | 王美 | 销售部 | 女 | 2004-4-5 | 13955215632 |
| + | 217 | 林琳 | 策划部 | 女 | 2005-9-2 | 18878923656 |

记录: 1 共有记录数: 4 (已筛选的)

图 4-42 按内容筛选性别为"女"的所有记录

(2)按窗体筛选

如果要从列表中不必滚动浏览所有记录即可选择要搜索的值,或者如果要一次指定多个条件,可以使用"按窗体筛选"方式进行筛选。选择"记录"→"筛选"→"按窗体筛选"命令或单击工具栏上的"按窗体筛选"按钮,在打开的窗口(见图 4-43)中进行筛选即可。

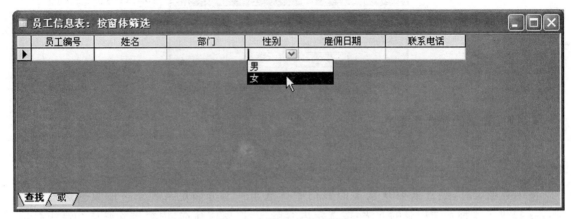

图 4-43 "按窗体筛选"窗口

(3)内容排序筛选

"内容排除筛选"方式与"按选定内容筛选"方式相反,用鼠标选择的数据不会显示出来,例如,在"公司管理系统"数据中的"员工工资表"表中筛选出基本工资不是 4410 的员工信息。

打开"员工工资表"的数据表视图窗口,在"基本工资"字段中选中数字 4410 选择"记录"→"筛选"→"内容排除筛选"命令(图 4-44),即可得到基本工资不是 4410 的员工信息。单击"取消"便可返回"员工信息"数据表。

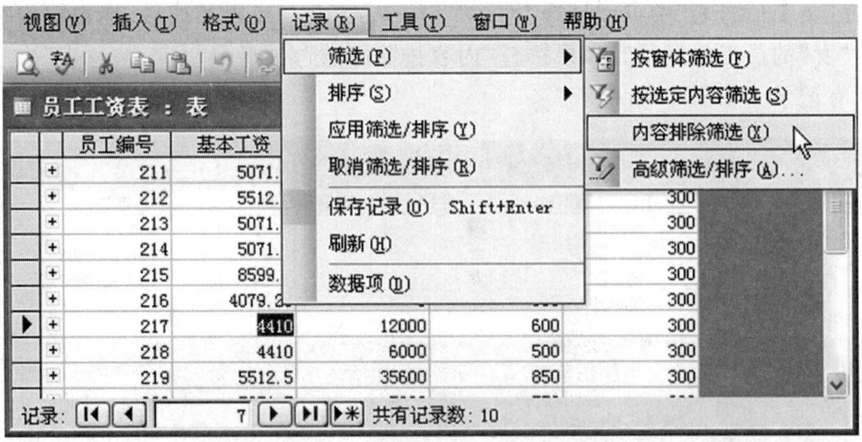

图 4-44 "内容排除筛选"结果

值得注意的是,保存表时,Access 会同时保存筛选,以便在下次打开表时,继续使用上次的筛选结果。选择"记录"→"应用筛选/排序"命令,即可显示上次保存的筛选结果。

(4)高级筛选/排序

高级筛选/排序可以应用于一个或多个字段的排序或筛选,其筛选或排序的结果更精确。在数据表视图中,选择"记录"→"筛选"→"高级筛选"命令,便可打开如图 4-45 所示的"高级筛选/排序"窗口,分为上下两部分,上面是含有表的字段列表,下面是设计网格,用户可以在设计网格中同时设置筛选条件和排序字段。

应用高级筛选/排序,不仅可以对单字段进行排序,而且可以对多字段进行排序。为多字段设置筛选条件,用户可以从左到右依次选中要进行筛选的字段,然后再设置单个字段的条件及排序顺序,最后单击"应用筛选"按钮执行筛选即可。

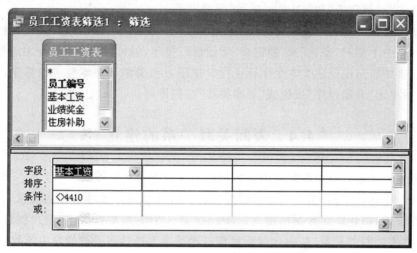

图 4-45  "高级筛选/排序"窗口

2. 数据的排序

为了我们查看和查找数据的方便,有时需要对表中的数据进行排序操作。Access 默认是按表的主关键字的值排序显示记录的,如果没有定义主关键字,那么按输入数据的先后顺序排列。我们可以在数据表视图中对记录进行排序以改变记录的显示顺序。对于不同的字段类型,排序规则有所不同,具体规则如下:

①英文按字母顺序排列,大小写视为相同,升序时按 A 到 Z 排列,降序时按 Z 到 A 排列。

②中文按拼音字母的顺序排列,升序时按 A 到 Z 排列,降序时按 Z 到 A 排列。

③数字按数字的大小排序,升序时从小到大排列,降序时从大到小排列。

④日期和时间字段按日期的先后顺序排序,升序时按从前向后的顺序排列,降序时按从后向前的顺序序排列。

(1)对文本型数据进行排序

在文本型字段中保存的数字将作为字符串而不是数值来进行排序。因此,若要按数值顺序来排序,就必须在较短的数字前面加上零,使得全部的文本字符串具有相同的长度。例如:要以升序来排序以下的文本字符串"1"、"2"、"11"和"22",其结果将是"1"、"11"、"2"、"22"。必须在仅有一位数的字符串前面加上零,才能正确地排序,即:"01"、"02"、"11"、"22"。

如果要保存数字或日期数据,可以考虑在表中将该字段的数据类型改为"数字"、"货币"或"日期/时间"。这样在对该字段排序时,数字或日期将会按数值或日期的顺序来排序,而不需要加入前面的零。

在按升序对字段进行排序时,任何含有空字段(Null)的记录都将首先在列表中列出。如果字段中同时包含 Null 值和零长度字符串的记录,则包含 Null 值的记录将首先显示,紧接着是零长度字符串。

对数据表中的数据进行排序,可以使用"记录"菜单下的相关命令,但更多的是使用数据表视图工具栏中的排序按钮。

当需要将数据表中两个不相邻的字段进行排序,且分别为升序或降序排列时,就需要使用Access的"高级排序"功能。

(2)对"备注"、"超链接"和"OLE对象"型数据排序

在任何情况下都不能对"OLE对象"及来自OLE服务器的OLE对象的字段进行排序。虽然在数据访问页中不能对"备注"或"超链接"字段进行排序,但可以在数据表中对这些数据排序。"备注"字段的排序将只根据前255个字符进行。排序方法类似于文本型字段排序,选定需要排序的字段,然后单击"升序排序"按钮或"降序排序"按钮即可。

# 4.4　表间关联关系的建立

关系数据库的主要特点是数据库内或数据库间的数据表之间可以建立关系。通过关系将数据表整合成一个整体,实现数据表间数据的组合、共享,满足用户各种各样的要求。同时还能通过参照完整性设置,防止错误数据的输入。Access是一个关系型数据库,用户创建了所需要的表后,还要建立表之间的关系,Access就是凭借这些关系来连接表或查询表中的数据的。

## 4.4.1　表间关联关系概述

### 1. 表间关联关系的类型

两个表之间的关系是通过一个相关联的字段建立的,在两个相关表中,起着定义相关字段取值范围作用的表称为父表,该字段称为主键;而另一个引用父表中相关字段的表称为子表,该字段称为子表的外键。根据父表和子表中关联字段间的相互关系,Access数据表间的关系可以分为3种:一对一关系、一对多关系和多对多关系。

(1)一对一关系

父表中的每一条记录只能与子表中的一条记录相关联,在这种表关系中,父表和子表都必须以相关联的字段为主键。

(2)一对多关系

父表中的每一条记录可与子表中的多条记录相关联,在这种表关系中,父表必须根据相关联的字段建立主键。

(3)多对多关系

父表中的记录可与子表中的多条记录相关联,而子表中记录也可与父表中的多条记录相关联。在这种表关系中,父表与子表之间的关联实际上是通过一个中间数据表来实现的。

### 2. 关系的完整性

关系模型提供了丰富的完整性控制机制,允许定义三类完整性:实体完整性、参照完整性和用户定义的完整性。

(1)实体完整性

要求在组成主关键字的字段上不能有空值。

(2)用户定义的完整性

用户定义的完整性是针对某一具体关系数据库的约束条件,由系统检验实施。如在字段的

有效性规则属性中,对字段输入值的限制。

(3)参照完整性

参照完整性存在于两个表之间,是在输入和删除记录时为了维护表之间的关系而必须遵循的一个规则系统。

在符合下列全部条件时才可以设置参照完整性。

①来自主表的匹配字段是主键或具有唯一索引。

②相关字段具有相同的数据类型。只有两个例外:"自动编号"字段与"字段大小"为"长整型"的"数字"字段相关,"字段大小"为"同步复制 ID"的"自动编号"字段与"字段大小"为"同步复制 ID"的"数字"字段相关。

③两个表同属于一个数据库。

在使用参照完整性时需要遵循以下原则:

①不能在相关表的外部关键字段中输入不存在于该主表主键中的值。

②如果在相关表中存在匹配的记录,则不能从主表中更改主键值。

③如果某个表已经存储了相关的记录,则不能在主表中更改主键值。

④如果需要 Access 为某个关系实施这些规则,在创建关系时,应选中"实施参照完整性"复选框。如果出现了破坏规则的操作,系统将自动出现禁止提示。

### 4.4.2　建立表关系

在表之间创建关系,可以确保 Access 将某一表中的改动反映到相关联的表中。一个表可以和多个其他表相关联,而不是只能与另一个表组成关系对。Access 提供了一个关系窗口,对于已建立的关系,在关系窗口中可清楚显示。

以"公司管理系统"数据库中的"员工信息表"、"员工工资表"和"公司订单表"3 个数据表为例,创建它们的相互关系。

①启动 Access 2003 应用程序,打开"公司管理系统"数据库。

②在工具栏中单击"关系"按钮,或选择"工具"→"关系"命令,打开"关系"视图窗口。

③单击"关系"视图窗口工具栏中的"显示表"按,打开"显示表"对话框,如图 4-46 所示。选中"公司订单表"、"员工信息表"和"员工工资表"数据表,单击"添加"按钮,将 3 个数据表添加到关系视图中。

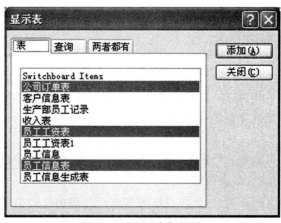

**图 4-46　"显示表"对话框**

④单击"关闭"按钮，关闭"显示表"对话框，此时"关系"窗口效果如图 4-47 所示。

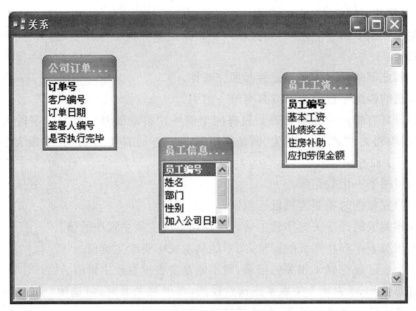

**图 4-47 添加表后的"关系"窗口**

⑤按住鼠标左键在"员工工资表"中拖动"员工编号"字段到"员工信息表"的"员工编号"字段上，即打开图 4-48 所示的"编辑关系"对话框。要建立表与表之间的关系，必须通过各个表的共同字段来创建。共同字段是指各个表都拥有的字段，它们的字段名称不一定相同，只要字段的类型和内容一致，就可以正确地创建关系。

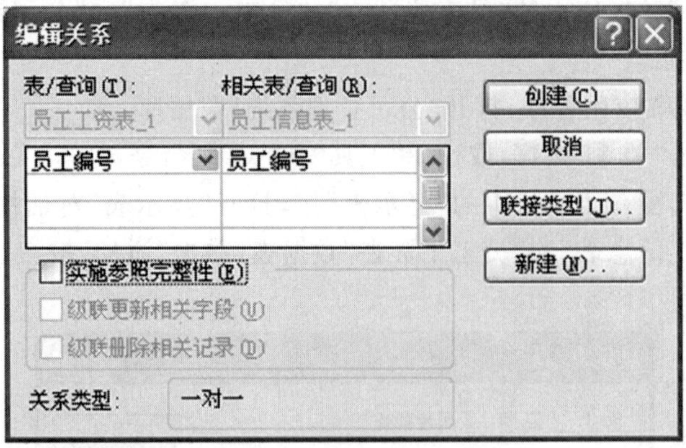

**图 4-48 "编辑关系"对话框**

值得注意的是，在图 4-48 中有"实施参照完整性（E）"等三个复选框选项。参照完整性是一种系统规则，Access 可以用它来确保关系表中的记录是有效的，并且确保用户不会在无意间删除或改变重要的相关数据。

参照完整性的设置，可以通过"编辑关系"对话框中的 3 个复选框组来实现。表 4-9 说明了设置复选框选项与表之间关系字段的关系。

其中的"级联删除相关记录"复选框在设计数据表的过程中已经为关系字段设置了索引或关键字时，一般不需要设置，这是由于设置了索引或关键字的字段本身就不允许用户删除记录。使用参照完整性时要遵循下列规则：

· 如果某个记录有相关的记录，则不能在主表中更改主键值。

· 不能在相关表的外键字段中输入不存在于主表的主键中的值。但是，可以在外键中输入一个 Null 值来指定这些记录之间并没有关系。

· 如果在相关表中存在匹配的记录，则不能从主表中删除这个记录。

表 4-9　参照完整性的设置

| 复选框选项 | | | 关系字段的数据关系 |
|---|---|---|---|
| 实施参照完整性 | 级联更新相关字段 | 级联删除相关字段 | |
| √ | | | 两表中关系字段的内容都不允许更改或删除 |
| √ | √ | | 当更改主表中关系字段的内容时，子表的关系字段会自动更改。但仍然拒绝直接更改子表的关系字段内容 |
| √ | | √ | 当删除主表中关系字段的内容时，子表的相关记录会一起被删除。但直接删除子表中的记录时，主表不受其影响 |
| √ | √ | √ | 当更改或删除主表中关系字段的内容时，子表的关系字段会自动更改或删除 |

⑥检查两个表之间的关联字段无误后，单击"创建"按钮，即可建立两个表之间的关系，使用同样的方法创建"公司订单表"与其他两个表之间的关系，最终效果如图 4-49 所示。

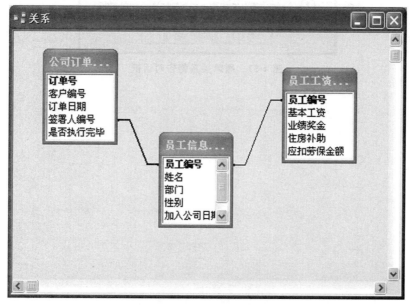

图 4-49　关系图示例

⑦关闭"关系"对话框，此时会出现提示框，如图 4-50 所示，单击"是"即可保存表关系。

图 4-50　提示对话框

需要注意的是，如果没有选择"实施参照完整性"复选框，其关系线的两端不会出现"1"或者"∞"。

### 4.4.3　查看、编辑和删除关系

在"数据库"窗口中，单击工具栏上的"关系"按钮，或者选择"工具"→"关系"命令，打开"关系"窗口。如果"关系"窗口中为空白，则单击工具栏上的"显示所有关系"按钮，或者右击鼠标，从弹出的快捷菜单中选择"全部显示"命令，所有创建的关系将全部显示出来，此时可以对这些关系进行重新编辑或删除。

首先选中要编辑或删除的关系之间的连线。通常，关系之间的连线两端粗，中间细，将光标移动到细线上后单击，此时选中的连线中间会变得和两端一样粗。在其上右击鼠标，从弹出的快捷菜单中选择"编辑关系"命令，将进入"编辑关系"对话框，可重新编辑选定的关系；选择"删除"命令，将弹出如图 4-51 所示的警告对话框，单击"确定"按钮就可以将该关系删除，关系之间的连线也会消失。

图 4-51　删除关系警告对话框

# 第 5 章 查询的创建与操作

## 5.1 查询概述

数据库建立好之后就可以对其中的基本表进行各种管理操作了,查询是其中最基本的操作。查询就是依据一定的查询条件,对数据库中的数据信息进行查找。它允许用户依据准则或查询条件抽取表中的字段和记录。Access 2003 中的查询可以对一个数据库中的一个表或多个表中存储的数据信息进行查找、统计、计算、排序。

### 5.1.1 Access 中的查询

Access 2003 中有多种设计查询的方法,用户可以通过查询设计器设计查询,如图 5-1 所示,也可以使用查询设计向导来设计查询,如图 5-2 所示。

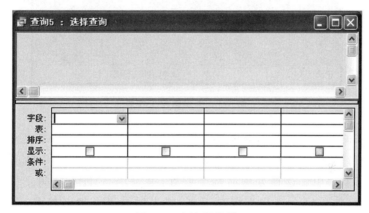

图 5-1 查询设计器

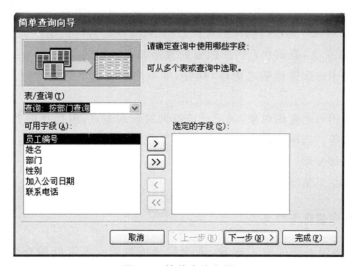

图 5-2 简单查询向导

无论选择何种方式设计好某个查询后，使用者可以选中该查询，直接用鼠标单击工具栏中的“执行”按钮来执行这个查询。如果某个查询早已设计好，那么可通过在数据库管理窗口中直接用鼠标双击这个查询的图标来执行它。查询结果将以工作表的形式显示出来，如图 5-3 所示为一种查询的结果显示。

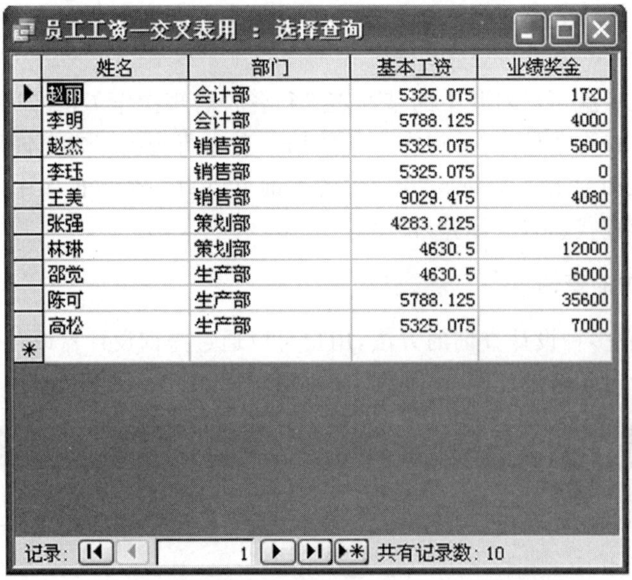
员工工资—交叉表用 ： 选择查询

| 姓名 | 部门 | 基本工资 | 业绩奖金 |
| --- | --- | --- | --- |
| 赵丽 | 会计部 | 5325.075 | 1720 |
| 李明 | 会计部 | 5788.125 | 4000 |
| 赵杰 | 销售部 | 5325.075 | 5600 |
| 李珏 | 销售部 | 5325.075 | 0 |
| 王美 | 销售部 | 9029.475 | 4080 |
| 张强 | 策划部 | 4283.2125 | 0 |
| 林琳 | 策划部 | 4630.5 | 12000 |
| 邵党 | 生产部 | 4630.5 | 6000 |
| 陈可 | 生产部 | 5788.125 | 35600 |
| 高松 | 生产部 | 5325.075 | 7000 |

记录：1 共有记录数：10

**图 5-3 查询结果工作表**

显示查询结果的工作表又称为结果集。从图中不难看出，它与基本表有着十分相似的外观，但它并不是一个基本表，而是符合查询条件的记录集合。结果集中的所有记录实际上都保存在其原来的基本表中。这样处理有两个好处：第一，节约硬盘空间。每个查询的结果集中可能有很多记录，如果每个查询都保存下来，查询的结果会越来越多，需要不断地进行维护、删除旧的查询结果，而保存查询方式就不存在这些烦恼。第二，由于结果集的内容是动态的，在符合查询条件的前提下，其内容是随着基本表变化的。因此当记录数据信息的基本表发生改变时，仍可以用该查询进行同样的查找，并且可以获得实际的结果集，即查询结果集与基本表的更改同步。实际上，查询和它们所依据的表是相互作用的。当用户更改了查询中的数据时，查询所依据的表中的数据也随之更改；同样，如果用户更改了表中的数据，查询的结果也会改变。

Access 2003 中的每个查询对象，只记录该查询的查询方式，包括查询条件、执行的动作（如添加、删除、更新表）等。当用户调用一个查询时，系统就会按照它所记录的查询方式进行查找，并执行相应的工作，如显示一个结果集，或执行某一动作。并且，结果集有一定的“寿命”期限，当关闭一个查询后，其结果集便不再存在了。

### 5.1.2 Access 中的查询种类

使用查询可以按照不同的方式查看、更改和分析数据。也可以用查询作为窗体、报表和数据访问页的记录源。Access 2003 提供的查询有：选择查询、交叉表查询、生成表查询、更新查询、追加查询、删除查询、参数查询、SQL 特定查询及其下的联合查询、传递查询和数据定义查询。

### 1. 选择查询

选择查询是最常见的查询类型，它从一个或多个表中检索数据，并且在可以更新记录的数据表窗口中显示结果。也可以使用选择查询来对记录进行分组，并且对记录作总计、计数、平均值以及其他类型的计算。

### 2. 参数查询

参数查询是在执行时显示"输入参数值"对话框以提示用户输入信息作为条件，Access 根据此动态条件进行查询。例如，可以设计它来提示输入两个日期，然后 Access 检索在这两个日期之间参加工作的职工的记录。

将参数查询作为窗体、报表和数据访问页的基础也很方便。又如，可以以参数查询为基础来创建职工报表。打印报表时，Access 显示对话框来询问报表所需包含的职称。在输入职称后，Access 便打印相应职称的职工报表。

### 3. 交叉表查询

使用交叉表查询可以计算并重新组织数据的结构，这样可以更加方便地分析数据。交叉表查询计算数据的总计、平均值、计数或其他类型的总和，这种数据可分为两组信息：
①在数据表左侧排列。
②在数据表的顶端。

交叉表查询是允许精确确定汇总数据如何在屏幕上进行显示的汇总查询。交叉表查询以传统的行列电子数据表形式显示汇总数据并且与 Excel 数据透视表密切相关。

### 4. 操作查询

操作查询是仅在一个操作中更改或移动许多记录的查询。用户利用此类查询可以编辑表中的记录。操作查询共有四种类型：删除、更新、追加与生成表。
①删除查询：可以从一个或多个表中删除一组记录。
②更新查询：可以对一个或多个表中的一组记录作全局的更改。使用更新查询，可以更改已有表中的数据。
③追加查询：将一个或多个表中的一组记录添加到一个或多个表的末尾。
④生成表查询：可以根据一个或多个表中的全部或部分数据新建表。生成表查询有助于创建表导入到其他 Microsoft Access 数据库或包含所有旧记录的历史表。

### 5. SQL 查询

SQL 查询是用户使用 SQL 语句创建的查询。可以用 SQL 语句来查询、更新和管理 Access 这样的关系数据库。SQL 查询包括联合查询、传递查询、数据定义查询、子查询等。
①联合查询。将来自一个或多个表或查询的字段（列）组合为查询结果中的一个字段或者

列，基于这个生成表查询来生成新表。

②传递查询。直接将命令发送到 ODBC 数据库，如 Microsoft SQL Server 等，使用服务器能接收的命令。

③数据定义查询。用于创建或更新数据库中的对象，如 Access 或 SQL Server 表等。

④子查询。包含另一个选择查询或操作查询中的 SQL Select 语句。可以在查询设计网格的"字段"行输入语句来定义新的字段，或在"准则"行中来定义字段的准则。

在查询"设计"视图中创建查询时，Access 将在后台构造等效的 SQL 语句。实际上，在查询"设计"视图的属性表中，大多数查询属性在 SQL 视图中都有等效的可用子句和选项。如果需要，可以在 SQL 视图中查看和编辑 SQL 语句。但是，在对 SQL 视图中的查询做更改之后，查询可能无法以以前在"设计"视图中所显示的方式进行显示。

有一些 SQL 查询，称为"SQL 特定查询"，无法在设计网格中进行创建。对于传递查询、数据定义查询和联合查询，必须直接在 SQL 视图中创建 SQL 语句。对于子查询，可以在查询设计网格的"字段"行或"条件"行输入 SQL 语句。

### 5.1.3　Access 中的查询功能

Access 2003 查询的基本功能是将各个表中分散的数据按照一定的条件集合起来，形成一个数据记录集合，并以数据工作表的格式显示出来。除此之外，它还有许多其他方面的功能：

①以一个或多个表的查询为数据源，根据用户的要求生成满足某一特定条件的动态的数据集。

②可以对数据进行统计、排序、计算和汇总，大大增强数据使用效率。

③可以设置查询参数，形成交互式的查询方式。

④利用交叉表查询可以按某个字段将数据进行分组汇总，从而更好地查看和分析数据。

⑤利用动作查询可以生成新表，对数据表进行追加、更新、删除等操作。

⑥查询可以为其他查询、窗体、报表或数据访问页提供数据源。

⑦一些特殊形式的查询，可以使用户对数据进行更清晰合理的分析。

总之，利用查询允许用户查看指定的字段，显示特定条件的记录。如有需要可以将查询的结果保存起来。

### 5.1.4　查询准则

所谓准则，是运算符、常量、字段值、函数以及字段名等组合成的表达式，其运算结果是数值或逻辑值。准则在建立带条件的查询时经常用到。通过准则可以过滤掉很多并不需要的数据。

查询准则，即为查询找到数据所要满足的制定条件。要想进行快捷、有效的查询，必须掌握查询准则的书写方法。

#### 1. 准则中的运算符

运算符包括关系运算符、逻辑运算符和特殊运算符等。各运算符的功能如表 5-1 所示。

表 5-1　运算符

| 功　能 | 运算符 |
| --- | --- |
| 比较 | ＝,＞,＜,＞＝,＜＝,！＝,＜＞,！＞,！＜,NOT＋上述比较运算符 |
| 确定范围 | BETWEEN AND,NOT BETWEEN AND |
| 确定集合 | IN,NOT LIKE |
| 字符匹配 | LIKE,NOT LIKE |
| 空值 | IS NULL,IS NOT NULL |
| 多重条件 | AND,OR |

### 2. 准则中的函数

Access 2003 中提供了大量的标准函数,如字符函数、数值函数、日期时间函数等,如表 5-2～表 5-4 所示。利用这些函数可以更好地构建查询准则,为用户进行查询统计分析提供方便。

表 5-2　字符函数

| 函　数 | 说　明 |
| --- | --- |
| SPACE(数值表达式) | 返回数值表达式的值确定的空格个数组成的字符串 |
| STRING(数值表达式,字符串表达式) | 返回由字符表达式的第一个字符重复组成的指定长度为数值表达式的值的字符串 |
| LEN(字符串表达式) | 返回字符串表达式的字符个数,如字符串为空,返回 null |
| LEFT(字符串表达式,数值表达式) | 返回字符串左边的数值表达式值个字符 |
| RIGHT(字符串表达式,数值表达式) | 返回字符串右边的数值表达式值个字符 |
| LTRIM(字符串表达式) | 将字符串表达式左边的空格去掉 |
| RTRIM(字符串表达式) | 将字符串表达式右边的空格去掉 |
| TRIM(字符串表达式) | 将字符串表达式两边的空格去掉 |
| MID<br>(字符串表达式,数值表达式 1,数值表达式 2) | 返回字符串表达式从左边算起第数值表达式 1 开始,截取长度为数值表达式 2 的字符串 |

表 5-3　数值函数

| 函　数 | 说　明 |
| --- | --- |
| Abs(数值表达式) | 返回数值表达式的绝对值 |
| Int(数值表达式) | 返回数值表达式的整数部分 |
| Sqr(数值表达式) | 返回数值表达式的平方根 |
| Sgn(数值表达式) | 返回数值表达式的符号值。若数值表达式大于 0,返回 1;等于 0,返回 0;小于 0,返回 -19 |

表 5-4    日期时间函数

| 函　　数 | 说　　明 |
|---|---|
| DAY(date) | 返回给定日期 1～32 的值,表示给定日期是一个月中的某天 |
| MONTH(date) | 返回给定日期 1～12 的值,表示给定日期是一年中的某月 |
| YEAR(date) | 返回给定日期 100～9999 的值,表示给定日期是某年 |
| WEEKDAY(date) | 返回给定日期 1～7 的值,表示给定日期是一个周中的某天 |
| HOUR(date) | 返回给定日期 0～23 的值,表示给定时间是一天中的某时 |
| DATE() | 返回当前系统日期 |

在 Access 2003 中建立查询时,文本值经常会被作为查询的准则。表 5-5 为以文本值作为准则的应用。

表 5-5    使用文本值作为准则的应用

| 字段名 | 准　　则 |
|---|---|
| 职称 | "主任" |
| 职称 | "主任"or"副主任" |
| 部门名称 | Like"营销部 *" |
| 姓名 | In("章立","刘鹏") |
| 姓名 | Not Like"王 *" |
| 姓名 | Left([姓名],1)="王" |
| 姓名 | Len([姓名])<=4 |
| 职工编号 | Mid([职工编号],3,2)="03" |

在 Access 2003 中查询时,某些情况下还需要以计算或处理日期得到的结果作为准则,表 5-6 为一些准则的应用。

表 5-6    使用日期作为准则的应用

| 字段名 | 准　　则 |
|---|---|
| 工作时间 | Between #99-01-01# And #99-12-31# |
| 工作时间 | <Date()-15 |
| 出生日期 | Year([出生日期])=1987 |
| 工作时间 | Year([工作时间])=1987 And Month([工作时间])=4 |

## 5.2    选择查询

选择查询即选择符合条件的部分记录集,能够从一个或多个表或查询中检索数据,并对记录组或全部记录进行求总计、计数等汇总运算。运行选择查询时看到的是查询结果的数据表视图,在这个数据表视图中显示的是满足查询条件的动态记录集数据(又称为虚拟表)。

一般情况下,建立查询的方法有两种:使用查询向导和查询设计器。使用查询向导操作比较简单,用户可以在向导的指示下选择表和表中的字段,但对于有条件的查询,则需要使用查询设计器。在查询设计器中,用户可以随时定义各种条件,定义统计方式。

### 5.2.1　使用"简单查询向导"选择查询

使用"简单查询向导"可以快速生成具有基本数据检索要求的选择查询。简单查询向导具有如下基本特征。

①不能为其添加选择准则或者指定查询的排序次序。

②不能改变查询中字段的排列次序。其字段排列顺序将一直按照最初添加时的顺序排列。

③如果所选的字段中有一个或者多个数字字段,该向导允许放置一个汇总查询,用于显示数字字段的总计值、平均值、最小(大)值。在查询结果集中还可以包含一个记录数量的计数。

④如果所选的一个或者多个字段为"日期/时间"数据类型,则可以指定按日期范围分组的汇总查询——天、月、季或年。

使用简单查询向导创建查询,可以检索一个或多个表中的数据。如果只检索一个表中的数据,这种查询是单表查询;如果检索多个表中的数据,则这种查询是多表查询。通过"简单查询向导"方法创建的查询属于选择查询类型。

使用"简单查询向导"创建的选择查询,具有强大功能。现结合数据库"公司管理系统",循序渐进地挖掘该向导的使用技巧。

下面以"员工信息表"为数据源,使用向导创建查询,名为"简单员工信息查询表"。要求查询结果中只显示姓名、部门、雇佣日期、联系电话,过滤掉员工编号和性别。

①打开"公司管理系统"数据库,在数据库窗口中选择"查询"对象。

②单击"新建"按钮,在"新建查询"对话框中选择"简单查询向导",如图 5-4 所示。

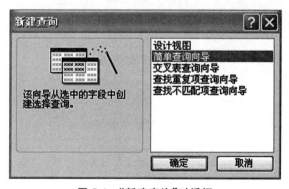

图 5-4　"新建查询"对话框

③打开"简单查询向导"对话框,从"表/查询"列表中选择"表:员工信息表"选项,然后在"可用字段"列表框中依次单击"姓名"、"部门"、"加入公司日期"、"联系电话"字段,将这些信息添加到"选定的字段"列表框中,如图 5-5 所示,然后单击"下一步"按钮。

④在如图 5-6 所示的"简单查询向导"对话框中,将查询标题指定为"简单员工信息查询表",并选择"打开查询查看信息"单选按钮,然后单击"完成"按钮。

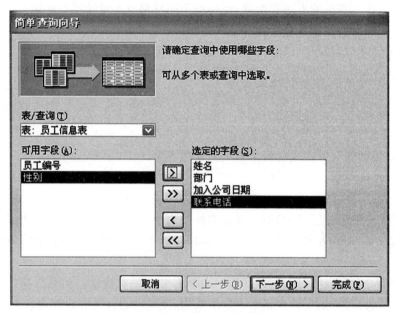

图 5-5　确定查询中使用的字段

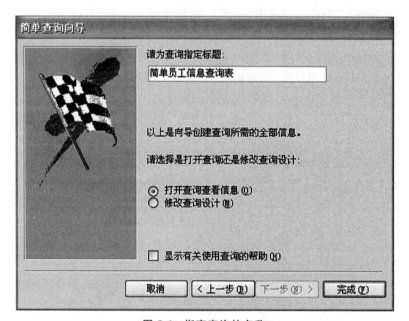

图 5-6　指定查询的名称

⑤此时将会运行查询,并在"数据表"视图中显示查询结果,如图 5-7 所示。拖动窗口右边的滚动条,可以查看更多的记录,单击窗口下方的导航按钮则可以在不同记录之间移动。

⑥返回数据库窗口,选择"查询"对象,右击"简单员工信息查询表",从弹出的快捷菜单中选择"设计视图"命令,以查看查询的设计结果,如图 5-8 所示。从图中可以看出,在"设计"视图上不列出在查询中要访问的字段列表,在该窗口下部的设计网格中则列出了在查询中要访问的各个字段。

| 姓名 | 部门 | 雇佣日期 | 联系电话 |
| --- | --- | --- | --- |
| 赵丽 | 会计部 | 2001-5-9 | 18822210025 |
| 李明 | 会计部 | 2003-3-18 | 18721025103 |
| 赵杰 | 销售部 | 2003-8-10 | 13012411234 |
| 李珏 | 销售部 | 2003-8-15 | 13645678910 |
| 王美 | 销售部 | 2004-4-5 | 13955215632 |
| 张强 | 策划部 | 2001-10-12 | 13921322556 |
| 林琳 | 策划部 | 2005-9-2 | 18878923656 |
| 邵觉 | 生产部 | 2000-9-17 | 13641285878 |
| 陈可 | 生产部 | 2004-10-14 | 15075158302 |
| 高松 | 生产部 | 2006-3-5 | 13315190209 |



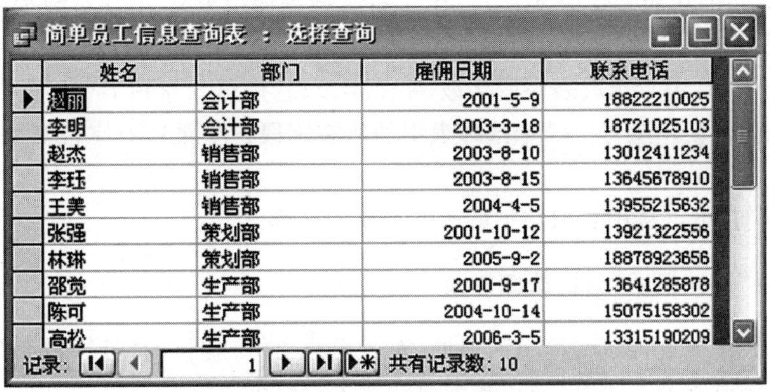

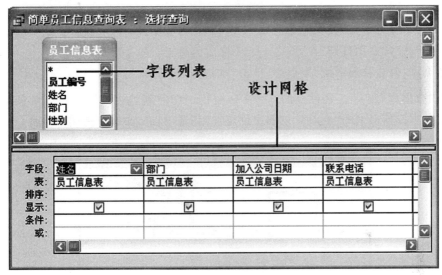

图 5-7　在“数据表”视图中查看查询结果

图 5-8　在“设计”视图中查看查询设计

⑦在图 5-5 所示的“设计”视图中单击鼠标右键，选择“SQL 视图”命令，切换到 SQL 视图中，已查看所生成的 SQL 语句，如图 5-9 所示。使用向导创建选择查询时生成以下 SQL 语句：

SELECT 员工信息表．姓名，员工信息表．部门，员工信息表．加入公司日期，员工信息表．联系电话

FROM 员工信息表；

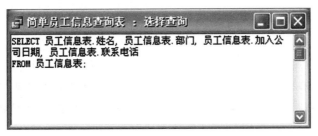

图 5-9　SQL SELECT 查询语句

上述 SQL 语句的功能是命令 Microsoft Access 数据库引擎从 Access 数据库中以一组记录的形式返回信息。这个 SQL 语句由下面两个子句组成：

· SELECT 子句：用于选取表中的字段，每个字段以"表名．字段名"的形式表示，字段之间用逗号隔开。也可以使用星号"＊"来选择表中的所有字段。如果所有字段都来自同一个表，也可以省略表名。

· FROM 子句：指定从中获取数据的表或查询的名称。

### 5.2.2　使用"设计视图"创建选择查询

利用查询向导只能进行一些简单的查询，而 Access 2003 提供的"设计视图"，是一种功能强大的创建查询和修改查询的工具，使用查询设计视图不仅可以完整地设计、创建一个查询，还可以编辑、修改已有的查询。现结合实例来探讨使用"设计视图"法创建选择查询的操作方法与设计技巧。

下面以"公司管理系统"数据库中的"员工信息表"为数据源，使用"设计视图"创建选择查询。选出表中"生产部"，"雇用日期"在 2003－1－1 之后的员工。

①在数据库"公司管理系统"窗口中，单击"对象"下的"查询"。

②单击"数据库"窗口工具栏上的 ⬚新建(N) 按钮，打开"新建查询"对话框，如图 5-10 所示。也可以双击数据库窗口上的"在设计视图中创建查询"选项，进入"设计视图"界面。

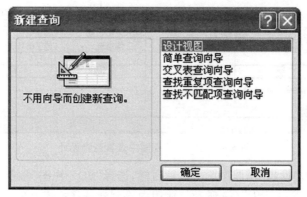

**图 5-10　"新建查询"对话框**

③从图 5-10 中选择"设计视图"选项，并单击"确定"按钮，进入查询设计器的"显示表"对话框，如图 5-11 所示。

说明：查询数据源可以是表，也可以是另外一个查询，也或者是两者兼有。根据查询需要，数据源可以有一个或多个，需要逐一选定。

④从"显示表"对话框的"表"选项卡中选定查询数据源，可以双击"员工信息表"或者选中"员工信息表"并单击"添加"按钮。然后关闭"显示表"对话框，进入查询设计器窗口。

⑤根据查询要求，在设计网格"字段"行上从数据源表中依次选择所需字段，可以有三种方式选取所需字段：第一，双击数据源中的字段名；第二，按住鼠标左键，将字段名拖入"字段"行；单击字段行单元格，通过右侧下拉按钮选择。

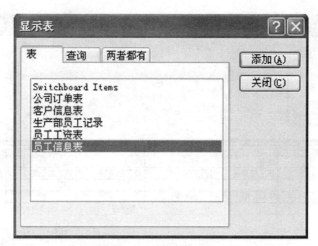

图 5-11 "显示表"对话框

这里选择"员工编号"、"姓名"、"性别"、"部门"、"加入公司日期"、"联系电话"。如图 5-12 所示。

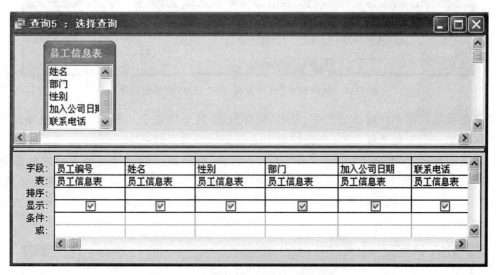

图 5-12 添加字段后的查询设计器窗口

⑥设置排序字段。网格设计区中的"排序"行用于确定对应字段的排序方式。如果当"排序"行上出现了两个或两个以上的排序字段，则优先左边的排序请求。默认为不排序。

⑦设定显示。设定字段是能够在查询结果中显示，显示行复选框选中为显示。

⑧设置条件。条件的设置在"条件行"的相关单元格中进行，该查询的两个条件为"生产部"，"雇用日期"在 2003−1−1 之后。条件表达式如图 5-13 所示。

⑨保持查询。设计完成之后，关闭查询设计器，会弹出是否保存查询的对话框，选择"是"按钮，在打开的"另存为"对话框中输入新建查询的名称"设计查询 员工信息"，并单击确定，保存查询，回到数据库窗口。

⑩运行查询。在"查询"对象右侧的列表区中找到并双击查询"设计查询 员工信息"，在数据表视图中显示出查询结果，如图 5-14 所示。

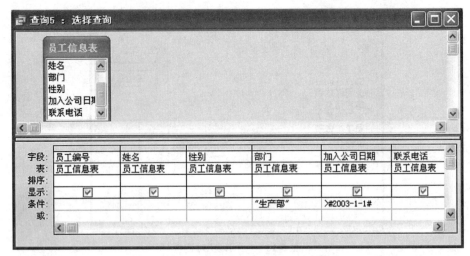

图 5-13　设定表达式后的查询设计器窗口

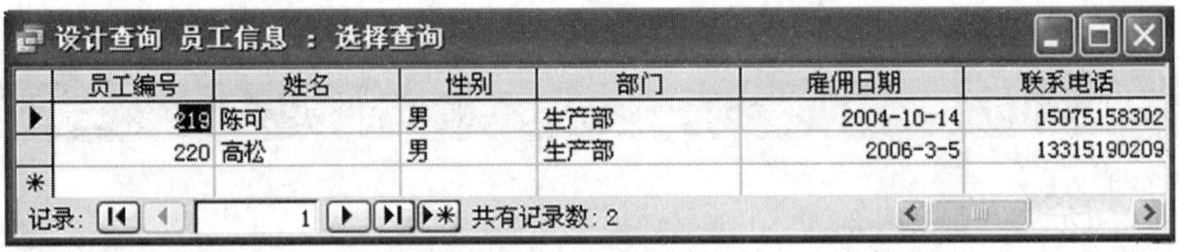

图 5-14　选择查询"设计查询 员工信息"的输出结果

接着在设计视图中创建一个查询,名为"设计查询 员工信息 1"。要求上面创建选择查询的过程中再增加一个查询条件,即在查询结果中还能显示出员工的基本工资。

该查询的数据源是"员工信息表"和"员工工资表"两个表。创建过程与上面的步骤基本相同,只是在选择数据源的时候,两个表逐一选定;并在选择字段时候,"基本工资"字段要从"员工工资表"中选取。具体操作过程不再赘述。查询创建完成后,设计视图如图 5-15 所示,查询结果如图 5-16 所示。

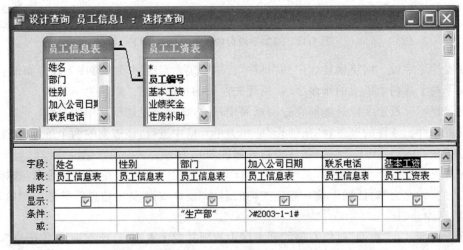

图 5-15　多表查询的设计视图

图 5-16　查询结果显示

### 5.2.3　查询条件的设置

"员工信息详细情况总览"的查询结果包含丰富的信息，但在实际工作中每次查询数据往往只是需要查看或筛选其中某些满足条件的部分数据。要实现带条件的查询功能，仅仅需要在其中加入查询条件即可。

**1. 条件表达式的生成**

在建立或打开查询设计视图时，会自动打开"查询设计"工具栏，如图 5-17 所示。该工具栏中包括视图、查询类型、运行、显示表、总计、上限值、属性和生成器等多种按钮。

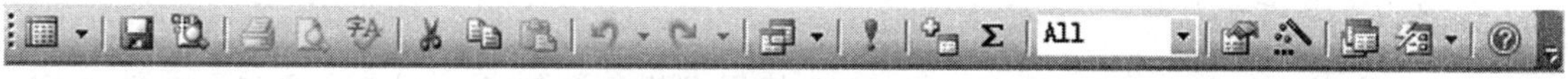

图 5-17　查询设计工具栏

条件表达式是由运算符和参数值组成的，它可以在设计视图的网格中输入，也可以通过"表达式生成器"生成。在查询设计视图中，使用"表达式生成器"的过程为：将光标置于要设置条件表达式的单元格内，单击工具栏中的生成器图标 🔨，启动"表达式生成器"对话框，如图 5-18 所示。

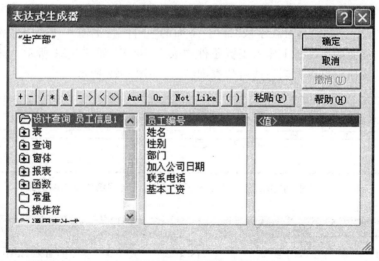

图 5-18　表达式生成器

**2. 单个常量条件查询**

若在"设计视图"中某个字段名下面对应的"条件"行输入一个常量，则表示只查询包含该常量的记录集。

如在上面创建的查询"员工信息详细情况总览"中,要查看某个员工的信息(如编号为"214"),可以在字段"员工编号"下面的"条件"行输入该员工编号。如图 5-19 所示。然后单击工具栏上的"视图切换"按钮就可以得到筛选后的查询结果,如图 5-20 所示。

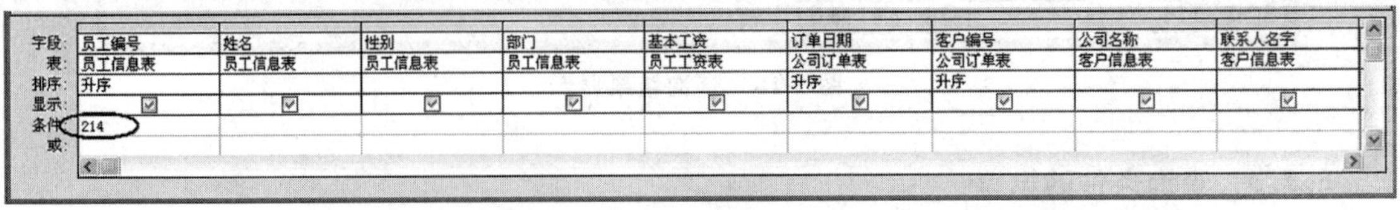

| 字段: | 员工编号 | 姓名 | 性别 | 部门 | 基本工资 | 订单日期 | 客户编号 | 公司名称 | 联系人名字 |
|---|---|---|---|---|---|---|---|---|---|
| 表: | 员工信息表 | 员工信息表 | 员工信息表 | 员工信息表 | 员工工资表 | 公司订单表 | 公司订单表 | 客户信息表 | 客户信息表 |
| 排序: | 升序 | | | | | 升序 | 升序 | | |
| 显示: | ☑ | ☑ | ☑ | ☑ | ☑ | ☑ | ☑ | ☑ | ☑ |
| 条件: | 214 | | | | | | | | |
| 或: | | | | | | | | | |

图 5-19　在查询"员工信息详细情况总览"的设计视图中输入筛选条件

| 员工信息详细情况总览 : 选择查询 | | | | | | | | |
|---|---|---|---|---|---|---|---|---|
| 员工编号 | 姓名 | 性别 | 部门 | 基本工资 | 订单日期 | 客户编号 | 公司名称 | 联系人名字 |
| 214 | 李珏 | 男 | 销售部 | 5325.075 | 11-10-23 | 102 | 安达建筑有限公司 | 陈乾 |

记录: Ⅰ◀ ◀ 1 ▶ ▶Ⅰ ▶﹡ 共有记录数: 1

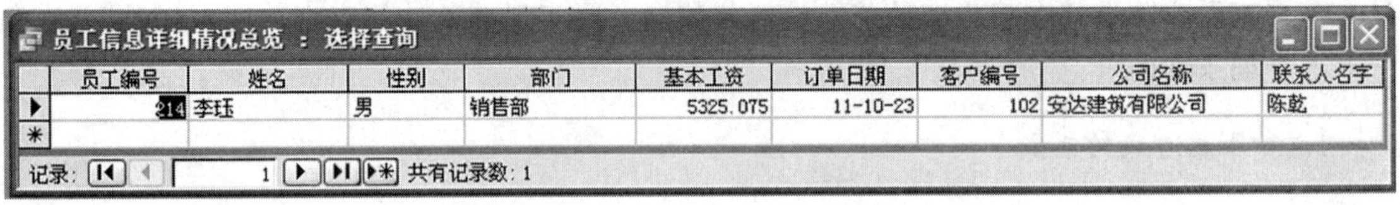

图 5-20　满足 5-19 筛选条件的输出结果

**3. 多个常量条件查询**

在查询条件多于一个的时候,Access 2003 使用逻辑运算符 And 或 Or 对多个条件进行组合。现在分两种情况进行讨论。

①多个常量条件分别属于多个字段(不在同一列上)。在"设计视图"中多个单元格下面对应的"条件"行上分别输入常量,则表示查询同时满足多个常量条件的记录集。这时候"条件"行上不同单元格中的多个限定条件满足语法"并且"的关系(逻辑与)。

如在上面创建的查询"员工信息详细情况总览"中,要查看某个部门(如"生产部")的工资情况(如基本工资"大于 5000"),可在字段"部门"下面的"条件"行上输入该部门名称:"生产部",在字段"基本工资"下面的条件行上输入工资条件:"大于 5000",如图 5-21 所示。然后单击工具栏上的"视图切换"按钮就可以得到筛选后的查询结果,如图 5-22 所示。

| 字段: | 员工编号 | 姓名 | 性别 | 部门 | 基本工资 | 订单日期 | 客户编号 | 公司名称 | 联系人名字 |
|---|---|---|---|---|---|---|---|---|---|
| 表: | 员工信息表 | 员工信息表 | 员工信息表 | 员工信息表 | 员工工资表 | 公司订单表 | 公司订单表 | 客户信息表 | 客户信息表 |
| 排序: | 升序 | | | | | 升序 | 升序 | | |
| 显示: | ☑ | ☑ | ☑ | ☑ | ☑ | ☑ | ☑ | ☑ | ☑ |
| 条件: | | | | "生产部" | >5000 | | | | |
| 或: | | | | | | | | | |

图 5-21　在查询"员工信息详细情况总览"的设计视图中输入筛选条件

| 员工信息详细情况总览 : 选择查询 | | | | | | | | |
|---|---|---|---|---|---|---|---|---|
| 员工编号 | 姓名 | 性别 | 部门 | 基本工资 | 订单日期 | 客户编号 | 公司名称 | 联系人名字 |
| 219 | 陈可 | 男 | 生产部 | 5788.125 | 11-10-10 | 104 | 福乐便民店杭州总经销 | 李元 |
| 220 | 高松 | 男 | 生产部 | 5325.075 | 12-03-12 | 106 | 明诚精进五金设备厂 | 徐强 |

记录: ⅠⅣ ◀ 1 ▶ ▶Ⅰ ▶﹡ 共有记录数: 2

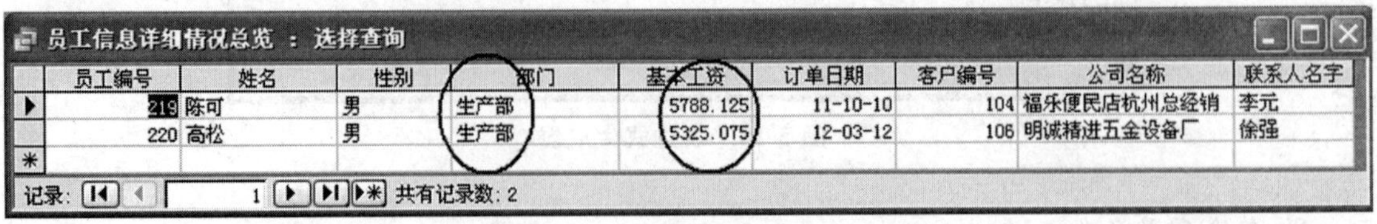

图 5-22　满足 5-21 筛选条件的输出结果

②多个常量条件属于同一个字段(在同一列,不在同一行上)。在"设计视图"中同一单元格

下面对应的"条件"行、"或"行以及"或"行下面的空白行上分别输入常量,则表示查询包含任一常量条件的记录集。这时候"条件"行上同一单元格下面的多个限定条件满足语法"或者"的关系(逻辑或)。

　　如在上面创建的查询"员工信息详细情况总览"中,要同时查看三个部门(如"销售部","策划部","生产部")员工的情况,则可在字段"部门"下面的"条件"行上输入部门名称:"销售部",在同一字段的"或"行上输入部门名称:"策划部",再在其下的一个空白行上输入部门名称:"生产部",如图 5-23 所示。然后单击工具栏上的"视图切换"按钮就可以得到筛选后的查询结果,如图 5-24 所示。

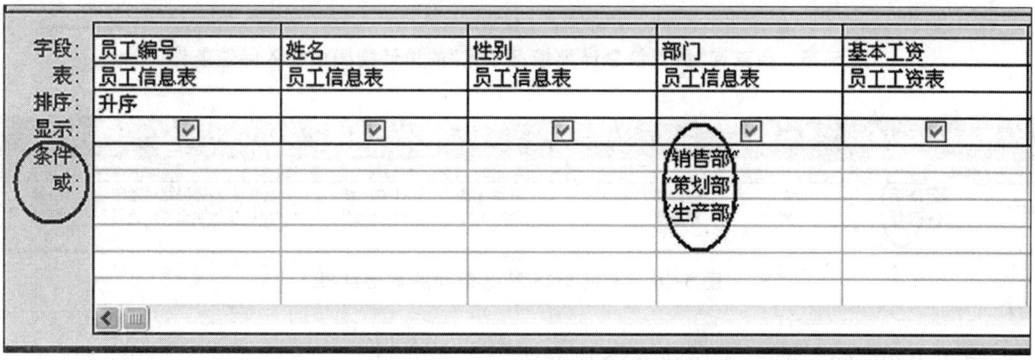

图 5-23　在查询"员工信息详细情况总览"的设计视图中输入筛选条件

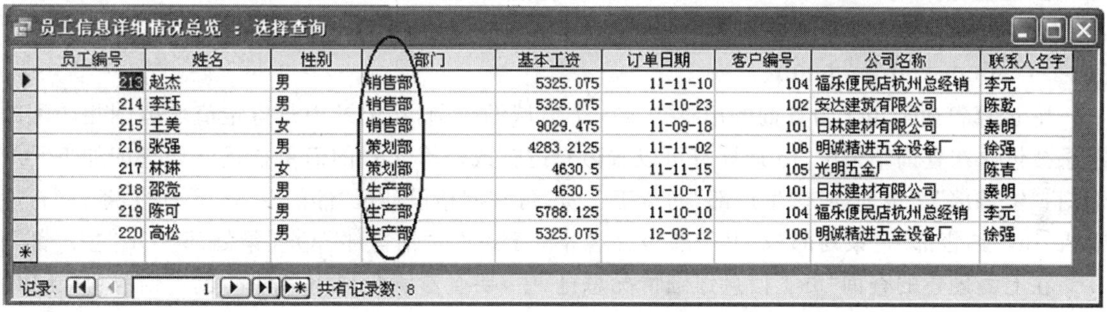

图 5-24　满足 5-25 筛选条件的输出结果

### 4. 使用通配符设置查询条件

在设计查询条件时,如果只需要查找部分内容,或符合某种样式的指定内容,则可以在查询条件中使用通配符进行设计。"*"和"?"是最常用的通配符。

"*"——代表任意多个字符串,例如:在查找员工姓名时,采用通配符字符串"李*",表示查找所有李姓的员工。

"?"——代表任意一个字符,例如:a?b,表示 a 与 b 之间的任意一个字符。

如在上面创建的查询"员工信息详细情况总览"中,要查看满足以下条件的员工信息:姓李。这时可在字段"姓名"下面的"条件"行上输入:"李*"(或输入:Like"李*"),如图 5-25 所示。然后单击工具栏上的"视图切换"按钮就可以得到筛选后的查询结果,如图 5-26 所示。

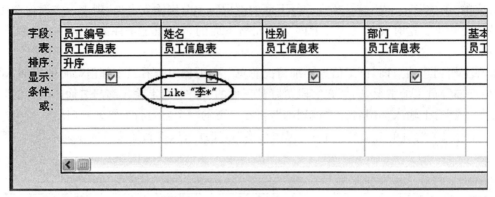

图 5-25　在查询"员工信息详细情况总览"的设计视图中输入筛选条件

| 员工编号 | 姓名 | 性别 | 部门 | 基本工资 | 订单日期 | 客户编号 | 公司名称 | 联系人名字 |
|---|---|---|---|---|---|---|---|---|
| 212 李明 | 女 | 会计部 | 5788.125 | 11-09-02 | 103 | 新科建民路经营部 | 张新 |
| 214 李珏 | 男 | 销售部 | 5325.075 | 11-10-23 | 102 | 安达建筑有限公司 | 陈乾 |

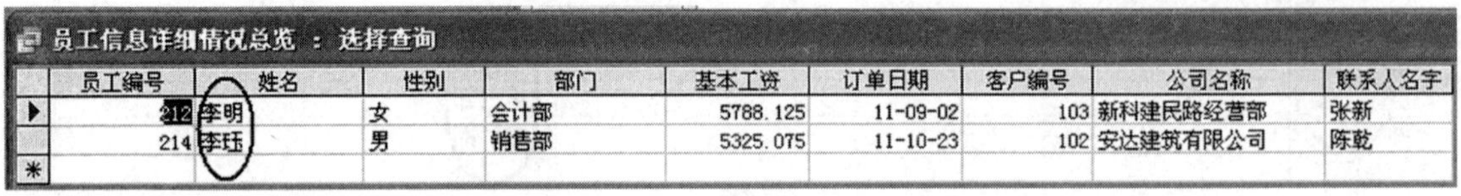

图 5-26　满足 5-25 筛选条件的输出结果

5. 使用 Between…And 与 In 设置查询条件

在设置查询条件时,Between…And 常用语指定记录的一个连续数据范围,例如,工资在 5000～6000 之间,可以表示为 Between 5000 And 6000。这等价于使用 And 的逻辑表达式:$>=5000$ And $<=6000$。

In 运算符通常用于为查询的记录指定一个值域的范围,在记录中与指定值域范围相匹配的记录被包含在查询结果中,In 运算符可以看做是逻辑或运算(Or)的简单描述。如查询如下几个部门:"销售部","策划部","生产部"的员工工资,可在网格设计区"部门"字段下面的"条件"行上输入:In("销售部","策划部","生产部")。这等价于条件:"销售部" Or "策划部" Or "生产部"。

在上面创建的查询"员工信息详细情况总览"中,要查看满足以下条件的员工信息:属于"销售部""策划部""生产部",并且基本工资在 5000～6000 之间。条件设计如图 5-27 所示,查询结果如图 5-28 所示。

图 5-27　在查询"员工信息详细情况总览"的设计视图中输入筛选条件

以上阐述的只是查询条件设置中几个比较简单的用法，但是也不难看出：在一个创建好的查询应用平台上，通过添加具体的查询条件即可得到想要的查询结果。这正是 Access 2003 提供的功能最强、最实用查询工具的魅力所在。

| 员工编号 | 姓名 | 性别 | 部门 | 基本工资 | 订单日期 | 客户编号 | 公司名称 | 联系人名字 |
|---|---|---|---|---|---|---|---|---|
| 213 | 赵杰 | 男 | 销售部 | 5325.075 | 11-11-10 | 104 | 福乐便民店杭州总经销 | 李元 |
| 214 | 李珏 | 男 | 销售部 | 5325.075 | 11-10-23 | 102 | 安达建筑有限公司 | 陈歉 |
| 219 | 陈可 | 男 | 生产部 | 5788.125 | 11-10-10 | 104 | 福乐便民店杭州总经销 | 李元 |
| 220 | 高松 | 男 | 生产部 | 5325.075 | 12-03-12 | 106 | 明诚精进五金设备厂 | 徐强 |

记录：｜◀ ◀ 　　　1　▶ ▶｜ ▶* 共有记录数：4

图 5-28　满足 5-27 筛选条件的输出结果

## 5.3　参数查询

参数查询是一种特殊的查询，在执行时会激活对话框，要求用户输入查询的条件值信息，然后根据用户的输入查询出对应的结果。参数查询可以把要查的成绩作为查询的参数，在查询运行的时候输入。

参数查询是动态的，它是在执行查询时首先显示输入参数对话框，待用户输入参数信息（即查询条件时）后，再检索并最终形成符合输入参数的查询结果。

如果想要创建参数查询，则需要在查询"设计视图"网格设计区的"条件"行上对应单元格中输入参数表达式（方括号［内），而不是输入特定条件。

### 5.3.1　创建一个参数的查询

打开准备创建参数查询的"设计视图"，在网格设计区中将要作为参数的字段下面的"条件"行上输入参数表达式，即可创建包含一个参数的参数查询。

在"公司管理系统"数据库中创建带有一个参数的查询，以"部门"字段作为参数，显示员工的基本信息。

创建一个参数查询的具体操作步骤如下：

①启动 Access 2003，打开"公司管理系统"数据库窗口，选择"对象"列表框中的"查询"对象，打开查询对象面板。

②选择"查询"→"在设计视图中创建查询"选项，打开查询的设计视图并弹出"显示表"对话框，如图 5-29 所示。

图 5-29　"显示表"对话框

③选择"显示表"对话框中的"员工信息表",单击 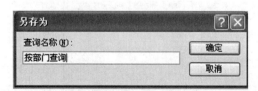 按钮,将选择的表添加到查询设计视图中。单击"关闭"按钮,关闭"显示表"对话框。选择的表显示在查询设计视图中,如图 5-30 所示。

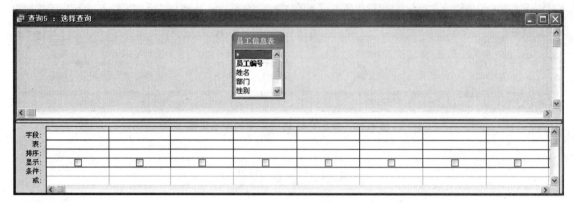

**图 5-30　查询设计视图**

④在查询设计视图中,依次双击"员工信息表"中的"员工编号"、"姓名"、"部门"、"性别"、"加入公司日期"、"联系电话"等字段,将其添加到设计视图中。在"部门"字段下方的"条件"栏中输入"[请输入部门:]"。如图 5-31 所示。

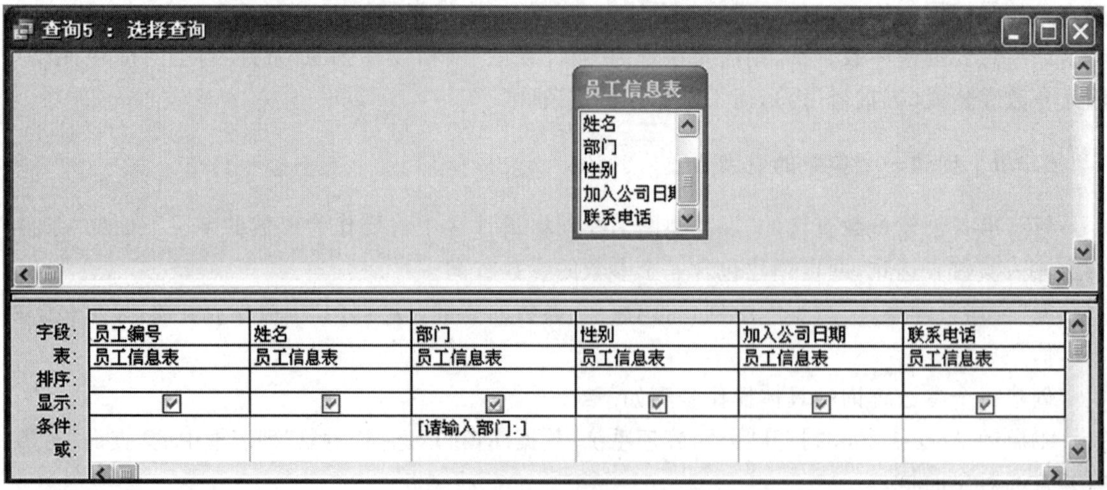

| 字段: | 员工编号 | 姓名 | 部门 | 性别 | 加入公司日期 | 联系电话 |
| --- | --- | --- | --- | --- | --- | --- |
| 表: | 员工信息表 | 员工信息表 | 员工信息表 | 员工信息表 | 员工信息表 | 员工信息表 |
| 排序: | | | | | | |
| 显示: | ☑ | ☑ | ☑ | ☑ | ☑ | ☑ |
| 条件: | | | [请输入部门:] | | | |
| 或: | | | | | | |

**图 5-31　输入查询条件**

提示:设置参数查询时,在"条件"栏中输入的短语要以方括号"[]"括起来,来作为参数的名称。

⑤选择"文件"→"保存"命令或单击 🔚 按钮,弹出"另存为"对话框,在"查询"名称下的文本框中输入"按部门查询",单击"确定"按钮即可。如图 5-32 所示。

**图 5-32　"另存为"对话框**

⑥如果想要查看查询结果,可以单击工具栏中的  按钮或者 ！ 按钮,弹出"输入参数值"对话框,如图 5-33 所示。

**图 5-33　"输入参数值"对话框**

⑦在"输入参数值"对话框中输入不同的值,将输出不同的查询结果,如在文本框中输入"销售部",单击"确定"按钮,打开查询的数据表视图,如图 5-34 所示。

| 员工编号 | 姓名 | 部门 | 性别 | 雇佣日期 | 联系电话 |
|---|---|---|---|---|---|
| 213 | 赵杰 | 销售部 | 男 | 2003-8-10 | 13012411234 |
| 214 | 李珏 | 销售部 | 男 | 2003-8-15 | 13645678910 |
| 215 | 王美 | 销售部 | 女 | 2004-4-5 | 13955215632 |

记录：ⅠⅠ ◀ 1 ▶ ▶Ⅰ ▶米 共有记录数: 3

**图 5-34　查询的数据表视图**

### 5.3.2　创建多个参数的查询

在"公司管理系统"数据库中创建带有多个参数的查询,以"加入公司日期"字段作为参数,提示输入两个日期,检索在这两个日期之间员工的基本信息。

①前面的步骤与 5.3.1 中相同,只是在图 5-31 中得"加入公司日期"字段下方的"条件"栏中输入"Between [输入开始日期] And [输入结束日期]",如图 5-35 所示。

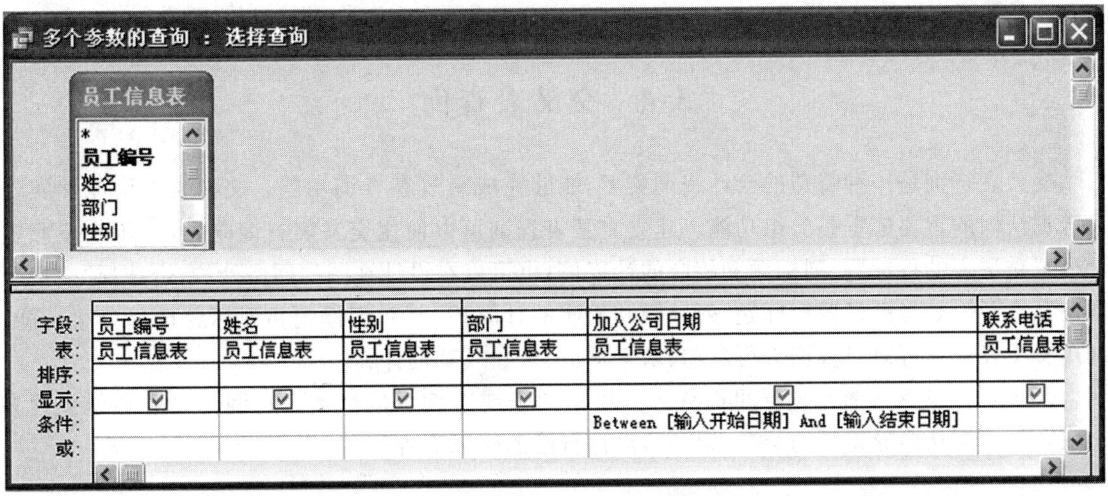

**员工信息表**
*
**员工编号**
姓名
部门
性别

| 字段: | 员工编号 | 姓名 | 性别 | 部门 | 加入公司日期 | 联系电话 |
|---|---|---|---|---|---|---|
| 表: | 员工信息表 | 员工信息表 | 员工信息表 | 员工信息表 | 员工信息表 | 员工信息表 |
| 排序: | | | | | | |
| 显示: | ☑ | ☑ | ☑ | ☑ | ☑ | ☑ |
| 条件: | | | | | Between [输入开始日期] And [输入结束日期] | |
| 或: | | | | | | |

**图 5-35　查询的设计视图**

②运行该查询,出现提示对话框,分提示"输入开始日期"、"输入结束日期",如查询加入公司日期在"2003－1－1"和"2004－12－31"之间的员工信息,如图 5-36 和图 5-37 所示。

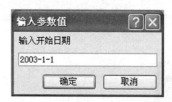

图 5-36　输入开始日期

图 5-37　输入结束日期

③两个值输入并单击"确定"按钮之后，就会打开查询的数据表视图，如图 5-38 所示。

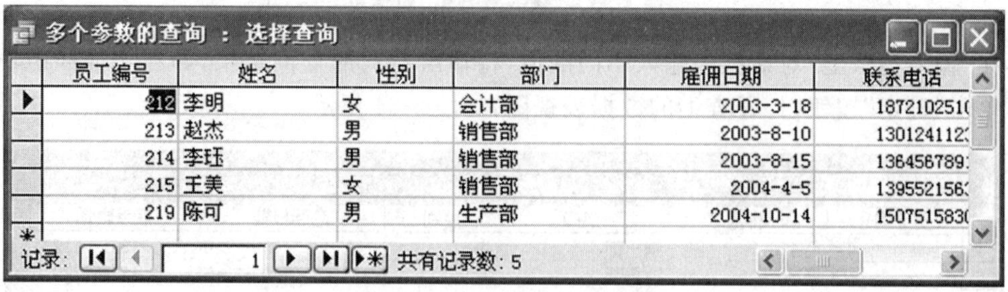

| 员工编号 | 姓名 | 性别 | 部门 | 雇佣日期 | 联系电话 |
|---|---|---|---|---|---|
| 212 | 李明 | 女 | 会计部 | 2003-3-18 | 1872102510 |
| 213 | 赵杰 | 男 | 销售部 | 2003-8-10 | 1301241121 |
| 214 | 李珏 | 男 | 销售部 | 2003-8-15 | 1364567891 |
| 215 | 王美 | 女 | 销售部 | 2004-4-5 | 1395521561 |
| 219 | 陈可 | 男 | 生产部 | 2004-10-14 | 1507515830 |

记录：◀ ◀　　1　▶ ▶* 共有记录数：5

图 5-38　查询的数据表视图

### 5.3.3　创建参数查询注意事项

在设计参数查询时应当注意以下几点：

①在输入参数表达式时，方括号"[ ]"必不可少。

②方括号之间的内容为提示信息，可长可短，也可以没有提示信息。不过，为了方便用户清楚理解该参数的输入规则，最好的方法还是将提示信息描述得详细、准确。

③对于一般参数表达式设计的参数查询为完全匹配查询，输入参数时必须完整输入对应字段中确切存在的某个值，否则查询结果为空；对于含有通配符的参数查询，通配符（通常为"＊"）最好出现在 Like 表达式中。

④参数查询只是对选择查询的一种便捷应用。并不是所有查询类型均可以设置为参数查询。

## 5.4　交叉表查询

交叉表查询是一种特殊的合计查询类型，能够完成最复杂查询功能。交叉表查询能够实现表数据结构的重要依据是分组功能。建立交叉表查询可以使用交叉表查询向导，一步步按照提示设置交叉表的行标题、列标题和相应的计算值；也可以在设计视图的网格处，右击选择"交叉表查询"，在网格处自己设置行标题、列标题和相应的计算值，并对行标题和列标题选择分组功能。利用交叉表查询可以对数据进行总和、求平均值、计数或其他计算。

Access 的交叉表查询向导可以从一个单一的表或查询生成交叉表查询。如果必须包含多个表才能得到从向导得到的结果，则必须设计自己的交叉表查询。

### 5.4.1　使用向导创建交叉表查询

下面创建一个新的查询，使用交叉表查询向导生成一个结果集，显示各部门的每个员工的业绩奖金情况。

使用向导创建交叉表查询的具体步骤如下：

①在“设计”视图中创建一个新的查询，向其中添加“员工信息表”和“员工工资表”。将“姓名”、“部门”、“基本工资”、“业绩奖金”字段拖到表格中，如图 5-39 所示。

查询1 : 选择查询
员工工资表
*
员工编号
基本工资
业绩奖金
住房补助
员工信息表
姓名
部门
性别
加入公司日期
联系电话
字段:
表:
排序:
显示:
条件:
或:
姓名
员工信息表
部门
员工信息表
基本工资
员工工资表
业绩奖金
员工工资表

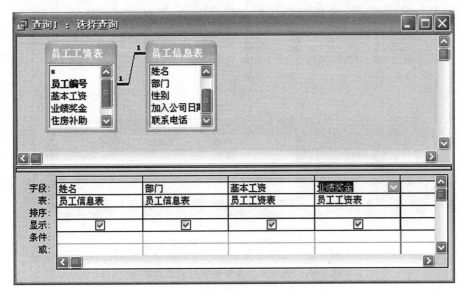

图 5-39　在设计视图中创建新的查询

②单击工具栏上的“运行”按钮检验查询的设计，如图 5-40 所示。关闭并将该查询保存为“员工工资—交叉表用”。

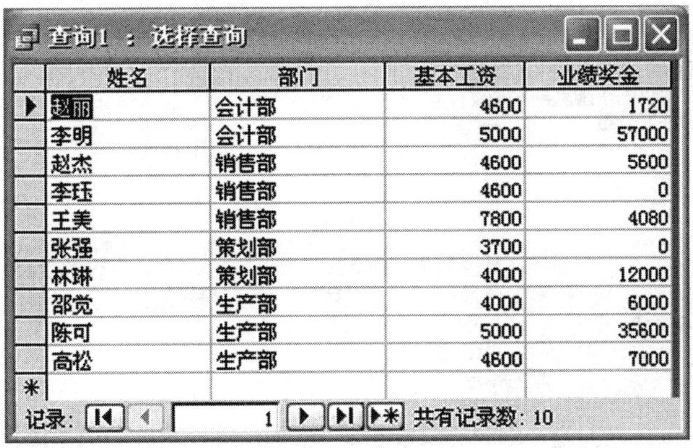

查询1 : 选择查询
姓名 部门 基本工资 业绩奖金
赵丽 会计部 4600 1720
李明 会计部 5000 57000
赵杰 销售部 4600 5600
李珏 销售部 4600 0
王美 销售部 7800 4080
张强 策划部 3700 0
林琳 策划部 4000 12000
邵觉 生产部 4000 6000
陈可 生产部 5000 35600
高松 生产部 4600 7000
记录: 1 共有记录数: 10

图 5-40　查询结果

③单击“新建”按钮，打开“新建查询”对话框，双击“交叉表查询向导”，打开向导的第一个对话框。

④在“视图”栏的单选按钮中选择“查询”选项，然后从列表中选择“员工工资—交叉表用”查询，如图 5-41 所示，单击“下一步”按钮。

⑤指定作为行标题的字段，最多可以选择 3 个字段。双击“部门”字段，将“部门”从“可用字段”移到“选定字段”列表中，如图 5-42 所示，单击“下一步”按钮。

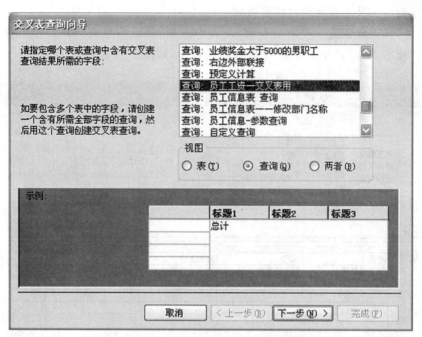

图 5-41　选择交叉表查询结果所需的字段

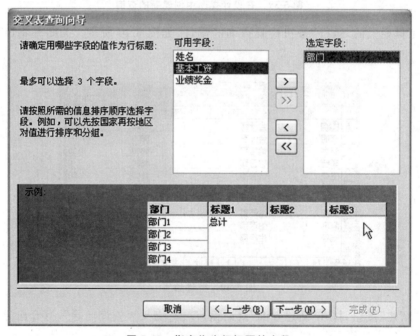

图 5-42　指定作为行标题的字段

⑥选择"姓名"字段作为列标题,如图 5-43 所示,单击"下一步"按钮。

⑦确定行和列的交叉点需要计算出的值的类型。在"字段"列表中选择"基本工资",在"函数"列表中选择"求和"作为聚集函数对每个部门员工总的基本工资的汇总。确保选中"是,包含各行小计"复选框,以便包含一列用来显示四个季度的销售总值,如图 5-44 所示。

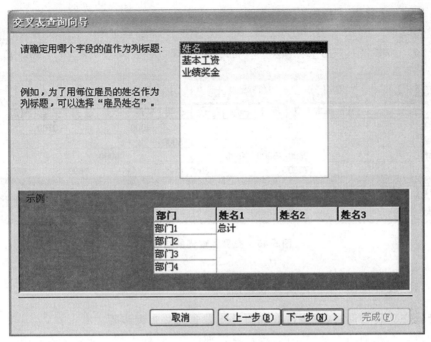

图 5-43　指定作为列标题的字段

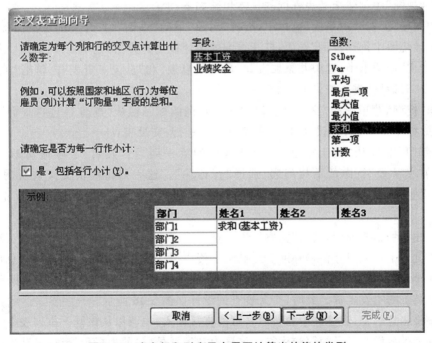

图 5-44　确定行和列交叉点需要计算出的值的类型

⑧在最后一个向导对话框中,键入"部门员工工资—交叉表"作为查询的名字,然后单击"完成"按钮,显示交叉表查询的结果集,如图 5-45 所示。

图 5-45　交叉表查询的结果集

### 5.4.2　在"设计视图"中创建交叉表查询

手工设计交叉表查询时，可绕过查询向导所需要的源查询步骤。

下面创建一个典型的交叉表查询，按行显示部门，在每列中相应地显示该部门员工应发的实际工资。

在"设计视图"中创建交叉表查询的具体步骤如下：

①在数据库"公司管理系统"窗口中，选择"对象"下的"查询"，打开查询对象面板。选择"查询"→"在设计视图中创建查询"选项，打开查询的设计视图并弹出"显示表"对话框。从"显示表"对话框的"查询"选项卡中，选中并添加查询"员工信息表"和"员工工资表"。单击"关闭"按钮以关闭"显示表"对话框，进入查询设计器窗口。

②选择"查询"菜单中的"交叉表查询"命令，查询的标题栏从"查询1：选择查询"改变为"查询1：交叉表查询"。在"查询设计"网格中又添加了一行：交叉表。

③将"部门"字段从"员工信息表"拖到查询的第一列，把"姓名"字段拖动第二列。打开"姓名"列的"交叉表"行中的下拉列表，选择"行标题"。这一列将提供交叉表所需的行标题。打开"部门"列的"交叉表"行中的下拉列表，选择"列标题"，这一列将提供交叉表所需的列标题。

④将鼠标移到第三列中，键入"实发工资：[员工工资表]！[基本工资]＋[员工工资表]！[业绩奖金]＋[员工工资表]！[住房补助]－[员工工资表]！[应扣劳保金额]"，移到"总计"行，从下拉列表中选择总计，然后从"交叉表"行选择值。该表达式将计算在交查表查询数据单元中显示各部门每个员工的实发工资。此时，交叉表查询设计如图 5-46 所示。

此处需要注意的是：表达式中的字段名可以直接输入，也可以从该框下拉列表中选择。这里可以看出将字段名设为字母简写的优势。该框中左端冒号（：）前为提示信息，自动生成的默认值为"表达式1"，可根据需要自行修改，如此处可改为：合计。冒号不能缺。提示信息在查询数据表中为新字段名。

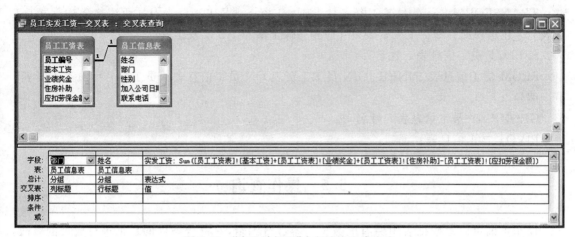

图 5-46　"在设计视图"中创建交叉表查询

　　⑤单击工具栏上的"运行"按钮,执行该查询。在一段时间的磁盘活动之后将显示交叉表查询结果,如图 5-47 所示。

| 姓名 | 策划部 | 会计部 | 生产部 | 销售部 |
|---|---|---|---|---|
| 陈可 | | | 42556.925 | |
| 高松 | | | 12975.475 | |
| 李珏 | | | | 5975.475 |
| 李明 | | 63956.925 | | |
| 林琳 | 17367.3 | | | |
| 邵觉 | | | 11194.5 | |
| 王美 | | | | 13759.875 |
| 张强 | 4847.2125 | | | |
| 赵杰 | | | | 11575.475 |
| 赵丽 | | 7848.275 | | |

图 5-47　交叉表查询的结果集

　　⑥单击"保存"按钮,将其命名为"员工实发工资—交叉表"。

　　⑦查看 SQL 语句。打开"员工实发工资—交叉表"的设计视图,单击鼠标右键,从弹出的快捷菜单中选择"SQL 视图"命令,在 SQL 视图中查看所生成的 SQL 语句,如图 5-48 所示。

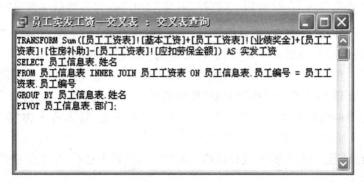

图 5-48　查看 SQL 语句

　　从图中可以看到这个选择查询是通过以下 SQL 语句实现的。

TRANSFORM Sum（［员工工资表］！［基本工资］＋［员工工资表］！［业绩奖金］＋［员工工资表］！［住房补助］－［员工工资表］！［应扣劳保金额］）AS 实发工资

SELECT 员工信息表．姓名

FROM 员工信息表 INNER JOIN 员工工资表 ON 员工信息表．员工编号＝员工工资表．员工编号

GROUP BY 员工信息表．姓名

PIVOT 员工信息表．部门；

## 5.5 操作查询

操作查询可以对数据表中原有的数据内容进行编辑，对符合条件的数据进行成批的修改。需要注意的是，在开始任何一个查询之前，应对不可缺少的表进行备份。如果一些表发生更改，则应该备份整个数据库。在 Access 2003 中操作查询包括生成表查询、更新查询、追加查询、删除查询。

### 5.5.1 生成表查询

生成表查询可以从一个或者多个表或者查询的记录中制作一个新表。一般在下列情况下使用生成表查询。

- 将数据导出到其他数据库。
- 把表中的信息完整地导出到 Excel 或 Word 之类的非关系应用系统中。
- 通过添加一个记录集来保存初始文件，然后用一个追加查询向该记录集中添加新的记录。
- 用作在某特定时期出现的一个报表的记录源。
- 对被导出的信息进行控制，例如筛选出机密或不相干数据。
- 用一个新记录集替换现有表中的记录。

下面根据选择查询"员工信息详细情况总览"，创建生成表查询"生成员工信息详细情况总览表"。生成新表的名称设定为"员工信息详细情况总览表"。

生成表查询的操作步骤如下：

①在数据库"公司管理系统"窗口中，选择"对象"下的"查询"，然后单击"数据库"窗口工具栏上的 新建(N) 按钮，打开"新建查询"对话框，从中选择"设计视图"选项，并单击"确定"按钮，进入查询设计器的"显示表"对话框，从"显示表"对话框的"查询"选项卡中，选中并添加查询"员工信息详细情况总览"。单击"关闭"按钮以关闭"显示表"对话框，进入查询设计器窗口。

②单击"查询设计"工具栏上"查询类型"按钮的下拉列表箭头，从中选择"生成表查询"选项（或者从右击后弹出的快捷菜单中选取），打开"生成表"对话框，输入表名称"员工信息详细情况总览表"，如图 5-49 所示。单击"确定"按钮。

③返回查询设计器窗口，在网格设计区第 1 列的"字段"行上选择"员工信息详细情况总览．＊"选项，如图 5-50 所示。

图 5-49　"生成表"对话框

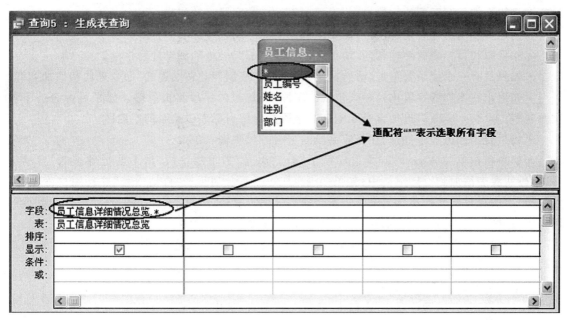

图 5-50　选取数据源的所有字段

④单击"查询设计"工具栏上"数据表视图"按钮 切换到查询结果窗口,观察数据是否满足设计要求(此步可省略)。注意:这时候还是常规的查询浏览窗口,并没有生成新表,不过所浏览窗口显示的数据将成为生成新表中的数据。

⑤保存查询,取名"生成员工信息详细情况总览表"。

⑥运行查询以生成新表,弹出如图 5-51 所示的准备向新表粘贴数据提示对话框。单击"是"按钮,新表建立完成。

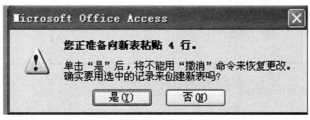

图 5-51　准备向新表粘贴数据提示对话框

⑦切换到数据库"公司管理系统"的"表"对象列表窗口,可找到新建的表"员工信息详细情况总览表"。

注意:表"员工信息详细情况总览表"是通过查询创建的,其数据是运行查询时数据源表的反映。不过该表数据从建成的那一刻起就和生成它的查询脱离了关系,当对查询数据源表中的数据进行任何修改更新时,都不会自动更新该生成表中的数据。

### 5.5.2 追加查询

追加查询常用于当用户要把一个或多个表的记录添加到其他表的情况下。追加查询可以从另一个数据表中读取数据记录并向当前表内添加记录,由于两个表之间的字段定义可能不同,追加查询只能添加相互匹配的字段内容,而那些不对应的字段将被忽略。

在创建和使用追加查询过程中,需要注意以下几个问题:

· 如果源和目标表的结构相同,请把星号源表中的"＊"拖动到设计网格中。

· 如果只有一个记录要追加,请选择记录并使用"复制"和"粘贴追加"命令来代替追加查询。

· 如果正在追加的字段比目标表包含的字段多,超过的字段将被忽略。如果目标表的字段比源表多,Access 2003 只追加含有匹配名的字段并保留目标表中剩余的空白区。

· 如果要添加追加条件,则在相应字段的"条件"栏中输入条件。

· 如果正在追加 Access 2003 自动赋予"自动编号"数值的字段,请不要把源表的"自动编号"字段从源表添加到设计网格中,如果 Access 2003 不自动赋予"自动编号"并且用户确信"自动编号"字段在目标表的现有记录中将不会遇到任何重复值,则可把"自动编号"字段添加到设计网格中,这样将不再追加含有重复"自动编号"值的记录。

下面将"公司订单表"的结构复制到"公司订单表1"(不复制记录)中,然后创建一个追加查询,将"公司订单表"中记录追加到"公司订单表"中。

追加查询的具体操作步骤如下:

①在数据库"公司管理系统"窗口中,选择"表"对象,选中"公司订单表"。

②右击鼠标,在出现的快捷菜单中选择"复制"命令,在空白处右击鼠标,在出现的快捷菜单中选择"粘贴"命令,出现"粘贴表方式"对话框,选中"只粘贴结构"选项,输入表名称"公司订单表1",如图 5-52 所示。单击"确定"按钮,即生成"公司订单表1"。

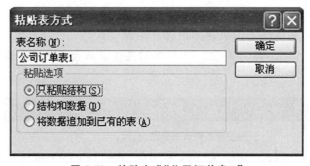

**图 5-52　粘贴生成"公司订单表 1"**

③在"数据库"窗口工具栏上单击新建按钮,打开"新建查询"对话框,从中选择"设计视图"选项,并单击"确定"按钮,进入查询设计器的"显示表"对话框,在"显示表"对话框中将"公司订单表"添加到查询中,然后选择"关闭"按钮。

④在查询的设计视图中,单击工具栏上"查询类型"按钮,从中选择"追加查询"选项,出现一个"追加"对话框,在"表名称"框中输入要追加记录的表名称"公司订单表1"。

图 5-53 "追加"对话框

⑤从字段列表将要追加的字段和用来设置条件的字段拖动到查询设计网格中。这里将"公司订单表.＊"直接拖到第一个字段中,在已经拖动到网格中的字段的"条件"单元格中输入用于生成追加内容的条件。最终的追加查询如图 5-54 所示。

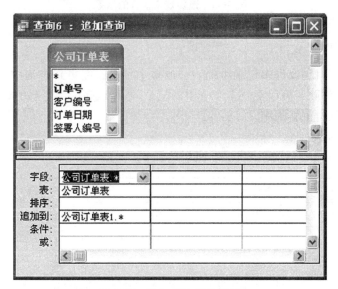

图 5-54 追加查询设计视图

⑥追加记录,单击工具栏上的"执行"按钮 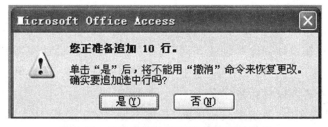 可以开始追加记录。这时候会出现一个提示消息框,询问是否真的要追加记录。如图 5-55 所示。一旦运行了"追加查询"所做的修改就不能恢复了。

图 5-55 准备向新表追加数据提示对话框

⑦切换到数据库"公司管理系统"的"表"对象列表窗口,打开"公司订单表 1"就会发现已经自动添加了记录。如图 5-56 所示。

| 公司订单表1:表 | | | | |
|---|---|---|---|---|
| **订单号** | **客户编号** | **订单日期** | **签署人编号** | **是否执行完毕** |
| 11-10-02 | 103 | 11-10-08 | 211 | ☐ |
| 11-10-03 | 104 | 11-10-10 | 219 | ☑ |
| 11-10-04 | 101 | 11-10-17 | 218 | ☐ |
| 11-10-05 | 102 | 11-10-23 | 214 | ☐ |
| 11-11-01 | 105 | 11-11-15 | 217 | ☐ |
| 11-11-11 | 106 | 11-11-02 | 216 | ☑ |
| 11-11-12 | 104 | 11-11-10 | 213 | ☐ |
| 11-9-01 | 101 | 11-09-18 | 215 | ☑ |
| 11-9-05 | 103 | 11-09-02 | 212 | ☑ |
| 12-3-09 | 106 | 12-03-12 | 220 | ☐ |
| * | 0 | | | ☐ |

记录:◄ ◄ 1 ► ►► ►* 共有记录数:10

图 5-56 追加查询执行的结果

### 5.5.3 更新查询

更新查询能够同时更改许多记录中的一个或多个字段。在更新查询中,用户还可以添加一些条件,利用这些条件除了可以更新多个表中的记录,还可以筛选要更改的记录。大部分更新查询可以用表达式来规定更新规则。

表 5-7 给出了一些样例。

表 5-7 样本更新表达式

| 字段类型 | 表达式 | 结果 |
|---|---|---|
| 货币 | [基本工资] * 1.05 | 将基本工资增加 5% |
| 日期 | #4/25/01# | 将日期更改为 2001 年 4 月 25 日 |
| 文本 | "已完成" | 将数据更改为"已完成" |
| 文本 | "总"&[基本工资] | 将字符"总"添加到"基本工资"字段数据的开头 |
| 是/否 | Yes | 与条件一起使用,将特定的"否"数据更改为"是" |

在"公司管理系统"数据库中创建更新查询,在"员工工资表 1"中将住房补贴提高每人 200。更新查询的具体操作步骤如下:

①在数据库"公司管理系统"窗口中,选择"对象"下的"查询",打开查询对象面板。

②选择"查询"→"在设计视图中创建查询"选项,打开查询的设计视图并弹出"显示表"对话框。从"显示表"对话框的"表"选项卡中,选中并添加"员工工资表 1"。单击"关闭"按钮以关闭"显示表"对话框,进入查询设计器窗口。

③在查询的设计视图中,单击工具栏中的"查询类型"按钮 回▾,从中选择"更新查询"命令,则设计视图的下部增加了"更新到"栏。

④在查询设计视图中,依次将"员工工资表 1"的"员工编号"、"基本工资"、"业绩奖金"、"住

房补助"等字段添加到查询设计视图中。在"住房补助"字段下方的"更新到"栏中输入"[住房补助]＋200",如图 5-57 所示。

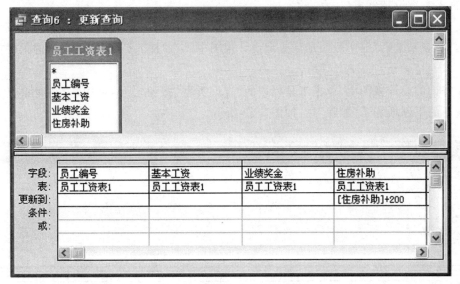

图 5-57　更新查询的设计视图

⑤在查询的设计视图中单击工具栏中的"运行类型"按钮 ，弹出如图 5-58 所示对话框,单击"是",更新数据。

图 5-58　准备更新数据提示对话框

⑥选择"文件"→"保存"命令或单击 ■ 按钮,弹出"另存为"对话框,在"查询"名称下的文本框中输入"更新查询",单击"确定"按钮即可。

⑦返回数据库"公司管理系统"的"表"对象列表窗口,打开"员工工资表 1"就会发现已经自动更新了记录。

### 5.5.4　删除查询

删除查询可能是全部操作查询中最危险的一个。删除查询是将整个记录全部删除而不是只删除查询所使用的字段。查询所使用的字段只是用来作为查询的条件。删除查询不仅可以在一个表内删除记录,还可以在多个表内利用关系删除相互关联的数据记录。

在"公司管理系统"数据库中删除"员工信息表 1"中加入公司日期晚于 2004－1－1 的员工信息。

删除查询的具体操作步骤如下:

①在数据库"公司管理系统"窗口中,选择"对象"下的"查询",打开查询对象面板。选择"查

询”→“在设计视图中创建查询”选项，打开查询的设计视图并弹出“显示表”对话框。从“显示表”对话框的“查询”选项卡中，选中并添加查询“员工信息表1”。单击“关闭”按钮以关闭“显示表”对话框，进入查询设计器窗口。

②在查询设计视图中，依次将“员工信息表1”的“员工编号”、“姓名”、“部门”、“性别”、“加入公司日期”、“联系电话”等字段添加到查询设计视图中。在“加入公司日期”下方的条件栏中输入“＞2004－1－1”。

③在查询的设计视图中，单击工具栏中的“查询类型”按钮，从中选择“删除查询”命令，则设计视图的下部增加了“删除”栏，如图5-59所示。

查询5 : 删除查询
员工信息表1
姓名
部门
性别
加入公司日期
联系电话
字段:
表:
删除:
条件:
或:
员工编号
姓名
部门
性别
加入公司日期
联系电话
员工信息表1
Where
>#2004-1-1#

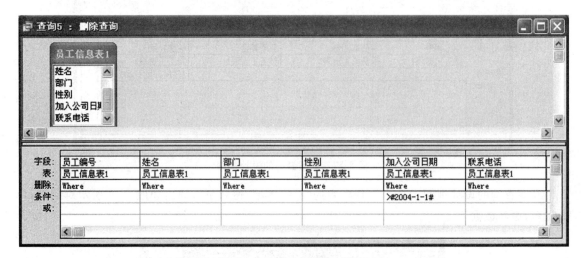

**图5-59　删除查询的设计视图**

④单击工具栏的视图按钮，打开查询的数据表视图，如图5-60所示，其中显示了符合条件的记录。

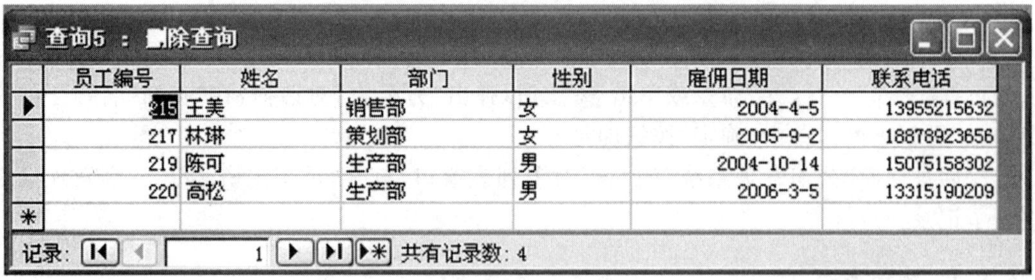

查询5 : 删除查询
员工编号 姓名 部门 性别 雇佣日期 联系电话
215 王美 销售部 女 2004-4-5 13955215632
217 林琳 策划部 女 2005-9-2 18878923656
219 陈可 生产部 男 2004-10-14 15075158302
220 高松 生产部 男 2006-3-5 13315190209
记录: 1 共有记录数: 4

**图5-60　查询的数据表视图**

⑤单击工具栏的视图按钮，切换到查询的设计视图。然后单击工具栏中的“运行类型”按钮，弹出对话框，如图5-61所示。单击“是”，删除“员工信息表1”中符合条件的数据。

⑥选择“文件”→“保存”命令或单击按钮，弹出“另存为”对话框，在“查询”名称下的文本框中输入“删除查询”，单击“确定”按钮即可。

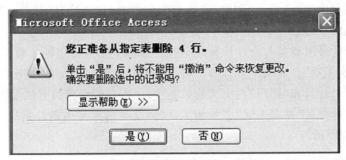

图 5-61　准备删除数据提示对话框

⑦切换到数据库"公司管理系统"的"表"对象列表窗口,打开"员工信息表 1"就会发现已经自动删除了记录,如图 5-62 所示。

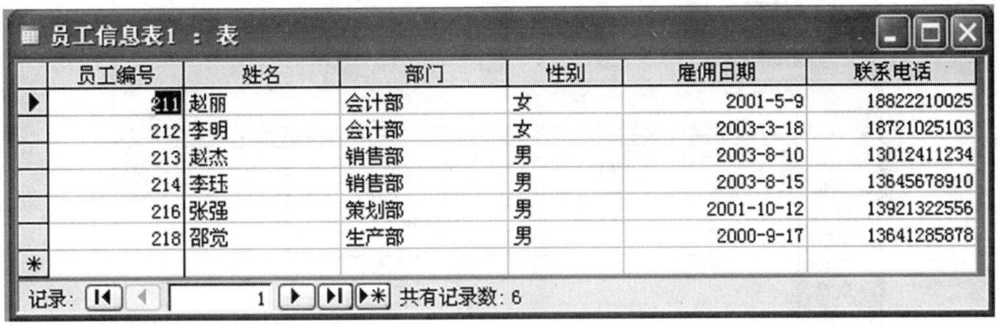

| 员工编号 | 姓名 | 部门 | 性别 | 雇佣日期 | 联系电话 |
|---|---|---|---|---|---|
| 211 | 赵丽 | 会计部 | 女 | 2001-5-9 | 18822210025 |
| 212 | 李明 | 会计部 | 女 | 2003-3-18 | 18721025103 |
| 213 | 赵杰 | 销售部 | 男 | 2003-8-10 | 13012411234 |
| 214 | 李珏 | 销售部 | 男 | 2003-8-15 | 13645678910 |
| 216 | 张强 | 策划部 | 男 | 2001-10-12 | 13921322556 |
| 218 | 邵觉 | 生产部 | 男 | 2000-9-17 | 13641285878 |

记录: ◀◀ ◀　　　1　▶ ▶◀ ▶※ 共有记录数: 6

图 5-62　删除查询执行的结果

## 5.6　查询中的计算

Access 的查询不仅有选择、查找功能,而且还有计算功能。通过计算功能,不仅可以减少存储空间(计算功能只保存计算表达式,不保存结果数据),还可以避免在更新数据时产生不同步的错误(每次计算都以表中最新数据作为参数)。

在查询中可以进行两类计算:预定义计算和自定义计算。无论进行何种运算,一般都需要为计算字段设置别名。

### 5.6.1　预定义计算

预定义计算是指利用系统提供的合计函数进行字段内纵向汇总计算的过程。预定义计算是通过选择查询设计网格中的"总计"行进行的,在"总计"行中我们可以选择系统预定义的函数。该计算的特点是在字段内各数据间进行,也就是纵向计算。

下面以"公司管理系统"数据库中的"员工工资表"和"员工信息表"为数据源,创建名为"预定义计算"的查询,要求在查询结果中显示出每个部门员工工资的平均值、业绩奖金的最高值。

①打开"公司管理系统"数据库,在数据库窗口中选择"查询"对象。双击"在设计视图中创建查询",打开"显示表"对话框,选择"员工工资表"和"员工信息表"。关闭"显示表"对话框,进入设计视图。

②在“视图”菜单中选择“总计”命令，或单击工具栏中的“总计”图标 Σ，即可在查询设计网格中显示或隐藏“总计”行。

③选择用于合计分组和参与合计计算的字段。本例中用于分组的字段是“部门”，参与合计计算的字段是“基本工资”、“业绩工资”，为了避免分组受到影响，其他无关字段不能选择。

④将光标置于总计行和“部门”列交叉的单元中，单击右侧出现的下拉按钮，从下拉列表中选择“分组”选项。总计行和“基本工资”、“业绩奖金”列交叉的单元中则分别选择“平均值”、“最大值”选项，如图 5-63 所示。

查询1 : 选择查询
员工工资表
员工编号
基本工资
业绩奖金
住房补助
应扣劳保金额
员工信息表
*
员工编号
姓名
部门
性别
字段:
表:
总计:
排序:
显示:
条件:
或:
部门
员工信息表
分组
基本工资
员工工资表
平均值
业绩奖金
员工工资表
最大值

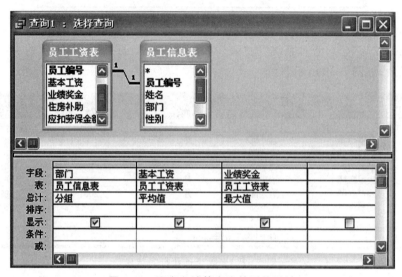

图 5-63　预定义计算查询的网格设计

⑤单击“保存”按钮，将其命名为“预定义计算”。返回数据库窗口中，找到查询名“预定义计算”并双击，数据表视图中就会显示出查询的结果，如图 5-64 所示。

预定义计算 : 选择查询
部门
基本工资之平均值
业绩奖金之最大值
策划部 4456.85625 12000
会计部 5556.6 57000
生产部 5247.9 35600
销售部 6559.875 5600
记录: 1 共有记录数: 4

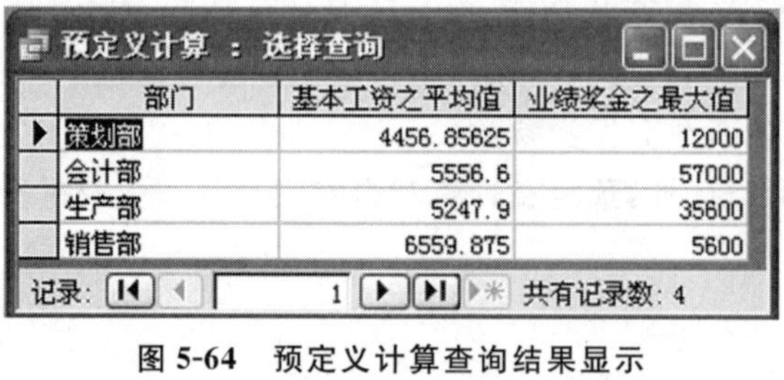

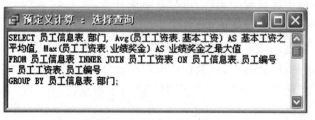

图 5-64　预定义计算查询结果显示

⑥查看 SQL 语句。打开“预定义计算”的设计视图，单击鼠标右键，从弹出的快捷菜单中选择“SQL 视图”命令，在 SQL 视图中查看所生成的 SQL 语句，如图 5-65 所示。

预定义计算 : 选择查询
SELECT 员工信息表.部门, Avg(员工工资表.基本工资) AS 基本工资之平均值, Max(员工工资表.业绩奖金) AS 业绩奖金之最大值
FROM 员工信息表 INNER JOIN 员工工资表 ON 员工信息表.员工编号
= 员工工资表.员工编号
GROUP BY 员工信息表.部门;

图 5-65　查看 SQL 语句

从图中可以看到这个选择查询是通过以下 SQL 语句实现的。

SELECT 员工信息表．部门，Avg(员工工资表．基本工资) AS 基本工资之平均值，Max
(员工工资表．业绩奖金) AS 业绩奖金之最大值

FROM 员工信息表 INNER JOIN 员工工资表 ON 员工信息表．员工编号＝员工工资表．
员工编号

GROUP BY 员工信息表．部门；

### 5.6.2 自定义计算

自定义计算是指在查询设计网格中添加一个新计算字段，存放记录内各字段间的运算值。
由于运算的表达式由用户自己设置，因此称为自定义计算。该计算的特点是记录内不同字段间
数据的计算，也就是横向计算。进行自定义计算时不需要添加"总计"行。

自定义计算常用的算术运算符如表 5-8 所示。

表 5-8 常用算术运算符

| 运算符 | 含 义 |
| --- | --- |
| ＋ | 两个数字型字段相加，或把两个字符串相连接 |
| － | 两个数字型字段或日期型字段相减 |
| ＊ | 两个数字型字段相乘(或数字与字段相乘) |
| / | 两个数字型字段相除(或数字与字段相除) |
| \ | 两个数字型字段相除，结果四舍五入 |
| ^ | 幂运算 |
| & | 文本型字段相加，连成新字符串 |
| Mod | 相除求余数 |

下面以"公司管理系统"数据库中的"员工工资表"和"员工信息表"为数据源，创建名为"自定
义计算"的查询，要求在查询结果中显示出每个员工工资的总和。

①打开"公司管理系统"数据库，在数据库窗口中选择"查询"对象。双击"在设计视图中创建
查询"，打开"显示表"对话框，选择"员工工资表"和"员工信息表"。关闭"显示表"对话框，进入设
计视图。

②依次将"姓名"、"基本工资"、"业绩奖金"、"住房补助"、"应扣劳保金额"字段选入设计网
格中。

③在查询设计网格的右端一个空列的"字段"行单击，然后输入计算表达式"[员工工资表]!
[基本工资]＋[员工工资表]![业绩奖金]＋[员工工资表]![住房补助]－[员工工资表]!
[应扣劳保金额]"。运算表达式的意思是 3 个字段相加，然后减去一个字段，即员工的实发工资。

④单击"保存"按钮，将其命名为"自定义计算"。如图 5-66 所示为自定义计算查询的网格
设计。

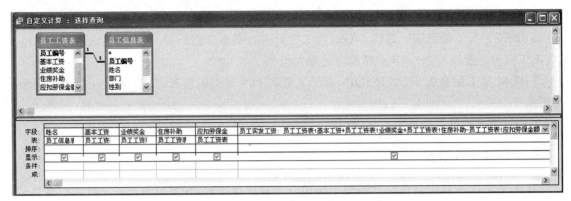

图 5-66　自定义计算查询的网格设计

⑤返回数据库窗口，双击新建的查询名，数据表视图中显示出查询的结果，如图 5-67 所示。

| 姓名 | 基本工资 | 业绩奖金 | 住房补助 | 应扣劳保金额 | 员工实发工资 |
|---|---|---|---|---|---|
| 赵丽 | 5325.075 | 1720 | 1123.2 | 320 | 7848.275 |
| 李明 | 5788.125 | 57000 | 1468.8 | 300 | 63956.925 |
| 赵杰 | 5325.075 | 5600 | 950.4 | 300 | 11575.475 |
| 李珏 | 5325.075 | 0 | 950.4 | 300 | 5975.475 |
| 王美 | 9029.475 | 4080 | 950.4 | 300 | 13759.875 |
| 张强 | 4283.2125 | 0 | 864 | 300 | 4847.2125 |
| 林琳 | 4630.5 | 12000 | 1036.8 | 300 | 17367.3 |
| 邵觉 | 4630.5 | 6000 | 864 | 300 | 11194.5 |
| 陈可 | 5788.125 | 35600 | 1468.8 | 300 | 42556.925 |
| 高松 | 5325.075 | 7000 | 950.4 | 300 | 12975.475 |



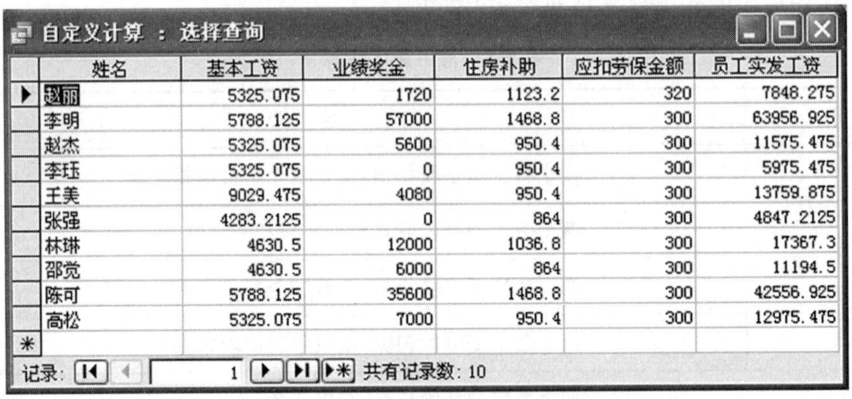

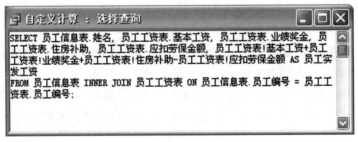

图 5-67　自定义计算查询结果显示

⑥查看 SQL 语句。打开“自定义计算”的设计视图，单击鼠标右键，从弹出的快捷菜单中选择“SQL 视图”命令，在 SQL 视图中查看所生成的 SQL 语句，如图 5-68 所示。

图 5-68　查看 SQL 语句

从图中可以看到这个选择查询是通过以下 SQL 语句实现的。

SELECT 员工信息表．姓名，员工工资表．基本工资，员工工资表．业绩奖金，员工工资表．住房补助，员工工资表．应扣劳保金额，员工工资表！基本工资＋员工工资表！业绩奖金＋员工工资表！住房补助－员工工资表！应扣劳保金额 AS 员工实发工资

FROM 员工信息表 INNER JOIN 员工工资表 ON 员工信息表．员工编号＝员工工资表．员工编号；

# 第6章 结构化查询语言 SQL

## 6.1 SQL 概述

SQL(Structured Query Language)是一种结构化查询语言,是数据库操作的工业化标准语言。SQL 语言提供了用来建立、维护及查询一个关系式数据库管理系统的命令。由于它功能丰富、使用方式灵活、语言简洁易学等突出特点,在计算机界深受广大用户欢迎,许多数据库生产厂家都推出各自的支持 SQL 的软件。1989 年,国际标准化组织 ISO 将 SQL 定为国际标准关系数据库语言。我国也于 1990 年颁布了《信息处理系统数据库语言 SQL》,将其定为中国国家标准。

SQL 现在已成为数据库领域中使用最为广泛的一个主流语言。尽管如此,各数据库厂商仍然针对各自的数据库产品对 SQL 进行了某种程度的扩充和修改,开发了自己的 SQL 语言,以便适应特定的专业需求。比如 SQL Server 使用的 SQL 语言叫做 Transact-SQL(简称 T-SQL),它基于 SQL 标准,但在此基础上有所扩充和增强,增加了判断、分支、循环等功能。Oracle 中的 PL-SQL 语言也对 SQL 标准做了扩展,提供了类似于应用开发语言中的一些流程控制语句,使得 SQL 的功能更加强大。

### 6.1.1 SQL 语言的产生与发展

SQL 语言是 1974 年由 Boyce 和 Chamberlin 提出来的。SQL 语言提供了用来建立、维护及查询一个关系式数据库管理系统的命令。由于它功能丰富、使用方式灵活、语言简洁易学等突出特点,在计算机界深受广大用户欢迎,许多数据库生产厂家都推出各自的支持 SQL 的软件。1989 年,国际标准化组织 ISO 将 SQL 定为国际标准关系数据库语言。我国也于 1990 年颁布了《信息处理系统数据库语言 SQL》,将其定为中国国家标准。

SQL 是从 IBM 公司研制的关系数据库管理系统 SYSTEM-R 上实现的。从 1982 年开始,美国国家标准局(ANSI)即着手进行 SQL 的标准化工作,1986 年 10 月,ANSI 的数据库委员会 X3H2 批准了将 SQL 作为关系数据库语言的美国标准,并公布了第一个 SQL 标准文本。1987 年 6 月,国际标准化组织(ISO)也做出了类似的决定,将其作为关系数据库语言的国际标准。这两个标准现在称为 SQL86。1989 年 4 月,ISO 颁布了 SQL89 标准,其中增强了完整性特征。1992 年 ISO 对 SQL89 标准又进行了修改和扩充,并颁布了 SQL92(又称为 SQL2),其正式名称为国际标准数据库语言(International Standard Database Language)SQL92。随着 SQL 标准化工作的不断完善,SQL 已从原来功能比较简单的数据库语言逐步发展成为功能比较丰富、内容比较齐全的数据库语言,具体可见表 6-1 所示的 SQL 标准发展进程。

表 6-1　SQL 标准发展进程

| 标准 | 大致页数 | 发布日期 |
| --- | --- | --- |
| SQL/86 | | 1986 年 10 月 |
| SQL/89(FIPS 127-1) | 120 页 | 1989 年 |
| SQL/92 | 622 页 | 1992 年 |
| SQL99 | 1700 页 | 1999 年 |
| SQL2003 | 3600 页 | 2003 年 |

2003 年,ISO/IEC 又发布了 SQL 3 的升级版,并把它称为 SQL 2003。SQL 2003 更新或修改了某些语句及行为,新增了在线分析处理修正和大量的数字功能等。2006 年,ISO/IEC 再次发布了新 SQL 标准 SQL 2006,最主要的改进是对 SQL 3 的保留和增强。ANSI SQL 2006 的发布是在 SQL 3 的基础上演化而来的,SQL 2006 增加了 SQL 与 XML 间的交互,提供了应用 XQuery 整合 SQL 应用程序的方法等。

SQL 成为国际标准后,各种类型的计算机和数据库系统都采用 SQL 作为其存取语言和标准接口。并且,SQL 标准对数据库以外的领域也产生很大影响,不少软件产品将 SQL 语言的数据查询功能与图形功能、软件工程工具、软件开发工具、人工智能程序结合起来。SQL 现在已成为数据库领域中使用最为广泛的一个主流语言。尽管如此,各数据库厂商仍然针对各自的数据库产品对 SQL 进行了某种程度的扩充和修改,开发了自己的 SQL 语言,以便适应特定的专业需求。比如 SQL Server 使用的 SQL 语言叫做 Transact-SQL(简称 T-SQL),它基于 SQL 标准,但在此基础上有所扩充和增强,增加了判断、分支、循环等功能。Oracle 中的 PL-SQL 语言也对 SQL 标准做了扩展,提供了类似于应用开发语言中的一些流程控制语句,使得 SQL 的功能更加强大。

### 6.1.2　SQL 语言的特点

SQL 之所以能够为用户和业界所接受,并成为国际标准,是因为它是一种综合的、通用的、功能极强,同时又简单易学的语言。其主要特点如下。

1. 综合统一

数据库系统的主要功能是通过数据库支持的数据语言来实现的。

非关系模型(层次模型、网状模型)的数据语言一般都分为数据操纵语言(Data Manipulation Language,DML)和数据定义语言(Data Definition Language,DDL)。数据定义语言描述数据库的逻辑结构和存储结构。这些语言各有各的语法。当用户数据库投入运行后,如果需要修改模式,必须停止现有数据库的运行,转储数据,修改模式并编译后再重装数据库,十分繁琐。

SQL 则集数据定义语言 DDL、数据操纵语言 DML、数据控制语言 DCL 的功能于一体,语言风格统一,可以独立完成数据库生命周期中的全部活动,包括定义关系模式、插入数据、建立数据库、查询和更新数据、维护和重构数据库、数据库安全性控制等一系列操作要求,这就为数据库应用系统的开发提供了良好的环境。用户在数据库系统投入运行后,还可根据需要随时、逐步地修改模式,且并不影响数据库的运行,从而使系统具有良好的可扩展性。

另外,在关系模型中实体和实体间的联系均用关系表示,这种数据结构的单一性带来了数据操作符的统一,查找、插入、删除、更新等操作都只需一种操作符,从而克服了非关系系统由于信息表示方式的多样性而带来的操作复杂性。

**2. 高度非过程化**

SQL 是一种第四代语言(4GL),是一种非过程化语言,它一次处理一个记录集,对数据提供自动导航。SQL 允许用户在高层的数据结构上工作,而不对单个记录进行操作,可操作记录集。所有 SQL 语句接受集合作为输入,返回集合作为输出。SQL 的集合特性允许一个 SQL 语句的结果作为另一 SQL 语句的输入。

SQL 允许用户依据做什么来说明操作,而无需说明或了解怎样做,其存取路径的选择和 SQL 语句操作的过程都由系统自动完成。这不但大大减轻了用户负担,而且有利于提高数据独立性。

**3. 面向集合的操作方式**

非关系数据模型采用的是面向记录的操作方式,操作对象是一条记录。例如,查询所有平均成绩在 80 分以上的学生姓名,用户必须一条一条地把满足条件的学生记录找出来(通常要说明具体处理过程,即按照哪条路径,如何循环等)。而 SQL 采用集合操作方式,不仅操作对象、查找结果可以是元组的集合,而且一次插入、删除、更新操作的对象也可以是元组的集合。

**4. 同种语法结构的两种使用方式**

SQL 既是独立的语言,又是嵌入式语言。作为独立的语言,它能够独立地用于联机交互的使用方式,用户可以在终端键盘上直接键入 SQL 命令对数据库进行操作;作为嵌入式语言,SQL 语句能够嵌入到高级语言(例如 Java,C++)程序中,供程序员设计程序时使用。而在两种不同的使用方式下,SQL 的语法结构基本上是一致的。所有用 SQL 写的程序都是可移植的。用户可以轻易地将使用 SQL 的技能从一个 RDBMS 转到另一个。这种以统一的语法结构提供两种不同的使用方式的做法,提供了极大的灵活性与方便性。

**5. 语言简洁,易学易用**

SQL 的功能极强,但由于设计巧妙,语言十分简捷,完成核心功能只用了 9 个动词,如表 6-2 所示。SQL 接近英语口语,因此容易学习,容易使用。

表 6-2　SQL 的核心动词

| SQL 功能 | 动　　词 |
|---|---|
| 数据查询 | SELECT |
| 数据定义 | CREATE,DROP,ALTER |
| 数据操纵 | INSERT,UPDATE,DELETE |
| 数据控制 | GRANT,REVOKE |

### 6.1.3 SQL 语言基础

**1. 操作对象**

SQL 语言可以对两种基本数据结构进行操作，一种是"表"，另一种是"视图（View）"。视图由数据库中满足一定约束条件的数据所组成，这些数据可以是来自于一个表，也可以是多个表。用户可以像对基本表一样对视图进行操作。当对视图操作时，由系统转换成对基本关系的操作。视图可以作为某个用户的专用数据部分，方便用户使用。SQL 支持关系数据库的三级模式结构，如图 6-1 所示，其中外模式对应于视图和部分基本表，概念模式对应于基本表，内模式对应于存储文件。

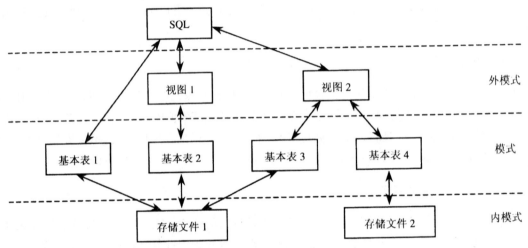

**图 6-1　SQL 对关系数据库模式的支持**

（1）基本表

基本表是本身独立存在的，在 SQL 中一个关系对应一个基本表。基本表是按数据全局逻辑模式建立的。一个表可以带若干个索引，索引存放在存储文件中。存储文件的逻辑结构组成了关系数据库的内模式，存储文件的物理结构是任意的，对用户是透明的。

（2）视图

视图是从基本表或其他视图中导出的表，它本身不独立存储在数据库中。也就是说，数据库中只存放视图的定义，数据仍存放在导出视图的基本表中。因此，视图实际上是一个虚表。视图在概念上基本表的等同，用户也可以在视图上在定义视图。

用户可以使用 SQL 语言对视图和基本表进行查询。对于用户而言，视图和基本表都是关系。

SQL 数据库的体系结构具有如下特征：

①一个 SQL 模式是表和约束的集合。

②一个表（Table）是行（Row）的集合，每行是列（Column）的序列，每列对应一个数据项。

不同的关系型数据库管理系统中，SQL 语言的具体使用也略有不同，但它们应与 ANSISQL 兼容。

**2. 基本规则**

在 SQL 语句格式中,有下列约定符号和相应的语法规定。

(1)语句格式约定符号

- <>:其中的内容为必选项,表示实际语义,不能为空。
- []:其中的内容为任选项。
- {}或 . 必选其中的一项。
- [,…n]:表示前面的项可以重复多次。

(2)语法规定

①一般语法规定:

- 字符串常数的定界符用单引号"'"表示。
- SQL 中数据项(列项、表和视图)的分隔符为","。

②SQL 特殊语法规定:

- SQL 语句的结束符为";"。
- SQL 采用格式化书写方式。
- SQL 的关键词一般使用大写字母表示。

**3. 数据类型**

数据类型是一种属性,是数据自身的特点,主要是指定对象可保存的数据的类型。数据类型用于给特定的列提供数据规则,数据在列中的存储方式和给列分配的数据长度,并且决定了此数据是字符、数字还是时间日期数据。

每一个 SQL 的实施方案都有自己特有的数据类型,因此有必要使用与实施方案相关的数据类型,它能支持每个实施方案有关数据存储的理论。但要注意,所有的实施方案中的基本数据类型都是一样的,SQL 提供的主要数据类型一般有以下几种:

(1)数值型

- SMALLINT:短整数。
- INT:长整数,也可写成 INTEGER。
- REAL:取决于机器精度的浮点数。
- DOUBLE PRECISION:取决于机器精度的双精度浮点数。
- FLOAT(n):浮点数,精度至少为 n 位数字。
- NUMBERIC(p,q):定点数由 p 位数字组成,但不包括符号和小数点,小数点后面有 q 位数字,也可写成 DECIMAL(p,q)或 DEC(p,q)。

(2)字符型

- CHAR(n):长度为 n 的定长字符串,n 是字符串中字符的个数。
- VARCHAR(n):具有最大长度为 n 的变长字符串。

(3)日期型

- DATE:日期,包含年、月、日,格式为 YYYY−MM−DD。
- TIME:时间,包含一日的时、分、秒,格式为 HH:MM:SS。

（4）位串型

- BIT(n)：长度为 n 的二进制位串。
- BIT VARYING(n)：最大长度为 n 的变长二进制位串。

还有系统可能还会提供货币型、文本型、图像型等类型。此外，需要注意的是，SQL 支持空值的概念，空值是关系数据库中的一个重要概念，与空（或空白）字符串、数值 0 具有不同的含义，不能将其理解为任何意义的数据。

在 SQL 中有不同的数据类型，允许不同类型的数据存储在数据库中，不管是简单的字母还是小数，不管是日期还是时间。数据类型的概念在所有的语言中都一样。

4. 函数

在 SQL 中 FUNCTIONS 是函数的关键字，主要用于操纵数据列的值来达到输出的目的。函数通常是和列名或表达式相联系的命令。在 SQL 中有不同种类的函数，包括统计函数、单行函数等。

（1）统计函数

统计函数是在数据库操作中时常使用的函数，又称为基本函数或集函数。它是用来累加、合计和显示数据的函数，主要用于给 SQL 语句提供统计信息。常用的统计函数有 COUNT、SUM、MAX、MIN 和 AVG 等，如表 6-3 所示。

表 6-3 常用函数

| 函数名称 | 一般形式 | 含义 |
| --- | --- | --- |
| 平均值 | AVG([DISTINCI]<属性名>) | 求列的平均值，有 DISTINCT 选项时只计算不同值 |
| 求和 | SUM([DISTINCT]<属性名>) | 求列的和，有 DISTINCT 选项时只计算不同值 |
| 最大值 | MAX(<属性名>) | 求列的最大值 |
| 最小值 | MIN(<属性名>) | 求列的最小值 |
| 计数 | COUNT( * )<br>COUNT([DISTINCT]<属性名> | 统计结果表中元组的个数<br>统计结果表中不同属性名值元组的个数 |

（2）单行函数

单行函数主要分为数值函数、字符函数、日期函数、转换函数等，它对查询的表或视图的每一行返回一个结果行。

- 转换函数是将一种数据类型的值转换成另一种数据类型的值。
- 单行字符函数用于接受字符输入，可返回字符值或数值。
- 日期函数是操作 DATE 数据类型的值，所有日期函数都返回一个 DATE 类型的值。
- 数值函数用于接受数值输入，返回数值。许多函数的返回值可精确到 38 位十进制数字，三角函数精确到 36 位十进制数字。

5. 表达式

所谓表达式一般是指常量、变量、函数和运算符组成的式子，应该特别注意的是单个常量、变量或函数亦可称作表达式。SQL 语言中包括三种表达式,第一种是<表名>后的<字段名表达式>,第二种是 SELECT 语句后的<目标表达式>,第三种是 WHERE 语句后的<条件表达式>。

(1)字段名表达式

<字段名表达式>可以是单一的字段名或几个字段的组合,还可以是由字段、作用于字段的集函数和常量的任意算术运算(+、-、*、/)组成的运算公式。主要包括数值表达式、字符表达式、逻辑表达式、日期表达式四种。

(2)目标表达式

<目标表达式>有 4 种构成方式:

① * ——表示选择相应基表和视图的所有字段。

②<表名>. * ——表示选择指定的基表和视图的所有字段。

③集函数()——表示在相应的表中按集函数操作和运算。

④[<表名>.]<字段名表达式>[,[<表名>.]<字段名表达式>]…——表示按字段名表达式在多个指定的表中选择。

(3)条件表达式

<条件表达式>常用的有以下 6 种:

①集合。IN…,NOT IN…

查找字段值属于(或不属于)指定集合内的记录。

②指定范围。BETWEEN…AND…,NOT BETWEEN…AND…

查找字段值在(或不在)指定范围内的记录。BETWEEN 后是范围的下限(即低值),AND 后是范围的上限(即高值)。

③比较大小。应用比较运算符构成表达式,主要的比较运算符有:=,>,<,>=,<=,!=,<>,!>(不大于),!<(不小于),NOT+(与比较运算符同用,对条件求非)。

④字符匹配。LIKE,NOT LIKE'<匹配串>'[ESCAPE'<换码字符>']

查找指定的字段值与<匹配串>相匹配的记录。<匹配串>可以是一个完整的字符串,也可以含有通配符_和%。其中_代表任意单个字符;%代表任意长度的字符串。如 c%s 表示以 c 开头且以 s 结尾的任意长度字符串,如 cttts,cabds,cs 等;c_ _s 则表示以 c 开头且以 s 结尾的长度为 4 的任意字符串,如 cxxs,cffs 等。

⑤多重条件。AND,OR

AND 含义为查找字段值满足所有与 AND 相连的查询条件的记录;OR 含义为查找字段值满足查询条件之一的记录。AND 的优先级高于 OR,但可通过括号改变优先级。

⑥空值。IS NULL,IS NOT NULL

查找字段值为空(或不为空)的记录。NULL 不能用来表示无形值、默认值、不可用值,以及取最低值或取最高值。SQL 规定,在含有运算符+、-、*、/的算术表达式中,若有一个值是空值,则该算术表达式的值也是空值;任何一个含有 NULL 比较操作结果的取值都为"假"。

## 6.2 SQL 的数据定义

SQL 的数据定义功能包括模式定义、表定义、视图和索引的定义,如表 6-4 所示。

SQL 的数据定义功能是指定义数据库的结构,包括定义基本表、定义视图和定义索引三个部分。由于视图是基于基本表的虚表,索引是依附于基本表的,因此 SQL 通常不提供修改视图定义和修改索引定义的操作。用户如果想修改视图定义或索引定义,只能先将它们删除掉,然后再重建。不过有些产品如 Oracle 允许直接修改视图定义。

表 6-4　SQL 的数据定义语句

| 操作对象 | 操作方式 | | |
|---|---|---|---|
| | 创建 | 删除 | 修改 |
| 模式 | CREATE SCHEMA | DROP SCHEMA | |
| 表 | CREATE TABLE | DROP TABLE | ALTER TABLE |
| 视图 | CREATE VIEW | DROP VIEW | |
| 索引 | CREATE INDEX | DROP INDEX | |

模式是数据库数据在逻辑级上的视图。一个数据库只有一个模式。

基本表是本身独立存在的表,在 SQL 中,一个关系就对应一个表。一个(或多个)基本表对应一个存储文件,一个表可以带若干索引,索引也存放在存储文件中。

视图是从基本表或其他视图中导出的表。它本身不独立存储在数据库中,即数据库中只存放视图的定义而不存放视图对应的数据,这些数据仍存放在导出视图的基本表中,因此视图是一个虚表。视图在逻辑上与表等同,即在用户的眼中表和视图是一样的。

由于视图是基于基本表的虚表,索引是依附于基本表的,因此 SQL 通常不提供修改视图定义和修改索引定义的操作。用户如果想修改视图定义或索引定义,只能先将它们删除掉,然后再重建。

### 6.2.1　模式的定义与删除

模式又称逻辑模式或概念模式,是数据库中全体数据的逻辑结构和特征的描述,是所有用户的公共数据视图。模式实际上是数据库数据在逻辑级上的视图。一个数据库只有一个模式。定义模式时不仅要定义数据的逻辑结构,而且要定义数据之间的联系,定义与数据有关的安全性、完整性要求。

1. 模式的定义

在 SQL 中,模式定义语句如下:

CREATE SCHEMA<模式名>AUTHORIZATION<用户名>

如果没有指定<模式名>,那么<模式名>隐含为<用户名>。

要创建模式,调用该命令的用户必须拥有 DBA 权限,或者获得了 DBA 授予的 CREATE SCHEMA 的权限。

例如,定义一个班级—课程模式 C-T

CREATE SCHEMA"C-T"AUTHORIZATION　ME;

为用户 ME 定义了一个模式 C-T。

若语句是:

CREATE SCHEMA AUTHORIZATION ME;

该语句没有指定<模式名>,所以<模式名>隐含为用户名 ME。

定义模式实际上定义了一个命名空间,在这个空间中可以进一步定义该模式包含的数据库对象,例如基本表、视图、索引等。

在 CREATE SCHEMA 中可以接受 CREATE TABLE,CREATE VIEW 和 GRANT 子句。也就是说,用户可以在创建模式的同时在这个模式定义中进一步创建基本表、视图,定义授权。即

CREATE SCHEMA<模式名>AUTHORIZATION<用户名>[<表定义子句>|<视图定义子句>|<授权定义子句>]

### 2. 模式的删除

在 SQL 中,删除模式语句如下:

DROP SCHEMA<模式名><CASCADE|RESTRICT>

其中 CASCADE 和 RESTRICT 两者必选其一。

选择了 CASCADE(级联),表示在删除模式的同时把该模式中所有的数据库对象全部一起删除。选择了 RESTRICT(限制),表示如果该模式中已经定义了下属的数据库对象(如表、视图等),则拒绝该删除语句的执行。只有当该模式中没有任何下属的对象时才能执行 DROP SCHEMA 语句。

### 6.2.2　基本表的创建与删除

基本表是本身独立存在的,在 SQL 中一个关系对应一个基本表。基本表是按数据全局逻辑模式建立的。一个表可以带若干个索引,索引存放在存储文件中。存储文件的逻辑结构组成了关系数据库的内模式,存储文件的物理结构是任意的,对用户的透明的。

### 1. 基本表的创建

创建了一个模式,就建立了一个数据库的命名空间,一个框架。在这个空间中首先要定义的是该模式包含的数据库基本表。

SQL 语言使用 CREATE TABLE 语句定义基本表,其基本格式如下:

CREATE TABLE<表名>(<列名><数据类型>[列级完整性约束条件]

　　　　　　　　　　[,<列名><数据类型>[列级完整性约束条件]]

　　　　　　　　　　…

　　　　　　　　　　[,<表级完整性约束条件>]);

说明:

①建表时可以定义与该表有关的完整性约束条件(如表 6-5 所示),包括 primary key、not null、unique、foreign key 或 check 等。约束条件被存入 DBMS 的数据字典中。当用户操作表中数据时,由 DBMS 自动检查该操作是否违背这些完整性约束条件。如果完整性约束条件涉及该表的多个属性列,则必须定义在表级上,称为表级完整性约束条件,否则完整性约束条件既可以定义在列级,也可以定义在表级。定义在列级的完整性约束条件称为列级完整性约束条件。

表 6-5　完整性约束条件

| 完整性约束条件 | 含义 |
| --- | --- |
| primary key | 定义主键 |
| not null | 定义的属性不能取空值 |
| unique | 定义的属性值必须唯一 |
| foreign key(属性名 1)references 表名[(属性名 2)] | 定义外键 |
| check(条件表达式) | 定义的属性值必须满足 check 中的条件 |

②在为对象选择名称时，特别是表和列的名称，最好使名称反映出所保存的数据的含义。比如学生表名可定义为 students，姓名属性可定义为 name 等。

③表中的每一列的数据类型可以是基本数据类型，也可以是用户预先定义的数据类型。

**2. 基本表的更新**

随着应用环境和需求的变化，有时需要修改已建立好的基本表(即修改关系模式)。对基本表的修改允许增加新的属性，但是一般不允许删除属性，确实要删除一个属性，必须先将该基本表删除掉，再重新建立一个新的基本表并装入数据。增加一个属性不用修改已经存在的程序，而删除一个属性必须修改那些使用了该属性的程序。

SQL 语言使用 ALTER TABLE 命令来完成这一功能其一般格式为：

ALTER TABLE<表名>

[ADD<新列名><数据类型>[完整性约束]]

[DROP<完整性约束名>]

[ALTER COLUMN<列名> <数据类型>]；

· add 子句用于增加新列和新的完整性约束条件。

· drop 子句用于删除完整性约束。

· drop column 子句用于删除列。

· alter column 子句用于修改原有的列定义，包括修改列名和数据类型。

①例如，在表名为 user 的表中增加一个年龄列。

ALTER TABLES user ADD 年龄 TINYINT；

注意：使用此方式增加的新列自动填充 NULL 值，所以不能为增加的新列指定：NOT NULL 约束。

②例如，将 user 表中的姓名列加宽到 6 个字符。

ALTER TABLE user ALTER COLUMN 姓名 CHAR(6)；

注意：使用 ALTER 方式有如下限制：

①不能改变列名。

②不能将含有空值的列的定义修改为 NOT NULL 约束。

③若列中已有数据，则不能减少该列的宽度，也不能改变其数据类型。

④只能修改 NULL|NOT NULL 约束，其他类型的约束在修改之前必须先将约束删除，然后再重新添加修改过的约束定义。

### 3. 基本表的删除

删除表时会将与表有关的所有对象一起删掉。基本表一旦删除,表中的数据、在此表上建立的索引都将自动被删除掉,而建立在此表上的视图虽仍然保留,但已无法引用。因此执行删除操作一定要格外小心。基本表的删除使用 DROP TABLE 命令,语法格式为:

DROP TABLE<表名>[RESTRICT ∣ CASCADE]

若使用了 RESTRICT 选项,并且表被视图或约束引用,DROP 命令不会执行成功,会显示一个错误提示。如果使用了 CASCADE 选项,删除表的同时也将全部引用视图和约束删除。

删除基本表后,表中的数据和在此表上的索引都被删除,而建立在该表上的视图不会随之删除,系统将继续保留其定义,但已无法使用。如果重新恢复该表,这些视图可重新使用。具体的就 Kingbase ES、ORACLE 9i、MS SQL SERVER 2000 这 3 种产品对 DROP TABLE 的不同处理策略,如表 6-6 所示,为 DROP TABLE 时,SQL99 与 3 个 RDBMS 的处理策略比较。

表 6-6　DROP TABLE 时,SQL99 与 3 个 RDBMS 的处理策略比较

| 标准及主流数据库的处理方式 ＼ 依赖基本表的对象 | SQL99 | | Kingbase ES | | ORACLE 9i | MS SQL SERVER 2000 |
| --- | --- | --- | --- | --- | --- | --- |
| | R | C | R | C | C | |
| 索引 | 无规定 | √ | √ | √ | √ | √ |
| 视图 | × | √ | × | √ | √ 保留 | √ 保留 |
| DEFAULT,PRIMARY KEY,CHECK(只含该表的列)NOT NULL 等约束 | √ | √ | √ | √ | √ | √ |
| 外码 Foreign Key | × | √ | × | √ | × | × |
| 触发器 TRIGGER | × | √ | × | √ | √ | √ |
| 函数或存储过程 | × | √ | √ 保留 | √ 保留 | √ 保留 | √ 保留 |

上表中,“×”表示不能删除基本表,“√”表示能删除基本表,“保留”表示删除基本表后,还保留依赖对象。从比较表中可以知道:

①对于索引,删除基本表后,这 3 个 RDBMS 都自动删除该基本表上已经建立的所有索引。

②对于存储过程和函数,删除基本表后,这 3 个数据库产品都不自动删除建立在此基本表上的存储过程和函数,但是已经失效。

③对于视图,ORACLE 9i 与 SQL SERVER 2000 是删除基本表后,还保留此基本表上的视图定义,但是已经失效。Kingbase ES 分两种情况,若删除基本表时带 RESTRICT 选项,则不可以删除基本表;若删除基本表时带 CASCADE 选项,可以删除基本表,同时也删除视图;Kingbase ES 的这种策略符合 SQL99 标准。

④如果想要删除的基本表上有触发器,或者被其他基本表的约束所引用(CHECK,FOREIGN KEY 等),可通过比较表中所列数据,即可得到这 3 个系统的处理策略。

同样,对于其他的 SQL 语句,不同的数据库产品在处理策略上会与标准有所差别。

### 6.2.3　视图的创建与删除

视图是从基本表或其他视图中导出的表,它本身不独立存储在数据库中。也就是说,数据库中只存放视图的定义,数据仍存放在导出视图的基本表中。因此,视图实际上是一个虚表在概念上与基本表等同。

1.视图的创建

视图是根据对基本表的查询定义的,创建视图实际上就是数据库执行定义该视图的查询语句。SQL 中使用 CREATE VIEW 语句创建视图。

语句格式:

CREATE VIEW[<数据库名>.][<拥有者>.]视图名[(列名[,…n])]

AS<子查询>

[WITH CHECK OPTION];

功能:

定义视图名和视图结构,并将<子查询>得到的元组作为视图的内容。

说明:

①WITH CHECK OPTION 表示对视图进行 UPDATE、INSE RT 和 DELETE 操作时要保证更新、插入和删除的行满足视图定义中的谓词条件,即<子查询>中 WHERE 子句的条件表达式。选择该子句,则系统对 UPDATE、INSERT 和 DELETE 操作进行检查。

②<子查询>可以是任意复杂的 SELECT 语句,但通常不允许含有 ORDER BY(对查询结果进行排序)和 DISTINCT(从查询返回结果中删除重复行)短语。

③一个视图中可以包含多个列名,最多可以引用 1024 个列。其中列名或者全部指定或全部省略。如果省略了视图的各个列名,则表明该视图的各列由<子查询>中 SELECT 子句的各目标列组成。但是在以下三种情况下,必须指定组成视图的所有列名:

· 需要在视图中改用新的、更合适的列名。

· <子查询>中使用了多个表或视图,并且目标列中含有相同的列名。

· 目标列不是单纯的列名,而是 SQL 函数或列表达式。

该语句的执行结果,仅仅是将视图的定义信息存入数据库的数据字典中,而定义中的<子查询>语句并不执行。当系统运行到包含该视图定义语句的程序时,根据数据字典中视图的定义信息临时生成该视图。程序一旦执行结束,该视图立即被撤销。

视图创建总是包括一个查询语句 SELECT。可利用 SELECT 语句从一个表中选取所需的行或列构成视图,也可以从几个表中选取所需要的行或列(使用子查询和连接查询方式)构成视图。

视图一经定义,就可以像表一样,被查询、修改、删除和更新。与实际存在的表不同,视图是一个虚表,即视图所对应的数据并不实际地存储在视图中,而是存储在视图所引用的表中,数据库中仅存储视图的定义。对视图的数据进行操作时,系统根据视图的定义去操作与视图相关联的基本表。

具体的基本表与视图之间关系,可见图 6-2 所示。

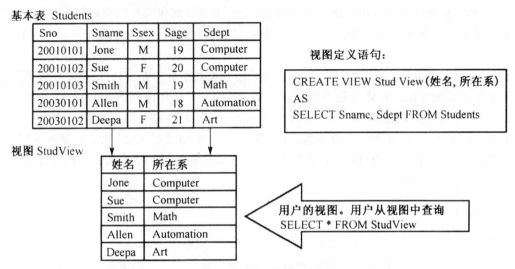

图 6-2　基本表与视图的关系

视图是定义在基本表上的,对视图的一切操作实际上都会转化为对基本表的操作。可见若合理适当地使用视图,会让数据库的操作更加灵活方便。视图的具体的优势作用主要有以下几个方面。

①集中显示数据。有些时候用户所需要的数据分散在多个表中,定义视图可以根据需要将不同表的数据从逻辑上集中在一起,方便用户的数据处理和查询,这样也简化了用户对数据的操作。使用户能以多种角度、方式来分析同一数据,具有很好的灵活性。

②简化操作,屏蔽数据库的复杂性。通过视图,用户可以不用了解数据库中的表结构,也不必了解复杂的表间关系,并且数据库表的更改也不影响用户对数据库的操作。

③加强了数据安全性。在设计数据库应用系统时,可对不同的用户定义不同的视图,使机密数据不出现在不应看到这些数据的用户视图上,并自动提供了对机密数据的安全保护功能,达到保密的目的,这样可以增加安全性,简化用户权限的管理。

④一定的逻辑独立性。能够很方便地组织数据输出到其他应用程序中,当由于特定目的需要输出数据到其他应用程序时,可以利用视图来组织数据以便输出。

⑤便于数据共享。通过视图,用户不必定义和存储自己的所需的数据,只需通过定制视图来共享数据库的数据,使同样的数据在数据库中只需要存储一次。

在关系数据库中,数据库的重构最常见的情况是把一个表垂直地分割成两个表,在这种情况下,可以通过修改视图的定义,使视图适应这种变化。但由于应用程序从视图中提取数据的方式和数据类型不变,从而防止应用程序的频繁改动。

## 2. 视图的查询

一旦定义好视图后,用户便可和对基本一样,对视图进行查询。即所有对表的各种查询操作都可以作用于视图,但是视图中不含有通常意义的元组。视图查询实际上是对基本表的查询,其查询结果是从基本表得到的。因此,同样一个视图查询,在不同的执行时间可能会得到不同的结果,因为在这段时间里,基本表可能发生了变化。

DBMS 执行对视图的查询时,首先进行有效性检查,检查查询的基本表、视图等是否存在。

如果存在,则从数据字典中取出视图的定义,把定义中的子查询和用户的查询结合起来,转换成等价的对基本表的查询,然后再执行修正了的查询,这一转换过程称为视图消解(View Resolution)。

目前,多数关系数据库系统对视图的查询都采用了视图消解的方法,但也有一些关系数据库系统采用了其他的方法。具体的视图消解定义是:DBMS 执行对视图的查询时,首先进行有效性检查,检查查询涉及的表、视图等是否在数据库中存在。如果存在,则从数据字典中取出查询涉及的视图的定义,把定义中的子查询和用户对视图的查询结合起来,转换成对基本表的查询,然后再执行这个经过修正的查询。这种将对视图的查询转换为对基本表的查询的过程称为视图消解(View Resolution)。

### 3. 视图的更新

视图的更新操作包括插入 INSERT、删除 DELETE 和修改 UPDATE 三种,由于视图是由基本表导出的,视图本身并不存储记录,所以对视图的更新最终要转换成对基本表的更新。

在关系数据库中,并不是所有视图都可以执行更新操作。因为在有些情况下视图的更新不能唯一有意义地转换成对基本表的更新,所以对视图进行更新操作时有一定的限制和条件。

由于视图是通过 SELECT 语句对表中数据进行筛选构成的。因此,一个视图要能进行更新操作,对构成该视图的 SELECT 语句就有如下基本限制:

①视图的数据只来源于一个表,而非多个表。

②需要被更新的列是字段本身,而不是由表达式定义的列。

③SELECT 语句中不含有 GROUP BY,DISTINCT 子句、组函数。

④视图定义里包含了表中所有的 NOT NULL 列。

视图的删除操作必须满足①,③两个限制;视图的修改操作必须满足前 3 个限制;而视图的插入操作需要满足以上全部限制条件。

一般的数据库系统只允许对行列子集的视图进行更新操作。对行列子集进行数据插入、删除、修改操作时,DBMS 会把更新数据传到对应的基本表中。一般的数据库系统不支持对以下几种情况的视图进行数据更新操作:

①由两个基本表导出的视图。

②视图的列来自列表达式函数。

③在一个不允许更新的视图上定义的视图。

④视图中有分组子句或使用了 DISTINCT 的短语。

⑤视图定义中有嵌套查询,且内层查询中涉及与外层一样的导出该视图的基本表。

### 4. 视图的删除

在 SQL 中删除视图使用 DROP VIEW 语句,具体格式为:

DROP VIEW <视图名>[,…n]

①创建视图后,若删除了导出此视图的基本表,则该视图将失效,但其一般不会被自动删除,要用 DROP VIEW 语句将其删除。

②DROP VIEW 只是删除视图在数据字典中的定义信息,而由该视图导出的其他视图的定义却仍存在数据字典中,但这些视图已失效。为了防止用户在使用时出错,要用 DROP VIEW

语句把那些失效的视图都删除。

### 6.2.4　索引的创建与删除

建立索引是加快表的查询速度的有效形式,它是最常见的改善数据库性能的技术,是索引是数据库随机检索的常用手段,它实际上就是记录的关键字与其相应地址的对应表。

索引是 SQL 在基本表中列上建立的一种数据库对象,也可称其为索引文件,它和建立于其上的基本表是分开存储的。建立索引的主要目的是提高数据检索性能。索引可以被创建或撤销,这对数据毫无影响。但是,一旦索引被撤销,数据查询的速度可能会变慢。索引要占用物理空间,且通常比基本表本身占用的空间还要大。一般来说,建立与删除索引是由数据库管理员(DBA)或表的属主(即建立表的人)负责完成的。系统在存取数据时会自动选择合适的索引作为存取路径,用户不必也不能选择索引。

#### 1. 索引的创建

建立索引使用 CREATE INDEX 命令,其格式为:

CREATE[UNIQUE][CLUSTER]INDEX<索引名>

ON<表名>(<列名1>[<次序>][,<列名2>[<次序>]]…)

其中<表名>指定要建索引的基本表的名字。索引可以建立在该表的一列或多列上,各列名之间用逗号分隔。每个<列名>后面还可以用<次序>指定索引值的排列次序,包括 ASC(升序)和 DESC(降序)两种,默认值为 ASC。

UNIQUE 表示此索引的每一个索引值只对应唯一的数据记录。

CLUSTER 表示要建立的索引是聚簇索引。所谓聚簇索引是指索引项的顺序与表中记录的物理顺序一致的索引组织。用户可以在最常查询的列上建立聚簇索引以提高查询效率。显然在一个表上最多只能建立一个聚簇索引。建立聚簇索引后,更新索引列数据时,往往导致表中记录的物理顺序的变更,代价较大,因此对于经常更新的列不宜建立聚簇索引。

SQL 中的索引是非显示索引,在改变表中的数据(如增加或删除记录)时,索引将自动更新。索引建立后,在查询使用该列时,系统将自动使用索引进行查询。一般来说,对于仅用于查询的表可多建索引,对于数据更新频繁的表则应少建索引。索引数目无限制,但索引越多,更新数据的速度越慢。

在数据库中,对于一张表可以创建几种不同类型的索引,所有这些索引都具有加快数据查询速度以提高数据库的性能的作用。

按照索引记录的存放位置划分,索引可分为聚集索引与非聚集索引。聚集索引按照索引的字段排列记录,并且按照排好的顺序将记录存储在表中。非聚集索引按照索引的字段排列记录,但是排列的结果并不会存储在表中,而是存储在其他位置。由于数据在表中已经依索引顺序排好了。但当要新增或更新记录时,由于聚集索引需要将排序后的记录存储在表中,一般在检索记录时,聚集索引会比非聚集索引速度快。另外,一个表中只能有一个聚集索引,而非聚集索引则可有多个。

唯一索引表示表中每一个索引值只对应唯一的数据记录,这与表的 PRIMARY KEY 的特性类似。唯一索引不允许在表中插入任何相同的取值。因此,唯一索引常用于 PRIMARY KEY 的字段上,以区别每一个记录。当表中有被设置为 UNIQUE 的字段时,SQL Server 会自动建立非聚集的惟一索引。而当表中有 PRIMARY KEY 的字段时,SQL Server 会在 PRIMARY KEY 字段建立一个聚集索引。使用唯一索引不但能提高性能,还可以维护数据的完整性。

复合索引是针对基本表中两个或两个以上的列建立的索引,单独的字段允许有重复的值。由于被索引列的顺序对数据查询速度具有显著的影响,因此创建复合索引时,应当考虑索引的性能。为了优化性能,通常将最强限定值放在第一位。但是,那些始终被指定的列更应当放在第一位。

复合索引,在实际工作中创建哪一种类型的索引,主要由数据查询或处理需求决定,一般应首先考虑经常在查询的 WHERE 子句中用做过滤条件的列。若子句中只用到了一个列,则应当选择单列索引;若有两个或更多的列经常用在 WHERE 子句中,则复合索引是最佳选择。

**2. 索引的删除**

索引一经创建,就由系统使用和维护,无需用户进行干预。建立索引是为了减少查询操作的时间,若如果数据增、删、改频繁,系统会花费许多时间来维护索引。因此,在必要的时候,可以使用 DROP INDEX 语句撤销一些不必要的索引。其格式为:

DROP INDEX <索引名>[,…n]

其中,<索引名>是要撤销的索引的名字。撤销索引时,系统会同时从数据字典中删除有关对该索引的描述。一次可以撤销一个或多个指定的索引,索引名之间用逗号间隔。

# 6.3  SQL 数据的查询

数据查询是从表中找到用户需要的数据,它是数据库的核心操作。在数据库的实际应用中,用户最经常使用的操作就是查询操作,一般由 SQL 的数据操纵语言的 SELECT 语句实现。SQL 的数据查询语句(SELECT)之所以功能强大,是由于该语句的成分丰富多样,有许多可选的形式。能够方便快捷地从数据库中查询到所需的各种信息。

## 6.3.1  SELECT 查询语句

一个完整的 SELECT 语句包括 SELECT、FROM、WHERE、GROUP BY 和 ORDER BY 子句,它具有数据查询、统计、分组和排序的功能。SQL 的所有查询都是利用 SELECT 语句完成的,它对数据库的操作十分方便灵活,原因在于 SELECT 语句中的成分丰富多彩,有许多可选形式,尤其是目标列和条件表达式。

SELECT 语句及各子句的一般格式如下:

SELECT[ALL|DISTINCT][<目标列表达式>[,…n]]

FROM<表名或视图名>[,<表名或视图名>,…]

[WHERE<条件表达式>]

[GROUP BY<列名 1>[HAVING<条件表达式>]]

[ORDER BY<列名 2>[ASC|DESC],…];

通过以上语句可从指定的基本表或视图中,选择满足条件的元组,并对其进行分组、统计、排序和投影,形成查询结果集。其中,SELECT 和 FROM 语句为必选子句,其他子句为任选子句。

上述整个 SELECT 语句的含义是:根据 WHERE 子句的条件表达式,从 FROM 子句指定的表或视图中找出满足条件的元组,再按 SELECT 子句的目标列表达式,选出元组中的属性值形成结果表。如果有 GROUP 子句,则将结果按(列名 1)的值进行分组,该属性列的值相等的元组为一个组。如果 GROUP 子句带 HAVING 短语,则只有满足指定条件的组才予以输出。如果有 ORDER 子句,则结果表还要按(列名 2)的值的升序(ASC)或降序(DESC)排列。

(1)SELECT 子句

主要用于指明查询结果集的目标列。其中,<目标列表达式>是指查询结果集中包含的列名,可以是直接从基本表或视图中投影得到的字段、与字段相关的表达式或数据统计的函数表达式,目标列还可以是常量;DISTINCT 说明要去掉重复的元组;ALL 表示所有满足条件的元组。省略<目标列表达式>表示结果集中包含<表名或视图名>中的所有列,此时<目标列表达式>可以使用 * 代替。

若目标列中使用了两个基本表或与视图中相同的列名,则要在列名前加表名限定,即使用"<表名>.<列名>"表示。

(2)FROM 子句

FROM 子句用于指明要查询的数据来自哪些基本表或视图。查询操作需要的基本表或视图名之间用","间隔。

若查询使用的基本表或视图不在当前的数据库中,则需要在表或视图前加上数据库名进行说明,即"<数据库名>.<表名>"的形式。

若在查询中需要一表多用,则每种使用都需要一个表的别名标识,并在各自使用中用不同的基本表别名表示。定义基本表别名的格式为"<表名><别名>"。

(3)WHERE 子句

WHERE 子句通过条件表达式描述对基本表或视图中元组的选择条件。DBMS 处理语句时,以元组为单位,逐个考察每个元组是否满足 WHERE 子句中给出的条件,将不满足条件的元组筛选掉,因此 WHERE 子句中的表达式也称为元组的过滤条件,它比关系代数中的公式更加灵活。

(4)GROUP BY 子句

GROUP BY 子句作用是将结果集按<列名 1>的值进行分组,即将该列值相等的元组分为一组,每个组产生结果集中的一个元组,可以实现数据的分组统计。当 SELECT 子句后的<目标列表达式>中有统计函数,且查询语句中有分组子句时,则统计为分组统计,否则为对整个结果集的统计。

(5)ORDER BY 子句

ORDER BY 子句是对结果集按<列名 2>的值的升序(ASC)或降序(DESC)进行排序。查询结果集可以按多个排序列进行排序,根据各排序列的重要性从左向右列出。

整个过程是:根据 WHERE 子句的条件表达式,从 FROM 子句指定的基本表或视图中找出满足条件的元组,再按 SELECT 子句中的目标列表达式选出元组中的列值形成结果集。如果有 GROUP 子句,则将结果集按<列名 1>的值进行分组,该列值相等的元组为一个组,每个组产生结果集中的一个元组。如果 GROUP BY 子句后带 HAVING 短语,则只有满足指定条件的组才予以输出。如果有 ORDER BY 子句,则结果集还要按<列名 2>的值的升序或降序进行排序。

此外,SQL 还提供了为属性重新命名的机制,这对从多个关系中查出的同名属性以及计算表达式的显示非常有用。它是通过使用具有如下形式的 AS 子句来进行的：

<原名>AS<新名>

在实际应用中有的 DBMS 可省略"AS"。

另外,SQL 条件表达式中的涉及的符号如表 6-7 所示。

表 6-7　SQL 条件表达式中的符号

| | 运算符号 | 含　义 |
|---|---|---|
| 关系运算符 | =<br><br><<br><br>><br><br><=<br><br>>= | 等于<br><br>小于<br><br>大于<br><br>小于等于<br><br>大于等于 |
| 逻辑运算符 | <>或者！＝<br><br>NOT<br><br>AND | 不等于<br><br>非(否)<br><br>与(并且) |
| 特殊运算符 | OR<br><br>IN<br><br>IS NULL<br><br>BETWEEN<br><br>EXISTS<br><br>LIKE | 或(或者)<br><br>检查某个字段值是否在一组给定值中<br><br>测试字段值是否为空值<br><br>限定某个数值在一个区间内<br><br>检查某个字段值是否有值,是 IS NULL 的反义词<br><br>提供字符匹配方式,一是使用下划线"_"匹配任意一个字符;<br>另一种是使用百分号"%"匹配 0 个或多个字符的字符串 |

### 6.3.2　单表查询

单表查询又称简单查询,是指在查询过程中只涉及一个表或视图的查询,它是最基本的查询语句。

#### 1. 选择表中的若干列

SELECT 语句包含了关系代数中的选择、投影、连接、笛卡尔积等运算。

选择表中的全部列或部分列,这就是关系代数的投影运算。在很多情况下,用户只需要表中的一部分属性列,于是便可以在 SELECT 子句的<目标列表达式>中指定要查询的属性列。

若要查询表中所有的列,则可以在 SELECT 关键字后面列出所有列名;若列的显示顺序和表中的顺序相同,则也可以简单地将<目标列表达式>指定为 *。

此外,用户还可以通过指定别名来改变查询结果的列标题,这对于含算术表达式、常量、函数名的目标列表达式非常有用。

(1)查询指定列

假设有如下三个表:

表 S

| Sno | Sname | Ssex | Sage | Sclass |
|---|---|---|---|---|
| 2007111001 | 张宇 | M | 20 | CS0701 |
| 2007111002 | 赵娜 | F | 19 | CS0701 |
| 2007111121 | 王昕 | F | 21 | SE0601 |
| 2006111121 | 李伟 | M | 20 | SE0601 |
| 2009111001 | 张莉 | F | 18 | MA0901 |
| 2009112001 | 李彤 | F | 19 | MA0901 |

表 SC

| Sno | Cno | Grade |
|---|---|---|
| 2007111001 | 03 | 64 |
| 2007111001 | 05 | 81 |
| 2007111001 | 06 | 72 |
| 2006111121 | 02 | 92 |
| 2006111121 | 03 | 85 |
| 2006111121 | 04 | 87 |
| 2006111121 | 05 | 95 |
| 2009112001 | 01 | 79 |
| 2009112001 | 02 | 86 |

表 C

| Cno | Cname | Cpno | Ccredit |
|---|---|---|---|
| 01 | 高等数学 | | 6 |
| 02 | 程序设计基础 | 01 | 6 |
| 03 | 数据结构 | 02 | 6 |
| 04 | 计算机原理 | | 4 |
| 05 | 数据库原理 | 03 | 3 |
| 06 | OO 程序设计 | 01 | 4 |
| 07 | 操作系统 | 03 | 4 |
| 08 | 计算机网络 | 07 | 3 |

例如,查询所有课程的编号和名称。

SELECT Cno,Cname

FROM C；

即为根据应用的需要改变列的显示顺序。

（2）查询全部列

例如，查询所有课程的详细信息。

SELECT ＊

FROM C；

（3）查询经过计算的值

例如，查询全体学生的姓名和出生年份。

SELECT Sname，2011-Sage

FROM S；

其结果为：

| Sname | 2011-Sage |
|---|---|
| 张宇 | 1991 |
| 赵娜 | 1992 |
| 王昕 | 1990 |
| 李伟 | 1991 |
| 张莉 | 1993 |
| 李彤 | 1992 |

<目标列表达式>还可以是字符串常量、函数等，而且可以通过指定别名来改变查询结果的列标题。

2. 选择表中的若干元组

（1）消除取值重复的行

两个本来并不完全相同的元组，投影到指定的某些列上后，可能变成相同的行了。例如：

查询选修了课程的学生学号，因为某个学生选择了若干门课，因此他的学号会重复出现，如果想去掉结果表中的重复行，就必须指定 DISTINCT 短语。

例如，查询选修了课程的学生学号。

SELECT DISTINCT Sno

FROM SC；

若未指定 DISTINCT 短语，则缺省为 ALL，即保留结果表中取值重复的行。

（2）查询满足条件的元组

查询满足指定条件的元组可以通过 WHERE 子句来实现。

①比较大小。

例如，查询全体男生的名单。

SELECT Sname

FROM S

WHERE Ssex＝'M';

②确定范围。

例如,查询所有年龄在 20～22 岁(包括 20 岁和 22 岁)的学生姓名及其年龄。

SELECT Sname,Sage

FROM S

WHERE Sage BETWEEN 20 AND 22;

③确定集合。

例如,查询除了数据结构、计算机原理、数据库原理以外的课程编号和课程名。

SELECT Cno,Cname

FROM C

WHERE Cname NOT IN('数据结构','计算机原理','数据库原理');

④字符匹配。

谓词 LIKE 可以用来进行字符串的匹配,其格式为:

[NOT]LIKE'＜匹配串＞'[ESCAPE'＜换码字符＞']

其含义是查找指定的属性列值与＜匹配串＞相匹配的元组。＜匹配串＞可以为完整的字符串,也可以含有通配符％和＿。其中:％(百分号)代表任意长度(长度可以为 O)的字符串;＿代表任意单个字符。例如,a％b 表示以 a 开头,以 b 结尾的任意长度的字符串,asb、db、fegb 均满足该匹配串;a＿b 表示以 a 开头,以 b 结尾的长度为 3 的任意字符串,acb、asb、azb 满足该匹配串,而 asdb、aegb 不满足该匹配串。

例如,查询姓名中第二个字为"伟"的学生的姓名和学号。

SELECT Sname,Sno

FROM S

WHERE Sname LIKE'＿伟％';

⑤涉及空值的查询。

例如,某些学生选修课程后没有参加考试,所以有选课记录,但没有考试成绩。查询有成绩的学生的学号和相应的课程号、成绩。

SELECT ＊

FROM  SC

WHERE GRADE IS NOT NULL;

⑥多重条件。

例如,查询所有年龄在 20 岁以上(包括 20 岁)的女学生姓名及其年龄。

SELECT Sname. Sage FROM S WHERE Sage＜＝20 AND Ssex＝'F';;

### 3. 对查询结果排序

例如,查询选修了 03 号课程的学生的选课记录,查询结果按分数的降序排列。

SELECT *

FROM SC

WHERE Cno＝'03'

ORDER BY Grade DESC;

### 4. 对查询结果分组

GROUP BY 子句可以将查询结果表的各行按一列或多列取值相等的原则进行分组。

对查询结果分组的目的是细化集函数的作用对象。如果未对查询结果分组，集函数将作用于整个查询结果，即整个查询结果只有一个函数值。否则，如果对查询结果分组，集函数将作用于每一个组，即每一组都有一个函数值。

例如，查询学生选修课程超过 3 人的课程编号。

SELECT Cno
FROM SC
GROUP BY Cno
HAVING COUNT( * )>=3；

注意：WHERE 与 HAVING 有区别，它们的作用对象不同。WHERE 作用于基本表或视图，从中选择满足条件的元组；HAVING 作用于组，从中选择满足条件的组。

### 6.3.3 连接查询

连接查询是指一个查询同时涉及两个以上的表。连接查询实际上是关系数据库中最主要的查询，主要包括等值连接、非等值连接、自然连接、自身连接、外连接和复合条件连接查询。

用来连接两个表的条件称为连接条件或连接谓词，其一般格式为：

[<表名 1>. ]<列名 1><比较运算符>[<表名 2>. ]<列名 2>

其中，比较运算符（也称为连接运算符）有 =、<、>、<=、>=、! =或<>。连接条件中的列名称为连接字段。连接条件中，连接字段类型必须是可比的，但不一定是相同的。

连接查询中的连接条件通过 WHERE 子句表达。在 WHERE 子句中，有时既有连接条件又有元组选择条件，这时它们之间用 AND（与）操作符衔接，且一般应将连接条件放在前面。

而 DBMS 的执行连接查询的过程如下：

首先，在<表名 1>中找到第一个（满足元组选择条件的）元组，然后从头开始顺序扫描或按索引扫描<表名 2>，查找满足连接条件的元组，每找到一个元组，就将<表名 1>中的第一个（满足元组选择条件的）元组与该元组按照 SELECT 子句的要求拼接起来，形成结果集中的一个元组。当<表名 2>全部扫描完毕后，再到<表名 1>中找第二个（满足元组选择条件的）元组，然后再从头开始顺序扫描或按索引扫描<表名 2>，查找满足连接条件的元组，每找到一个元组，就将<表名 1>中的第二个（满足元组选择条件的）元组与该元组按照 SELECT 子句的要求拼接起来，形成结果集中的一个元组。重复上述操作，直到<表名 1>中的全部元组都处理完毕（或没有满足元组选择条件的元组）为止。

### 1. 等值与非等值连接查询

（1）等值连接查询

所谓等值连接是指按对应列相等的值将一个表中的行与另一个表中的行连接起来，其中，整个连接表达式就是连接条件。连接条件中的字段成为连接字段。两个连接字段不一定要同名，但连接条件运算符前后表达的意义应该一致，连接字段的数据类型必须是可比的。

需要注意的是，在多表查询中，为防止歧义性，在字段名前加上表名或表的别名作为前缀，以示区别。如果字段名确定是唯一的,则不必加前缀。另外也可以使用别名以节省输入。

(2)非等值连接查询

将等值连接查询中的=连接条件运算符改为>、<、>=、<=和!=其中之一时,该连接就会变成非等值连接。

例如,查询每个学生及其选修课程的情况。

SELECT S. * ,SC. *

FROM S,SC

WHERE S. Sno=SC. Sno;

该查询的执行结果为:

| S. Sno | Sname | Ssex | Sage | Sclass | SC. Sno | Cno | Grade |
|--------|-------|------|------|--------|---------|-----|-------|
| 2007111001 | 张宇 | M | 20 | CS0701 | 2007111001 | 3 | 64 |
| 2007111001 | 张宇 | M | 20 | CS0701 | 2007111001 | 5 | 81 |
| 2007111001 | 张宇 | M | 20 | CS0701 | 2007111001 | 6 | 72 |
| 2006111121 | 王昕 | F | 21 | SE0601 | 2006111121 | 2 | 92 |
| 2006111121 | 王昕 | F | 21 | SE0601 | 2006111121 | 3 | 85 |
| 2006111121 | 王昕 | F | 21 | SE0601 | 2006111121 | 5 | 87 |
| 2006111121 | 王昕 | F | 21 | SE0601 | 2006111121 | 5 | 95 |
| 2009112001 | 李彤 | F | 19 | MA0901 | 2009112001 | 1 | 79 |
| 2009112001 | 李彤 | F | 19 | MA0901 | 2009112D01 | 2 | 86 |

连接运算有两种特殊情况:广义笛卡儿积连接和自然连接。

两个表的广义笛卡儿积连接为两表中元组的交叉乘积,结果会产生一些没有意义的元组,实际很少使用。若在等值连接中把目标列中重复的属性列去掉则为自然连接。上例可用自然连接完成如下:

SELECT S. Sno,Sname,Ssex,Sage r Sclass,Cno,Grade

FROM S,SC

WHERE S. Sno=SC. Sno;

### 2. 自身连接查询

连接查询可以在两个基本表之间进行,同时也可以在一张基本表内部进行,即基本表与自己连接操作,通常将这种基本表自身的连接操作称为自身连接。

例如,查询每一门课的间接先行课(即先行课的先行课)。

为 C 表取两个别名,FIRST、SECOND,完成该查询的 SQL 语句为:

SELECT FIRST. Cno,SECOND. Cpno

FROM C FIRST. C SECOND

WHERE FIRST. Cpno=SECOND. Cno AND SECOND. CPno IS NOT NULL;

该查询的执行结果为:

| Cno | Cpno |
|-----|------|
| 03 | 01 |
| 05 | 02 |
| 07 | 02 |
| 08 | 03 |

DBMS 在进行自身连接查询操作时,先按照课程基本表的别名形成两个独立的基本表 First 和 Second,然后再进行自身连接操作。

**3. 外连接查询**

在查询结果集中都是符合连接条件的元组,而没有不满足连接条件的元组,这种连接称为内连接查询。如果希望能在查询结果集中保留那些不满足连接条件的元组,可以进行外部连接查询操作。

SQL 的外部连接查询分左外部连接查询和右外部连接查询两种,分别使用连接运算符。左外部连接查询的结果集中将保留连接条件中左边基本表的所有行以及左边基本表中在连接条件中右边基本表中没有匹配值的所有元组。右外部连接查询的执行过程与左外部连接查询相似。

例如,有教师表和职务表如下所示,

教师表:

| 教师号 | 姓名 | 所属大学 | 职称 |
|--------|------|----------|------|
| 00325 | 吴亮 | 北京大学 | 教授 |
| 00119 | 周灵灵 | 首都师范 | 教授 |
| 00125 | 林沈 | 首都师范 | 副教授 |
| 00894 | 卫宏 | 清华大学 | 讲师 |

职务表:

| 编号 | 姓名 | 职务 |
|------|------|------|
| 1043 | 吴亮 | 主任 |
| 2042 | 周灵灵 | 副局长 |
| 2057 | 常在春 | 市长 |
| 1186 | 章寿齐 | 科委主任 |

如果执行语句:

SELECT * FROM 教师表 FULL OUTER JOIN 职务表;

则该运算的结果包括三种类型的元组:

①元组描述的是既是教师又兼有职务的人,该种元组中的所有属性的取值都来自教师与任职元组的相应连接属性值。这些元组的集合也就是这两个关系的自然连接的结果集。

②元组描述的是未兼职的教师。这些元组是那些在教师表的所有属性上有对应值,而只属于职务表的编号,职务属性的对应值为 NULL。

③元组描述非教师的任职人员。这些元组是那些在职务的所有属性上有对应值,而只属于教师表的教师号,所属大学,职称属性的对应值为 NULL。

有关自然完全外连接执行的结果如下所示:

| 姓名 | 教师号 | 所属大学 | 职称 | 编号 | 职务 |
|------|--------|----------|------|------|------|
| 吴亮 | 00325 | 北京大学 | 教授 | 1043 | 主任 |
| 周灵灵 | 00119 | 首都师范 | 教授 | 2042 | 副局长 |
| 林沈 | 00125 | 首都师范 | 副教授 | NULL | NULL |
| 卫宏 | 00894 | 清华大学 | 讲师 | NULL | NULL |
| 常在春 | NULL | NULL | NULL | 2057 | 市长 |
| 章寿齐 | NULL | NULL | NULL | 1186 | 科委主任 |

**4. 复合条件连接查询**

以上各个连接查询中,WHERE 子句中只有一个条件,即连接谓词。WHERE 子句中可以有多个连接条件,称为复合条件连接。

连接操作除了可以是两表连接,一个表和其自身连接外,还可以是两个以上的表进行连接,后者通常称为多表连接。

例如,查询每个学生的学号、姓名、选修的课程及成绩。

SELECT S. Sno,Sname,Cname,Grade

FROM S,SC,C

WHERE S. Sno＝SC. Sno AND SC. Cno＝C. Cno;

此外,还有无条件查询,所谓无条件查询是指两个基本表没有联接条件的联接查询,即两个基本表中的元组做交叉乘积,其中一个基本表的每一个元组都要与另一个基本表中的每一个元组进行拼接。无条件查询又称为笛卡儿积,是联接运算中的特殊情况。一般情况下,无条件查询是没有实际意义的。它只是便于人们理解联接查询各种类型和联接查询过程的一种最基本的查询形式。

### 6.3.4　嵌套查询

在 SQL 语言中,一个 SELECT-FROM-WHERE 语句称为一个查询块。将一个查询块嵌套在另一个查询块的 WHERE 子句或 HAVING 短语条件中的查询称为嵌套查询(nested query)。

SQL 允许多层嵌套查询,即一个子查询中还可以嵌套其他子查询。通常,会将上层的查询块称为外层查询或父查询,下层查询块称为内层查询或子查询。

嵌套查询一般的执行顺序是由里向外或由下层向上层进行处理。即先执行子查询再执行父查询,子查询的结果集用于建立其父查询的查找条件。在嵌套查询中,子查询的结果往往是一个集合。

嵌套查询使得用户可以通过使用多个简单查询构成的复杂的查询,从而增强 SQL 的查询能力,通过层层嵌套的方式来构造程序也正是 SQL 中"结构化"的含义所在。

1. 带有 IN 谓词的子查询

带有 IN 谓词的子查询是指父查询与子查询之间用 IN 进行连接,判断某个属性列值是否在子查询的结果中。由于在嵌套查询中,子查询的结果往往是一个集合,所以谓词 IN 是嵌套查询中最经常使用的谓词。

例如,查询以"程序设计基础"为先行课的课程。

分步查询:

①确定"程序设计基础"的课程编号。

SELECT Cno

FROM C

WHERE Cna. me＝'程序设计基础';

结果为:'02'

②查找所有以'02'为先行课的课程。

SELECT ＊

FROM C

WHERE Cpno＝'02';

使用 lN 的嵌套查询:

SELECT"

FROM C

WHERE Cpno IN

(SELECT Cno

FROM C

WHERE Cname＝'程序设计基础');

DBMS 求解嵌套时也是分步执行的,类似于分步查询,即首先确定"程序设计基础"的课程编号,然后求解父查询,查找所有以'03'为先行课的课程。

结果为:

| Cno | Cname | Cpno | Ccredit |
|---|---|---|---|
| 03 | 数据结构 | 02 | 6 |

上述例题中各个子查询都只执行一次,其结果用于父查询。子查询的查询条件不依赖于父查询,这类子查询称为不相关子查询。不相关子查询是最简单的一类子查询。

2. 带有谓词 ANY 或 ALL 的嵌套查询

谓词 ANY 和 ALL 的一般格式为:

<比较运算符>ANY 或 ALL<子查询>

子查询返回单值时可以用比较运算符,但返回多值时要用 ANY(有的系统用 SOME)或

ALL 谓词修饰符。将＜比较运算符＞与谓词 ANY 或 ALL 一起使用,可以表达值与查询结果中的一些或所有的值之间的比较关系。而使用谓词 ANY 或 ALL 时必须与比较符配合使用。ANY 和 ALL 与比较符结合后的语义如下:

- ＞ANY　　大于子查询结果中的某个值,即大于查询结果中的最小值。
- ＞ALL　　大于子查询结果中的所有值,即大于查询结果中的最大值。
- ＜ANY　　小于子查询结果中的某个值,即小于查询结果中的最大值
- ＜ALL　　小于子查询结果中的所有值,即小于查询结果中的最小值。
- ＞＝ANY　大于等于子查询结果中的某个值,即表示大于等于查询结果中的最小值。
- ＞＝ALL　大于等于子查询结果中的所有值,即表示大于等于查询结果中的最大值。
- ＜＝ANY　小于等于子查询结果中的某个值,即表示大于等于查询结果中的最大值。
- ＜＝ALL　小于等于子查询结果中的所有值,即表示大于等于查询结果中的最小值。
- ＝ANY　　等于子查询结果中的某个值。
- ＝ALL　　等于子查询结果中的所有值(通常没有实际意义)。
- ！＝(或＜＞)ANY　不等于子查询结果中的某个值。
- ！＝(或＜＞)ALL　不等于子查询结果中的任何一个值。

有时聚集函数实现子查询通常比直接用 ANY 或 ALL 查询效率要高。具体的聚集函数与 ANY、ALL 的对应关系见表 6-8 所示。

表 6-8　ANY(或 SOME),ALL 谓词与聚焦函数、IN 谓词的等价转换关系

| | ＝ | ＜＞或！＝ | ＜ | ＜＝ | ＞ | ＞＝ |
|---|---|---|---|---|---|---|
| ANY | IN | — | ＜MAX | ＜＝MAX | ＞MIN | ＞＝MIN |
| ALL | — | NOT IN | ＜MIN | ＜＝MIN | ＞MAX | ＞＝MAX |

从上表可知,＝ANY 等价于 IN 谓词,＜ANY 等价于＜MAX,＜＞ALL 等价于 NOT IN 谓词,＜ALL 等价于＜MIN,等。

### 3. 带有 EXISTS 谓词的查询

谓词 EXISTS 的格式为:

EXISTS ＜子查询＞

带有 EXISTS 谓词的子查询不返回任何数据,主要用于判断子查询结果是否存在,只产生逻辑真值"true"或逻辑假值"false"。当子查询结果集非空,即至少有一个元组时,会返回逻辑真值"true",结果集为空时返回逻辑假值"false"。

例如,查询所有选修了 1 号课程的学生姓名。

SELECT Sname

FROM Student

WHERE EXISTS

(SELECT ＊

FROM SC WHERE Sno＝Student. Sno AND Cno＝'1')

使用存在量词 EXISTS 后,若内层查询结果非空,则外层的 WHERE 子句返回真值,否则返

回假值。由 EXISTS 引出的子查询,其目标列表达式通常都用 ∗ ,因为带 EXISTS 的子查询只返回真值或假值,给出列名无实际意义。

与 EXISTS 谓词行对应的是谓词 NOT EXISTS,在使用谓词 NOT EXISTS 后,若内层查询结果集为空,则外层的 WHERE 子句返回真值,否则返回假值。

某些带 EXISTS 或 NOT EXISTS 谓词的子查询不能被其他形式的子查询等价替换,但所有带 IN 谓词、比较运算符、ANY 和 ALL 谓词的子查询都能用带 EXISTS 谓词的子查询等价替换。

由于带 EXISTS 量词的相关子查询只关心内层查询是否有返回值,并不需要查具体值,因此其效率并不一定低于不相关子查询。

### 6.3.5 集合查询

SELECT 语句查询结果的是元组的集合,因此需要对多个 SELECT 语句的结果可进行集合操作。集合操作主要包括并操作 UNION、交操作 INTERSECT 和差操作 EXCEPT。注意,参加集合操作的各查询结果的列数必须相同;对应项的数据类型也必须相同。

1. 并操作 UNION

并操作 UNION 的格式:

＜查询块＞

UNION [ALL]

＜查询块＞

值得注意的是,参加 UNION 操作的各结果表的列数必须相同;对应项的数据类型也必须相同;使用 UNION 讲行多个查询结果的合并时,系统自动去掉重复的元组;UNION ALL 用于将多个查询结果合并起来时,保留重复元组。

例如,查询计科 0701 班的学生及年龄小于 20 岁的学生。

```
SELECT *
FROM S
WHERE Sclass= 'CS0701'
UNION
SELECT *
FROM S
WHERE Sage<20;
```

使用 UNION 将多个查询结果合并起来时,系统会自动去掉重复元组。

2. 交操作 INTERSECT

标准 SQL 中没有提供集合交操作,但可用其他方法间接实现。商用系统中提供的交操作,形式同并操作:

＜查询块＞

INTERSECT

＜查询块＞

其中,参加交操作的各结果表的列数必须相同;对应项的数据类型也必须相同。

例如,查询选修课程 03 的学生集合与选修课程 05 的学生集合的交集。

SELECT Sno

FROM SC

WHERE Cno＝'03'

INTERSECT

SELECT Sno

FROM SC

WHERE Cno＝'05';

### 3. 差操作 EXCEPT

标准 SQL 中没有提供集合差操作,但可用其他方法间接实现。商用系统中提供的差操作,形式同并操作:

&lt;查询块&gt; 　　　　&lt;查询块&gt;

MINUS 　或　 EXCEPT

&lt;查询块&gt; 　　　　&lt;查询块&gt;

要求参加差操作的各结果表的列数必须相同;对应项的数据类型也必须相同。

需要注意的是,对集合操作结果排序时,ORDER BY 子句中用数字指定排序属性,且 ORDER BY 子句只能用于对最终查询结果排序,不能对中间结果排序,在任何情况下,ORDER BY 子句只能出现在最后。

例如,查询计科 0701 班的学生与年龄小于 20 岁的学生的差集。

本查询换种说法就是,查询计科 0701 班中年龄大于 20 岁(含 20 岁)的学生。

SELECT ＊

FROM S

WHERE Sclass＝'CS0701'

AND Sage＞20;

## 6.4　SQL 的数据操纵

数据操纵是指对已经存在的数据库进行记录的插入、删除和修改的操作。SQL 数据操纵功能包括对基本表和视图的操纵。SQL 提供三个语句来改变数据库的记录行,即 INSERT、UPDATE和DELETE。

### 6.4.1　插入(INSERT)数据

SQL 的数据插入语句 INSERT 通常有两种形式。一种是插入一个元组,另一种是插入子查询结果。后者可以一次插入多个元组。

#### 1. 插入单个元组

一次向基本表中插入一个元组,将一个新元组插入指定的基本表中,可使用 INSERT 语句其格式:

INSERT INTO＜表名＞[(＜列名1＞[,＜列名2＞,…])]

VALUES([＜常量1＞[,＜常量2＞,…]]);

①INTO子句中的＜列名1＞[,＜列名2＞,…]指出在基本表中插入新值的列,VALUES子句中的＜常量1＞[,＜常量2＞,…]指出在基本表中插入新值的列的具体值。

②INTO子句中没有出现的列,新插入的元组在这些列上取空值。

③如果省略INTO子句中的＜列名1＞[,＜列名2＞,…],则新插入元组的每一列必须在VALUES子句中均有值对应。

④VALUES子句中各常量的数据类型必须与INTO子句中所对应列的数据类型兼容,VALUES子句中常量的数量必须匹配INTO子句中的列数。

⑤如果在基本表中存在定义为NOT NULL的列,则该列的值必须要出现在VALUES子句中的常量列表中,否则会出现错误。

⑥这种插入数据的方法一次只能向基本表中插入一行数据,并且每次插入数据时都必须输入基本表的名字以及要插入的列的数值。

例如,插入一条选课记录。

INSERT

INTO SC(Sno,Cno)

VALUES('2007111001','09')

### 2. 插入多个元组

在SQL中,子查询可以嵌套在INSERT语句中,将查询出的结果,代替VALUE子句,一次向基本表中插入多个元组。其对应的语法格式:

INSERT INTO＜表名＞[(＜列名1＞[,＜列名2＞,…])]

＜子查询＞;

具体过程是:SQL先处理＜子查询＞,得到查询结果,再将结果插入到＜表名＞所指的基本表中。＜子查询＞结果集合中的列数、列序和数据类型必须与＜表名＞所指的基本表中相应各项匹配或兼容。

例如,对每一个班,求学生的平均年龄,并把结果存入数据库。

①首先建立一新表Classage。

CREATE TABLE Classage(

Sclass CHAR(15),

Avgage SMALLINT);

②按班分组求出平均年龄,再将系名和平均年龄插入新表Deptage。

INSERT INTO Classage(Sclass,Avgage)

SELECT Sclass,AVG(Sage)FROM S

GROUP BY Sclass;

### 6.4.2 更新(UPDATA)数据

SQL中修改数据的语句为UPDATE,可以修改存在于基本表中的数据。在数据库中,UPDATE通常在某一时刻只能更新一个基本表,但是可以同时更新一个基本表中的多个列。在一个 UPDATE 语句中,可以根据需要更新基本表中的一行数据,也可以更新多行数据。

其语句格式为:

UPDATE<表名>

SET<列名>=<表达式>[,<列名>=<表达式>][,…n]

[WHERE<条件>];

其中,<表名>指出要修改数据的基本表的名字,而 SET 子句用于指定修改方法,用<表达式>的值取代相应<列名>的列值,且一次可以修改多个列的列值。WHERE 子句指出基本表中需要修改数据的元组应满足的条件,如果省略 WHERE 子句,则修改基本表中的全部元组。也可在 WHERE 子句中嵌入子查询。

(1)更新某一个元组

例如,将学生 2007111001 的年龄改为 22 岁。

UPDATE S

SET Sage=22

WHERE Sno='2007111001';

(2)更新多个元组

例如,将所有学生的年龄增加 1 岁。

UPDATE S

SET Sage=Sage+1;

(3)带子查询的修改语句

子查询也可以嵌套在 UPDATE 语句中,用以构造修改的条件。

例如,将计科 0701 班全体学生的成绩置零。

UPDATE SC

SET Grade=0

WHERE Sno in(

Select SC. Sno from SC. S

WHERE SC. Sno=S. Sno AND Sclass='CS0701');

### 6.4.3　删除(DELETE)数据

现代社会信息快速更新,数据库中的部分数据可能很快就失去应用和保存价值,应将其从数据库的基本表中及时删除,以节省存储空间和优化数据。在 SQL 中使用 DELETE 语句进行数据删除。

语句格式:

DELETE FROM<表名>[WHERE<条件>];

通过上面的语句可以删除指定表中满足 WHERE 子句条件的所有元组。需要注意的是:DELETE 语句删除的是基本表中的数据,而不是表的定义。省略 WHERE 子句,表示删除基本表中的全部元组。在 WHERE 子句中也可以嵌入子查询。数据一旦被删除将无法恢复,除非事先有备份。

(1)删除某个元组的值

例如,删除课程号为'02'的课程记录。

DELETE

FROM C

WHERE Cno='02':

(2)删除多个元组的值

例如,删除所有选课记录。

DELETE

FROM SC;

(3)带子查询的删除语句

子查询同样也可以嵌套在 DELETE 语句中,用以构造执行删除操作的条件。

例如,删除所有课程名称为"计算机图形学"的选课记录。

DELETE FROM SC

WHERE Cno IN

(SELECT SC,Cno

FROM C,SC

WHERE Cname='计算机图形学'AND SC. Cno=C. Cno

);

(4)更新操作与数据库的一致性

增删改操作只能对一个表操作,这会带来一些问题。例如,学生 2007111001 被删除后一有关其选课信息也应同时删除。

①删除学生 2007111001。

DELETE

FROM S

WHERE Sno:'2007111001';

②删除学生 2007111001 的选课记录。

DELETE

FROM SC

WNERE Sno='2007111001';

# 第7章 窗体与报表设计

## 7.1 窗体与报表概述

### 7.1.1 窗体

一个数据库应用系统不仅要设计合理,而且还应该有一个功能完善、外观漂亮的用户接口(也称为用户界面)。对用户来说,只有靠这些接口才能使用数据库系统。窗体就是用户和数据库之间的接口,是创建应用程序的最基本的对象。窗体是在可视化程序设计中经常提及的概念,在 Access 应用程序中,用户对数据库的任何操作大部分都是通过窗体来实现的。可见,窗体设计的好坏直接关系到 Access 应用程序的友好性和可操作性。

从不同角度可将窗体分成不同的类型。从功能上可分为提示性窗体、控制性窗体和数据性窗体,提示性窗体给出提示帮助信息,控制性窗体包含按钮和菜单以完成控制转换功能,数据性窗体用于数据的输入或查询;从逻辑上可分为主窗体和子窗体;同报表类似,从数据显示方式上可分为数据表、纵栏式、表格式、图表式、数据透视表等。图 7-1 为"新建窗体"对话框。

图 7-1 "新建窗体"对话框

数据表窗体显示数据表的最原始风格,常通过"主窗体/子窗体"的形式,来显示具有一对多关系的两个表的数据;纵栏式窗体通常用于输入数据,字段纵向排列;表格式窗体将每条记录的字段横向排列,字段标签放在窗体顶部,即窗体页眉处;图表窗体将数据以图表的形式显示,可嵌入到其他窗体中;数据透视表是一种交互式的动态表。

1. 窗体的功能

窗体是 Access 2003 的对象之一,是数据库应用中的一个重要工具,是用户和 Access 2003 应用程序之间的重要接口。窗体的主要功能是显示和处理数据,实现人机交互,如输入、修改和删除数据库中的数据等。

窗体的功能特色表现为以下几个方面。

(1)浏览、编辑数据

在窗体中可显示多个表的数据,窗体中有一组控件,利用这组控件可以添加、删除、修改等信息。与查询和报表相比,窗体中数据显示的视觉效果更加友好。

(2)输入、显示数据

利用控件可以在窗体的信息和窗体的数据来源之间建立链接。窗体可以作为向数据库中输入数据的界面,使用窗体控件可提高数据输入的效率和准确度。

(3)控制应用程序流程

和 Visual Basic 的窗体一样,可以利用 VBA 编写代码,与函数和过程结合完成一定的功能。如捕捉错误信息等。

(4)显示信息

窗体中的信息一方面来源于设计窗体时,由设计者在窗体上附加的一些信息。在窗体中可显示一些警告和解释信息。例如,在设计窗体时加入一些说明性的文本。

(5)打印数据

虽然数据打印并不是窗体的主要功能,但也可以用来完成数据库中的数据打印功能。

2. 窗体的构成

窗体通常由窗体页眉、窗体页脚、页面页眉、页面页脚和主体五部分构成,每一部分称为窗体的"节",除"主体节"之外,其他节可以通过设置确定显示与否,所有的窗体主体节是必须的。图 7-2 为窗体结构图。

窗体页眉:位于窗体的顶部位置,一般用于显示窗体标题、窗体使用说明或放置窗体任务按钮等。

页面页眉:只显示在应用于打印的窗体上,用于设置窗体在打印时的页头信息,例如,标题、图像、列标题、用户要在每一打印页上方显示的内容。

主体:是窗体的主要部分,绝大多数的控件及信息都出现在主体节中,通常用来显示记录数据,是数据库系统数据处理的主要工作界面。

页面页脚:用于设置窗体在打印时的页脚信息,例如,日期、页码、用户要在每一打印页下方显示的内容。由于窗体设计主要应用于系统与用户的交互接口,通常在窗体设计时很少考虑页面页眉和页面页脚的设计。

窗体页脚:功能与窗体页眉基本相同,位于窗体底部,一般用于显示对记录的操作说明、设置命令按钮。

注意:窗体在结构上由以上五部分组成,在设计时主要使用标签、文本框、组合框、列表框、命令按钮、复选框、切换与选项按钮、选项卡、图像等控件对象,以设计出面向不同应用与功能的窗体。

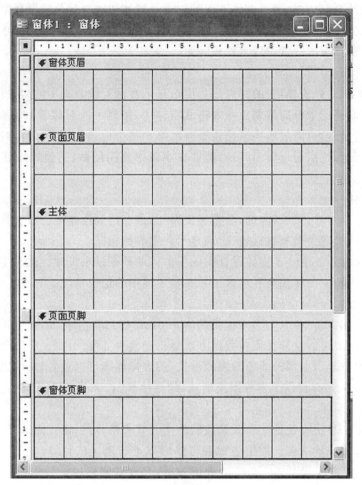

图 7-2　窗体结构图

3. 窗体的类型

窗体的分类方法有多种,从逻辑上可分为主窗体和子窗体,子窗体是作为主窗体的一个组成部分存在的,显示时可以把子窗体嵌入到指定位置,子窗体对于显示具有一对多关系的表或查询中的数据非常有效;从功能上可分为输入/输出窗体、切换面板窗体和自定义对话框,输入/输出窗体主要用于显示、输入和输出数据,切换面板窗体用来控制应用程序的流程,自定义对话框则用于显示选择操作或者错误、警告等信息;从显示数据方式上又可分为纵栏式、表格式、数据表、数据透视表、数据透视图和图表等多种不同的窗体形式。另外,依据窗体的其他性质也可对窗体作出另类划分:根据窗体是否与数据源连接可以分为绑定窗体和未绑定窗体,绑定窗体与数据源连接,未绑定窗体不与数据源连接。

在此重点介绍纵栏式、表格式、数据表和图表等这几种窗体的表现形式。

(1)纵栏式窗体

纵栏式窗体是最基本的窗体形式,一次只显示数据表或查询的一条记录,记录中的每个字段纵向排列在窗体中,字段的标题一般都放在字段的左边。在这种窗体界面中,用户可以完整地查看、维护一条记录的全部数据,通过窗体下面的记录导航按钮查看其他记录数据。

纵栏式窗体比较适合用于图书卡片、人事卡片等数据的输入和浏览。它可以占用一个或多个屏幕页,字段在窗体中的放置位置也比较随意。

(2)表格式窗体

表格式窗体类似一张表格,它的特点是一屏可显示数据表或查询中的多条记录,每一条记录的字段横向排列,而将记录纵向排列。在表格式窗体中,虽然一次可以看到多条记录,但一条记录不可以分成多行显示,可通过水平滚动条查看和维护整个记录(当字段较多时),通过垂直滚动条查看和维护所有记录(当记录较多时)。能够在字段中使用阴影、三维效果等特殊修饰以及下拉式字段控制功能。

(3)数据表窗体

数据表窗体就是将表(或查询)的"数据表视图"结果套用到窗体上。数据表窗体以紧凑的方式显示多条记录,从外观上看和数据表、查询显示数据界面相同。

数据表窗体通常用于主—子窗体设计中的子窗体的数据显示设计。此时主窗体用于显示主数据表中的一条记录,子窗体用来显示该记录在相关表中的记录情况。

(4)图表窗体

图表窗体是利用 Microsoft Office 提供的 Microsoft Graph 程序,以更直观的图形和图表方式显示数据表和查询结果,这样在比较数据方面显得更直观方便。

图表窗体将数据表示成多种商业图表的形式,图表窗体既可以独立,又可以被嵌入到其他窗体中作为子窗体。Access 提供了多种图表形式,包括柱形图、饼图、折线图等。

(5)数据透视表窗体

数据透视表是一种用于快速汇总大量数据的交互式表格,可以设置筛选条件,实现字段的求和、计数、汇总等计算统计功能。数据透视表窗体可以进行选定的计算,它是 Access 2003 在指定表或查询基础上产生一个导入 Excel 的分析表格,允许对表格中的数据进行一些扩展和其他的操作。

数据透视表的最大优点就在于它的交互性。通过拖动字段操作,可以重新改变行字段、列字段、筛选条件字段和页字段,即可以动态改变版面的布局,数据透视表会按照新的布置重新计算数据。如果原始数据发生改变,数据透视表也会随之变化。

(6)数据透视图窗体

数据透视图可以用更加直观的图表形式来展示汇总数据。其功能与操作方法均与数据透视表类似。

4. 窗体视图

在 Access 2003 中,窗体有五种视图:设计视图、窗体视图、数据表视图、数据透视表视图和数据透视图视图。不同视图的窗体以不同的布局形式来显示数据源,并且以上五种视图可以使用工具栏上的"视图"按钮 ▦ ▾ 方便的进行相互切换。

①设计视图。可以用来设计、编辑窗体。

②窗体视图。可以显示窗体的设计效果,主要用于添加或修改表中数据,通常每次只能查看一条记录。

③数据表视图。用原始的数据表的风格显示数据,与表的数据表视图几乎完全相同,可以一

次浏览多条记录。

④数据透视表视图。用来以表格模式动态地显示数据统计结果,将字段值作为透视表的行或列。

⑤数据透视图视图。用来以图形模式动态地显示数据统计结果,更加直观。

### 7.1.2　报表

报表是 Access 2003 数据库的对象之一,其主要作用是比较和汇总数据。报表可以对记录排序和分组,但不能添加、删除或修改数据库中的数据。也就是说,有了报表,用户就可以控制数据摘要,获取数据汇总,并以所需的任意顺序排序信息,并将它们打印出来。

#### 1. 报表的作用

报表是以打印的格式表现用户数据的一种有效方式。建立"报表"有助于以纸张的形式保存或输出信息。报表中的大多数信息来自基础表、查询或 SQL 语句(它们是报表数据的来源)。不过,报表只能查看数据,而不能通过报表修改或输入数据,这是它与窗体的区别。

作为 Access 2003 提供的一种对象,报表具有如下功能:

(1)处理数据

可以显示原始数据;可以对数据进行排序;可以对数据进行分组,并在分组的基础上进行统计汇总;可以统计记录个数;可以对数值类型的数据进行求平均、求和、求方差、求最大、求最小等统计计算。

(2)对数据进行格式化

可以在报表中添加表头和注脚显示一些标识性的信息,可以对报表中的控件设置格式,如字体、字号、颜色、背景等,也可以使用剪贴画、图片等来修饰报表。

(3)设计图表式报表

可以设计图表式报表,利用图表和图形来帮助说明数据的含义。

报表的格式多种多样,可以包含子报表及图表数据,可以将数据表中的数据打印成标签、清单、购货单、发票和信封等,还可以在报表中嵌入图像或图片来丰富数据显示。

注意:在建立报表之前,必须安装打印机驱动程序,方法是:单击"开始"→"设置"→"打印机",在出现的"打印机"窗口中单击"添加打印机"就会出现安装打印机驱动程序的向导,按照向导就可以把打印机驱动程序安装好。

#### 2. 报表的构成

如图 7-3 所示,报表由如下几部分构成:

报表页眉:是整个报表的页眉,用来显示整个报表的标题、说明性文字、图形、制作时间或制作单位等,每个报表只有一个报表页眉。在报表页眉中,一般以大字体将报表的标题放在报表顶端的一个标签控件中,也可以在报表页眉中输入任意内容。一般来说,报表页眉主要用于封面。

页面页眉:用于显示报表每列的列标题,主要是字段名称或记录的分组名称。若把报表的标题放在页面页眉中,则该标题在每一页上都会显示或打印。

主体:报表的主体部分,用于打印表/查询中的记录数据。该节对每个记录而言都是重复的,数据源中的每一条记录都放置在主体节中。根据主体节内字段数据的显示位置,报表可以划分为多种类型。

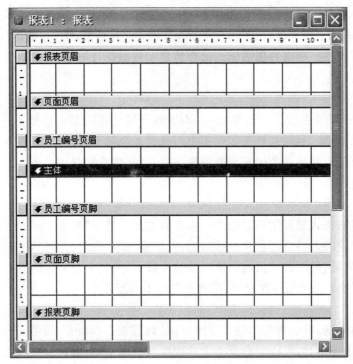

图 7-3　报表的组成区域

页面页脚：打印在报表每页的底部，可以通过页面页脚显示控制项的合计内容、页码等项目，数据显示安排在文本框和其他一些类型的控件中。

报表页脚：打印在整个报表的结束处，可以用它显示诸如报表总计等项目。报表页脚的数据是在所有的主体和组页脚被输出完成后才会打印在报表的最后面。

选择"视图"菜单中的"报表页眉/页脚"、"页面页眉/页脚"命令，可添加或删除对应的"节"，如图 7-4 所示。

图 7-4　"视图"菜单

若对报表数据进行分组,以实现报表的分组输出和分组统计,报表设计视图中会增加"组页眉/组页脚"。

组页眉:在分组报表中,要增加组页眉和组页脚两个专用"节",组页眉显示在新记录组开始的地方,可以利用组页眉来显示整个组的内容,例如,分组字段名称。

组页脚:组页脚节内主要安排文本框或其他类型的控件,用来显示分组统计等数据。要增加组页眉/页脚,可选择"视图"菜单中的"排序与分组"命令,然后选择一个字段或表达式,再将"组页眉"属性和"组页脚"属性设置为"是",如图 7-5 所示。

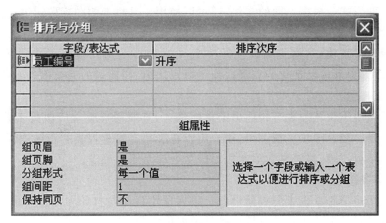

图 7-5　"排序与分组"命令窗口

组页眉和组页脚只能成对添加。如果要删除组页眉和组页脚,可以将其"可见性"属性设为"否",或者删除该节的所有控件,并将其"高度"属性设置为 0 或将其大小设置为零。

可以建立多层次的组页眉/页脚,但同时会使报表结构变得非常复杂,因而一般不划分出太多的层。

### 3. 报表的分类

Access 2003 的报表按照数据的显示方式可以分为 4 种类型,分别为纵栏式报表、表格式报表、图表报表和标签报表等,它们可以从不同的侧面反映数据的特点。现对它们一一进行阐述。

(1)纵栏式报表

纵栏式报表与纵栏式窗体相似,也称为窗体报表。纵栏式报表是数据表中的字段名与字段内容在报表的"主体节"区纵向排列的一种数据显示方式。

纵栏式报表每页显示的记录较少,适合记录较少、字段较多的情况。

(2)表格式报表

表格式报表与表格式窗体相似,是一种最常见的报表格式。表格式报表是数据表中的字段名以横向排列的一种数据显示方式。

表格式报表可以在一页上输出多条记录内容,适合记录较多、字段较少的情况。

(3)图表式报表

图表式报表与图表式窗体相似,它是指以图表格式显示报表中的数据或统计结果,类似电子表格软件 Excel 中的图表,图表可直观地展示数据之间的关系。

图表式报表适合综合、归纳、比较及进一步分析数据。

（4）标签式报表

标签式报表是一种特殊的报表格式，它是将每条记录中的数据按照标签的形式输出。

标签式报表的输出格式类似制作的各个标签，所以可以利用标签报表从某个数据表中采集数据，统一制作一个单位或部门人员的名片等。

4. 报表视图

在创建和编辑报表的过程中，报表视图是有力的辅助工具。报表视图包括设计视图、打印预览和版面预览三种形式。根据不同的需要，还可以使用工具栏上的图标按钮进行视图转换。

（1）设计视图

设计视图用于报表功能、格式等的设计。Access 2003 为用户提供了丰富的可视化设计手段，用户可以不用编程通过可视化的直观操作就可以快速、高质量的完成报表设计。

（2）打印预览视图

打印预览视图用于预览报表打印输出的页面格式，方便用户查看所做报表设计工作是否达到预期的打印效果。在打印预览视图中，用户可以在屏幕上检查报表的布局是否与预期一致、报表对事件的响应是否正确、报表对数据的输出排版处理是否正确等。

（3）版面预览视图

版面预览视图用于查看报表的版面设置。版面预览视图与打印预览视图的基本特点相同，唯一区别是前者只对数据源中的部分数据进行数据格式化。

# 7.2 窗体设计

## 7.2.1 窗体的创建

创建窗体的主要方式有三种：自动创建、窗体向导、设计视图。三种方式经常配合使用，一般先通过自动创建向导生成简单样式的窗体，然后在通过设计试图进行编辑、装饰等。

1. 使用"自动创建窗体"创建窗体

在 Access 2003 中，可以使用"自动创建窗体"功能基于单个表或查询创建窗体，用于显示基础表或查询中的所有字段和记录。自动创建窗体是最快捷的创建窗体方式，用户只需进行简单的选择，系统即可根据需要生成不同形式的窗体。Access 2003 提供了三种自动创建窗体的方法：纵栏式、表格式和数据表的窗体。

下面以"公司管理系统"数据库中的"员工工资表"为数据源，通过自动创建窗体，生成纵栏式、表格式和数据表窗体。

①在 Access 2003 中打开"公司管理系统"数据库。

②在数据库窗口中，选择"窗体"对象。

③在"窗体"对象面板中单击 新建(N) 按钮，在弹出的"新建窗体"对话框中选择"自动创建窗体：纵栏式"选项，并在右下角的下拉列表中选择"员工工资表"作为该窗体的数据来源，如图 7-6 所示。

新建窗体
设计视图
窗体向导
自动创建窗体：纵栏式
自动创建窗体：表格式
自动创建窗体：数据表
自动窗体：数据透视表
自动窗体：数据透视图
图表向导
数据透视表向导
该向导自动创建纵栏式窗体。
请选择该对象数据的来源表或查询：
员工工资表
确定
取消

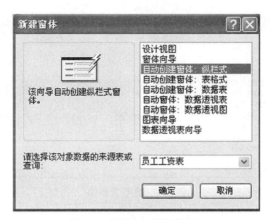

图 7-6　“新建窗体”对话框

④单击右下角的“确定”按钮，此时将在“窗体”视图中打开纵栏式窗体，如图 7-7 所示。

员工工资表
员工编号
211
基本工资
5325.075
业绩奖金
1720
住房补助
1123.2
应扣劳保金额
320
记录：
1
共有记录数：10

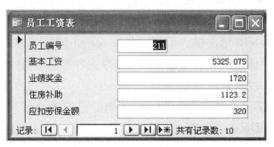

图 7-7　纵栏式窗体

⑤关闭预览窗口，保存新建窗体，命名为“自动窗体：员工工资表 1”。此时，新建的窗体将会出现在“数据库”窗口中。

表格式和数据表窗体的创建过程与纵栏式相同，只是需要在“新建窗体”对话框中分别选择“自动创建窗体：表格式”选项和“自动创建窗体：数据表”选项。这里不再进行重复论述。其窗体样式如图 7-8 和图 7-9 所示。

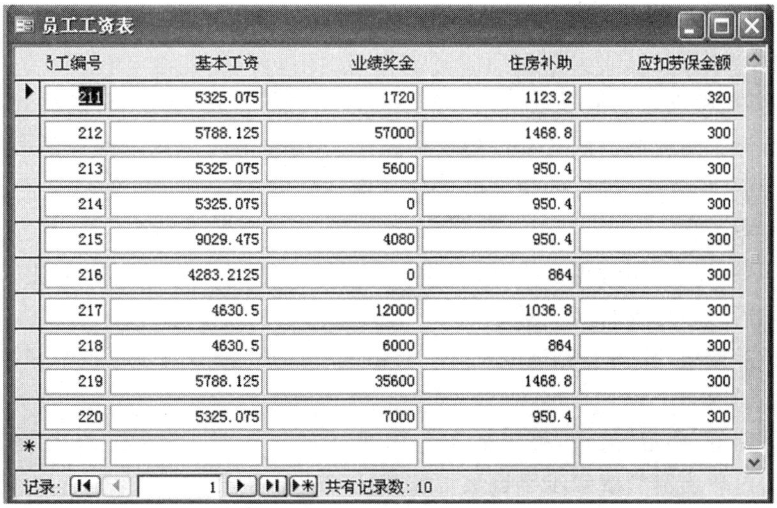

员工工资表
员工编号　基本工资　业绩奖金　住房补助　应扣劳保金额
211　5325.075　1720　1123.2　320
212　5788.125　57000　1468.8　300
213　5325.075　5600　950.4　300
214　5325.075　0　950.4　300
215　9029.475　4080　950.4　300
216　4283.2125　0　864　300
217　4630.5　12000　1036.8　300
218　4630.5　6000　864　300
219　5788.125　35600　1468.8　300
220　5325.075　7000　950.4　300
记录：
1
共有记录数：10

图 7-8　表格式窗体

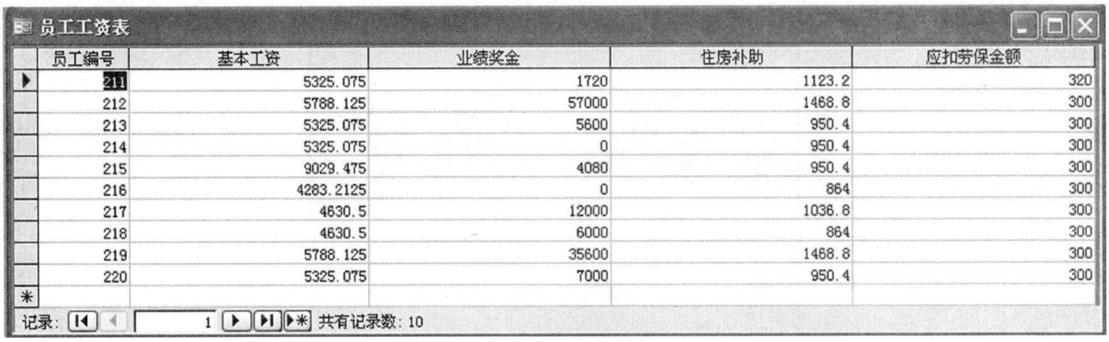

图 7-9　数据表窗体

从以上三种窗体视图可以看出,数据表窗体的数据容量最大。在"窗体"视图中,可执行以下操作:

①在不同记录之间移动。单击导航按钮 [◄] 可移至第一条记录,单击导航按钮 [◄] 可移至上一条记录,单击导航按钮 [►] 可移至下一条记录,单击导航按钮 [►] 可移至最后一条记录。当然,也可以直接在导航栏的文本框中输入记录编号并按回车键移到指定记录。

②添加新记录。选择"插入"→"新记录"命令或单击导航栏上的 [►*] 按钮,可添加一条新的空白记录,然后在其各个字段中输入数据。

③删除记录。当查看某条记录时,单击窗体左侧的记录选择器可以选定该记录,然后选择"编辑"→"删除"命令或按"Delete"键即可删除该记录。

④修改记录。当查看某条记录时,可对其字段值进行修改,所做的更改在移动到其他记录时将会自动保存。

⑤排序和筛选。选择"记录"菜单中的相关命令或单击工具栏上的相应按钮,可以对窗体数据来源中的数据进行排序和筛选。

说明:自动窗体只能从一个表或查询中选择数据源,如果要利用自动窗体创建基于多表或查询的窗体,应先建立基于多表或查询的一个查询,作为数据源。

### 2. 使用向导创建窗体

(1)窗体向导

使用窗体向导,根据对话框提示信息,可创建纵栏式、表格式、数据表、两端对齐、数据透视表和数据透视图等形式的窗体。同自动创建窗体相比,窗体向导要求用户回答更多的问题,如选择数据源、字段、版面、格式等,创建的窗体会更贴近用户的需求。下面以创建纵栏式窗体为例,介绍窗体向导的使用过程。

使用窗体向导,以"公司管理系统"数据库中的"员工信息表"为数据源,创建表格式窗体。

①在数据库窗口中选择"窗体"对象。

②单击"新建"按钮,在弹出的"新建窗体"对话框中选择"窗体向导"选项,并在右下角选择数据源"员工信息表"。

③单击右下角的"确定"按钮,弹出如图 7-10 所示的对话框。在"表/查询"框中选择"表:员工信息表",并通过单击箭头或双击字段名等方式选定所需字段。

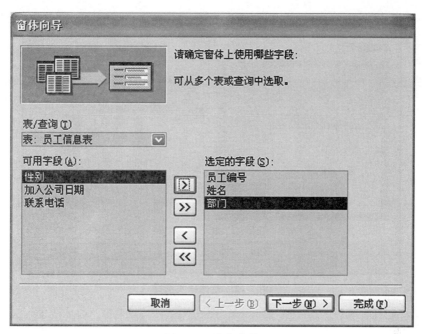

图 7-10 选定字段

④单击"下一步"按钮,在弹出的对话框中选择布局方式,此处选择"表格"单选项,如图 7-11 所示。

图 7-11 布局方式

⑤单击"下一步"按钮,在弹出的对话框中选择窗体显示样式。如图 7-12 所示。

⑥单击"下一步"按钮,在弹出的标题对话框中命名窗体。单击"完成"按钮,保存并查看窗体视图。

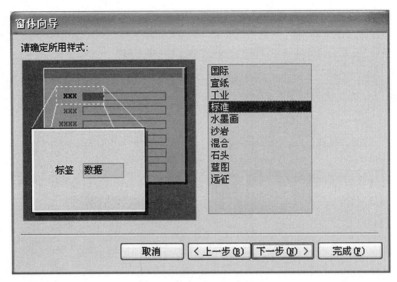

图 7-12　窗体样式选择

（2）图表向导

图表是以图形的方式显示数据库中数据间的关系，显示效果更直观。图表向导用来帮助用户建立图表式窗体。

使用图表向导，以"公司管理系统"数据库中的"员工工资"表为数据源，创建图表式窗体。显示出每位员工的工资情况。

①在数据库窗口中选择"窗体"对象。

②单击"新建"按钮，在弹出的"新建窗体"话框中选择"图表向导"选项，并在右下角选择数据源"员工工资表"。

③单击右下角的"确定"按钮，弹出如图 7-13 所示的对话框，通过单击箭头或双击字段名等方式选定所需字段。

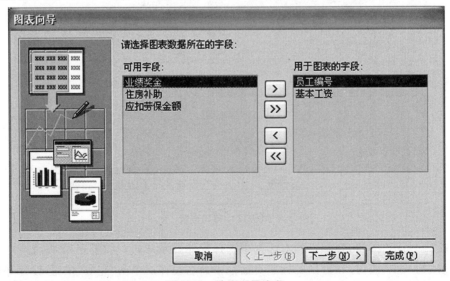

图 7-13　选定所需字段

④单击"下一步"按钮,弹出如图 7-14 所示的对话框。选择图表显示的类型,此处选择柱状图。

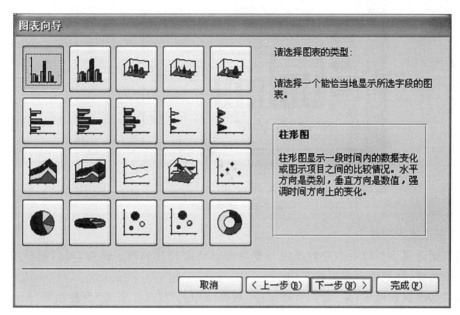

图 7-14 选择图表类型

⑤单击"下一步"按钮,弹出如图 7-15 所示的对话框。根据提示信息,将字段拖到相应位置,确定图表中各元素的布局方式。

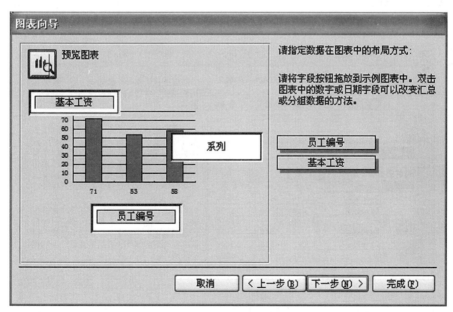

图 7-15 设定图表布局

⑥单击"下一步"按钮,在弹出的对话框中指定图表标题,单击"完成"按钮,查看窗体效果,如图 7-16 所示。

⑦关闭图表显示窗口,保存窗体,并命名。

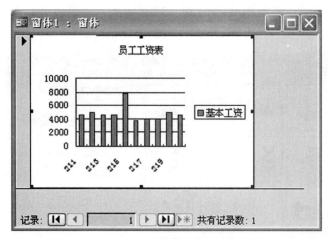

图 7-16　图表式窗体

（3）数据透视表向导

利用数据透视表可以对表中数据进行多角度的动态统计分析。例如，可以把学生成绩表中的成绩按照班级、性别进行多层次平均。

使用数据透视表向导，以"公司管理系统"数据库中的"员工工资表"为数据源，创建数据透视表窗体。

①在数据库窗口中选择"窗体"对象。

②单击"新建"按钮，在弹出的"新建窗体"对话框中选择"数据透视表向导"选项，并在右下角选择数据源"员工工资表"。

③单击右下角的"确定"按钮，弹出向导提示信息窗口，可阅读并参照操作，如图 7-17 所示。

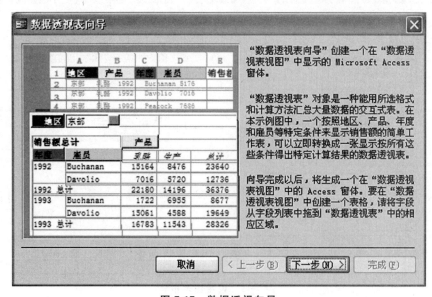

图 7-17　数据透视向导

④单击"下一步"按钮，弹出字段选择对话框。从中选出所需字段，如图 7-18 所示。

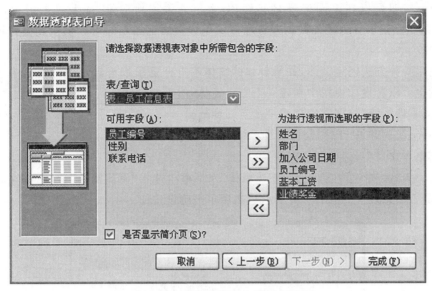

图 7-18　选择透视表中所需字段

⑤单击"完成"按钮,弹出设置数据布局对话框,根据提示信息布局各字段,如图 7-19 所示。

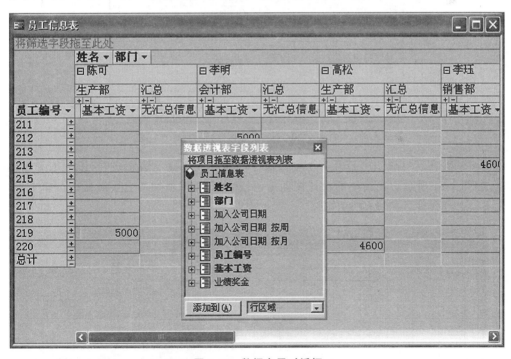

图 7-19　数据布局对话框

⑥关闭数据显示窗口,确定保存窗体,弹出命名窗体对话框。在文本框中输入窗体名"数据透视表",单击"确定"按钮,回到数据库窗口。

3．使用"设计视图"创建窗体

通过前面的分析讨论,我们已经知道所创建的窗体上都包含记录选择器和记录导航按钮。

通过记录导航按钮可以在不同记录之间移动,也可以添加新记录;或者单击记录选择器并按"Delete"键来删除记录。为了使数据操作窗体的用户界面更加友好可以切换到设计视图对窗体结构进行修改。

无论使用哪种方法创建窗体,如果创建的窗体不符合要求都可以在设计视图中进行修改和完善。当然也可以在设计视图中新建一个空白窗体,然后对窗体进行高级设计更改。

在"公司管理系统"数据库中创建一个空白窗体。

①在 Access 2003 中打开"公司管理系统"数据库。

②在数据库窗口中,选择"窗体"对象。

③单击 新建(N) 按钮,在弹出的"新建窗体"对话框中选择"设计视图"选项,并在右下角选择数据源为"员工信息表"。如图 7-20 所示。然后单击确定按钮。

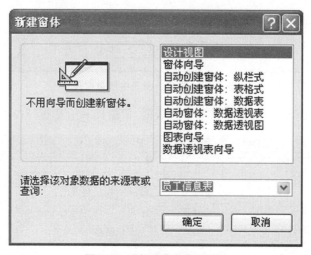

图 7-20 "新建窗体"对话框

④这时候会在设计视图中打开一个空白窗体,同时显示"员工信息表"字段列表和窗体控件工具箱,如图 7-21 所示。在窗体的设计视图中,只能在布满网格线的方块区域内编辑窗体,此区域的大小就是要创建的窗体的大小。

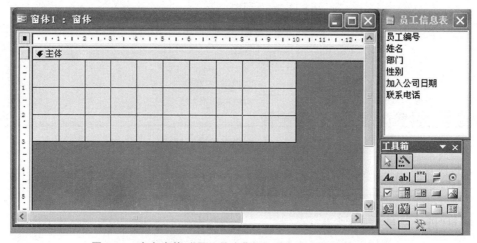

图 7-21 空白窗体,"员工信息"字段列表和窗体控件工具箱

⑤选择"视图"→"窗体页眉/页脚"命令,或者在窗口中右击并从弹出的快捷菜单中选择"窗体页眉/页脚"命令,可以在"窗体"上添加窗体页眉和窗体页脚。

在工具箱中单击"图像"按钮,然后在窗体页眉中拖动鼠标以绘制图像控件,并在弹出的"插入图片"对话框中选择一个图像文件,效果如图 7-22 所示。

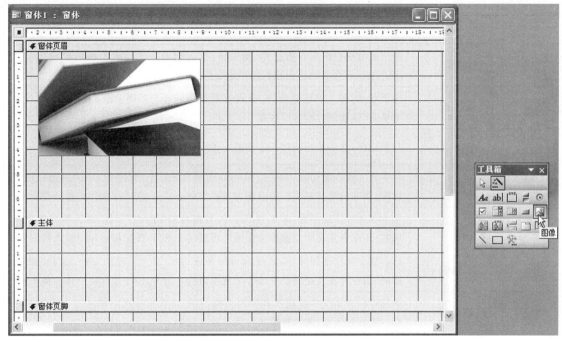

图 7-22　在窗体页眉中添加图像

⑥单击工具栏上的保存按钮 ,输入所建窗体名称,并保存。

关于视图中窗体的具体修饰、设计,我们在接下来的内容中逐一讨论。

### 7.2.2　窗体控件的使用

控件是一个图形对象,例如,文本框、复选框、命令按钮或矩形,可以放在"设计"视图中的窗体、报表或数据访问页上。利用控件工具可以创建更加美观、实用的窗体。

在"设计"视图中,可以利用工具箱(图 7-23)向窗体上添加所需的各种控件。选择"视图"→"工具箱"命令,或者在工具栏上单击"工具箱"按钮 ,可以显示或隐藏工具箱。

图 7-23　工具箱

了解各控件的功能可以帮助设计出功能齐全、界面美观的窗体。表 7-1 中列出了工具箱中各个控件按钮的名称和功能。

表 7-1　工具箱中的控件按钮

| 按　钮 | 名　称 | 功　能 |
|---|---|---|
| | 选择对象 | 用于选取控件、节和窗体。单击该工具可以释放事先锁定的工具栏按钮 |
| | 控件向导 | 用于打开或关闭控件向导。具有向导的控件有：列表框、组合框、选项组、命令按钮、图像、子窗体。要使用向导来创建这些控件，必须按下"控件向导"按钮 |
| | 标签 | 用来显示说明性文本的控件，如窗体、报表或数据访问页上的标题或指示文字。Access 会自动为创建的控件附加标签 |
| | 文本框 | 用于显示、输入或编辑窗体、报表或数据访问页的基础记录源数据，显示计算结果，或接收用户输入的数据 |
| | 选项组 | 与复选框、选项按钮或切换按钮搭配使用，可以显示一组可选值 |
| | 切换按钮 | 作为独立控件使用时，绑定到 Access 数据库的"是/否"字段；作为绑定控件使用时，用在自定义对话框中或作为选项组的一部分，用于接收用户输入数据 |
| | 选项按钮 | 作为独立控件使用时，绑定到 Access 数据库的"是/否"字段；作为绑定控件使用时，用在自定义对话框中或作为选项组的一部分，用于接收用户输入数据 |
| | 复选框 | 作为独立控件使用时，绑定到 Access 数据库的"是/否"字段；作为绑定控件使用时，用在自定义对话框中或作为选项组的一部分，用于接收用户输入数据 |
| | 组合框 | 该控件组合了文本框和列表框的特性，即可以在文本框中输入文字或在列表框中选择输入项，然后将值添加到基础字段中 |
| | 列表框 | 显示可滚动的值列表。当在"窗体"视图中打开窗体或在"页"视图或 Internet Explore 中打开数据访问页时，可以从列表中选择值输入到新记录中，或者更改现有记录中的值 |
| | 命令按钮 | 用于在窗体或报表上创建命令按钮 |
| | 图像 | 用于在窗体或报表中显示静态图片。由于静态图片并非 OLE 对象，因此一旦将图片添加到窗体或报表中，便不能在 Access 中对图片进行编辑 |
| | 未绑定对象框 | 用于在窗体或报表中显示未绑定型 OLE 对象，如 Excel 电子表格。当在记录间移动时，该对象将保持不变 |
| | 绑定对象框 | 用于在窗体或报表上显示绑定型 OLE 对象，如一系列图片。该控件针对的是保存在窗体或报表基础记录源字段中的对象。当在记录间移动时，不同的对象将显示在窗体或报表上 |
| | 分页符 | 用于在窗体中开始一个新的屏幕，或在打印窗体或报表时开始一个新页 |
| | 选项卡控件 | 用于创建一个多页的选项卡窗体（如"罗斯文"数据库中的"雇员"窗体）或选项卡对话框（如"工具"菜单上的"选项"对话框）。可以在选项卡控件上复制或添加他控件。在设计网格中的"选项卡"控件上单击鼠杯右键，可更改页数、页次序、选定页的属性和选定选项卡控件的属性 |

续表

| 按　钮 | 名　称 | 功　能 |
|---|---|---|
| 回 | 子窗体/子报表 | 用于在窗体或报表中显示来自多个表的数据 |
| ＼ | 直线 | 创建直线,用于窗体、报表或数据访问页,例如,突出相关的或特别重要的信息,或将窗体或页面分割成不同的部分 |
| □ | 矩形 | 创建矩形框,显示图形效果。如在窗体中将一组相关的控件组织在一起,或在窗体、报表或数据访问页中突出重要数据 |
| 术 | 其他控件 | 用于显示所有其他可用的控件按钮 |

利用工具箱向窗体中添加控件时,首先单击工具箱中的控件按钮,然后在窗体上单击或拖动鼠标。窗体上的控件根据是否与字段连接,可以分为未绑定控件和绑定控件两类。未绑定控件是没有数据来源的控件,用来显示提示信息、直线、矩形或图片等;绑定控件是窗体、报表或数据访问页上的一个文本框或其他控件。

利用工具箱向窗体中添加控件时,首先单击工具箱中的控件按钮,然后在窗体上单击或拖动鼠标。如果该控件具有向导且按下"控件向导"按钮,则会自动启动相应的控件向导,此时可以按照向导的提示进行操作,以完成控件的添加。将控件添加到窗体上以后,单击该控件,并选择"视图"→"属性"命令以显示"属性"窗口,然后可以在"属性"窗口中对控件的属性进行设置。

窗体上的控件根据是否与字段连接,可以分为未绑定控件和绑定控件两类。未绑定控件是没有数据来源的控件,用来显示提示信息、直线、矩形或图片等。绑定控件是窗体、报表或数据访问页上的一个文本框或其他控件。该控件的"控件来源"属性包括为表、查询的一个字段名或SQL语句,它从基本表、查询的一个字段或SQL语句获得显示内容。例如,在"员工信息管理"窗口上,一个显示员工姓名的文本框就是与"员工信息表"中的"姓名"字段绑定的。

在窗体上选择一个控件时,该控件的显示状态将发生变化,即在其边框上将出现一些黑色的方块,其中较大的一个方块是移动控制点,其他一些方块是尺寸控制点。调整控件布局时,首先要选择控件,然后可以根据需要来移动控件、改变控件火小、调整控件间距,以及设置控件的对齐方式。

首先,讨论关于如何选择控件。要对窗体中的某个控件设置属性,或对其进行复制、移动、调整以及删除等操作,不需先将其选中。选定控件主要分如下情况:

①若要选择单个控件,单击该控件即可。

②若要选择多个控件,第一,可在按住"Shift"键的同时依次单击要选择的各个控件,使用该方法选定的多个控件可以不受区域连续性限制,所以多用于选中分散控件;第二,单击工具箱中的"选择对象"按钮,然后在窗体上拖出一个矩形,将这些控件包围起来,该方法适合用于选择多个相邻的控件。

③若要选择当前窗体中的全部控件,可选择"编辑"→"全选"命令或按"Ctrl＋A"组合键。在窗体上选择多个控件后,若要取消对这些控件的选择,可单击窗体上不包含控件的区域。若要取消对某个控件的选择,可按住"Shift"键同时单击该控件。

其次,讨论关于如何调整控件大小。

①若要调整控件的大小,可在窗体上选定一个或多个控件,然后用鼠标指针指向控件的一个

尺寸控制点,当鼠标指针变成双向箭头时,拖动尺寸控制点,就可以在相应方向上改变控件的大小。如果选择了多个控件,则所有控件的大小都会随着一个控件的大小变化而变化。

②若要对所选控件的大小进行微调,也可以按住"Shift"键的同时按箭头键。

③若要统一调整多个控件的相对大小,可选定这些控件,然后从"格式"→"大小"级联菜单中选择下列命令之一:"正好容纳"——将选定控件调整到正好容纳其内容;"至最高"——将选定控件调整为与最高的选定控件高度相同;"至最短"——将选定控件调整为与最短的选定控件高度相同;"至最宽"——将选定控件调整为与最宽的选定控件宽度相同;"至最窄"——将选定控件调整为与最窄的选定控件宽度相同。如图 7-24 所示。

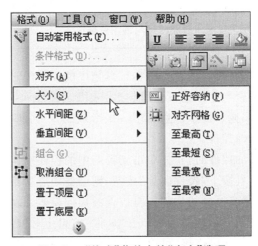

图 7-24 "格式"菜单中的"大小"选项

再次,讨论关于如何移动控件。如果感觉控件位置不合适可以移动控件,调整其所在位置。移动控件主要分如下情况:

①若要同时移动控件及其附加标签,可用鼠标指针指向该控件或其附加标签(不是左上角的移动控制点),当鼠标指针变成手掌形状时,将该控件及其附加标签拖到新位置上。也可以按"Ctrl"键和相应的箭头键来移动控件及其附加标签。"Ctrl+方向键"在窗口布局时非常有用,用户应当熟练掌握。

②若要单独移动控件或其附加标签,可用鼠标指针指向控件或其附加标签左上角的移动控制点上,当鼠标指针变成向上指的手掌形状时,将控件或标签拖到新的位置上。

③在"属性"窗口设置控件的"左边距"和"上边距"属性,可以精确地设置控件的位置。

④当窗体上出现几个控件重叠的现象时,若要将一个控件移到其他控件的上面或下面,则应选择该控件,然后选择"格式"→"置于顶层"或"置于底层"命令。

然后,讨论关于如何调整控件间距。

①若要使多个控件间保持相同的间距,可在窗体上选定需要调整间距的多个控件(至少要选择 3 个控件。对于带有附加标签的控件,应当选择控件,而不要选择其标签),然后选择"格式"→"水平间距"或"垂直间距"命令,再在子菜单中单击"相同"命令。

②若要增加或减少控件间的间距,可在窗体上选定需要调整间距的多个控件(至少要选择两个控件,也可以选择一个控件和相应的附加标签),然后选择"格式"→"水平间距"或"垂直间距"命令,再在子菜单中选择"增加"或"减少"命令。

最后,讨论关于如何设置控件的对齐方式。

在窗体上选择要对齐的多个控件,然后选择"格式"→"对齐"→"对齐网格"命令,然后从子菜单中选择下列对齐方式之一:"对齐网格"——使用网格对齐控件,若网格没有显示出来,可选择"视图"→"网格"命令,以显示网格;"靠左"——将选定控件的左边缘与选取范围中最左边的控件的左边缘对齐;"靠右"——将选定控件的右边缘与选取范围中最右边的控件的右边缘对齐;"靠上"——将选定控件的顶部与选取范围中最上方控件的顶部对齐;"靠下"——将选定控件的底端与选取范围中最下方的控件底端对齐。如图 7-25 所示。

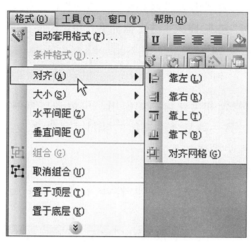

图 7-25 "格式"菜单中的"对齐"选项

Access 2003 提供了功能多样的控件,正确地使用这些控件一方面可以使窗体的界面更加美观,减少数据输入的错误;另一方面还能更好地实现人机交互的目的,更有效地管理和使用数据库。

### 7.2.3 窗体外观的修饰

在窗体的"设计视图"中,有工具箱、窗体设计和格式工具栏。用户在进行设计时,需要充分利用这些工具以及窗体的弹出式菜单。比如,通过使用直线或矩形适当分隔和组织控件,对一些特殊控件使用特殊效果,对显示的文字使用颜色和各种各样的字体,均可以美化窗体。

1. 加线条

利用工具箱中的"直线"和"矩形"按钮可以为窗体添加直线和矩形,并通过修改其属性,将其他控件加以分隔和组织,从而大大增强窗体的可读性。

例如,要向窗体添加直线,主要操作步骤如下:

①单击工具箱中的"直线"控件按钮。

②单击窗体的任意处可以添加默认大小的直线,如果要添加任意大小的直线则可以拖动鼠标。

③单击刚添加的直线,通过拖动直线的移动手柄以调整直线的位置,选择或移动控件时按下 Shift 键,可保持该控件在水平或垂直方向上与其他控件对齐。可以只水平或垂直移动控件,这取决于首先移动的方向。如果需要细微地调整控件的位置,更简单的方法是按下 Ctrl 键和相应的方向键。若想要细微地调整窗体中控件的大小,更简单的方法便是按下 Shift 键,并使用相应的方向键。若需要修改直线的属性,先右击直线,从快捷菜单中选择"属性"命令,然后通过"格式"选项卡进行设置。

**2. 加矩形**

为窗体添加矩形,其操作方法与添加直线类似。Access 2003 为控件提供了 6 种特殊效果,即平面、凸起、凹陷、阴影、蚀刻和凿痕。

"特殊效果"属性设置影响相关的"边框样式"(BorderStyle)、"边框颜色"(BorderColor)和"边框宽度"(BorderWidth)属性设置。例如,如果特殊效果属性设为"凸起",则 Access 2003 将忽略"边框样式"、"边框颜色"和"边框宽度"设置。当设置文本框的"特殊效果"属性为"阴影"时,文本在垂直方向上显示的面积会减少。可以调整文本框的"高度"(Height)属性来增加文本框的显示面积。另外,更改或设置"边框样式"、"边框颜色"和"边框宽度"属性会使 Access 2003 将"特殊效果"属性设置更改为"平面"。

**3. 加背景图片**

使用图片同样能够起到修饰和美化窗体的作用。可以通过两种方式在窗体上插入图片:一种是通过"图片"控件来插入;另一种是通过窗体的"图片"属性来设置。下面以"欢迎界面"为例说明背景图片的插入过程,相关操作如下。

①在"设计视图"中创建窗体。

②在窗体设计视图的工具箱中,选中"图像"控件,在主体节上画出一个矩形,此时打开一个"插入图片"对话框。

③在该对话框中选择所需图片,然后按"确定"按钮,返回到窗体的设计视图。在设计视图中可以看到所插入的图片,如图 7-26 所示。

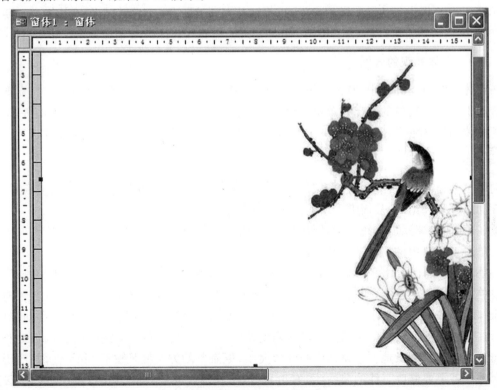

**图 7-26　添加图像控件的窗体**

④在设计视图中,选择"图像"调整大小。

⑤在设计视图方式下,在窗体上还添加其他控件,如图 7-27 所示。

图 7-27　添加控件的窗体视图

### 7.2.4　窗体数据的操作

窗体创建完成之后,便可以对窗体中的数据进行进一步操作,如数据的查看、添加,以及修改、删除等。除此之外,还可以对数据进行查找、排序和筛选等。

下面首先论述与数据操作有关的"窗体视图"工具栏。用户可以在数据库窗口中单击"对象"栏下的"窗体"按钮,然后选择任一窗体打开,则窗体以窗体视图的形式显示,且同时弹出"窗体视图"工具栏。也可以选择"视图"→"工具栏"→"自定义"命令,在打开的"自定义"对话框中选择"窗体视图"复选框来打开"窗体视图"工具栏,如图 7-28 所示。

图 7-28　"窗体视图"工具栏

现着重介绍该工具栏中几个特有按钮的作用。

①"按选定内容筛选"　:在窗体中选定某个数据的部分或全部,单击此按钮,屏幕可显示符合选定内容的所有记录。

②"按窗体筛选"　:单击此按钮会弹出一个对话框。单击对话框中任一字段名,会出现一个下三角按钮,在其下拉列表中会显示窗体中该字段对应的所有值,用户可根据需要做出选择。

③"应用筛选"　:在建立筛选后,单击此按钮,可以进行筛选;再次单击该按钮,可以结束窗体筛选,返回到原来的窗体。

④"新记录" ：单击此按钮，系统将窗体中所有字段对应值置为空，当前记录序号加 1。这时可以添加一条新记录。

⑤"删除记录" ：选择要删除的记录后。单击此按钮，将删除所选的记录，且窗体自动显示下一条记录。

### 1. 数据的查看

可以利用窗体下部的记录显示器即 查看窗体中的记录。在记录显示器的中间部分显示当前记录的序号。只需单击两侧的左、右箭头按钮，即可向前或向后查看记录。也可以直接输入要查看的记录号。

对于那些没有记录显示器的子窗体而言，如果想查看其中的记录，可以用鼠标拖动子窗体右侧滚动条的滑块，或按 PageDown 和 PageUp 键进行记录的查看。Access 2003 会随鼠标显示一个提示框，帮助用户了解当前记录的序号。

数据的查看不会更改窗体所依据的表或查询中的数据。

### 2. 数据的排序和查找

窗体的排序功能能够帮助用户了解某个字段中相应值的排序情况用。首先单击需要排序的域，然后单击工具栏上的"升序" 或"降序" 按钮，则窗体中的记录会按这种顺序排列。

窗体工具栏中的"查找"按钮可以帮助查找含有某些特定值的记录。单击 按钮，弹出"查找和替换"对话框，如图 7-29 所示。打开"查找"或"替换"选项卡，然后在选项卡中设定查找内容、查找范围等，设置完成后，单击"查找下一个"按钮即可进行查找。

图 7-29 "查找和替换"对话框

数据的排序和查找不会更改窗体所依据的表或查询中的数据。

### 3. 记录的添加、删除和修改

窗体记录的添加、删除、修改和替换均会更改窗体所依据的表或查询中的数据，所以用户在进行操作时要小心。

（1）利用工具栏上的"新记录"按钮可以在当前窗体中添加新记录

这时所有字段均为空白（设置有默认值的字段存在数据），记录显示器显示记录号为已有最大序号加 1 后的结果，即该记录成为最后一个记录。如图 7-30 即为单击 后出现的添加新记录的窗体。

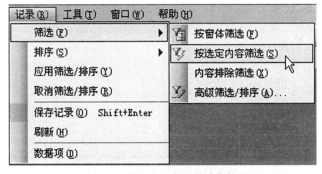

图 7-30　添加新记录

　　在各域中空白处输入相应的值,即完成了新记录的添加。如果窗体设计时被设置为不可添加新记录,这时用户就不能够添加新记录。对于子窗体来说,它的来源决定着它能否添加新记录。如果可以添加新记录,用户只需选中子窗体,然后单击"新记录"按钮即可添加新记录。

　　(2)利用工具栏上的"删除记录"按钮可以删除某个记录

　　从记录选定器中选中要删除的记录,然后单击工具栏上的"删除记录"按钮,即可从窗体中删除该记录。由于有些记录可能与其他表或查询中的数据有关,所以不能随意删除。

　　(3)可以对数据进行修改

　　窗体设计完成后,如果用户需要对窗体中的某些数据进行修改,可以用鼠标单击需要修改的域,直接输入所需的值即可。在修改时,用户不能修改那些在设计时属性已被设置成不可获得焦点的域,这样可以防止修改某些不希望修改的记录。例如,窗体中的计算型控件是无法修改的。

### 4. 数据筛选

　　对窗体中的记录进行筛选可以有多种方法,下面重点对以下几类方法进行阐述。

　　(1)按选定内容筛选

　　按选定内容进行筛选,即为通过选定窗体上的数据或部分数据来筛选窗体中的记录。如果能够方便地在窗体中找到希望筛选的数值,可使用按选定内容筛选方式。

　　打开需要筛选的窗体后,激活这种筛选方法可以有如下三种方式:

　　①选择"记录"→"筛选"→"按选定内容筛选"命令。如图 7-31 所示。

图 7-31　"按选定内容筛选"选项

　　②单击"窗体视图"工具栏中的"按选定内容筛选"按钮 。

　　③在筛选的窗体中右击,弹出一个快捷菜单,从中选择"按选定内容筛选"命令。如图 7-32 所示。

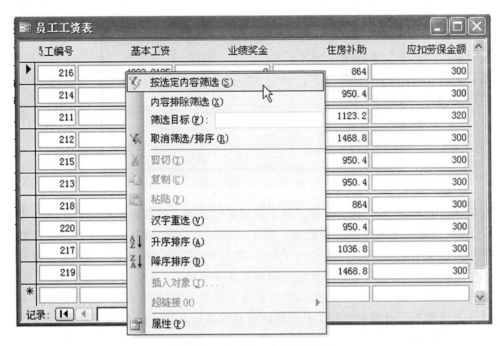

**图 7-32 "按选定内容筛选"选项**

除了刚刚提到的按选定内容进行筛选方式,在前面的观察中我们还可以发现,Access 2003
还提供了一种内容排除筛选方法。利用这种筛选方式,可以筛选出不包含某些特定值的记录。
用户筛选后,会在保存窗体的同时将筛选结果保存起来,在下次打开窗体时,可以使用"窗体视
图"工具栏中的"应用筛选"按钮 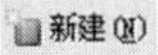 ，再次应用这个筛选。

(2)按窗体筛选

按窗体筛选,即为通过在空白字段中输入数据或从下拉列表框中选择需要搜索的所有值进
行筛选。如果不希望浏览窗体中的记录,而要直接在下拉列表中选择所需的值,可以使用按窗体
筛选方式,当用户希望同时指定多个准则时,这种方式尤为适用。

激活这种筛选方式的方法与上述激活按选定内容筛选类似,这里不再赘述。启动这种筛选
方式后,弹出"按窗体筛选"窗口,如图 7-33 所示。

**图 7-33 "按窗体筛选"对话框**

从图中不难看出,窗体中所有字段都是空的。单击字段对应的空白处就会出现一个下三角
按钮,该按钮的下拉列表中会显示窗体中该字段对应的所有值,用户可在其中进行选择,也可以

直接在空白处输入要搜索的数值,然后单击工具栏中的"应用筛选"按钮 ▦ 即可执行筛选。

(3)使用"筛选目标"筛选

除上面提到的按选定内容筛选和按窗体筛选两种方式外,还可以直接在"筛选目标"文本框中输入数值进行筛选。在"筛选目标"文本框中直接输入数据进行筛选,适用于那些在指定字段中输入筛选条件值的情况。

具体方法是:首先选中窗体中的某个字段,然后右击鼠标弹出一个快捷菜单;选择"筛选目标"命令,在弹出的对话框中输入要筛选的数值(这里输入"生产部"),如图 7-34 所示;然后按回车键即可进行数据筛选,如图 7-35 所示为筛选结果。

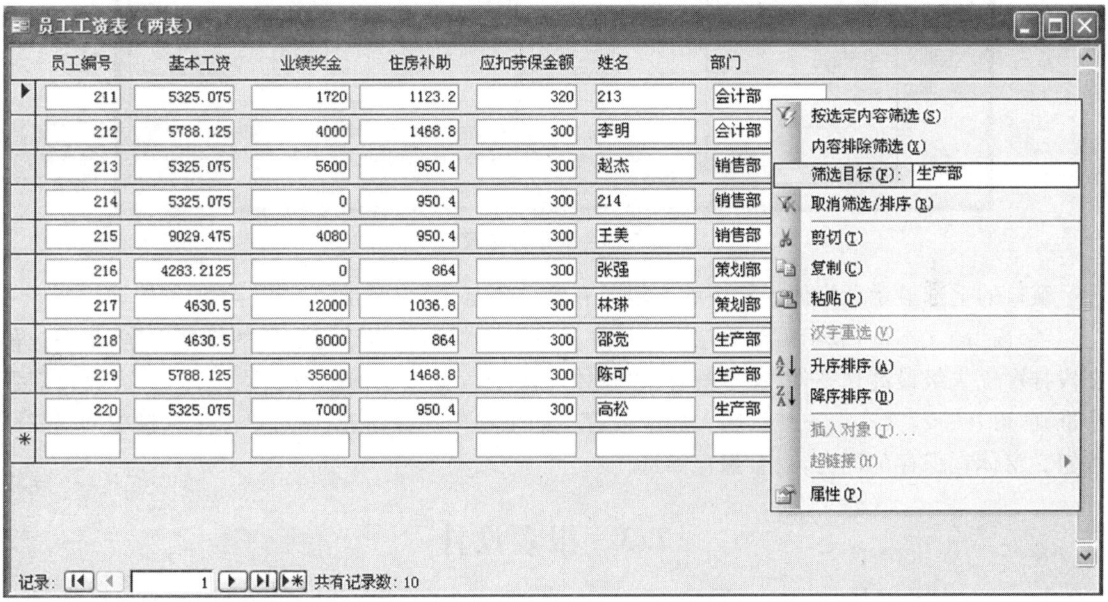

图 7-34　输入要筛选的数值

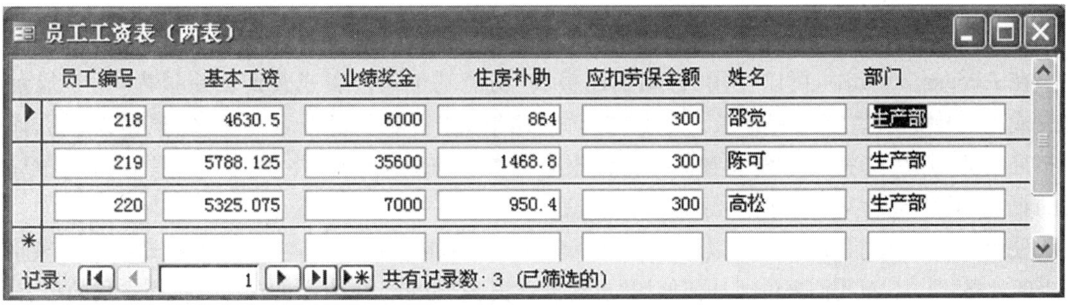

图 7-35　筛选结果

(4)高级筛选

前面论述的 3 种简单的筛选方式虽然各有优点,但它们只适于进行简单的筛选,如果希望进行更复杂的筛选,则需要使用高级筛选方式。

要使用高级筛选方式,可以选择"记录"→"筛选"→"高级筛选/排序"命令打开"筛选"窗口,如图 7-36 所示。

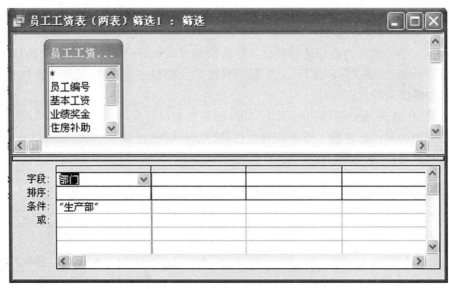

图 7-36 高级筛选窗口

窗口的上部显示了窗体中相应的字段。在窗口下部，可以添加筛选的字段、条件等。

"字段"的文本框，表示需要筛选的字段；"排序"文本框，可以确定字段的排序次序，最左边的字段排序优先级最高；"条件"文本框，可以输入对应字段要查找的值或表达式，如果需要指定多个准则，可在"或"文本框中继续输入相应内容。如果希望保存筛选，则可单击工具栏中的"保存"按钮。窗体在保存的同时，也会保存筛选。

# 7.3  报表设计

### 7.3.1  报表的创建

1. 使用"自动创建报表"创建报表

在 Access 2003 中，可以使用"自动创建报表"功能基于一个表或查询创建报表，用于显示基础表或查询中的所有字段和记录。使用"自动创建报表"功能创建报表时，可以根据需要选择一种布局格式，然后选择一个表或查询作为该报表的数据来源，此时，将生成一个具有指定布局格式的报表，其中包含来自数据来源的所有信息。

使用"自动创建报表"功能可以快速创建一个具有基本功能的报表，它分为纵栏式报表和表格式报表两种格式。下面我们来论述如何使用"自动创建报表"功能创建两个具有不同布局格式的报表。

（1）创建纵栏式报表

纵栏式报表的每个字段都显示在独立的行上，并且左边带有一个标签。下面使用"自动创建报表"功能创建一个纵栏式报表。

以"公司管理系统"数据库中的"员工信息表"为数据源，通过自动创建报表，生成纵栏式报表，用于显示数据表中的信息。

①在 Access 2003 中，打开"公司管理系统"数据库。

②在"数据库"窗口中，单击"对象"栏下的"报表"按钮。

③单击"数据库"窗口工具栏上的"新建"按钮 ▣新建(N)。

④在弹出的"新建报表"对话框中,选择"自动创建报表:纵栏式"选项。在对话框右下角的下拉列表框中选择"员工信息表"作为新报表的数据来源。如图 7-37 所示。

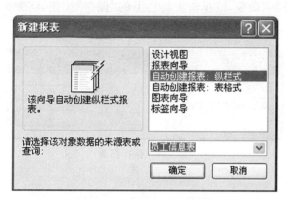

**图 7-37　"新建报表"对话框**

⑤单击"确定"按钮,系统将自动创建纵栏式报表,并存"打印预览"视图中打开此报表,如图 7-38 所示。

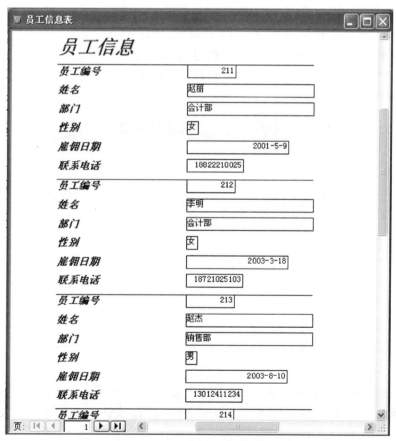

**图 7-38　纵栏式"员工信息"报表**

使用"自动创建报表"功能创建报表时,将从单个表或查询中选择所有字段并自动添加到报表上。若要从多个表中选择字段,可先基于这些表创建一个查询,然后选择该查询作为新报表的数据来源。

⑥选择"文件"→"保存"命令,或单击工具栏上的"保存"按钮,将弹出"另存为"对话框,将报表保存为"员工信息表(纵栏式)"。如图 7-39 所示。

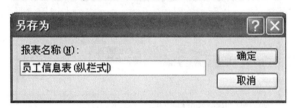

图 7-39　保存报表

(2)创建表格式报表

表格式报表的特点是,每条记录的所有字段都显示在同一行中,标签只显示在报表的顶端。下面使用"自动创建报表"功能创建一个表格式报表。

以"公司管理系统"数据库中的"客户信息表"为数据源,通过自动创建报表,生成表格式报表,用于显示数据表中的信息。

①在 Access 2003 中,打开"公司管理系统"数据库。

②在"数据库"窗口中单击"对象"栏下的"报表"按钮。

③单击"数据库"窗口工具栏上的"新建"按钮 🔲新建(N)。

④在弹出的"新建报表"对话框中,选择"自动创建报表:表格式"选项。在对话框右下角的下拉列表框中选择"客户信息表"作为新报表的数据来源,然后单击"确定"按钮。如图 7-40 所示。

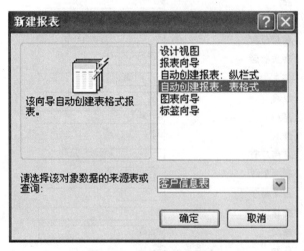

图 7-40　创建表格式报表

⑤此时,将自动创建纵栏式报表,并在"打印预览"视图中打开这个报表,如图 7-41 所示。

⑥选择"文件"→"保存"命令,或单击工具栏上的"保存"按钮,将报表保存为"客户信息表(表格式)"。

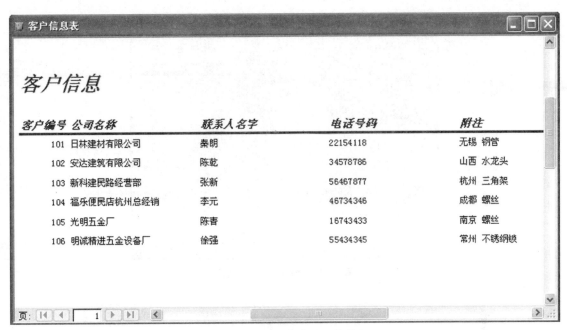

图 7-41　表格式报表的预览效果

2. 使用向导创建报表

使用向导创建报表可以帮助用户完成一系列繁琐的工作，因此可以首先利用向导创建报表，然后再对该报表利用设计视图进行修改和修饰，最终达到满意的效果。

（1）报表向导

要创建"员工信息"报表，也可以由"报表向导"创建的基本报表。"报表向导"创建基本报表的过程和创建窗体的过程相似。使用"报表向导"设计的优势在于：这个过程同从默认的空白报表开始设计时所采用的步骤相同。

利用"报表向导"方法创建报表，数据源可以是一个或多个关联的表或查询，并由用户自己决定选取字段的多少，并且还可以添加分组、排序、汇总计算等功能，是创建报表方法中用途最广、效率最高的一种方法。

以"公司管理系统"数据库中的"员工信息表"为数据源，使用报表向导，创建报表。

①打开"公司管理系统"数据库，在数据库窗口中选择"报表"对象。单击 新建(N) 按钮，在弹出的"新建报表"对话框中选择"报表向导"选项，并在右下角选择数据源为"员工信息表"，如图7-42 所示。

②单击"确定"按钮，从"表/查询"组合框中选择"表：员工信息表"作为报表记录源的表或查询，然后确定在报表中要使用的字段。可以从多个表或查询中自由选取。这里全部选定。如图7-43 所示。

③单击"下一步"按钮，弹出"报表向导"添加分组级别对话框，在此对话框中确定是否添加分组级别。用户可以将某些具有相同属性的记录作为一组进行显示，同时还进行数据汇总，如图7-44 所示。

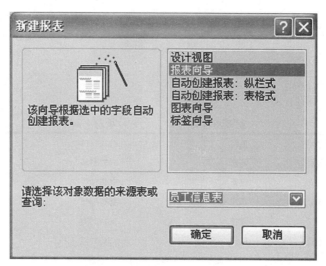

图 7-42 "新建报表"对话框

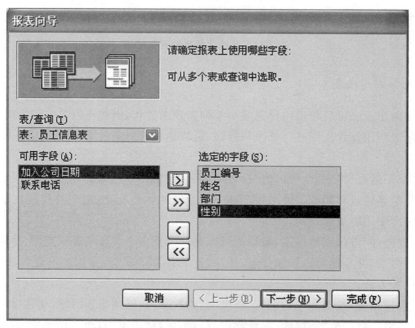

图 7-43 "报表向导"选择报表中使用的字段

④单击"分组选项"按钮,"报表向导"显示"分组间隔"对话框,如图 7-45 所示。

改变分组间隔,能够对 Access 2003 如何对报表中的数据进行分组施加影响。对于文本字段,可以基于第一个字母、前三个字母等对各项分组。对于数字字段,可以通过 10s、50s、100s 等对各项分组。这个报表不需要任何特殊的分组间隔,选择"普通"后单击"确定"按钮,返回"报表向导"。

⑤单击"下一步"按钮,进入到确定排序次序和汇总信息对话框,最多可以有 4 个不同的排序字段,如图 7-46 所示。排序次序默认为升序,单击按钮可切换为降序。如果用户希望报表显示汇总信息,可以单击"汇总选项"按钮,显示"汇总选项"对话框,如图 7-47 所示。

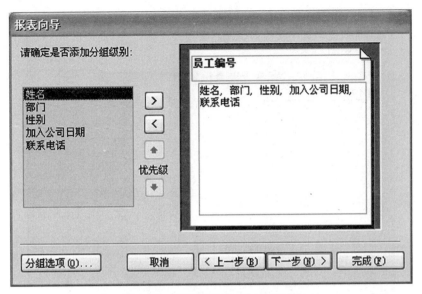

图 7-44　"报表向导"添加分组级别

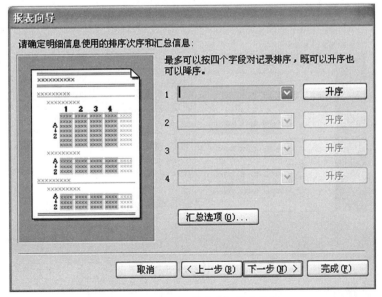

图 7-46　"报表向导"选择排序依据

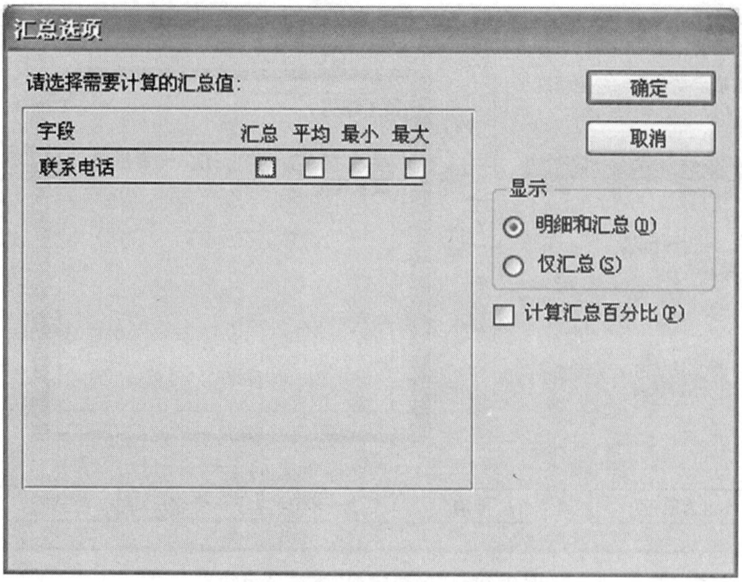

图 7-47 "汇总选项"对话框

　　在这个对话框中便可以为该列设置选项。"报表向导"将列出报表上除"自动编号"字段以外的所有数字字段,并提供对该报表列的"汇总"、"平均"、"最小"和"最大"复选框。根据选择的复选框,报表向导将在报表的尾部添加这些汇总字段。"显示"选项组选择该报表是只显示汇总字段,还是在报表的尾部和每个分组的结尾都添加汇总字段的完整报表。单击"确定"按钮,返回到如图 7-43 所示的"报表向导"对话框。

　　⑥单击"下一步"按钮,进入到确定报表布局对话框,如图 7-48 所示,在对话框中可以选择报表的布局方式。这里,在"布局"选项组中选择"递阶","调整字段宽度使所有字段都能显示在一页中"复选框默认为选中状态,在"方向"选项组中选择"纵向"。

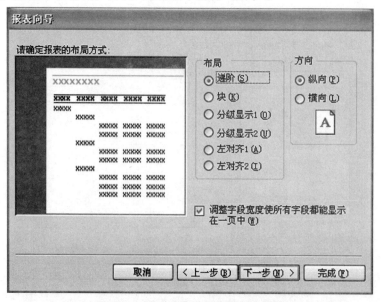

图 7-48 "报表向导"选择报表的布局

需要注意的是,当用户限制字段宽度使所有字段都出现在一页上时,具有较长的文本行的字段常常在最终的报表中被截断,因此可以在报表设计视图中调整字段的宽度以接纳较长的文本行或者改变为多行文本框。

⑦单击"下一步"按钮,进入到"报表向导"的对话框,如图 7-49 所示,在此对话框中选择报表所用的样式,这里选择"紧凑"样式。

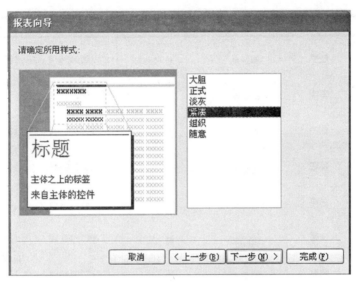

图 7-49　"报表向导"确定报表样式

⑧单击"下一步"按钮,显示"报表向导"最后一个对话框。输入新报表的标题"报表向导:员工信息表 1",选择"预览报表"选项,如图 7-50 所示。

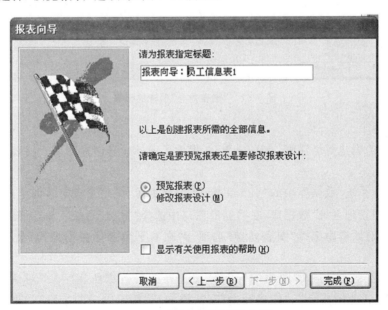

图 7-50　"报表向导"指定标题

⑨单击"完成"按钮,结束对报表的说明。"报表向导"将创建该报表并将它在打印预览模式

下进行显示。使用垂直和水平滚动条将预览显示，如图 7-51 所示。

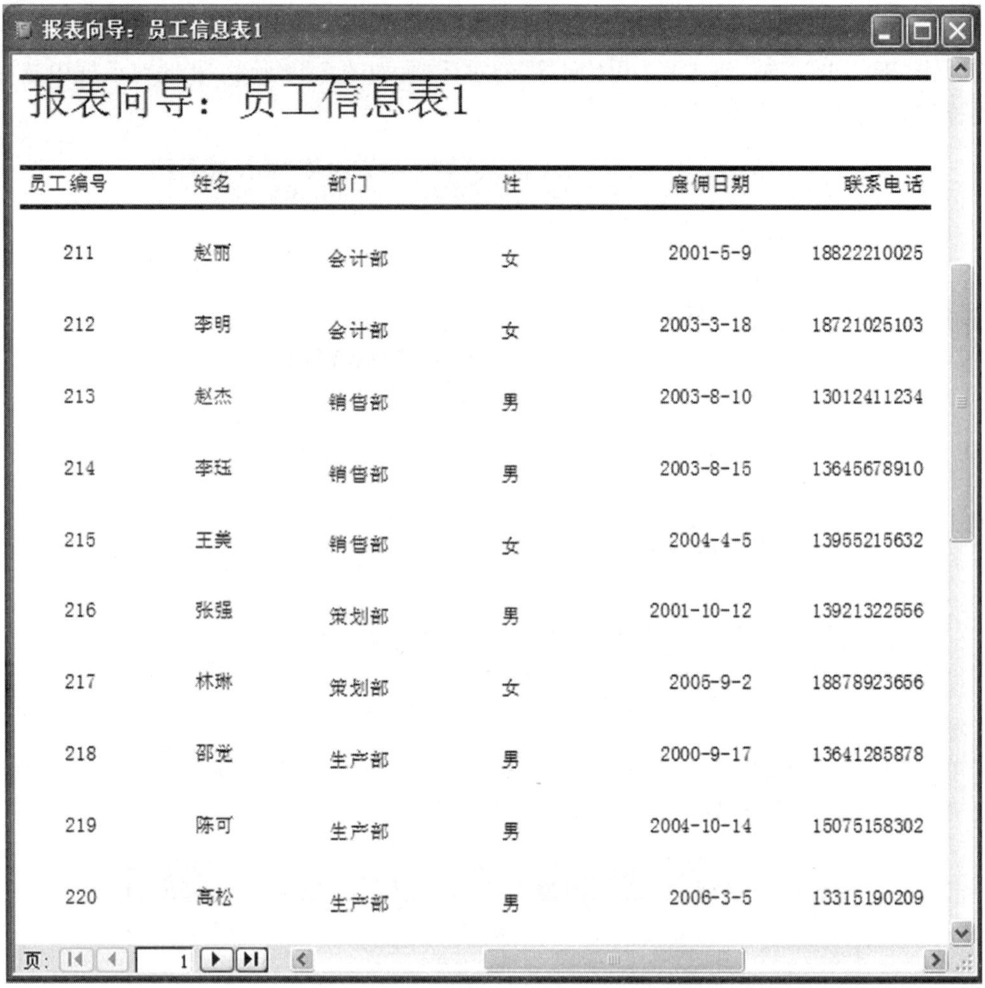

图 7-51　"报表向导"创建的报表

（2）图表向导

为了使数据的表达更加清晰，Access 2003 提供了图标向导创建图表式报表，图表具有直观，便于比较的特点。

以"公司管理系统"数据库中的"员工工资表"为数据源，使用图表向导创建报表。

①打开"公司管理系统"数据库，在数据库窗口中选择"报表"对象。单击 图新建 (N) 按钮，在弹出的"新建报表"对话框中选择"图表向导"选项，并在右下角选择数据源为"员工工资表"，如图 7-52 所示。

②单击"确定"按钮，进入"图表向导"的"请选择图表数据所在字段"对话框。将"员工编号"、"基本工资"、"业绩奖金"、"住房补助"字段添加到"用于图表的字段"的列表框中，如图 7-53 所示。

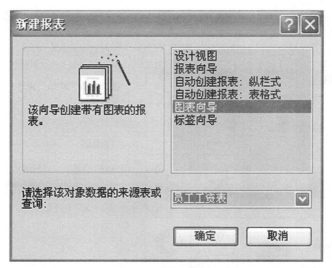

图 7-52　"新建报表"对话框

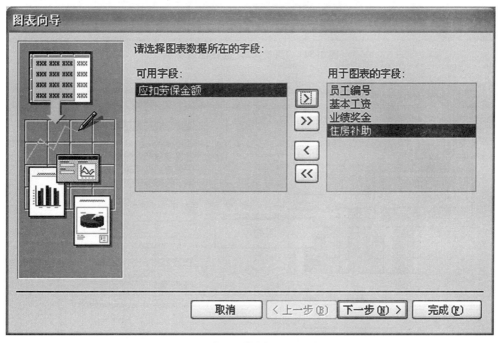

图 7-53　"图表向导"选择用于图表的字段

③单击"下一步"按钮,进入到"图表向导"选择图表类型对话框,如图 7-54 所示,该对话框提供了数种图表类型,从中选择一种合适的图表类型,使其能恰当地显示所选字段的图表。这里我们选择"柱形图"类型。

④单击"下一步"按钮进入到"图表向导"指定图表布局方式对话框,如图 7-55 所示。该对话框中,坐标图的上边为数据框,下边为轴框,右边为系列框。"图表向导"已将默认字段放置在各框内。也可以根据需要将相应字段拖离各框,或者将其他字段拖到各框内。

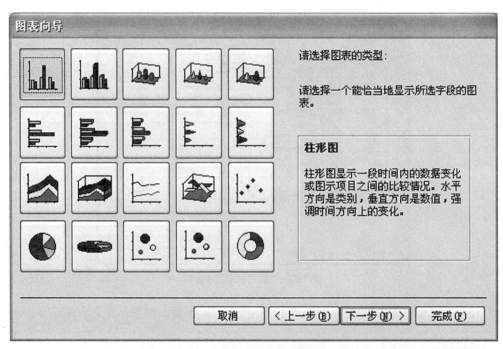

图 7-54 "图表向导"选择图表类型

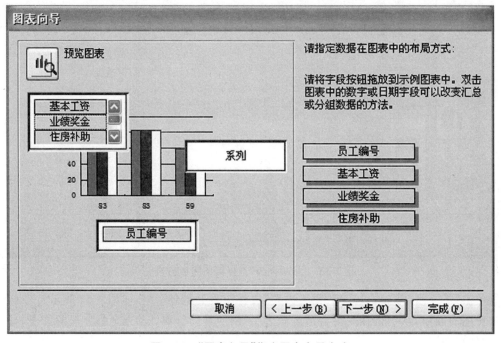

图 7-55 "图表向导"指定图表布局方式

⑤单击"下一步"按钮,在"图表向导"对话框中,指定图表的标题为"员工工资",如图 7-56 所示。

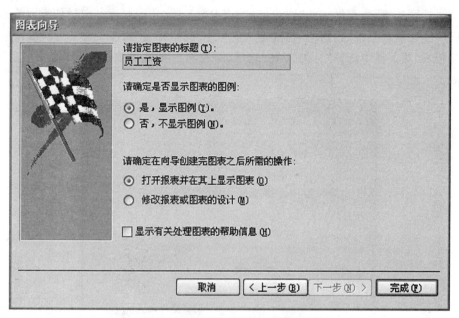

图 7-56 "图表向导"指定图表标题

⑥单击"完成"按钮,得到如图 7-57 所示的打印预览效果。

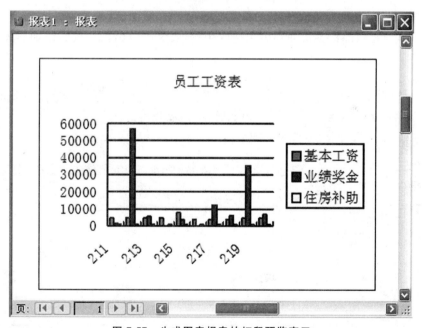

图 7-57 生成图表报表的打印预览窗口

(3)标签向导

无论是在学校还是公司,经常要打印一些标签,如公司员工的胸卡、公司客户的信封、学校学生的学生证、借书证等。其他如产品标签也是经常要用到的。标签实际上是一种简化的报表,Access 2003 提供了功能完备的标签向导,可以很容易地利用基本表或查询中的数据建立各种类型的标签。

以"公司管理系统"数据库中的"客户信息表"为数据源，介绍用标签向导创建标签的过程。

①打开"公司管理系统"数据库，在数据库窗口中选择"报表"对象。单击 新建(N) 按钮，在弹出的"新建报表"对话框中选择"标签向导"选项，并在右下角选择数据源为"客户信息表"，如图7-58所示。

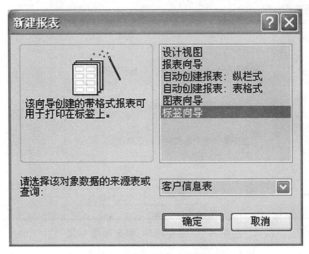

图 7-58 "新建报表"对话框

②单击"确定"按钮进入"标签向导"指定标签尺寸对话框，可创建标签类型：标准型标签或自定义标签。从所提供的标签尺寸列表中选取一种，或单击"自定义"按钮添加新尺寸。这里选取第一种规格。如图7-59所示。

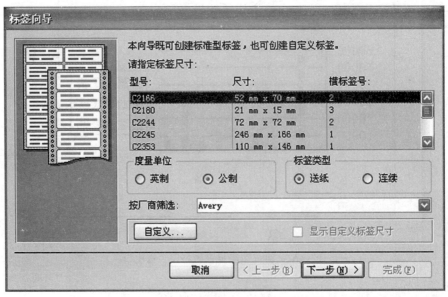

图 7-59 "标签向导"指定标签尺寸

③单击"下一步"按钮，在"标签向导"对话框中，设置标签中文本的字体和颜色，如图7-60所示。

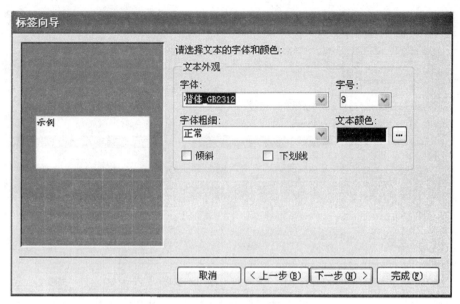

图 7-60　"标签向导"选择字体和颜色

④单击"下一步"按钮,进入到具体的标签设计对话框中。这是一个非常重要的标签设计对话框,其中右侧的设计窗口可以看做是一个"所见即所得"的设计窗口,一般包含提示性文本和数据源中的字段。确定邮件标签的显示内容:可以通过从左边选择字段在右边建立标签,也可以直接在原型上输入所需文本。本例设置如图 7-61 所示,其中带花括号的元素为从左边添加的数据源中的字段,不带花括号的元素为收订输入的文本提示信息。

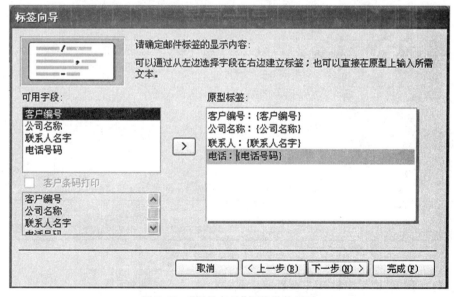

图 7-61　"标签向导"标签具体设计

⑤单击"下一步"按钮,进入"标签向导"设置排序对话框中,确定标签的排序选项,既可以只按一个字段排序,也可以按多个字段排序。这里选择字段"客户编号"排序,如图 7-62 所示。

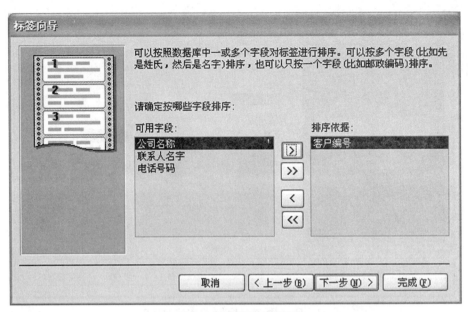

图 7-62　选择排序依据

⑥单击"下一步"按钮,进入"标签向导"指定报表名称对话框,这里指定报表的名称"标签 客户信息",并选择创建标签后要执行的操作,然后单击"完成"按钮,如图 7-63 所示。

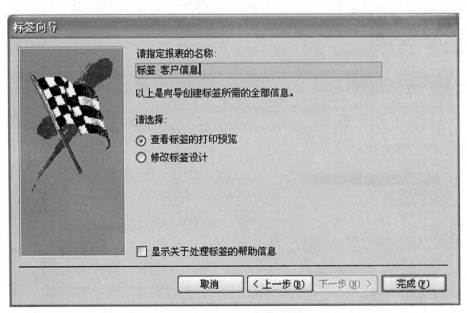

图 7-63　指定报表名称

⑦在"打印预览"视图中打开并查看所生成的标签,如图 7-64 所示。

3. 使用设计视图创建报表

使用 Access 2003 报表向导,可以很方便地完成报表的创建、子报表的创建以及图表子报表的创建。但是,在实际应用中报表上图片与背景的设置、一些计算型文本框及其计算表达式的设计都还没有完成,而所有这些设计操作都必须在报表设计视图中进行。

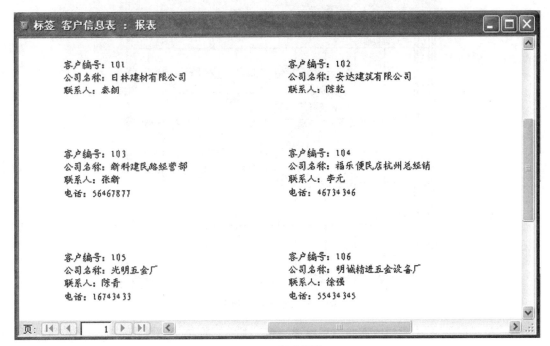

图 7-64　报表预览

以在报表设计视图中完成"员工信息"报表为例,具体步骤如下。

①打开"公司管理系统"数据库,在数据库窗口中,单击"对象"下的"报表",然后单击"数据库"窗口工具栏上的"新建"按钮,或直接双击窗口右边列表区域中的"在设计视图中创建窗体"选项,弹出"新建窗体"对话框,如图 7-65 所示。

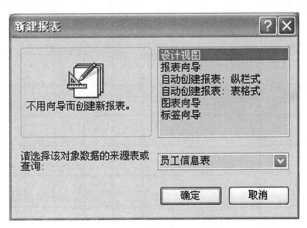

图 7-65　"新建报表"对话框

②在"新建窗体"对话框中,单击"请选择该对象数据的来源表或查询"右边的组合框按钮,从中选择作为窗体的数据源,数据源可以是表或查询,如"员工信息表"。

③单击"确定"按钮,弹出如图 7-66 所示的空白窗体,并同时显示"设计视图"工具栏、"控件"工具栏以及所选择字段的列表。

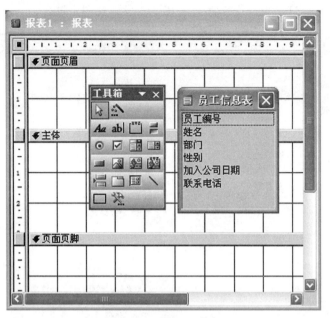

图 7-66　报表设计视图

④将"员工信息表"中我们所需要的字段逐一拖动到空白窗体的主体节中的合适位置,然后设计报表的标题,根据需要还可以设置报表的页码和其他的格式(位置、对齐方式等),如图 7-67 所示。

图 7-67　报表设计视图添加字段

⑤保存后，单击"预览"按钮，预览报表，如图 7-68 所示。

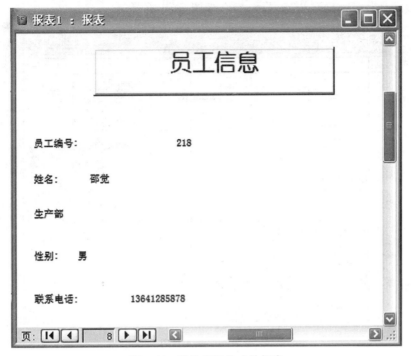

图 7-68　设计视图生成的报表

### 7.3.2　报表的编辑

**1. 在报表中添加日期和时间**

有时需要在报表的页眉或页脚显示日期和时间。操作步骤如下：

①在报表设计视图中，单击"插入"菜单，选择"日期与时间"命令。

②在"日期与时间"对话框中，选择日期和时间格式，单击"确定"按钮，如图 7-69 所示。

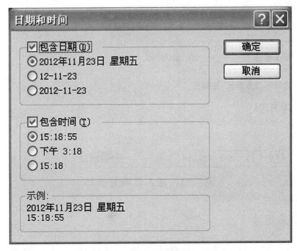

图 7-69　设置日期格式

③若有"报表页眉",则在"报表页眉"中添加日期和时间文本框,否则添加在"主体"节。文本框中的内容分别是"＝Date()"和"＝Time()",如图 7-70 所示。

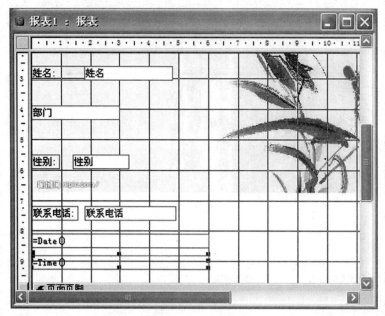

图 7-70　插入日期

④在"打印预览"中查看效果,如图 7-71 所示,如有需要可以切到"设计视图"修改。

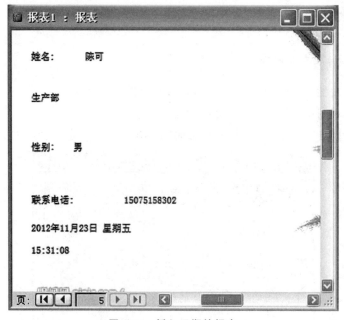

图 7-71　插入日期的报表

## 2. 在报表中添加背景图片

为了美化报表,可以在报表中添加背景图片,它可以应用于整个报表。操作步骤如下:

①在报表设计视图中，双击报表选定器打开"报表"属性表，如图 7-72 所示。

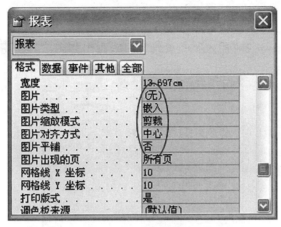

图 7-72　报表属性表

②在"图片"属性框中输入图片文件的路径和文件名，或者单击右端的"生成器"按钮 ▣ 。

③在"图片类型"属性框中指定图片的添加方式：嵌入或链接。

④"图片缩放模式"属性框控制图片的比例。该属性有剪裁、拉伸和缩放三种。

⑤在"图片对齐方式"属性框中指定图片的位置。

⑥在"图片平铺"属性框中确定是否使图片在报表页面重复，在"视图"窗体中预览，如图 7-73 所示。

图 7-73　插入背景的"报表"窗体

3. 在报表中添加页码与分页符

用户需要添加页码,具体操作步骤如下:

①在报表设计视图中,选择"插入"→"页码"命令,弹出如图 7-74 所示"页码"对话框。

图 7-74　"页码"对话框。

②在"页码"对话框中,选择页码的格式、位置和对齐方式,单击"确定"按钮。

③在页面页眉或页面页脚中添加页码文本框,其内容是"='第'&[Page]&'页'"。如有需要,可以直接拖动页码控件到想要的位置。

分页符的作用是在报表打印时产生一个新页。

利用工具箱中的"分页符"控件,在报表需要分页的位置创建一个"分页符"控件。

### 7.3.3　报表数据的操作

在数据表中,数据记录的物理存放顺序是按记录的输入顺序排列的。由于记录的增加、删除、插入等操作,数据记录难以保证按用户希望的特征(例如按职工编号)排列,在显示和打印输出时,结果的可读性不高。另外,在输出报表时,有时需要将具有相同特征的记录排列在一起。Access 2003 中,报表的设计视图中提供了更多、更强的功能。

可见,排序和分组对于一个良好的报表是非常重要的。排序的使用,使数据的规律性和变化趋势更加清晰;分组的使用,将数据很好地分类,从而便于产生一些组内数据的统计汇总。

1. 报表的排序

在报表中设定的排序将覆盖此报表数据源的原有排序方式。

为"公司管理系统"数据库中的"自动报表:员工信息表 2"报表设置排序。

①"自动报表:员工信息表 2"报表的预览效果见图 7-38。在报表设计视图中打开"自动报表:员工信息表 2"报表。

②单击工具栏上的"排序与分组"按钮 或选择"视图"→"排序与分组"命令,打开"排序与分组"对话框。在"字段/表达式"列中,可以选择一个字段或输入一个表达式以便进行排序或分组,"排序次序"列可以选择"降序"或者"升序"。在报表中可以设置多个排序字段,Access 2003会先按第一排序字段排序,第一排序字段值相同的记录可按第二排序字段排序,依次类推。这里进行如下设置。如图 7-75 所示。

排序与分组
字段/表达式
排序次序
加入公司日期
降序
组属性
组页眉
组页脚
分组形式
组间距
保持同页
否
否
每一个值
1
不
选择升序或降序。升序即从 A 到 Z 或从 0 到 9 排序。

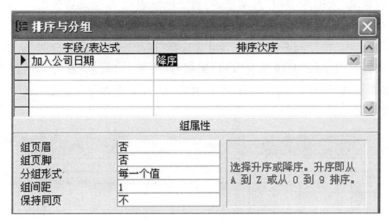

图 7-75　“排序与分组”对话框

特别注意：由于排序与分组使用的是同一个对话框，对于排序的字段的组属性中的“组页眉”和“组页脚”一定设置为“否”，否则该字段为分组字段。

③设置完成后单击预览，会发现报表数据按照“雇佣日期”进行降序排列。如图 7-76 所示。

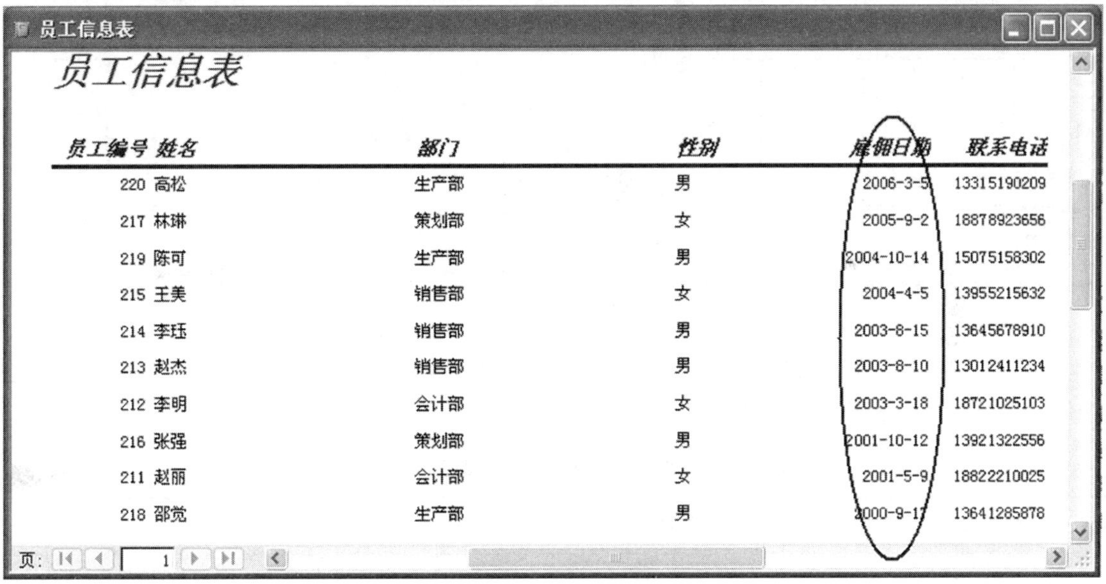

员工信息表
员工信息表
员工编号 姓名 部门 性别 雇佣日期 联系电话
220 高松 生产部 男 2006-3-5 13315190209
217 林琳 策划部 女 2005-9-2 18878923656
219 陈可 生产部 男 2004-10-14 15075158302
215 王美 销售部 女 2004-4-5 13955215632
214 李珏 销售部 男 2003-8-15 13645678910
213 赵杰 销售部 男 2003-8-10 13012411234
212 李明 会计部 女 2003-3-18 18721025103
216 张强 策划部 男 2001-10-12 13921322556
211 赵丽 会计部 女 2001-5-9 18822210025
218 邵觉 生产部 男 2000-9-17 13641285878
页: 1

图 7-76　按“雇佣日期”降序排列效果图

2. 报表的分组

报表分组是指将具有共同特征的相关记录组成一个集合，在显示或打印时将它们集中在一起，并且可以为同组记录设置汇总信息。利用分组还可以提高报表的可读性和信息利用效率。在设计分组报表时，关键要注意两个方面内容：一是要正确设计分组所依据的字段及组属性，确保报表能正确分组；二是要正确添加“组页眉”和“组页脚”中所包含的控件，保证报表美观且实用。

为"公司管理系统"数据库中的"自动报表:员工信息表 2"报表设置分组。

①在报表设计视图中打开"自动报表:员工信息表 2"报表。

②单击工具栏上的"排序与分组"按钮 或选择"视图"→"排序与分组"命令,打开"排序与分组"对话框。选择分组字段"员工编号",将"组属性"中的"组页眉"和"组页脚"设置为"是",这样在报表中将添加组页眉"员工编号页眉"和组页脚"员工编号页脚",如图 7-77 所示。然后关闭"排序与分组"对话框。

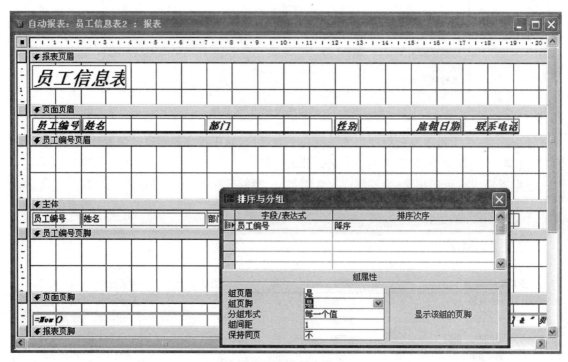

**图 7-77  设置分组**

图 7-77 中的"分组形式"用来指定如何对字段中的数据或表达式中的数据,按照数据类型进行分组。分组字段的数据类型不同,"分组形式"属性值就不同,详细说明如表 7-2 所示。

**表 7-2  分组形式的设置**

| 分组字段数据类型 | 属性设置 | 记录分组方式 |
| --- | --- | --- |
| 文本 | (默认值)每一个值 | 字段或表达式中的相同值 |
| | 前缀字符 | 在字段或表达式中,前 n 个字符相同 |
| | (默认值)每一个值 | 字段或表达式中的相同值 |
| 日期/时间 | 年 | 同一历法年内的日期 |
| | 季 | 同一历法季度内的日期 |
| | 月 | 同一月份内的日期 |
| | 周 | 同一周内的日期 |

续表

| 分组字段数据类型 | 属性设置 | 记录分组方式 |
|---|---|---|
| 日期/时间 | 日 | 同一天的日期 |
| | 时 | 同一小时内的时间 |
| | 分 | 同一分钟内的时间 |
| 自动编号、货币、数字型 | (默认值)每一个值 | 字段或表达式中的相同值 |
| | 间隔 | 在指定间隔中的值 |

"组间距"用于和"分组形式"属性一起说明分组数据的间距值。分组字段类型的不同,分组形式不同,组间距的设置就不同。如表 7-3 所示。

表 7-3　组间距的设置

| 字段类型 | 分组形式 | 组间距设置 |
|---|---|---|
| 所有 | 每一个值 | (默认值)设置为 1 |
| 文本 | 前缀字符 | 设置为 3 可对字段中前 3 个字符进行分组 |
| 日期/时间 | 周 | 设置为 2 将返回以每 2 周来分组的数据 |
| | 时 | 设置为 12 将返回以半天的时间来分组的数据 |

"保持同页"用于决定同组的数据是否打印输出在同一页上。它共有三个属性值,如表 7-4 所示。

表 7-4　保持同页的设置

| 设　　置 | 说　　明 |
|---|---|
| 不 | 打印组时,不用把整个同组数据打印输出在同一页,依次打印即可 |
| 整个组 | 将组页眉、主体节及组页脚打印在同一页上 |
| 与第一条详细记录 | 只有在同时可以打印第一条主体记录时才将组页眉打印在同一页面上 |

### 3. 报表的汇总

在报表中创建的计算控件既可以仅仅依赖某一个记录的值进行计算,也可以是多个记录的同类型数据的汇总。因此,在报表中创建的计算控件因为用途不同,放置的位置也各异。

若对每一个记录单独进行计算,则和所有绑定的字段一样,计算控件文本框应放在报表的"主体"节中。

若对分组记录进行汇总,则计算控件文本框和附加标签都应放在报表的"组页眉"和"组页脚"节中。

若对所有记录进行汇总,则计算控件文本框和附加标签都应放在报表的"报表页眉"和"报表页脚"节中。

对"公司管理系统"数据库中的"自动报表:员工信息表 2"报表进行汇总。

①在报表设计视图中打开"自动报表:员工信息表 2"报表。

②在"报表"窗口的报表页眉处,根据需要添加一个个文本框控件,输入显示标题和统计总计算函数或者表达式,如图 7-78 所示。计算控件文本框中的表达式可以直接输入,也可以使用"表达式生成器"完成。

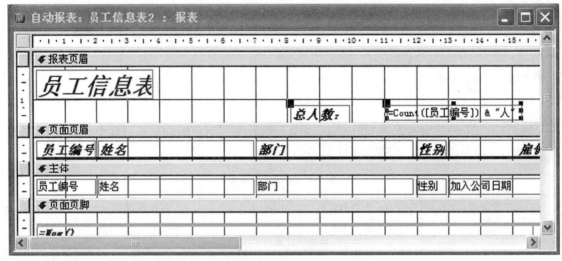

图 7-78　报表设计视图

③切换到报表的"打印预览"视图,生成的报表如图 7-79 所示。

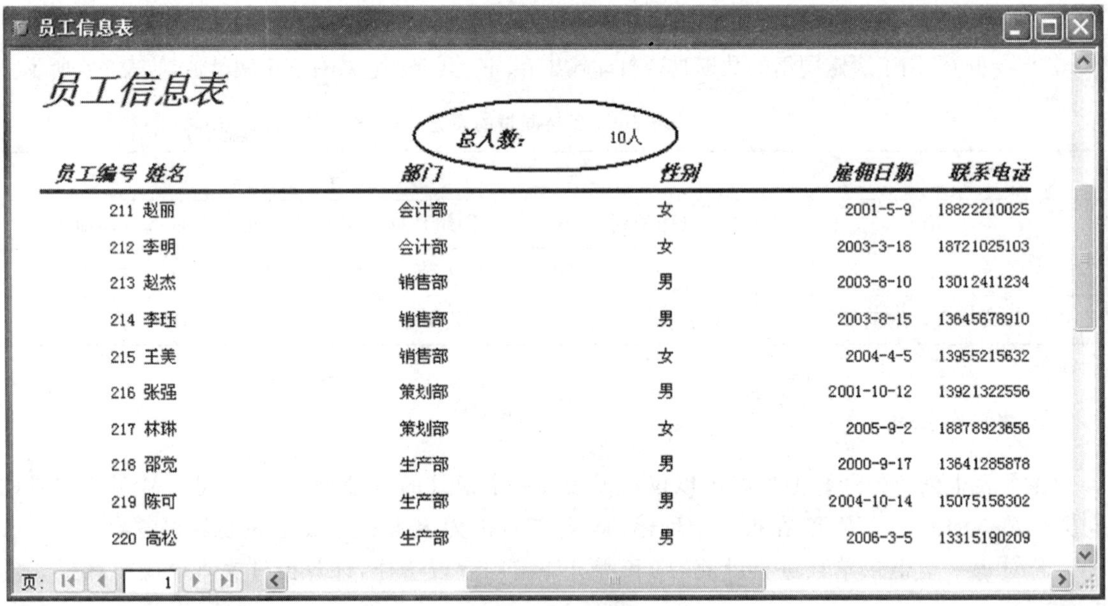

| 员工编号 | 姓名 | 部门 | 性别 | 雇佣日期 | 联系电话 |
|---|---|---|---|---|---|
| 211 | 赵丽 | 会计部 | 女 | 2001-5-9 | 18822210025 |
| 212 | 李明 | 会计部 | 女 | 2003-3-18 | 18721025103 |
| 213 | 赵杰 | 销售部 | 男 | 2003-8-10 | 13012411234 |
| 214 | 李珏 | 销售部 | 男 | 2003-8-15 | 13645678910 |
| 215 | 王美 | 销售部 | 女 | 2004-4-5 | 13955215632 |
| 216 | 张强 | 策划部 | 男 | 2001-10-12 | 13921322556 |
| 217 | 林琳 | 策划部 | 女 | 2005-9-2 | 18878923656 |
| 218 | 邵觉 | 生产部 | 男 | 2000-9-17 | 13641285878 |
| 219 | 陈可 | 生产部 | 男 | 2004-10-14 | 15075158302 |
| 220 | 高松 | 生产部 | 男 | 2006-3-5 | 13315190209 |

员工信息表（总人数：10人）

图 7-79　汇总预览

### 7.3.4　报表的预览与打印

1. 预览视图工具栏

在报表预览视图下,工具栏的"打印预览"工具栏如图 7-80 所示。工具栏中的按钮功能,如表 7-5 所示。

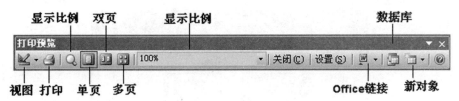

图 7-80　"打印预览"工具栏

表 7-5　打印预览工具中的按钮功能

| 工具名称 | 功　　能 |
|---|---|
| 视图 | 显示当前窗口的可用视图。单击按钮旁边的箭头,选择所需的视图 |
| 打印 | 打印选定的视图 |
| 显示比例(按钮) | 在"适当"和当前选择的显示比例之间切换 |
| 单页 | 预览一页报表 |
| 双页 | 预览两页报表 |
| 多页 | 预览多页报表 |
| 显示比例(下拉框) | 选择报表的预览显示比例 |
| 关闭 | 退出报表预览状态 |
| 设置 | 用于对报表的页面设置 |
| Office 链接 | 将报表合并到 Word 中,或通过 Word 进行发布,或用 Excel 进行分析 |
| 数据库 | 显示"数据库"窗口,列出当前数据库中的全部对象。可以利用拖放等方法将对象从"数据库"窗口移到当前窗口 |
| 新对象 | 利用向导创建数据库对象 |
| Office 助手 | 让"Office 助手"提供帮助主题和提示信息 |

**2. 页面设置**

在正式打印报表前首先应当进行打印设置。打印设置主要是指页面设置,目的是确保打印出来的报表美观大方又便于使用。页面设置是用来设置打印机型号、纸张大小、页边距和打印对象在页面上的打印方式及纸张方向等内容的。Access 2003 将保存窗体和报表的页面设置值,所以每个窗体或报表的页面设置选项只需设置一次,但是表、查询和模块在每次打印时都要重新设置页面选项。

①打开报表后,选择"文件"菜单中的"页面设置"命令,打开"页面设置"对话框,如图 7-81 所示,该对话框中包括 3 个选项卡,分别是"边距"、"页"和"列"。

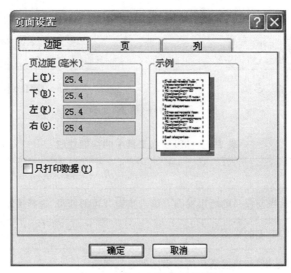

图 7-81 "页面设置"对话框

②在"边距"选项卡中可设置边距并确定是否只打印数据。边距是指上、下、左、右距离页边缘的距离,设置好以后会在"示范"中给出示意图。"只打印数据"是指只打印绑定型控件中的来自于表或查询中字段的数据。

在"页"选项卡中可设置打印方向、页面大小和打印机型号。只有当前打开的可打印对象是窗体或报表时,才有"列"选项卡。"列布局"只有当"列数"为两列以上时,才可选"先列后行",还是"先行后列"。

③单击"确定"按钮,完成页面设置。

3. 预览报表

预览报表是在显示器上将要打印的报表以打印时的布局格式完全显示出来,可以使用户快速查看整个报表打印的页面布局,也可以一页一页地查看数据的准确性。预览报表有版面预览和打印预览两种方式。两者之间可以通过工具栏的"视图"按钮进行切换。具体的操作步骤如下:

①在"数据库"窗口中,选择"报表"对象。

②单击要预览的报表名。

③右击报表窗体,在弹出菜单中选择"打印预览"或者"版面预览"命令,如图 7-82 所示。

图 7-82 报表窗体弹出菜单

4. 打印报表

单击工具栏中的"打印"按钮可以直接打印报表。如果用户需要打开"打印"对话框进行相应的设置,则在"数据库"窗口中选择报表,或者在"设计视图"、"打印预览"或"版面预览"下打开相应的报表,然后选择"文件"菜单中的"打印"命令,打开如图 7-83 所示对话框。

图 7-83  "打印"对话框

在"打印"对话框中可以进行以下设置:

在"打印机"选项组中,"名称"的下拉列表中指定打印机的型号,单击"属性"按钮,可以对纸张的大小和方向等进行重新设置。

在"打印范围"选项组中,指定打印所有页或打印页的页数。

在"份数"选项组中,指定打印的份数,还可以将需要的打印的报表进行归类,在将报表的所有不同页都按顺序打印出来后,再打下一份。如果需要对"页面设置"进行重新设置,可以单击"设置"按钮进行设置。

设置完成后,单击"确定"按钮,即可启动打印机打印报表。需要注意的是,若用户直接单击工具栏上的"打印"按钮,将不会出现对话框,而是启用默认值直接进行打印。

# 第8章 数据访问页设计

## 8.1 数据访问页概述

随着计算机网络和 Internet 的飞速发展,越来越多的用户希望通过网络来获取信息。在 Microsoft Access 2003 中,可以在数据库中添加超链接,以显示 Web 页;可以通过数据导出功能,将数据库中的数据导出成一个 HTML 文件;可以通过数据访问页,将数据库中的数据发布在 Web 页上,用户可以通过网络对数据库中的数据进行输入、编辑、查看、更新和删除等操作。

### 8.1.1 数据访问页对象

数据访问页是 Access 2003 的一项重要功能。数据访问页是特殊的 Web 页,方便用户通过 Internet 或 Intranet 访问保存在 Microsoft Access 数据库或 Microsoft SQL Server 数据库中的数据等。

数据访问页是一个独立于数据库之外的文件(.htm),在 Access 数据库窗口中建立了数据访问页的快捷方式。数据访问页与窗体、报表很相似,如它们都要使用字段列表、工具箱、控件、排序与分组对话等。它能够完成窗体、报表所完成的大多数工作,但又具有窗体、报表所不具备的功能,是使用数据访问页还是使用窗体和报表取决于要完成的任务。

打开 Access 数据库,选择对象列表中的"页"对象,将显示数据库的数据页管理器,具体可见图 8-1 所示,图中页对象列表时数据访问页的维护工具。

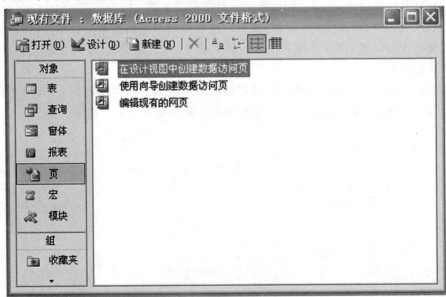

图 8-1 数据访问页对象

1. 数据访问页对象的类型

数据访问页是一种能够动态显示、添加、删除及修改记录内容的特殊网页。用户既可以在 Internet 上使用数据访问页，在网络上发布数据库信息，又可以通过电子邮件发送数据访问页。

根据应用功能的不同，在 Access 2003 中，一般把数据访问页划分为 3 种类型。

(1)交互式报表

用于对存储在数据库中的数据进行合并计算和分组，并发布数据摘要信息的数据访问页。其作用类似于报表，但具有一些报表所不具有的特点：数据访问页连接到数据库上，所以可以查看当前数据库中的数据，可以通过邮件发送，接受者每次打开时，可看到数据库的当前数据。数据访问页与数据库之间可实现交互操作。虽然这种数据访问页也提供用于排序和筛选数据的工具栏按钮，但是在这种页上不能编辑数据。

(2)数据输入

数据输入类型的数据访问页可用于浏览、添加和编辑数据库中的记录。了解用于数据输入的数据访问页。其作用与窗体类似，但用户可以在 Access 数据库外部使用数据访问页，以在 Internet/Intranet 上更新数据库数据。与窗体不同的是，数据访问页在 Access 中只保存一个快捷方式，访问页本身保存在 Access 之外。

(3)数据分析

这种数据访问页会包含一个数据透视表列表，与 Access 数据透视表窗体或 Excel 数据透视表报表相似，可重新组织数据并以不同方法分析数据，比如用 Office 数据透视表控件来完成分析数据的任务，也可以与其他控件组合来分析数据。也可以包含一个图表，可以用于分析趋势、发现模式，以及比较数据库中的数据。或者，这种页会包含一个电子表格，可以在其中输入和编辑数据，并且像在 Excel 中一样使用公式进行计算。

数据访问页对象与 Access 数据库中的其他对象不完全相同。其不同点在于数据访问页对象的存储方式与调用方式方面。

2. 数据访问页对象的存储方式与调用方式

数据访问页对象与 Access 数据库中的其他对象不完全相同。不同点主要表现在数据访问页对象的存储方式与调用方式方面。

(1)数据访问页的存储方式

数据访问页不同于其他 Access 对象，它并不是被保存在 Access 数据库(∗.MDB)文件中，数据访问页作为一个分离文件单独存储在数据库外部，是一个独立于数据库之外的文件，因此数据访问页上的数据是数据访问页导出时数据库中的数据，它们不会随着数据库数据的改变而实时更新，仅在 Access 数据库页对象集中保留一个快捷方式。

(2)数据访问页的调用方式

对于已经设计完成的数据访问页对象，可以用两种方式调用它。无论采用哪一种方式，都会启动 Microsoft Internet Explorer(要求 IE 5.0 以上版本)来打开这个数据访问页对象。而且，数据访问页不支持任何其他类型的 Internet 浏览器。

①在 Access 数据库中打开数据访问页。在 Access 数据库中打开数据访问页显然不是为了

应用,而是为了测试。只需在 Access 数据库"设计"视图的"页"对象选项卡上,选中需要打开的数据访问页对象名,然后单击"打开"按钮即可打开这个选中的数据访问页。

②在浏览器中打开数据访问页。数据访问页的功能是为 Internet 用户提供访问 Access 数据库的界面,因此在正常使用情况下,应该通过 Internet 浏览器打开数据访问页。为了真正提供 Internet 应用,必须要求网络上至少存在一台 Web 服务器,并且将 Access 数据访问页以 URL 路径指明定位。

3. 数据访问页对象与窗体、报表之间的比较

每个 Microsoft Access 数据库对象(如表、查询、窗体、报表、页、宏和模块等)都是针对特定目的而设计的。在 Access 中,创建数据访问页的方法与创建窗体或报表的方法大体相同,如都要使用字段列表、工具箱、控件、排序与分组对话框等。

数据访问页的作用与窗体类似,都可以用来作为浏览和操作数据库数据的用户操作界面。窗体具有很强的交互能力,主要用于访问当前数据库中的数据;数据访问页除了可以访问本机上的 Access 数据库外,还可以用于访问网上数据库中的数据。

数据访问页能完成报表所显示的大部分工作,但与报表相比,还具有以下优点。

①由于与数据绑定的数据访问页连接到数据库,因此这些数据访问页显示的是数据库的当前数据。

②数据访问页是交互式浏览,用户可以根据需要对数据进行筛选、排序和查看。

③数据访问页还可以通过电子邮件方式进行分发,当收件人打开邮件可以看到当前数据。

一般情况下,在 Access 2003 数据库中输入、编辑和交互处理数据时,可以使用窗体,也可以使用数据访问页,但不能使用报表。通过 Internet 输入、编辑和交互处理数据时,只能使用数据访问页实现,而不能使用窗体和报表。要打印发布数据时,最好使用报表,也可以使用窗体或数据访问页,但效果不如报表。若要通过电子邮件发布数据,就只能使用数据访问页进行。

### 8.1.2 数据访问页视图

无论数据访问页对象多么不同于 Access 数据库中的其他对象,Access 依然采用与其他对象相同的创建与设计方式:提供一个页对象创建向导用于初步创建一个数据访问页对象,提供页"设计"视图用于完善数据访问页对象的全面设计。

数据访问页是以 HTML 编码的窗体,有 3 种视图方式:页视图、设计视图及网页预览视图。

1. 页视图

页面视图是在 Access 数据中使用数据访问页图的基本形式。利用数据库对象中的"新建/自动创建数据访问页:纵栏式",如图 8-2 所示,向导新建的数据访问页就是以这种视图方式打开的"员工详细信息表",可图 8-3 所示。

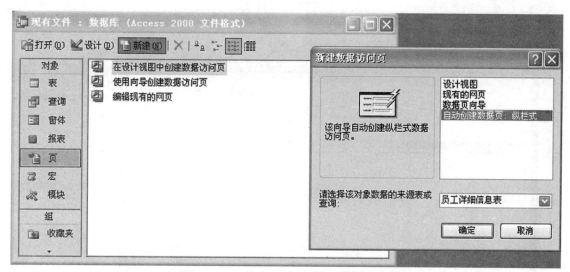

图 8-2　新建/自动创建数据访问页:纵栏式

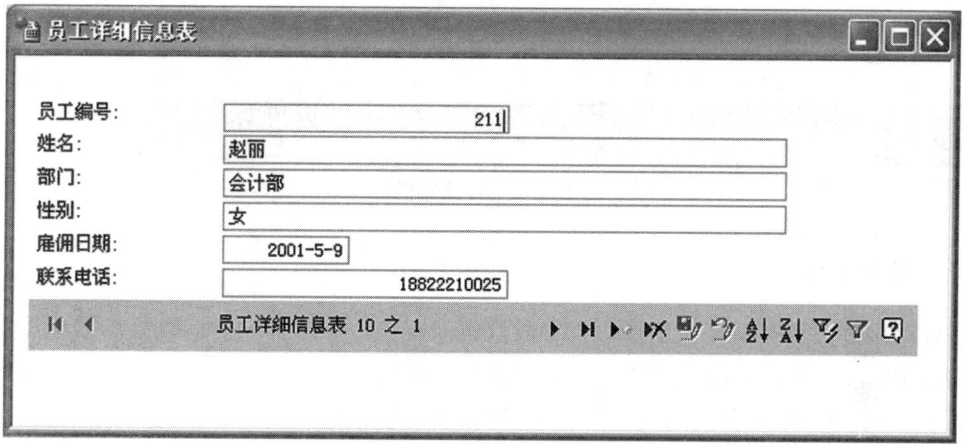

图 8-3　"员工详细信息表"的页视图

2.设计视图

数据访问页的设计视图与报表的设计视图类似,在设计视图中可以创建、设计或修改数据访问页。

在设计视图中的页设计工具箱,与其他视图的工具箱比,增加了一些与网页设计相关的控件,如图 8-4 所示,对应的页设计视图可见图 8-5 所示。

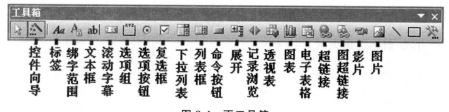

图 8-4　页工具箱

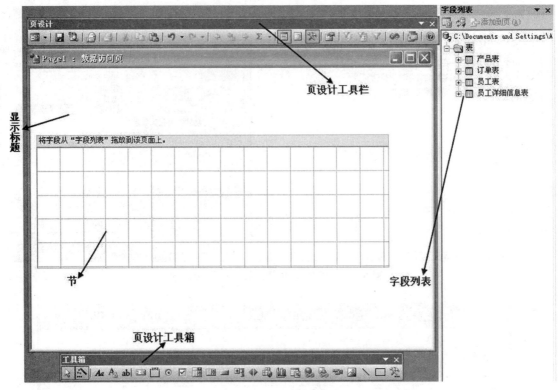

图 8-5　页设计视图

3. 网页预览视图

可以用多种方法在网页浏览器中打开数据访问页。

①选中数据页对象，执行"文件"→"网页预览"命令。

②右击数据页对象，执行快捷菜单中的"网页预览"命令。

③双击存储在磁盘上的数据访问页文件。

## 8.2　数据访问页的创建

利用页设计向导在 Access 数据库中创建简单的数据访问页对象，是一种非常有效的方法。数据访问页上既可以显示字符形式的数据，也可以显示图表形式的数据。

与窗体对象类似，数据访问页对象必须以表对象或查询对象作为自己的数据源。如果一个数据访问页对象将其数据源数据以字符形式予以显示，且采用单个控件的形式安排数据显示格式，即称其为基于单个控件的数据访问页对象。

### 8.2.1　自动创建数据访问页

用自动创建数据访问页的方法创建的数据访问页包含基础表、查询或视图中图片字段以外的所有字段和记录。因此，使用自动创建数据访问页是最快捷的方法，使用这种方法，用户除指定数据源外，不需要做任何其他设置，所有操作都由 Access 自动完成。

使用自动创建数据访问页的方法创建纵栏式数据访问页,数据源为"员工详细信息表"。

自动创建数据访问页方法的具体操作步骤如下:

①在数据库窗口中,单击"页"对象,然后单击"新建"按钮,打开"新建数据访问页"对话框。

②在"新建数据访问页"对话框中选择"自动创建数据页:纵栏式"列表项,然后在数据来源下拉列表框中选择"员工详细信息表",如图 8-6 所示。

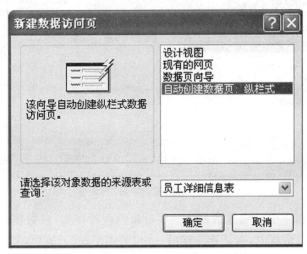

图 8-6　"新建数据访问页"对话框

③单击"确定"按钮,在页视图中显示自动创建数据访问页。

④单击页视图窗口中的"关闭"按钮,系统提示是否保存该数据访问页。单击"是"按钮,

⑤在该对话框中指定 Web 页存放的路径和文件名,这里输入文件名为"员工详细信息表"。在为数据访问页命名时,尽量做到见名知义。

⑥单击"确定"按钮,即完成了自动创建数据访问页的操作。

使用"自动创建数据访问页"的方法创建数据访问页时,Access 自动会在当前文件夹中将创建的数据访问页保存为 HTML 格式,并且在数据库窗口中添加一个访问该页的快捷方式。将鼠标指针指向该快捷方式时,可以显示该文件的路径。

### 8.2.2　使用向导创建数据访问页

使用向导创建一个数据访问页的初始模型是一个可取的方法,可以在向导的提示下非常快捷地完成一个数据访问页对象的创建操作。

使用向导创建"员工详细信息表"数据访问页。

①新建数据访问页。结合图 8-2 所示,在"新建数据访问页"对话框中选择"数据页向导",单击"确定"按钮,打开"数据页向导"对话框。另一种启动数据页向导的操作方法是在数据库"设计"视图的"页"对象选项卡上双击"使用向导创建数据访问页"选项,也可以启动"数据页向导"。

在打开的"数据页向导"对话框中选择"表:员工详细信息表",选定要在数据访问页中显示的字段并添加到"选定的字段"列表框中,具体可见图 8-7 所示。

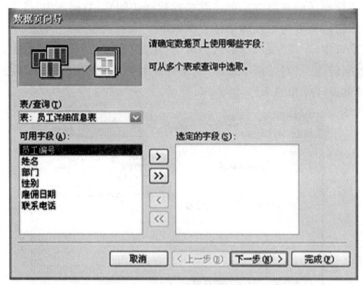

图 8-7 "选定的字段"列表框

数据页向导通过以下引导完成数据访问页对象的创建操作：从数据源中为数据访问页选择使用字段。在图 8-7 对话框中，对话框左端有一个"可用字段"列表框，其中列出的是所选数据源中的全部可用字段，对话框右端有一个"选定的字段"列表框，其中显示了所有准备放置在数据访问页上字段。根据需要选择那些需要出现在数据访问页上的数据字段或计算字段，并将其逐一移动至对话框右端的"选定的字段"列表框中。通过单击"＞＞"按钮选择"员工详细信息表"表中的所有字段。

②单击"下一步"按钮，在弹出的"数据页向导"对话框中添加分组级别。这里按照"部门"字段分组，具体可见图 8-8。

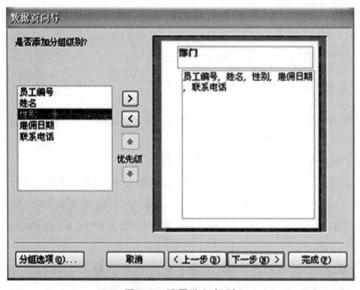

图 8-8 设置分组级别

在图 8-8 对话框中可以设置数据分组。对话框分为左右两个组合框，分别列出数据源的可用字段和本数据访问页的选定字段。如果需要设定数据分组,可以在其左端的组合框中逐一选定分组字段,然后单击">"按钮,即可逐一地将选定字段添加到对话框右端的组合框中,使其成为分组字段。

若选定了分组字段,会产生以下两个结果:

· 当数据访问页运行时,所有数据将按照指定的分组字段分组排列显示。

· 数据访问页中的所有数据将成为只读属性,无法更改其中的数据。

所以是否设置分组以及如何设定分组字段,应该根据实际应用的需要确定。

当选择了多个分组字段后,可以通过单击"↑""↓"按钮来设置分组字段的优先级。单击"<"按钮可以撤销用于分组的字段。

③单击"下一步"按钮,在弹出的"数据页向导"对话框中选择排序字段和排序类型。具体如图 8-9 所示。

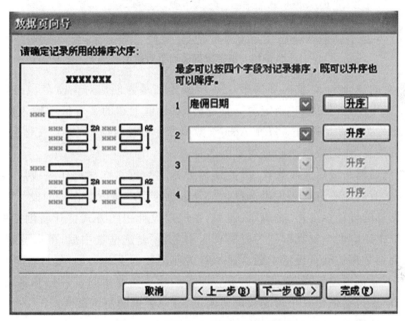

图 8-9　选择排序字段和排序类型

显示在数据访问页上的数据采用何种顺序排列,是在数据页向导操作的第三步所要确定的问题。在图 8-9 对话框中可以完成确定字段数据的排列顺序的操作。

从该对话框中可以看到,数据页向导最多允许指定 4 个字段作为排序依据。这 4 个排序字段的选择,可以通过对话框中的 4 个下拉式列表框实现。每一个列表框的右侧均有一个排序方向按钮,单击即可选择指定排序的方向。排序默认方式为升序。

也可以不选定排序字段,如果这样,则数据页上的数据将按照数据源中的关键字段排序。如果选定多个排序字段,则其主次顺序为由上至下,在保证第 1 个字段有序的前提下,第 2 个字段有序,以此类推。

在这里,选定"雇佣日期"为主排序字段,且应设定为升序排列。

④单击"下一步"按钮,进入"数据页向导"的第四步对话框,如图 8-10 所示。

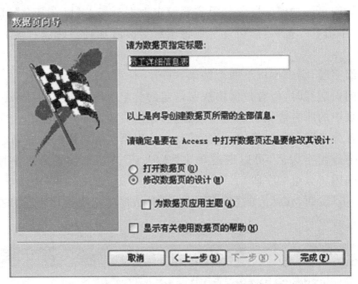

图 8-10　指定数据访问页对象名称

⑤几乎所有的 Access 对象向导的最后一步操作都是为创建对象命名,数据页向导同样如此。在这一步操作中,首先应在"指定数据页标题"对话框上端的文本框中输入数据访问页对象名称,该名称将称为数据访问页对象在 Access 数据库中链接对应 HTML 文件的名字。在这里,输入"员工详细信息"作为数据访问页对象的名称。

由于这个对话框是最后一步操作,因此还需要指定数据页向导操作完成后,要求 Access 应该进行的操作。有两个单选按钮可供选择:"打开数据页"和"修改数据页的设计",向导默认选择的是"修改数据页的设计",单击"完成"按钮后,系统以设计视图方式打开新创建的数据访问页。另外,在对话框中还有两个复选框:"为数据页应用主题"复选框选中后,可以驱动数据页主题设定对话框,以便为数据访问页设定主题;"显示有关使用数据页的帮助"复选框选中后,可以显示相关帮助文本。此例这里选择"打开数据页",即在创建了数据访问页后打开页面视图。系统根据用户提供的信息自动创建一个新的数据访问页,显示数据的浏览页面。

单击"完成"按钮关闭向导程序,弹出图 8-11 所示的显示结果。

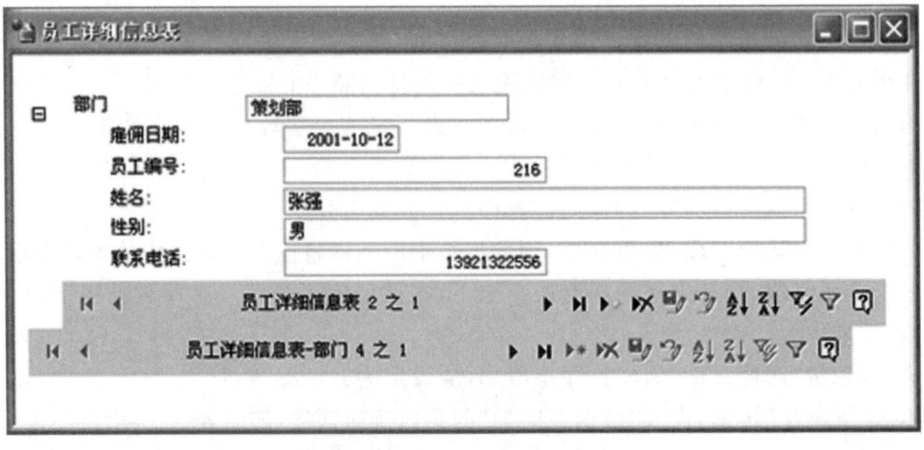

图 8-11　数据访问页显示结果

　　如果选择"修改数据页的设计",则会激活对话框上的"为数据页应用主体"复选框,选中该复选框,然后单击"完成"按钮。则 Access 2003 会在设计视图中打开该页,同时会打开选择主题对话框。

　　主题是类似于 Word 模板文件的 HTML 格式文件,它包含了各种预定义的格式,如 HTML 文件中的标题字体、背景颜色、超级链接的颜色等。Access 2003 为用户提供了多达 67 种主题,这些主题可用于 Access 2003 组件创建的 HTML 文件中,在列表中选中一种主题,对话框会显示该种主题的示范。

　　⑥单击工具栏的"保存"按钮,设置文件名为"员工详细信息表 1"。

　　单击工具栏上的"保存"按钮,系统打开"另存为数据访问页"对话框,并给出一个默认的保存位置。

　　也可以选择将数据访问页保存到特定的位置。在"另存为数据访问页"对话框"文件名"文本框中为数据访问页指定名称,然后单击"保存"按钮,完成数据访问页的保存工作。

　　注意:数据访问页对象不同于其他 Access 对象,它并不是被保存在 Access 数据库文件(*.MDB)中,而是以一个单独的 *.HTM 格式的磁盘文件形式存储,仅在 Access 数据库"页"对象列表中保留一个快捷方式。

### 8.2.3　在设计视图创建数据访问页

　　利用自动创建数据访问页的方法和数据访问页向导的方法虽然都能快速地创建数据访问页,但是通过这两种方法所创建的数据访问页一般较为简化,而且形式与种类都有限,不能完全满足实际需求。如果想要根据实际需求,创建出满足实际需求的数据访问页,还必须通过使用数据访问页设计视图来完成。

　　用设计视图创建数据访问页,方法类似于在设计视图中创建窗体和报表,在设计窗体和报表时所用到的各种工具和技术几乎均适用于所有数据访问页的设计。但是,由于数据访问页最终目标位置是显示在网页上,所以数据访问页的控件工具箱与窗体和报表的工具箱是有些区别的。数据访问页的工具箱如图 8-12 所示。

**图 8-12　数据访问页设计视图的工具箱**

数据访问页的工具箱中特有的工具按钮名称及作用如表 8-1 所示。

**表 8-1　数据访问页工具箱中特有的工具按钮**

| 按钮 | 名称 | 功　　能 |
|---|---|---|
| A<sub></sub> | 绑定范围 | 显示来自数据库中某字段的数据或一个表达式的结果 |
| | 滚动文字 | 在数据访问页上插入一段移动或滚动的文字信息 |
| | 展开 | 数据访问页中插入一个展开或收缩按钮,用显示或隐藏分组的记录信息 |

| 按钮 | 名称 | 功　能 |
|---|---|---|
| | 记录浏览 | 可以移动、添加、删除和查找记录 |
| | Office 数据透视表 | 数据访问页上插入数据透视表,按行和列格式显示只读数据,可以重新组织数据格式,使用不同方法分析数据 |
| | Office 图表 | 数据访问页上插入二维图表,使用户易于查看数据的比较、模式及趋势 |
| | Office 电子表格 | 在数据访问页上添加 Office 电子表格组件,以提供 Microsoft Excel 工作表的某些功能 |
| | 超链接 | 在数据访问页中插入超链接 |
| | 图像超链接 | 使用图像超链接往数据访问页中添加图像 |
| | 影片 | 创建影片控件 |

打开数据访问页设计视图之后,若工具箱处于隐藏状态,则可单击视图工具栏上的"工具箱"按钮,也可以执行"视图"菜单中的"工具箱"命令,都可以显示数据访问页的工具箱。

除了工具箱有区别外,数据访问页的字段列表与窗口、报表的字段列表的字段列表也有些区别,窗口与报表会显示上方所有的数据来源的字段,而数据访问页则只显示所有表或查询。

在数据访问页设计视图中,只要有字段的地方,就会弹出属性窗口,打开及使用方法也跟窗体的属性窗口一模一样。

使用数据访问页设计视图的方法设计数据访问页的步骤是:首先是打开数据访问页设计视图,打开数据访问页设计视图窗口有两种方法,这两种方法的差别就在于是否使用新的对象快捷方式来选取来源表的方式。如果不想使用新对象快捷方式打开设计视图,就可以按照下面的例子中的步骤进行。

以"现有文件"数据库中的"产品表"为基础,使用设计视图来创建数据访问页。可以按如下步骤进行:

①在数据库窗口中,选择"页"对象,单击工具栏中的"新建"按钮,在弹出的"新建数据访问页"对话框中,选择创建数据访问页所需的数据源,这里选择"产品表"作为数据源。再双击"设计视图"(参见图 8-2 所示)。

②单击"确定"按钮,打开数据访问页的"设计视图",如图 8-13 所示。

在设计视图中的"将字段从字段列表拖放到该页面上"格式区,用于设计与数据库中对象(表或查询)关联的控件。"字段列表"窗口中显示数据库中的所有表和查询。

③选择"数据访问页"所需的字段。

在"字段列表"中列出了当前数据库中所有的表、查询以及页。列表以树型结构的方式组织数据库对象,单击节点前面的"+",可以展开节点。树中最小的分支是表或查询中的字段。单击选中某个表、查询或某个字段,然后单击"字段列表"工具栏上的"添加到页"按钮,将选中的对象添加到页中,也可通过双击鼠标或拖放的方式将其拖到"设计视图"中,拖放是最常用的方式,因为这样便于控制添加的对象在页中的位置。

如果要添加整个表,可展开"字段列表"中的"表"节点,选中表名进行拖放,可自动将表中所有字段添加到页中。

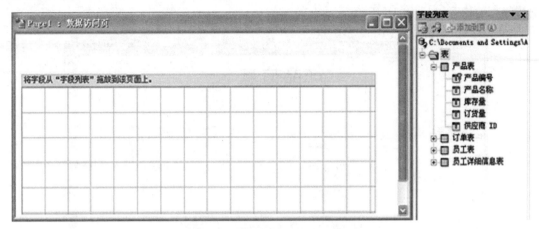

图 8-13 数据访问页的"设计视图"

此处选择将"产品表"拖动到"设计视图"中,先会弹出"版式向导"对话框,如图 8-14 所示,选择所需版式后,单击"确定"按钮,添加字段后的"设计视图"如图 8-15 所示。

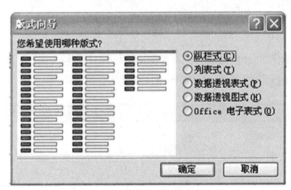

图 8-14 "版式向导"对话框

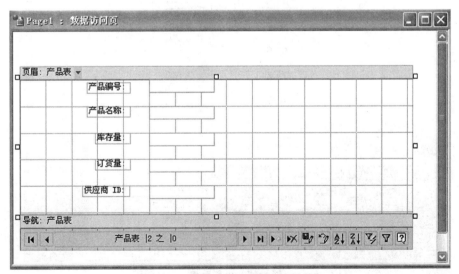

图 8-15 添加字段后的"设计视图"

④添加标题。单击设计视图中"单击此处并键入标题文字",在此输入文本"产品信息"作为数据访问页的标题,如图 8-16 所示。

图 8-16　键入标题文字

⑤设置分组。单击要作为分组字段的文本框,将其选中,此处选中"产品编号"字段。然后在选中的文本框上单击右键打开快捷菜单,如图 8-17 所示。

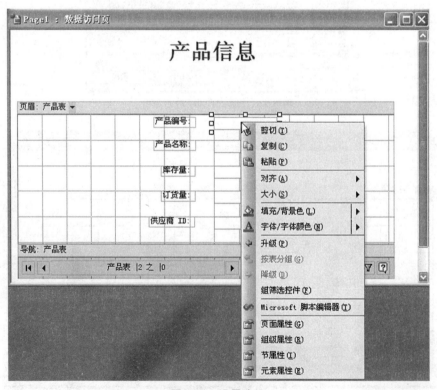

图 8-17　设置分组

在快捷菜单中选择"升级"命令,则 Access 将自动把该字段升级到高一级的分组中,可见图 8-18 所示。

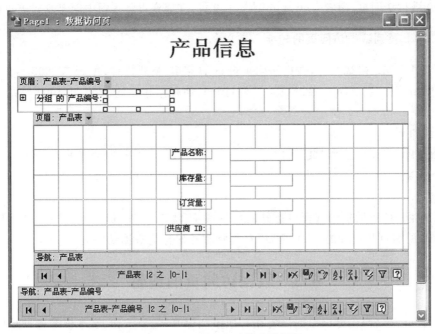

图 8-18　设置分组后的设计视图

⑥单击工具栏上的"视图"按钮,切换到数据页的页面视图,在此图中单击"分组的产品编号"前面的"田"型图标,来展开分组字段下的内容,如图 8-19 所示。

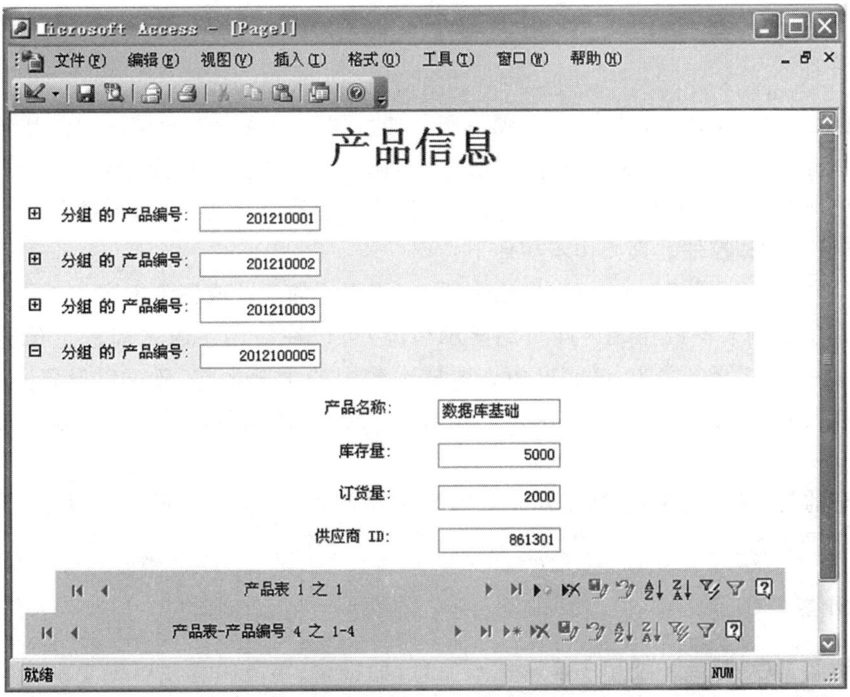

图 8-19　"产品信息"数据访问页

选择在页中显示表中数据使用的板式,可以选择使用单个控件分别显示表中各个字段,或选择使用数据透视表来显示所有记录。

⑦保存该数据访问页,命名为以 .htm 结尾的文件,完成在设计视图中创建数据访问页的过程。

### 8.2.4　Web 页到数据访问页的转换

Web 页是 HTML 格式文件,数据访问页也是 HTML 格式文件,Access 2003 可以识别其他程序建立的 Web 页。在 Access 2003 中,只要打开其他程序建立的 Web 页就可以将其转换为数据访问页。

操作步骤如下:

①在"数据库"窗口中选择"页"对象后,单击"新建"按钮,打开"新建数据访问页"对话框。

②在"新建数据访问页"对话框中选择"现有的网页",然后单击"确定"按钮,系统打开"定位网页"对话框。

③在"定位网页"对话框中选择要打开的网页或 HTML 文件,然后单击"打开"按钮,Access 2003 将以设计视图打开选择的 Web 页,可对其修改并保存为数据访问页。

## 8.3　数据访问页的编辑

数据访问页创建后,还可以根据需要在其他添加标签、命令按钮、文本框等各种控件,利用这些控件可以方便地对数据库进行访问和编辑。并且利用"主题"、"背景"等设计修饰数据访问页,达到美化页面的目的。

### 8.3.1　添加主题、标签及命令按钮

1. 添加主题

主题是项目符号、字体、水平线、背景图像和其他数据访问页元素的设计元素和颜色方案的统一体。主题有助于方便地创建专业化设计的数据访问页。将主题应用于数据访问页时,将会自定义数据访问页中的以下元素:正文和标题样式、背景色彩或图形、表边框颜色、水平线、项目符号、超级链接颜色和控件。其操作步骤如下:

①使用"样式"→"主题"命令,首次应用主题、应用不同的主题或删除主题。

②在选择主题列表中的主题访问页的显示情况,可以在应用主题之前进行预览。在应用"主题"对话框中,然后在"主题示例"框中查看样本数中的主题之前,还可以设置一些选项,用来给文本和图形应用较亮的颜色,使特定的主题图形变为活动的图形,对数据访问页应用背景,如图 8-20 所示。

需要注意的是,只有在 Web 浏览器中查看数据访问页时,主题图形才可以是活动的,而在 Access 中主题图形总是静态的。

2. 添加标签

在数据访问页中,标签主要用于显示文本信息,如标题、字段内容说明等文本。向数据访问页中添加标签的操作步骤如下:

①在"设计"视图中打开数据访问页。

②执行下列操作之一：

· 若要添加标题，单击标记为"单击此处并键入标题文字"的占位文本。

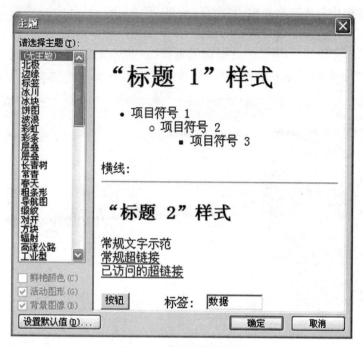

图 8-20 "主题"背景设置

· 若要添加标题或其他信息性文本，可单击工具栏的中的"标签"按钮，直接在标签中输入所需的文本信息，使用"格式"工具栏的按钮，设置文本的字体、字体大小及其他特性。用鼠标右键单击"标签"，执行弹出的快捷菜单中"元素属性"命令，打开标签的属性对话框，在对话框中可以修改标签的其他属性，具体可见图 8-21 所示。

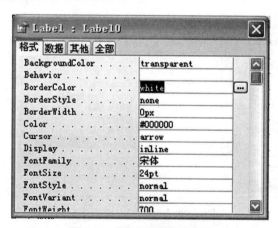

图 8-21 "元组属性"对话框

当对标签中的文字选择居中对齐后，向右拖动标签，使标签长度增加，可以实现标签文字在数据访问页中居中。

3．添加命令按钮

利用命令按钮可以对记录进行浏览和操作。操作步骤如下：

①在"设计"视图中单击工具箱中的"命令"按钮。

②将鼠标移到页中要添加命令按钮的位置，按下鼠标左键。弹出"命令按钮向导"对话框，如图 8-22 所示。例如，为图 8-18 所示的数据访问页添加"上一条记录"命令按钮。在该对话框"类别"列表框中选择"记录导航"选项，在"操作"列表框中选择"转至下一项记录"选项。

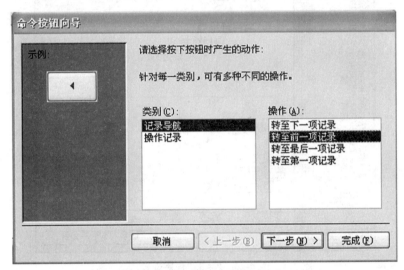

图 8-22 "命令按钮向导"对话框

③单击"下一步"按钮，在出现的对话框中要求用户选择按钮上面的显示文字还是图片后，这里选择"文本"单选按钮后面的文本框中输入"上一条记录"，如图 8-23 所示。

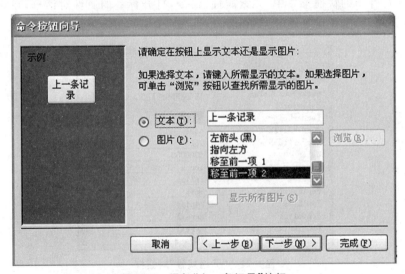

图 8-23 添加"上一条记录"按钮

④单击"下一步"按钮，屏幕上显示"命令按钮向导"的第三个对话框。在该对话框中输入按钮的引用名称"前一个记录"，如图 8-24 所示。

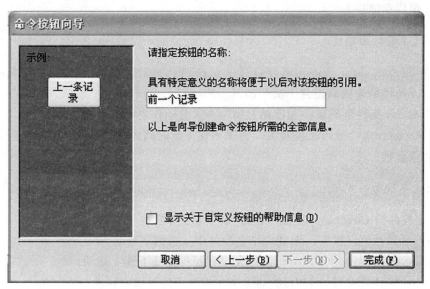

图 8-24　完成"命令按钮向导"

⑤单击"完成"按钮,在数据访问页中就成功添加了一个"命令按钮"控件。还可以用鼠标调整该"命令按钮"控件的大小和位置,也可以用鼠标右键单击该"命令按钮"控件,执行弹出的快捷菜单中的"属性"命令,打开"命令按钮"控件的属性窗口,根据需要修改"命令按钮"控件的属性。

⑥若要在数据访问页中创建"下一条记录"命令按钮控件,其主要步骤类似"上一条记录"的创建。

⑦完成命令按钮的创建操作后,把数据访问页从设计视图切换到页视图,调整命令按钮的大小和位置。右击并弹出快捷菜单,从中选择"属性"命令,打开命令按钮的属性窗口,根据需要调整命令按钮的属性。

### 8.3.2　设置滚动文字

#### 1. 设置未绑定型滚动文字控件

单击工具箱中的"滚动文字"按钮,然后在数据访问页中准备放置滚动文字的位置单击。Access 将创建默认尺寸的滚动文字控件。如果需要创建特定大小的滚动文字控件,则应在数据访问页上拖放控件,直到获取所需的尺寸大小为止。在滚动文字控件中输入相关文本及格式,就形成了该滚动文字控件显示的信息。

#### 2. 设置滚动文字的运动

滚动文字的默认运动方式为从左到右的运动。如果需要设定与之不同的运动方式,可通过设置滚动文字控件的 Behavior 属性来实现。

①将滚动文字控件的 Behavior 属性值设定为 Scroll,文字在控件中连续滚动。

②将滚动文字控件的 Behavior 属性值设定为 Slide,文字从开始滑动到控件的另一边,然后保持在屏幕上。

③将滚动文字控件的 Behavior 属性值设定为 Alternate,文字从开始到控件的另一边来回滚

动,并且总是保持在屏幕上。

**3. 更改文字滚动的速度**

滚动文字控件的 True Speed 属性设置为 True 时,允许通过设置 Scroll Delay 属性值和 Scroll Amount 属性值来控制控件中文字的运动速度。

①Scroll Delay 属性值用来控制滚动文字每个重复动作之间延迟的毫秒数。

②croll Amount 属性值用来控制滚动的文本在一定时间内(该时间在"滚动延迟")属性框中指定)移动的像素数。

**4. 更改文字滚动的方向**

滚动文字控件的 Direction 属性值用来控制滚动文字控件中文字的运动方向。

①Direction 属性值设置 Up,滚动文字在控件中从上到下移动。

②Direction 属性值设置为 Down,滚动文字在控件中从下到上移动。

③Direction 属性值设置为 Left,滚动文字在控件中从左到右移动。

④Direction 属性值设置为 Right,滚动文字在控件中从右到左移动。

**5. 更改滚动文字重复次数**

通过设置滚动文字控件的 Loop 属性来实现。

①将滚动文字控件的 Loop 属性值设定为－1,文字连续滚动显示。

②将滚动文字控件的 Loop 属性值设定为一个大于零的整数,文字滚动指定的次数。例如,如果将 Loop 属性值设置为 10,文字将滚动 10 次,然后停止不动,如图 8-25 所示。

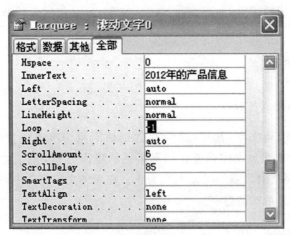

图 8-25 滚动文字控件的属性框

### 8.3.3 设置背景声音及链接

**1. 添加背景声音**

为数据访问页添加背景声音,可以增加浏览数据访问页时的效果,其操作步骤如下:

①在"设计"视图中打开数据访问页。

②在"格式"菜单中,选择"背景"命令,然后单击"声音"按钮。

③在出现的"插入声音文件"对话框中,确保在"文件类型"下拉列表框中选定"所有声音文件(＊.wav;＊.au)",然后定位要用作背景声音的文件。

在"页"视图或浏览器中打开该页时,将播放声音。

2. 添加链接

在数据访问页中,超级链接也是以控件的形式出现的。要插入一个超级链接,可以单击控件工具箱中的"超级链接"按钮,像插入其他控件那样在数据访问页中拖拽鼠标画出一个矩形,然后松开鼠标左键,系统将弹出"插入超链接"对话框,在该对话框中可以选择链接到一个原有的Web 页文件,或者链接到本数据库中的某个数据访问页,还可以链接到一个新建的页或链接到一个电子邮件地址。选择需要链接的目标,并在对话框上部的"要显示的文字"文本框中输入超级链接的显示内容,然后单击"确定"按钮。

# 8.4　数据访问页的发布与访问

数据访问页是独立的 HTML 语言文件,使用数据访问页,不仅可以在 Access 窗口中浏览,也可以利用浏览器浏览数据访问页。还可以在浏览器中浏览数据库中的数据,在浏览过程中还可以对数据进行添加、编辑和删除等多种操作。

在安装 Internet Explorer 5.0 或更高版本的 IE 浏览器后,可以用浏览器打开所创建的数据访问页。对于分组数据访问页,在默认情况下,在 IE 窗口中打开时,下层组级别都成折叠状态。

## 8.4.1　在 Access 窗口中浏览数据访问页

利用 Access 的"页面视图"浏览"产品信息"数据访问页。

①在"页"窗口选择要浏览的数据访问页,如选择"产品信息"数据访问页。

②单击"打开"按钮,即可在"页面视图"中打开数据访问页;双击要浏览的数据访问页,也可打开数据访问页,如图 8-26 所示。

## 8.4.2　在浏览器中浏览数据访问页

利用浏览器打开数据访问页浏览数据,操作如下:

①打开浏览器,这里以遨游浏览器为例。

②选择"文件"菜单中的"打开"命令,打开"打开"对话框。

③单击对话框中的"浏览"按钮,弹出"打开"对话框,选择数据访问页所在的路径和文件名后,如选择"Page1",单击"打开"按钮。

④单击"打开"对话框中的"确定"按钮,打开数据访问页,如图 8-27 所示。

利用 IE 浏览器访问数据访问页,操作步骤如下:

①打开 Internet Explorer 浏览器,选择"文件"菜单中的"打开"命令。

②在"打开"对话框中,单击"浏览"按钮,选择要打开的数据访问页。

③在 IE 浏览器中使用打开的数据访问页。

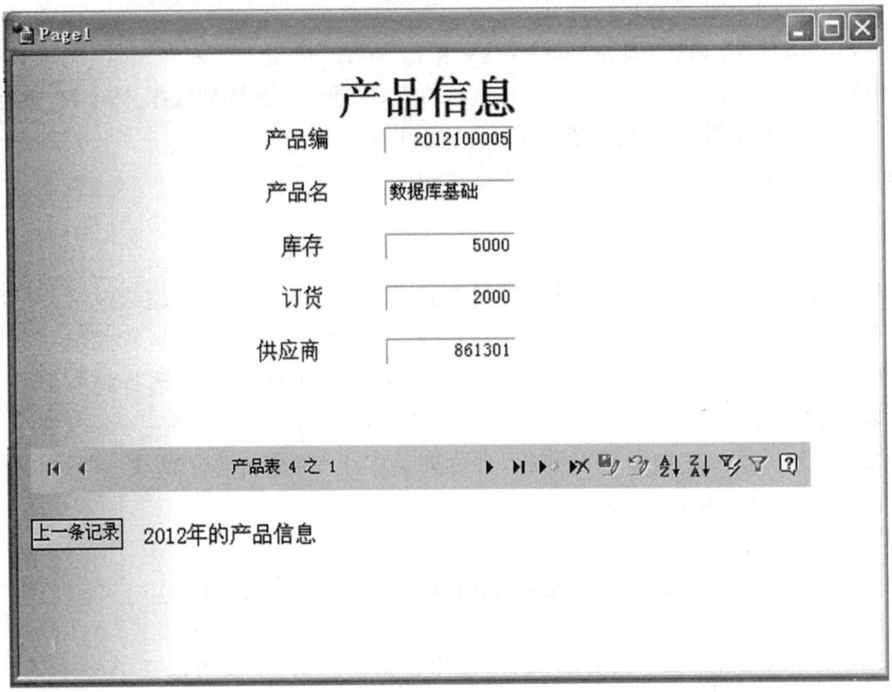

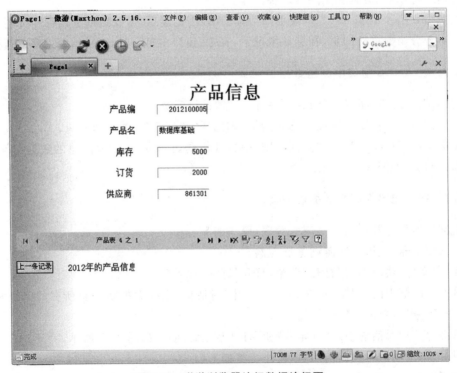

图 8-26 "产品信息"数据访问页

图 8-27 遨游浏览器访问数据访问页

# 第9章 宏的设计

## 9.1 宏概述

Access 中的宏是指一些操作命令的集合,其中每个操作完成如打开和关闭窗体、显示和隐藏工具栏等一些简单重复的功能。在数据库打开后,宏可以自动完成一系列操作。使用宏非常方便,不需要记住各种语法,也不需要编程,只需利用几个简单宏操作就可以对数据库完成一系列的操作,宏实现的中间过程完全是自动的,从而极大地提高工作效率。

宏是 Access 数据库的一个对象,是实现 Access 应用开发方面的功能之一,在 Office 软件的其他组件中也有宏。宏的作用是将一些经常重复、繁琐的操作自动化。利用它可以增加对数据库中数据的操作能力,无需编程即可完成对数据库对象的一些操作。在使用宏时,只需给出操作的名称、条件和参数等就可以自动完成特定的操作。因为宏操作的参数都显示在宏的设计窗口上。

### 9.1.1 宏定义

把那些能自动执行某种操作或操作的集合称为宏(Macro),其中每个操作执行特定的功能。宏是由一个或多个宏操作组成的,宏操作又称为宏命令,在 Access 中有 50 多种基本宏命令,以实现规定的操作或功能。

宏的优点在于无须编程即可完成对数据库对象的各种操作。在宏中使用的操作与操作系统中的批处理命令非常相似。用户在使用宏时,只需给出操作的名称、条件和参数,就可以自动完成特定的操作。

用户可以单独使用或将一些指令组织起来按照一定的顺序使用,以实现自己所需要的功能。宏与菜单命令类似,但二者对数据库操作的时间不同,作用时的条件也不同。菜单命令一般用在数据库的设计过程中,而宏命令则被用在数据库的执行过程中;菜单命令必须由使用者实施,在前台显性操作,而宏操作隐藏在后台自动完成。

宏的操作也可以通过使用 VBA 编程来实现。选择使用宏还是用 VBA 编程,取决于需要完成的任务的复杂程度。一般而言,对于较简单的事件处理方法,可以采用设计相应的宏来实现,反之则使用 VBA。

宏是一种命令,它如同菜单操作命令一样,但是宏对数据库操作的时间不同,作用时的条件也有所不同。菜单命令一般用在数据库的设计过程中,宏命令却被用在数据库的执行过程中;宏的操作过程隐藏在后台自动执行,而菜单命令必须由使用者来实施,在前台显性操作。

例如,OpenForm 宏用于打开数据库的窗体,OpenQuery 用于打开查询对象,使用这些宏命令,Access 系统的操作会在后台自动完成。

### 9.1.2 宏的功能

在 Access 中,宏一般可以完成以下功能:

①打开、关闭 Access 数据库对象。

②实现数据的导入和导出。

③浏览、查找、筛选记录。

④控制窗口的大小和位置。

⑤控制显示和焦点。

⑥设置控件的属性或值。

⑦建立菜单和执行菜单命令。

⑧模拟键盘动作。

⑨提示用户。

⑩执行任意的应用程序模块，甚至包括 MS-DOS 程序。

⑪更名、复制、删除和保存对象。

### 9.1.3　宏的分类

Access 中的宏可以是包含操作序列的一个宏，也可以是由若干个宏构成的宏组。另外，还可以使用条件表达式来决定在什么情况下运行宏，以及在运行宏时是否进行某项操作。一般情况下，可以将宏分为三类。

（1）单个宏

单个宏由单个宏操作组成。大多数操作都需要一个或多个参数。

（2）宏组

宏组由多个宏组成。通常情况下，为了完成一项功能而需要使用多个宏，宏组将相关的宏放在一起，形成宏组，完成更复杂的操作。宏组可以减少宏对象的数量，有利于对宏进行管理。

（3）条件宏

条件宏就是利用宏的条件表达式来控制宏的流程。在不指定操作条件的情况下，运行宏时，Access 将顺序执行宏中包含的所有操作。若某一个宏操作的执行是有条件的，即只有当条件为真时才执行，而条件为假时就不执行，可以在该操作的“条件”列中给定一个逻辑表达式。当宏执行时，首先判断该操作的执行条件是否成立，若条件为真，则执行该操作；若条件为假，则不执行该操作，转去判定下一个操作。

在“条件”列中，指定某个宏操作的执行条件，一般可以利用“表达式生成器”设定操作的执行条件。在输入表达式的过程中，经常要引用某个控制的值，表达式中的控制必须符合以下格式：

Forms！［窗体名］！［控件名］或 Reports！［报表名］！［控件名］

注意：在“条件”列中不可输入非逻辑表达式，如算术表达式、SQL 语句等都是不可被接受的。

### 9.1.4　宏的触发条件

在实际应用中，常常将基本命令排成一组，按照顺序执行。可以通过触发一个事件运行宏，如单击一个命令按钮、更新文本框的内容等都可以触发宏；此操作也可以在数据库的运行过程中自动实现。

Access 的宏是通过窗体或控件的相关事件调用的，使用起来非常方便。运行宏的前提是有触发宏的事件发生。

（1）焦点处理

①Activate（激活）。事件发生在当窗体或报表等成为当前窗口时。

②Deactivate（停用）。发生在其他 Access 窗口变成当前窗口时。例外是当焦点移动到另一个应用程序窗口、对话框或弹出窗体时。

③Enter（进入）。事件发生在控件接收焦点之前，即 GetFocus 之前发生。

④Exit（退出）。事件发生在焦点从一个控件移动到另一个控件之前，即 LostFocus 之前发生。

⑤GetFocus（获得焦点）。当窗体或控件接收焦点时，事件发生。

⑥LostFocus（失去焦点）。在窗体或控件失去焦点时，事件发生。

（2）键盘输入

①KeyDown（按下键）。事件发生在控件或窗体具有焦点并在键盘按任何键时。但是对窗体来说，一定是窗体没有控件或所有控件都失去焦点时，才能接收该事件。

②KeyPress（击键）。事件发生在控件或窗体有焦点、当按下并释放一个产生标准 ANSI 字符的键或组合时。但是对窗体来说，一定是窗体没有控件或所有控件都失去焦点时，才能接收该事件。

③KeyUp（释放键）。事件发生在控件或窗体有焦点、释放一个按下的键时。但是对窗体来说，一定是窗体没有控件或所有控件都失去焦点时，才能获得焦点。

（3）鼠标操作

①Click（单击）。事件发生在对控件单击鼠标时。对窗体来说，一定是单击记录选定器、节或控件之外区域，才能发生该事件。

②DblClick（双击）。事件发生在对控件双击时。对窗体来说，一定是双击空白区域或窗体上的记录选定器才能发生该事件。

③MouseDown（按下鼠标）。事件发生在当鼠标指针在窗体或控件上按下鼠标时。

④MouseMove（移动鼠标）。事件发生在当鼠标指针在窗体、窗体选择内容或控件上移动时。

⑤MouseUp（释放鼠标）。当鼠标指针在窗体或控件上，释放按下的鼠标时发生事件。

（4）数据处理事件

①BeforeInsert（插入前）。事件发生在开始向新记录中写第一个字符，但记录还没有添加到数据库时。

②AfterInsert（插入后）。事件发生在数据库中插入一条新记录之后。

③BeforeUpdate（更新前）。事件发生在控件和记录的数据被更新之前。

④AfterUpdate（更新后）。事件发生在控件和记录的数据被更新之后。

⑤BeforeDelConfirm（确认删除前）。事件发生在删除一条或多条记录后，但是在确认删除之前。

⑥AfterDelConfirm（确认删除后）。事件在用户确认删除操作，并且在记录已实际被删除或者删除操作被取消之后发生。

⑦Delete（删除）。事件发生在删除一条记录，但在确认之前时。

⑧Change（更改）。事件发生在文本框或组合框的文本部分内容更改时。

⑨Current（成为当前）。当把焦点移动到一个记录，使之成为当前记录时，发生事件。

⑩OnDirty（有脏数据时）。事件一般发生在窗体内容或组合框部分的内容改变时。

### 9.1.5 宏的操作

宏的操作非常丰富,如果只做一个小型的数据库,用宏就可以实现程序的流程。Access 中提供了 50 多种宏操作,但一般只可能用到一部分常用的宏操作来创建自己的宏。

(1)处理数据库对象的宏

处理数据库对象的宏,如表 9-1 所示。

表 9-1 处理数据库对象的宏

| 操作名称 | 功能说明 |
|---|---|
| OpenForm | 打开指定窗体,并通过选择窗体的数据输入与窗口方式来限制窗体所显示的记录 |
| OpenModule | 打开指定的 Visual Basic 模块 |
| OpenQuery | 打开或运行指定查询,可以为查询选择数据输入方式 |
| Open_Report | 打开或打印指定报表,可限制需要在报表中打印的记录 |
| OpenTable | 打开指定表,可以选择表的数据输入方式 |
| Close | 关闭指定的对象,如果没有指定,则关闭活动对象 |
| Save | 保存指定的对象 |
| DeleteObject | 删除指定的对象 |
| SelectObject | 选择指定的对象 |
| CopyObject | 将指定的数据库对象复制到另外一个 Access 数据库中,或以新的名称复制到同一数据库中 |
| Rename | 重新命名一个指定的对象 |
| PrintOut | 打印打开数据库中的活动对象 |

(2)执行和控制流程的宏

执行和控制流程的宏,如表 9-2 所示。

表 9-2 执行和控制流程的宏

| 操作名称 | 功能说明 |
|---|---|
| RunApp | 启动另一个 Windows MS-DOS 应用程序 |
| RunCode | 调用 Visual Basic 的函数过程 |
| RunCommand | 执行 Access 的内置命令,内置命令可以出现在菜单栏、工具栏或快捷菜单上 |
| RunMacro | 运行指定的宏,该宏可以在宏组中 |
| RunSQL | 执行指定的 SQL 语句 |
| Quit | 退出 Access 系统,可以指定在退出之前是否保存数据库对象 |
| CancelEvent | 取消之前由宏操作引发的一个事件 |
| StopMacros | 停止当前正在运行的宏 |
| StopAllMacros | 终止当前所有宏的运行 |

（3）导入/导出数据的宏

导入/导出数据的宏，如表 9-3 所示。

表 9-3　导入/导出数据的宏

| 操作名称 | 功能说明 |
| --- | --- |
| TransferDatabase | 与其他数据库之间导入/导出数据，或将其他数据库中的表链接到当前数据库中 |
| TransferSpreadsheet | 与电子表格之间导入/导出数据，或将电子表格文件链接到当前数据库 |
| TransferText | 与文本文件之间导入/导出数据 |

（4）对记录进行操作的宏

对记录进行操作的宏，如表 9-4 所示。

表 9-4　对记录进行操作的宏

| 操作名称 | 功能说明 |
| --- | --- |
| FindRecord | 查找符合指定条件的第一条记录 |
| FindNext | 查找符合指定条件的下一条记录，通常与 FindRecord 搭配使用 |
| GoToRecord | 将指定记录作为当前记录 |
| GoToControl | 把焦点移到打开的窗体、窗体数据表、表数据表、查询数据表中当前记录的特定字段或控件上 |
| Requery | 对指定控件重新查询，刷新控件数据 |
| ApplyFiRer | 对表、窗体或报表应用筛选、查询或 SQI。WHERE 子句，以便限制或筛选记录 |

# 9.2　创建与编辑宏

在使用宏之前，需要先建立宏，建立宏的过程很容易，不用去设计编码，但是要理解所使用宏的作用。

## 9.2.1　创建单个宏

创建单个宏的方法很简单，例如，在"公司管理系统"数据库中创建一个宏，要求以只读的方式打开"员工信息表"。

具体操作可按如下步骤进行：

①启动 Access 2003，打开"公司管理系统数据库。

②在左边的"对象"列表框中单击"宏"对象按钮 ，打开"宏"对象面板，如图 9-1 所示。

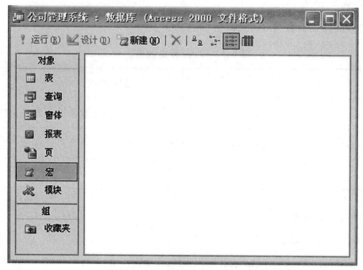

图 9-1 "宏"对象面板

③在"宏"对象面板中,单击"新建"按钮,打开宏的设计视图,如图 9-2 所示。

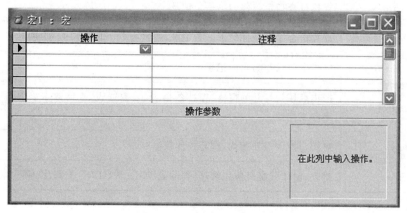

图 9-2 宏的设计视图

上图是一个典型的宏窗口,只有进入这个设计环境才能编辑宏。默认的宏设计窗口只有"操作"和"注释"列。选择"视图"→"条件"命令,在宏设计窗口中加入"条件"列。选择"视图"。"宏名"命令,在宏设计窗口中加入"宏名"列。另外,还可以通过单击工具栏上的"宏名"按钮 ⌀ 或"条件"按钮 ⌀ ,在宏设计窗口中增减"宏名"列和"条件"列,如图 9-2 所示。

宏设计窗口中各列的作用如下。

•条件列。可以在其中列出运行宏的条件,例如"[form1].[txt1]="2007−9−7"",表示当窗体 form1 中的文本框 txt1 的内容等于字符串"2007−9−7"时,执行操作中的宏。

在执行宏时,Access 先计算条件表达式,如果结果为真,就执行该行所设置的操作,然后该操作且在"条件"栏中有"…"的所有操作;不论条件为真或假,都会执行"条件"栏中为空的操作,为了避免这种情况,可采用 StopMacro、RunMacro 中止或重定向宏的运行流程。

•操作列。在其中选择宏操作的名字。设计时可以从下拉列表中(见图 9-4)选择适当的宏操作。

· 注释列。可以在其中书写对宏的文字解释。

· 宏名列。宏名列的作用是在宏组中定义一个或一组宏操作的名字。

④操作参数。宏操作参数随着宏命令的设置而产生,选择不同的操作时,会有不同的参数。

⑤在宏的设计视图中,单击"操作"列下第一个单元格后面的下三角按钮,在弹出的下拉列表中选择"OpenTable"选项。在"注释"列中输入"打开员工信息表"。在设计视图的下部显示该操作的操作参数,在"表名称"下拉列表中选择"员工信息表"。在"视图"下拉列表中有 5 种视图:数据表、设计、打印预览、数据透视表和数据透视图,这里选择"数据表"选项。在"数据模式"下拉列表中有 3 种打开方式:增加、编辑和只读,这里选择"只读"选项,如图 9-3 所示。

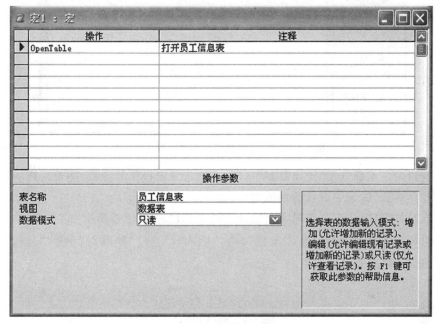

图 9-3 设置操作参数

⑤选择"文件"→"保存"命令或单击"保存"按钮,弹出"另存为"对话框。

⑥在"另存为"对话框的"宏名称"文本框中输入"打开窗体",然后单击"确定"按钮保存宏,如图 9-4 所示。

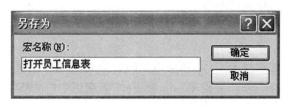

图 9-4 "另存为"对话框

⑦创建宏后,在"宏"对象面板中显示创建的"打开员工信息表"宏,如图 9-5 所示。

结合图 9-4 所示,宏设计窗口分为上下两部分,上半部分默认状态下只有两列,第一列为"操作"列,指明宏所能执行的各种操作;第二列为"注释"列,是对该宏操作的解释。每一行的宏"操作"是必选的,可根据需要,在下拉列表框中从 Access 提供的基本操作中选择。"注释"列的内容是可选的,可输入注释内容或不输入。在宏设计窗口中,还有两个列的内容是可选的,即"宏名"

列和"条件"列。要加上这两列,可单击工具栏上的"宏名" 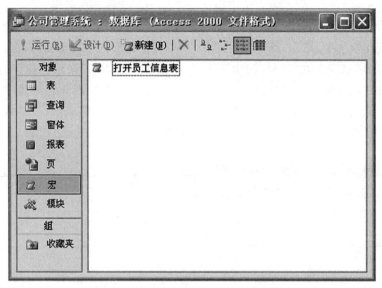 按钮和"条件" 按钮。

图 9-5  在"宏"对象面板中显示创建的宏

宏设计窗口的下半部分是"操作参数"区域,用来定义宏操作的参数,随着用户所选的宏操作的不同,在"操作参数"区域中设置的参数也不同。

当打开宏设计窗口后,在工具栏上会增加宏的工具栏,如图 9-6 所示。

在此工具栏上列有:"宏名" ,"条件" ,"插入行" ,"删除行" ,"运行" ,"单步执行" 等和宏有关的按钮。

图 9-6  "宏"工具栏

### 9.2.2  创建宏组

当数据库内使用了大量宏时,可以使用宏组功能将相关的宏集中在一起。将几个相关的宏组成一个宏对象,就可以创建一个宏组。

宏组是宏的集合,其中包含若干个宏。为了在宏组中区分各个不同的宏,需要为每一个宏指定一个宏名。

通常情况下,如果存在着许多宏,最好将相关的宏分到不同的宏组,这样将有助于数据库的管理。宏组类似于程序设计中的"主程序",而宏组中"宏名"列中的宏类似于"子程序"。使用宏组既可以增加控制,又可以减少编制宏的工作量。

例如,在"公司管理系统"据库中,创建一个宏组,要求在运行该宏组时打开数据库中的"员工信息"窗体,然后通过单击"员工信息"窗体中的"关闭窗体"按钮,关闭宏。

创建宏组的操作步骤如下:

①启动 Access 2003,打开"公司管理系统"数据库。

②在"对象"列表框中单击"宏"对象按钮 ,打开"宏"对象面板。

③单击"新建"按钮,打开宏的设计视图。

④在宏的设计视图中,选择"视图"→"宏名"命令或单击工具栏上的"宏名"按钮，都可以在宏的设计视图中添加"宏名"列,如图 9-7 所示。

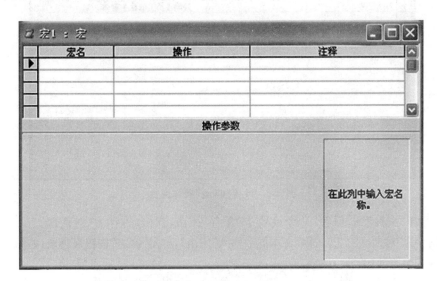

图 9-7 宏的设计视图

⑤在"宏名"列下第一个单元格中输入"打开窗体";在"操作"列选择"OpenForm"和"Maximize"两个选项;在"注释"列中输入"打开【员工信息】窗体";在"操作参数"选项区域的"窗体名称"下拉列表中选择"员工信息"选项,如图 9-8 所示。

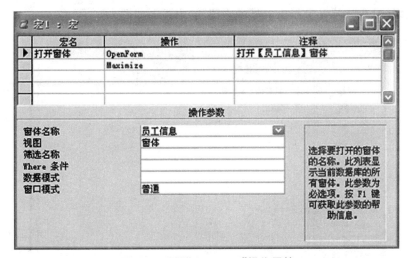

图 9-8 设置"OpenForm"操作属性

⑥在第 3 行的"宏名"列中输入宏名名称"关闭窗体","操作"中选择"Close"选项;在相应"注释"列中输入"关闭【员工信息】窗体",如图 9-9 所示。

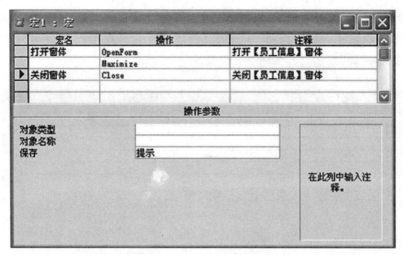

图 9-9    设置"Close"操作属性

⑦然后选择"文件"→"保存"命令或单击"保存"按钮,弹出"另存为"对话框。

⑧在"另存为"对话框的"宏名称"文本框中输入"宏组",单击"确定"按钮保存宏,如图 9-10 所示。

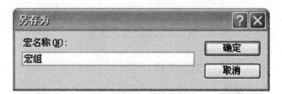

图 9-10    在"另存为"对话框中输入宏名称

⑨创建宏组后,在"宏"对象面板中显示创建的"宏组",如图 9-11 所示。

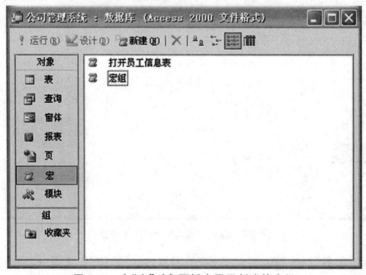

图 9-11    在"宏"对象面板中显示创建的宏组

### 9.2.3    创建条件宏

在默认状态下,宏的执行过程是从第一个操作依次往下执行到最后一个操作。在某些情况下,可能希望仅当特定条件为真时才在宏中执行相应的操作。条件宏是指在宏中的某些操作常用条件。在执行宏时,这些操作只有在条件成立时才得以执行,使用条件来控制宏的流程。

例如,在"公司管理系统"数据库中,创建一个条件宏,要求运行宏时自动打开数据库中的"员工工资"窗体,当用户在"基本工资"文本框中添加或修改数据时,输入的数据若小于 3700,系统将自动给出提示。

创建条件宏的操作步骤如下:

① 启动 Access 2003,打开"公司管理系统"数据库。

② 在"对象"列表框中单击"窗体"对象按钮 ![窗体] ,打开"窗体"对象面板。

③ 在"窗体"对象面板中,打开"员工工资"窗体的设计视图,如图 9-12 所示。

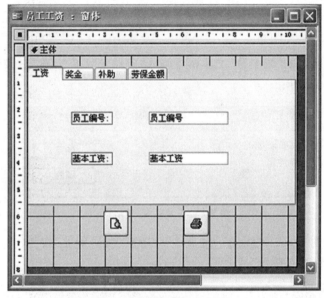

图 9-12　窗体的设计视图

④ 在"员工工资:窗体"设计视图中,右键单击"基本工资"文本框控件,在弹出的快捷菜单中选择"属性"命令,打开"基本工资"文本框控件的属性对话框,如图 9-13 所示。

图 9-13　文本框控件的属性对话框

⑤在文本框控件的属性对话框中,切换到"事件"选项卡,单击"进入"文本框后面的 按钮,弹出"选择生成器"对话框,如图 9-14 所示。

图 9-14 "选择生成器"对话框

⑥在"选择生成器"对话框中,选择"宏生成器"选项,单击"确定"按钮,打开宏的设计视图并弹出"另存为"对话框。

⑦在"另存为"对话框的"宏名称"文本框中输入"条件宏",单击"确定"按钮保存宏后,回到宏的设计视图,如图 9-15 所示。

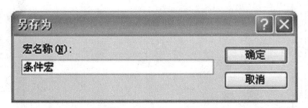

图 9-15 "另存为"对话框

⑧在宏的设计视图中,选择"视图"→"条件"命令或单击"条件"按钮 ,可在宏的设计视图中添加"条件"列,如图 9-16 所示。

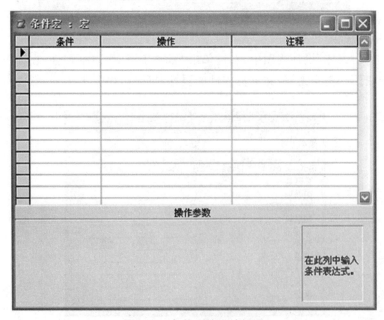

图 9-16 条件宏的设计视图

⑨在第一行"操作"列中选择"OpenForm"选项,在"操作参数"选项区域的"窗体名称"中选择"员工工资"选项,如图 9-17 所示。

宏操作的执行条件用于控制宏的操作流程,在不指定操作条件运行一个宏时,Access 将顺序执行宏中包含的所有操作。若一个宏操作的执行有条件控制,只有当条件成立时才得到执行,而条件不成立时就不执行,则应在该操作的"条件"列内给定一个逻辑表达式。当宏执行到这一操作时,Access 将首先判断该操作的执行条件是否成立。若条件成立,则执行该操作;若条件不成立,则不执行该操作,接着转去执行下一个操作。

在"条件"列中,设置执行条件的操作过程为:在对应宏操作的"条件"列中键入相应的逻辑表达式;或者右击鼠标,在弹出的快捷菜单中选择"生成器"命令,再在"表达式生成器"中建立逻辑表达式。

图 9-17 设置"OpenForm"的操作属性

⑩在第二行"条件"列的第一个单元格中输入"[Forms]![员工工资)]![基本工资]<3700",在"操作"列的第二个单元格中选择"MsgBox"选项,并设置该操作的参数,在"消息"文本框中输入"员工基本工资必须大于或等于 3700 元",如图 9-18 所示。

注意:在"条件"列中不可输入非逻辑表达式,如算术表达式、SQL 语句等。

⑪选择"文件"→"保存"命令或单击"保存"按钮将宏保存后。关闭宏的设计视图,回到"基本工资"文本框控件的属性对话框,如图 9-19 所示。

⑫在属性对话框的"打开"文本框显示"条件宏",单击窗口右上角的"关闭"按钮,关闭属性对话框,回到窗体的设计视图。

⑬保存并关闭窗体的设计视图,此时在"宏"对象面板中显示创建的"条件宏",如图 9-20 所示。

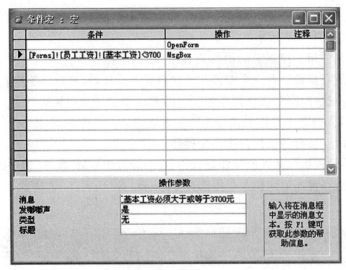

图 9-18　设置"条件"参数

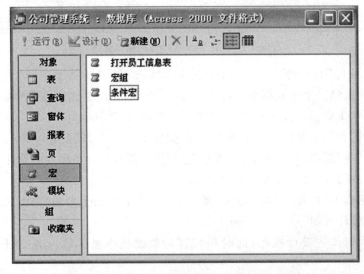

图 9-19　"基本工资"文本框控件的属性对话框

图 9-20　在"宏"对象面板中显示创建的条件宏

⑭当运行"条件宏",在窗体中更改"基本工资"文本框中的值小于 3700 时,系统将自动打开如图 9-21 所示的提示框。

图 9-21　Access 提示框

### 9.2.4　编辑宏

如果发现已有的宏的运行结果达不到设计要求,则需要对它进行编辑。

在宏列表中选中宏对象,单击工具栏中的"设计"按钮,该宏将在宏设计器中打开。在设计窗口中用户可以更换操作、变更操作参数以及修改其他信息等。

1. 向宏中添加操作

当完成了一个宏的创建后,通常还会根据实际需要再向宏中添加一些操作。按照添加新的操作与其他操作的关系,将操作添加到"操作"列的不同行中。如果新添加的操作与其他操作没有直接关系,可以在宏设计窗口的"操作"列中单击下面的空白行;如果宏中有多个操作,且新添加的操作位于两个操作行之间,其操作是单击插入行下面的操作行的行选定按钮,然后在工具栏上单击"插入行"按钮 ,系统将在当前操作行之前插入一个空白行,可以在其中添加宏操作。

2. 删除宏操作

如果觉得宏中的某个操作是多余的,可以删除它。

在宏的设计视图中选定要删除的操作,使用如下三种方式删除:

①单击工具栏的"剪切"按钮。

②右击鼠标,在弹出的快捷菜单中选择"删除行"命令。

③在设计视图工的具栏上单击"删除行"按钮 。

在宏中删除一个操作时,Access 将同时删除与该操作相对应的所有操作参数。

3. 其他操作

(1)更换已经选定的操作

在宏的设计窗口中选取需要更改操作的行,单击该行"操作"列右端的向下箭头,打开宏操作选择列表,重新选取新的操作即可。

(2)修改操作参数

选定需要修改其操作参数的操作行,就可以在该操作对应的"操作参数"区中修改其操作参数。

(3)修改操作执行条件

在需要修改执行条件的操作行上的"条件"列中,可直接修改条件逻辑表达式;或右击鼠标,在弹出的快捷菜单中选择"生成器"命令,在打开的"表达式生成器"对话框中修改操作执行条件。

（4）重排操作顺序

可采用剪切、复制与拖曳的方法重新排列宏操作的顺序。

在宏的设计视图中,单击需要重排位置的行选定按钮,然后在该行选定按钮上按住鼠标左键不放,将其拖曳到应该放置的位置处,松开鼠标左键,即可将一个操作从原来的顺序位置处调整到新位置上。

宏编辑完毕保存即可。编辑后的宏只有在被保存后才能交付运行。

# 9.3 运行与调试宏

### 9.3.1 运行宏

宏的运行方式有多种,如直接运行宏,从其他宏或 VBA 中运行宏,或作为窗体、报表或控件中出现的事件响应运行宏,还可以创建自定义菜单命令或工具栏按钮来运行宏,将某个宏设定为组合键,或者在打开数据库时自动运行宏等。

在"数据库"窗口中,选择"宏"对象或进入宏设计视图,都有"运行"宏按钮,用于直接执行宏操作。但这种执行宏的方式,一般只用来对宏的运行进行测试,在保证正确无误后,还应将宏添加到窗体、菜单或工具栏中。

#### 1. 直接运行

若要直接运行宏,可执行下列操作之一:

①直接双击"宏"对象面板中的宏。

②在宏的设计视图中,选择"运行"→"运行"命令或单击工具栏上的"运行"按钮 ▮ 。

③在"宏"对象面板中选择要运行的宏,单击工具栏上的"运行"按钮 ▮运行(R) 。

④在数据库窗口中选择"工具"→"宏"→"运行宏"命令,弹出"执行宏"对话框,如图 9-22 所示,在"宏名"下拉列表框中输入要运行的宏名,或从下拉列表框中做出选择,单击"确定"按钮。

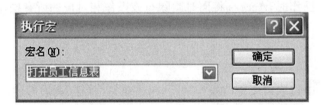

图 9-22 "执行宏"对话框

使用任意一种方法运行"公司管理系统"中的"打开员工信息表"宏,运行结果效果如图 9-23 所示。

员工信息表 : 表

| 员工编号 | 姓名 | 部门 | 性别 | 雇佣日期 | 联系电话 |
|---|---|---|---|---|---|
| 211 | 赵丽 | 会计部 | 女 | 2001-5-9 | 18822210025 |
| 212 | 李明 | 会计部 | 女 | 2003-3-18 | 18721025103 |
| 213 | 赵杰 | 销售部 | 男 | 2003-8-10 | 13012411234 |
| 214 | 李珏 | 销售部 | 男 | 2003-8-15 | 13645678910 |
| 215 | 王美 | 销售部 | 女 | 2004-4-5 | 13955215632 |
| 216 | 张强 | 策划部 | 男 | 2001-10-12 | 13921322556 |
| 217 | 林琳 | 策划部 | 女 | 2005-9-2 | 18878923656 |
| 218 | 邵觉 | 生产部 | 男 | 2000-9-17 | 13641285878 |
| 219 | 陈可 | 生产部 | 男 | 2004-10-14 | 15075158302 |
| 220 | 高松 | 生产部 | 男 | 2006-3-5 | 13315190209 |

记录: 1 共有记录数: 10

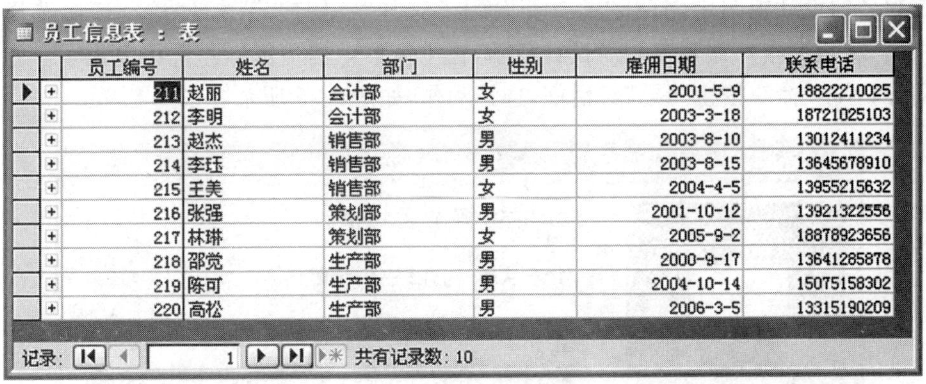

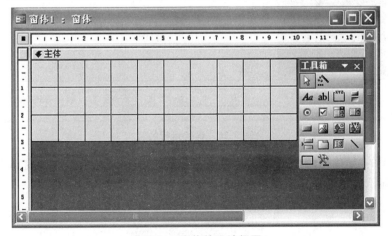

图 9-23　运行宏打开的表

2. 在宏组中运行宏

要把宏作为窗体或报表中的事件属性设置，或作为 RunMacro（运行宏）操作中的 Macro Name（宏名）说明，可使用下列结构指定宏：

[宏组名．宏名]

如果用户希望运行宏组中的某一个宏，可以使用下列操作之一：

①选择“工具”→“宏”→“执行宏”命令，然后在“执行宏”对话框中的“宏名”下拉列表框中作出选择。当宏名在列表框中出现时，Access 2003 将运行指定的宏。

②使用 Docked 对象的 RunMacro 方法，从 Visual Basic 程序中运行宏组中的某个宏。

③利用上面所说的“宏组名．宏名”结构指定宏组中的宏。

例如，在“公司管理系统”数据库中，创建一个窗体，在该窗体上添加 2 个命令按钮，分别用来运行“宏组”宏中的 2 个宏。

操作步骤如下：

①启动 Access 2003，打开“公司管理系统”数据库。

②在“对象”列表框中单击“窗体”对象按钮 窗体 ，打开“窗体”对象面板。

③在“窗体”对象面板中，选择“在设计视图中创建窗体”选项，打开窗体的设计视图，如图 9-24 所示。

图 9-24　窗体的设计视图

④在窗体的设计视图中,打开"工具箱"面板,选择"控制向导"控件 ，然后选择"命令按钮"控件 ，将鼠标指针移到窗体的设计视图,在主体节中按住鼠标左键拖曳出一个矩形框,启动控件向导,弹出"命令按钮向导"对话框,选择动作,如图 9-25 所示。

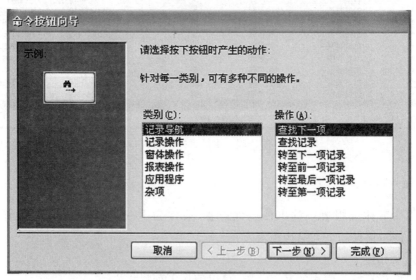

图 9-25　选择动作

⑤在对话框的"类别"列表框中选择"杂项"选项,在"操作"列表框中选择"运行宏"选项,单击"下一步"按钮,确定运行的宏,如图 9-26 所示。

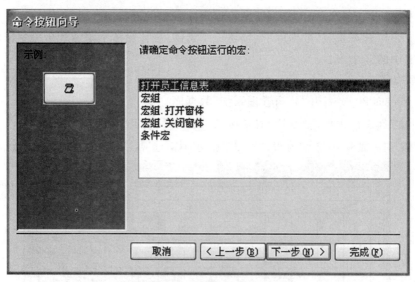

图 9-26　确定运行的宏

⑥在对话框的"请确定命令按钮运行的宏"列表框中选择"宏组．打开窗体"宏,单击"下一步"按钮,确定显示文本还是显示图片,如图 9-27 所示。

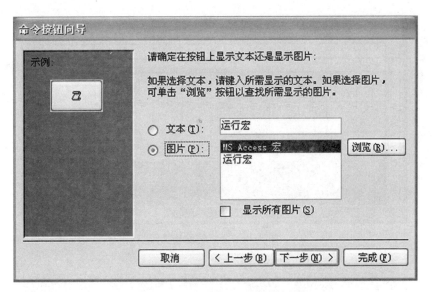

图 9-27　确定显示文本还是显示图片

⑦在"命令按钮向导"对话框中，选择"文本"单选按钮，在文本框中输入"打开窗体"，然后单击"下一步"按钮，指定按钮的名称，如图 9-28 所示。

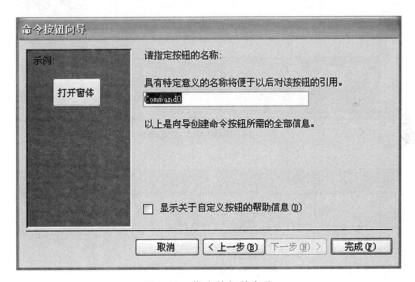

图 9-28　指定按钮的名称

⑧在对话框中，采用默认值，单击"完成"按钮，则命令按钮控件添加到窗体的设计视图中，如图 9-29 所示。

⑨用同样的方法创建一个"关闭窗体"控件，参考步骤④～⑧，创建效果如图 9-30 所示。

⑩单击工具栏上的"窗体视图"按钮 ，打开窗体视图，如图 9-31 所示，单击命令按钮，将运行宏组中的宏。

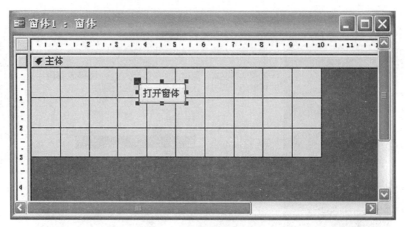

图 9-29  窗体的设计视图

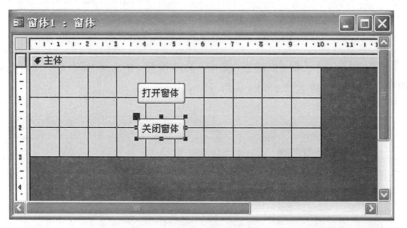

图 9-30  添加命令按钮控件

图 9-31  窗体视图

⑪选择"文件"→"保存"命令或单击"保存"按钮,弹出"另存为"对话框,如图 9-32 所示。

⑫在"另存为"对话框的"窗体名称"文本框中输入"运行宏组中的宏",单击"确定"按钮保存窗体。

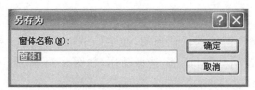

图 9-32 "另存为"对话框

**3. 通过触发窗体、报表或控件的事件运行宏**

通常我们可以将宏附加到窗体、报表或控件的事件中,用以对事件做出响应。事件是发生在对象上的特定操作,是对象所能识别的动作,当此动作在某一对象上发生时,其对应的事件便会被触发。可以通过触发窗体、报表或控件上所发生的事件而运行宏。例如,打开窗体或报表、单击命令按钮、按任意键等。

在"公司管理系统"中,在"员工信息"窗体上添加一个命令按钮,单击该按钮时执行"打开员工信息表"宏。

操作步骤如下:

①启动 Access 2003,打开"公司管理系统"数据库。

②在"对象"列表框中单击"宏"对象按钮，打开"窗体"对象面板。

③在"窗体"对象面板中,打开"员工信息"窗体的设计视图,如图 9-33 所示。

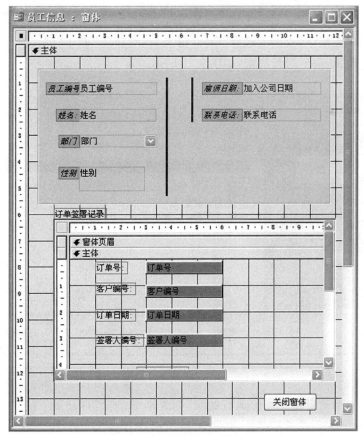

图 9-33 窗体的设计视图

④在窗体的设计视图中,打开"工具箱"面板,选择"控制向导"控件 ▣,然后选择"命令按钮"控件 ▭,将鼠标指针移到窗体的设计视图,在主体节中按住鼠标左键拖曳出一个矩形框,启动控件向导,弹出"命令按钮向导"对话框,选择动作,如图 9-34 所示。

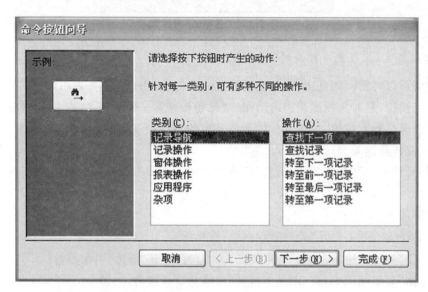

图 9-34 选择动作

⑤在对话框的"类别"列表框中选择"杂项"分类,在对应的"操作"列表框中选择"运行宏"选项,单击"下一步"按钮,确定运行的宏,如图 9-35 所示。

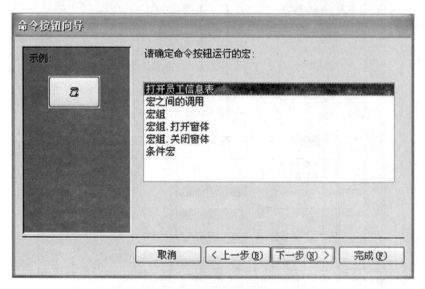

图 9-35 确定运行的宏

⑥在对话框的"请确定命令按钮运行的宏"列表框中选择"打开员工信息表"宏,单击"下一步"按钮,确定显示文本还是显示图片,如图 9-36 所示。

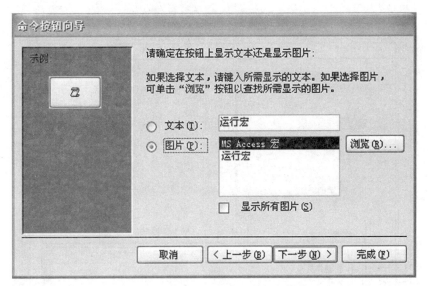

图 9-36 去顶显示文本还是显示图片

⑦在对话框中，选择"文本"单选按钮，在文本框中输入"打开员工信息表"，然后单击"下一步"按钮，指定按钮的名称，如图 9-37 所示。

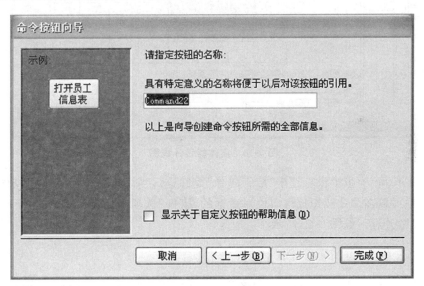

图 9-37 指定按钮的名称

⑧在对话框中，采用默认值，单击"完成"按钮，则将命令按钮控件添加到窗体的设计视图，如图 9-38 所示。

⑨单击工具栏上的"窗体视图"按钮 ▦ ，打开窗体视图，如图 9-39 所示。

⑩在窗体视图中，单击"打开员工信息表"按钮，即开始运行宏，打开"员工信息表"。

⑪在窗体视图或窗体的设计视图中，选择"文件"→"保存"命令或单击"保存"按钮保存窗体。

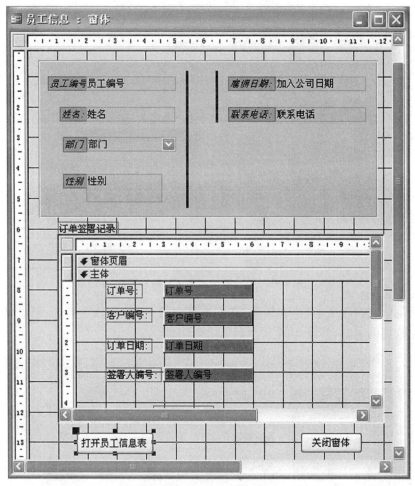

图 9-38　窗体的设计视图

　　如果在"工具箱"面板中没有选中"控制向导"控件 ，当添加一个命令按钮控件后，将不启动控件向导，但可以在命令按钮控件属性对话框的"事件"选项卡中，设置"单击"下拉列表为"打开员工信息表"宏即可，如图 9-40 所示。

　　4. 从其他宏或 Visual Basic 过程中运行宏

　　如果要从其他的宏或 Visual Basic 过程中运行宏，这时需要将 RunMacro 操作添加到相应的宏或过程中去。

　　如果要将 RunMacro 操作添加到宏中，可以在宏窗口"操作"列的单元格中选择"RunMacro"选项，并将要运行的宏名添加到操作参数中的"宏名"组合框中。

　　例如，在"公司管理系统"数据库中，创建一个宏，调用"打开员工信息表"宏。

　　操作步骤如下：

　　①启动 Access 2003，打开"公司管理系统"数据库。

　　②在"对象"列表框中单击"宏"对象按钮 ，打开"宏"对象面板。

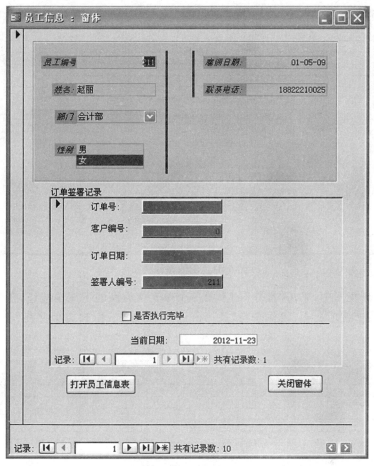

图 9-39　窗体视图

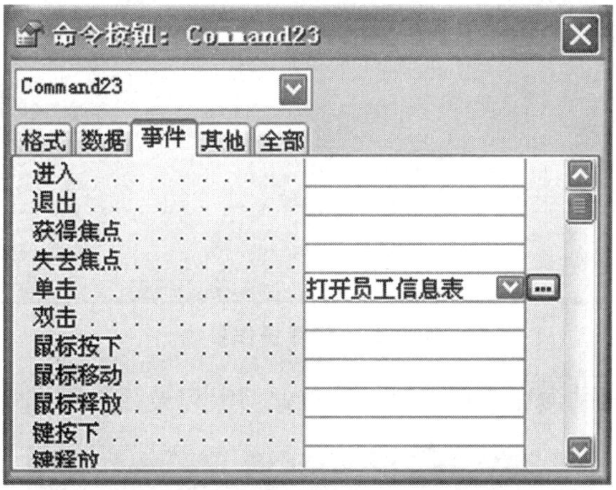

图 9-40　命令按钮控件的属性对话框

③在"宏"对象面板中，单击"新建"按钮，打开宏的设计视图，如图 9-41 所示。

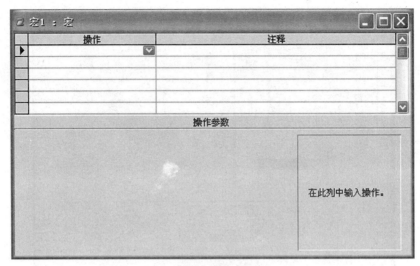

图 9-41　宏的设计视图

④在宏的设计视图中，单击"操作"列下第一个单元格后面的下三角按钮，在弹出的下拉列表中选择"RunMacro"选项。在"操作参数"选项区域的"宏名"下拉列表中选择"打开员工信息表"宏，如图 9-42 所示。

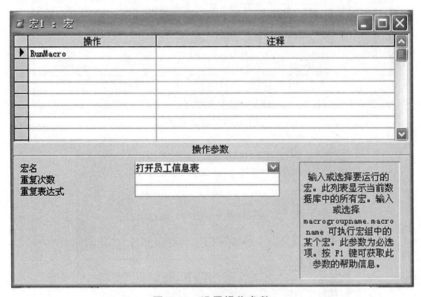

图 9-42　设置操作参数

⑤选择"文件"→"保存"命令或单击"保存"按钮，弹出"另存为"对话框，如图 9-43 所示。

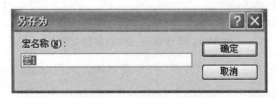

图 9-43　"另存为"对话框

⑥在"另存为"对话框的"宏名称"文本框中输入"宏之间的调用",然后单击"确定"按钮保存宏。

⑦选择"运行"→"运行"命令或单击工具栏上的"运行"按钮 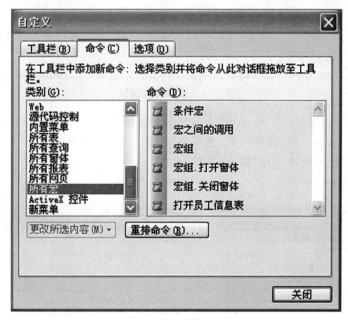，运行"宏之间的调用"宏，将运行"打开员工信息表"宏，打开"员工信息表"。

如果要将 RunMacro 操作添加到 Visual Basic 过程中，可以在过程中添加 DoCmd 对象的 RunMacro 方法，然后指定要运行的宏名。例如，下面 RunMacro 方法将运行宏 My Macro：

DoCmd. RunMacro "My Macro"

### 5. 在菜单或工具栏中运行宏

用户还可以将宏添加到菜单或工具栏中，从而在菜单或工具栏中运行宏。首先选择"视图"→"工具栏"→"自定义"命令，Access 2003 弹出一个"自定义"对话框，如图 9-44 所示。单击"命令"选项卡中的宏名，将其图标直接拖动到菜单或工具栏中即可。单击该宏的图标即可运行该宏。

图 9-44 "自定义"对话框

需要注意的是，在"数据库"窗口中，也可以直接选定某个宏对象，将其直接拖动到工具栏或菜单中，但删除所添加的宏或修改所添加的宏的名称、图片和样式等操作仍然要在"自定义"对话框中设置。

### 6. 自动运行的宏 AutoExec

在打开数据库时，常常需要执行一些特定的操作。例如，在用户打开数据库时，自动地设置系统的运行环境，然后打开应用程序的主切换界面窗体。要达到上述目的，可以使用一个名为 AutoExec 的特殊宏。在 AutoExec 宏中创建多个操作，便可以在打开数据库时，自动地执行 AutoExec 宏中的操作。

操作步骤如下：

①启动 Access 2003，打开"公司管理系统"数据库。

②在"对象"列表框中单击"宏"对象按钮 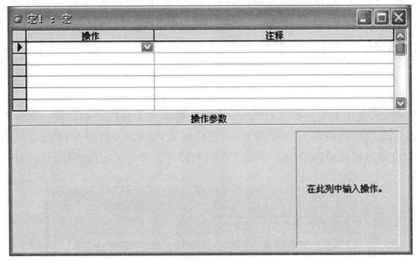 ，打开"宏"对象面板。

③在"宏"对象面板中，单击"新建"按钮，打开宏的设计视图，如图 9-45 所示。

**图 9-45　宏的设计视图**

④在宏的设计视图中，单击"操作"列下第一个单元格后面的下三角按钮，在打开的下拉列表中选择"OpenForm"选项。在"操作参数"选项区域的"窗体名称"下拉列表中选择"切换面板"选项，在"数据模式"下拉列表中选择"只读"选项，在"窗口模式"下拉列表中选择"普通"选项，如图 9-46 所示。

**图 9-46　设置操作参数**

⑤选择"文件"→"保存"命令或单击"保存"按钮，弹出"另存为"对话框，如图 9-47 所示。

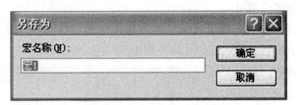

图 9-47 "另存为"对话框

⑥在"另存为"对话框的"宏名称"文本框中输入"AutoExec",然后单击"确定"按钮保存宏。以后每次打开"公司管理系统"数据库时,系统将自动运行该宏,打开"切换面板"窗体。

需要注意的是,如果用户不想自动运行 AutoExec 宏,只需在打开数据库时按住 Shift 键即可。"AutoExec"宏在"启动"选项生效之后运行,因此,应避免在"AutoExec"宏中有任何会更改启动选项设置效果的操作。

AutoExec 宏类似于 MS−DOS 中的自动批处理文件(Autoexec. bat)。在 Access 中打开数据库文件时,系统会在数据库文件中查找一个名为 AutoExec 的宏,如果找到,就自动运行它。创建自动运行宏的过程与创建其他宏的过程基本相同,只是在保存时要将宏命名为 AutoExec。

合理地使用这个命名为 AutoExec 的特殊宏,可在首次打开数据库时执行一个或一系列的操作,包括某些应用系统初始参量的设定、打开应用系统操作主窗口等。

7. 将一个或一组操作设定成快捷键

可以将一个操作或一组操作设置成特定的键或组合键。这样,当用户按该键或组合键时,Access 2003 就会执行这个操作。

可以通过下列步骤完成快捷键的设置:
①在数据库窗口中的"对象"列表框中单击"宏"对象按钮。
②单击工具栏中的"新建"按钮。
③单击工具栏上的"宏名"按钮。
④在"宏名"列中为一个操作或一组操作设定快捷键。
⑤添加希望快捷键执行的操作或操作组。
⑥保存宏。

保存宏后,以后每次打开数据库时,设定的快捷键都将有效。用户设定的操作快捷键如果与 Access 2003 中系统设定的快捷键有冲突,那么用户所设定的操作将取代 Access 2003 中的快捷键。

### 9.3.2 调试宏

在运行宏的过程中发生错误,或无法打开相关的宏对象,就应检查设置的宏命令、参数是否有错误。使用单步执行宏,可以观察到宏的流程和每一个操作的执行结果,据此,可以找到排除错误和非预期结果的处理方法。

以下说明如何设定宏的单步执行及观察单步执行过程中的各个操作的执行情况:
(1)设定宏的单步执行状态

在宏的设计窗口工具栏中,有一个"单步"按钮,初始状态下,这个按钮呈凸起形式,表示宏为连续执行状态。单击"单步"按钮,使其呈凹下形式,即可设定宏的单步执行状态。

（2）单步执行宏中的各个操作

设定了宏的单步执行状态后，任一个宏，系统都是以单步方式执行的。Access 的单步调试方式，即每次只执行一个操作，以便观察宏的流程和每一步操作的结果。通过这种方法，可以比较容易地分析出错的原因并加以改正。

操作步骤如下：

①在设计视图中打开"打开员工信息表"宏，在"操作"属性列中单击"OpenTable"宏操作，然后在"操作参数"选项区域中删除"表名称"下拉列表框中的内容。

②单击"保存"按钮，保存宏。下面开始执行单步调试操作。

③单击工具栏中的"单步"按钮 ，然后单击"运行"按钮 ，打开如图 9-48 所示的"单步执行宏"对话框。

图 9-48 "单步执行宏"对话框

④在该对话框中的操作名称是"OpenTable"，单击"单步执行"按钮，打开如图 9-49 所示的错误提示框。

图 9-49 "Microsoft Office Access"提示框

⑤该提示框提示"该操作或方法需要一个 Table Name 参数"。单击"确定"按钮，关闭对话框，返回到"单步执行宏"对话框，单击"停止"按钮，停止宏的运行。

⑥返回宏窗口，修改该步操作。

（3）观察每一个操作执行前的状态

在宏的单步执行状态下，执行宏中的每一个操作之前，Access 2003 都会显示一个称为"单步执行宏"的对话框。在这个对话框中显示当前待执行操作的各项操作参数及其操作条件的逻辑值，据此可以观察一个操作执行前的执行状态。

（4）"单步执行宏"对话框中各个按钮的功能

"单步执行"按钮：单击该按钮，Access 2003 将运行宏中的当前操作，如果没有错误发生，将在"单步执行宏"对话框中显示下一个操作的名称及其操作参数。

"停止"按钮：单击该按钮将终止宏的执行，并且关闭"单步执行宏"对话框。

"继续"按钮：单击该按钮将放弃单步执行方式，依次执行宏中所有未执行的其他操作，同时取消宏的单步执行状态。如果要在宏的执行过程中暂停宏的执行，然后再单步执行宏，可按"Ctrl＋Break"组合键。

如果宏的设计中存在错误，则单步执行宏时将会在窗口中显示"操作失败"对话框。Access 2003 将在该对话框中显示出错操作的操作名称、参数以及相应的条件。利用该对话框可以了解出错的操作，然后，单击"暂停"按钮进入宏设计视图，对出错的操作进行相应的编辑、修改。

宏中的各个操作全部执行完毕之后，"单步执行宏"对话框自动关闭。注意：如果不再需要对宏运行进行测试，要在宏的设计视图中取消单步执行状态。

# 第 10 章　模块与 VBA 程序设计

## 10.1　模块概述

### 10.1.1　模块的定义

模块是 Access 系统中的一个重要对象,它是由声明、语句和过程组成的。使用它编写程序,然后将这些程序编译成拥有特定功能的"子程序",以便在 Access 中调用。Visual Basic 是一种现代的结构化的编程语言,提供了许多程序员熟悉的程序结构,如 IF…Then…Else,Select Case 等。模块以 VBA(Visual Basic for Application)语言为基础编写,以函数过程(Function)或子过程(Sub)为单元的集合方式存储。

一般来说,模块是由过程定义、说明、引用三部分组成。过程定义是指说明和语句的集合。说明是指可用于定义数据类型、常量、变量和对动态链接库中外部函数的引用。引用是指代码的单元,用于执行操作、进行说明或定义。

模块由过程组成,过程是包含 VBA 代码的单位。在 Access 2003 中,过程有两种类型即 Sub 过程和 Function 过程,其结构如图 10-1 所示。

声明区域:

OptionCompareDatabase(此行由系统自动生成)

$$
\text{Sub 子过程} \begin{cases} \text{Public　Sub 过程名 1()} \\ \text{语句行} \qquad\qquad \text{——用户自行设计} \\ \text{End　Sub} \end{cases}
$$

$$
\text{Function 函数过程} \begin{cases} \text{Public　Sub 过程名 2()} \\ \text{语句行} \qquad\qquad \text{——用户自行设计} \\ \text{End　Function} \end{cases}
$$

**图 10-1　模块结构示意图**

Sub 过程也称子程序,是执行一个操作或一系列的运算的过程,没有返回值。声明子程序是以"Sub"关键字开头,并以"End Sub"语句作为结束。用户可以自己创建 Sub 过程或使用 Access 2003 所创建的事件过程模板。数据库的每个窗体和报表都有内置的窗体模块和报表模块,这些模块包含事件过程模板。可以向其中添加代码,使得当窗体、报表或其上的控件中发生相应的事件时,运行这些代码。当 Access 2003 识别到事件在窗体、报表或控件中已经发生时,将自动地运行为对象和事件命名的事件过程。

Function 过程通常称为函数,将返回一个值,如计算结果。函数声明使用"Function"语句,并以"End Function"语句作为结束。Microsoft Visual Basic 包含许多内置函数,也可创建自己的自定义函数。因为函数有返回值,所以可以在表达式中使用。

但要注意的是,保存的模块名是可以在数据库的"模块"对象下运行的。另外,保存在模块中的过程仅建立了过程名,是可以在过程中相互调用的,还可使用 Call 过程名实现命令调用。

### 10.1.2　模块的分类

Access 应用程序将代码存储在 3 种不同类型的模块中,即 Access 类对象模块、标准模块和类模块。"工程资源管理器"窗口中列出了当前应用程序中的所有模块。

#### 1. Access 类对象模块

Access 类对象模块包括窗体模块和报表模块,它们分别与某一特定窗体或报表相关联。窗体模块和报表模块通常都含有事件过程,用于响应窗体或报表上的事件,如单击某个命令按钮。

在 Access 数据库中,当新建一个窗体或报表对象时,Access 自动创建与之关联的窗体或报表模块,并将窗体、报表及控件的事件过程存储在相应的模块中。

#### 2. 标准模块

标准模块包含的是通用过程和常用过程,这些通用过程不与任何对象相关联,常用过程可以在数据库中的任何位置运行。通用过程可以供各个数据库的对象使用,其作用范围在整个应用程序中,生命周期是伴随着应用程序的运行而开始、伴随着应用程序的关闭而结束。

标准模块包含与窗体、报表或控件等对象都无关的通用过程。标准模块中只能存储通用过程,不能存储事件过程,其代码可以被窗体模块或报表模块中的事件过程或其他过程调用。

在 Access 数据库窗口中,选中"模块"对象,然后单击工具栏的"新建"按钮,可以建立一个标准模块。

#### 3. 类模块

类模块是含有类定义的模块,包括其属性和方法的定义。窗体模块和报表模块都是类模块,它们分别与某个窗体或报表相关联。

在创建窗体或报表时,可以为窗体或报表中的控件建立事件过程,用来控制窗体或报表的行为,以及它们对用户操作的响应,这种包含事件的过程就是类模块。

窗体模块和报表模块的作用范围在其所属的窗体或报表内部,其生命周期是随着窗体或报表的打开而开始,伴随窗体或报表的关闭而结束。可见窗体模块和报表模块具有局部特性。

类模块是面向对象编程的基础。在类模块中可以创建新对象,并定义对象的属性和方法,以便在应用程序的过程中使用。在 Access 窗口中,选择"插入"→"类模块"命令,可以新建一个类模块。

无论是哪一种类型的模块,都是由一个模块通用声明部分和若干过程或函数组成。

通用声明部分包括 Option 语句的声明,以及模块级常量、变量及自定义数据类型的声明(它们必须放在所有 Option 语句之后)。

模块的通用声明部分用来对要在模块中或模块之间使用的变量、常量、自定义数据类型以及模块级 Option 语句进行声明。

模块中可以使用的 Option 语句包括 4 种,其常用格式如下:

①Option Explicit:强制模块中用到的变量必须先进行声明。这是值得所有开发人员遵循的一种用法。

②Option Private Module：在允许引用跨越多个工程的主机应用程序中使用，可以防止在模块所属的工程外引用该模块的内容。在不允许这种引用的主机应用程序中，Option Private 不起作用。

③Option Base 1：声明模块中数组下标的默认下界为 1，不声明则为 0。

④Option Compare Database：声明模块中需要字符串比较时，将根据数据库的区域 ID 确定的排序级别进行比较；不声明则按字符 ASCII 码进行比较。Option Compare Database 只能在 Access 中使用。

在通用声明部分的所有 Option 语句之后，才可以声明模块级的自定义数据类型和变量，然后才是过程和函数的定义。

此外，还要注意的是模块是由过程组成的，因此，模块的调用必然受到过程间调用的限制。在 Access 2003 中，若从模块调用的功能出发，模块可以分为事件模块和通用模块。事件模块在窗体或报表的控件属性中为系统所调用；通用模块不与控件的属性相关联，它可以为事件模块所调用。事件模块只能出现在窗体或报表中，而通用模块既可以出现在窗体或报表中，也可以出现在模块中。

模块的调用原则是：

①在两个窗体或报表之间，不能由模块之间调用。

②模块对象中的代码不能调用窗体或报表中的模块。

③窗体或报表模块可以调用通用模块中的不带 Private 的模块。

④在窗体或报表中，通用模块间可以互相调用，事件模块也可以互相调用，而且通用模块和事件模块间也可以互相调用。

### 10.1.3　模块与宏

虽然宏可以完成的操作，使用模块也可以完成，但在使用时，应根据具体的任务来确定选择宏还是模块。

一般来说以下的操作，使用宏更为方便：

①在首次打开数据库时，执行一个或一系列操作。

②建立自定义的菜单栏。

③为窗体创建菜单。

④使用工具栏上的按钮执行自己的宏或程序。

⑤随时打开或关闭数据库的对象。

使用模块来实现较为便捷的操作有：

①复杂的数据库维护和操作。

②自定义的过程和函数。

③运行出错时的处理。

④在代码中定义数据库的对象，用于动态地创建对象。

⑤一次对多个记录进行处理。

⑥向过程传递变量参数。

⑦使用 ActiveX 控件和其他应用程序对象。

总之，凡是宏无法实现的或者用宏实现起来比较繁琐的功能，都可以通过 VBA 来完成。

　　宏的操作功能在前一章中我们已经进行过论述,同样可以在模块对象中通过编写 VBA 语句来实现,也可以将已创建好的宏转换为等价的 VBA 事件过程或模块。

　　根据要转换宏的类型不同,转换操作有两种情况:一是转换窗体或报表中的宏;二是转换不属于任何窗体和报表的全局宏。

　　1. 转换窗体或报表中的宏

　　操作步骤如下:

　　①在"设计视图"中打开窗体。

　　②单击工具菜单宏级联菜单中"将宏转换为 Visual Basic 代码"命令项,如图 10-2 所示,弹出转换窗体宏对话框,如图 10-3 所示。

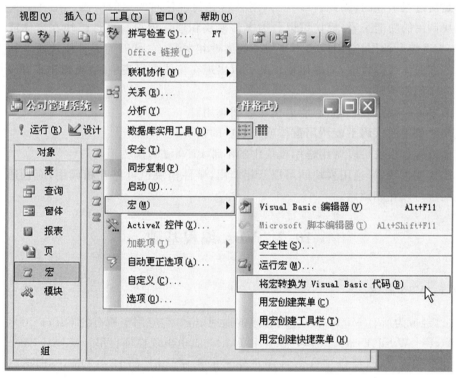

图 10-2　"将宏转换为 Visual Basic 代码"

图 10-3　转换窗体宏对话框

　　③单击"转换"按钮,弹出转换完毕对话框。

　　④单击"确定"按钮完成转换。转换报表中的宏,过程与转换窗体时完全一样,只是将有窗体的地方改为报表即可。

2．将全局宏转换为模块

操作步骤如下：

①在"数据库"窗口中选定宏对象，选定要转换的宏。

②单击文件菜单中"另存为"命令项，弹出"另存为"对话框。

③在"保存类型"下拉列表框中选定模块，单击"确定"按钮，弹出"转换宏"对话框。

④单击"转换"按钮，弹出"转换完毕"对话框。

⑤单击"确定"按钮完成转换。

### 10.1.4　模块间的调用

模块是由过程组成的，因此，模块的调用必然受到过程间调用的限制。在 Access 2003 中，如果从模块调用的功能来看，模块可以分为事件模块和通用模块。事件模块在窗体或报表的控件属性中，为系统所调用；通用模块不与控件的属性相关联，它可以为事件模块所调用。事件模块只能出现在窗体或报表中，而通用模块既可以出现在窗体或报表中，也可以出现在模块中。

模块的调用原则是：

①在两个窗体或报表之间，不能由模块之间调用。

②模块对象中的代码不能调用窗体或报表中的模块。

③窗体或报表模块可以调用通用模块中的不带 Private 的模块。

④在窗体或报表中，通用模块间可以互相调用，事件模块也可以互相调用，而且通用模块和事件模块间也可以互相调用。

# 10.2　VBA 编程基础

### 10.2.1　VBA 概述

VBA 已经成为所有 Microsoft 应用程序的通用语言，它应用于所有的 Office 2003 应用程序中，包括 Access、Word、Excel、PowerPoint 和 Outlook，也出现在项目里。Visual Basic 是一种现代的结构化的编程语言，提供了许多程序员熟悉的程序结构，如 IF…Then…Else，Select Case 等。VBA 使程序员能够以类英语语言使用函数和子过程，该语言是可扩展的，并且可以通过 ADO(Active Data Objects)或 DAO(Data Access Objects)与任意 Access 或 Visual Basic 数据类型交互。

一般 Access 程序设计在遇到下列情况时需要使用 VBA 代码：

①建用户自定义函数(User-Defined Function，UDF)。使用 UDF，可以使程序代码更加简洁而有效。

②错误处理。通过使用 Access 的 VBA 代码，可以控制应用程序对错误作出反应。而 Access 宏的缺点就是它们对错误处理不灵活。

③数据库的事务处理操作。

④使用 ActiveX 控件和其他应用程序对象。

⑤复杂程序处理。可编写选择结构、循环结构等复杂程序处理。

### 10.2.2　VBA 开发环境

VBA 开发环境即 Visual Basic 编辑器(VBE)。Microsoft Visual Basic 编辑器是用于创建模块的一个开发环境。

在 Microsoft Access 2003 数据库管理系统中得到充分使用,要启动 Microsoft Visual Basic 编辑器,用户可执行下列操作之一:

①在数据库窗口中,选择"工具"→"宏"→"Visual Basic 编辑器(V)"命令。

②在窗体或报表的"设计视图"中单击工具栏中的"代码"。

③在数据窗口中单击"模块",再单击工具栏中的"新建"。

④选择"插入"→"模块"命令。

⑤将数据库中已有的模块拖到数据库程序窗口空白位置。

⑥对于类模块,直接定位到窗体或报表上,再单击工具栏上的"代码"工具按钮进入;或定位到窗体、报表和控件上通过指定对象事件处理过程进入。

⑦使用 Alt＋F11 快捷键,能方便地在 VBE 窗口与数据库窗口之间切换。

VBE 窗口界面如图 10-4 所示。

**图 10-4　VBE 窗口界面**

VBE 窗口界面分为主窗口、模块代码、工程资源管理器和模块属性这几部分。模块代码窗口用来输入模块内部的程序代码。工程资源管理器用来显示这个数据库中所有的模块。当用鼠标单击这个窗口内的一个模块选项时,就会在模块代码窗口上显示出这个模块的 VBA 程序代码。而模块属性窗口上就可以显示当前选定的模块所具有的各种属性。

(1)标准工具栏

主窗口的标准工具栏如图 10-5 所示。

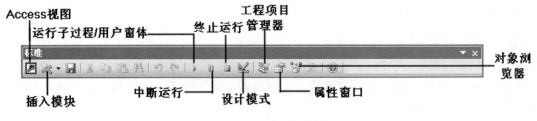

图 10-5　标准工具栏

①Access 视图:切换 Access 数据库窗口。

②插入模块:用于插入新模块。

③运行子过程/用户窗体:运行模块程序。

④中断运行:中断正在运行的程序。

⑤终止运行/重新设计:结束正在运行的程序,重新进入模块设计状态。

⑥设计模式:设计模式和非设计模式切换。

⑦工程项目管理器:打开工程项目管理器窗口。

⑧属性窗体:打开属性窗体。

⑨对象浏览器:打开对象浏览器窗口。

(2)工程窗口

工程窗口也称工程资源管理器。工程窗口显示工程(即模块的集合)层次结构的列表以及每个工程所包含与引用的项目,即显示工程的一个分支结构列表和所有包含的模块。

工程资源管理器窗口中工具栏按钮的功能如下:

①"查看代码"按钮:显示代码窗口,以编写或编辑所选工程目标代码。

②"查看对象"按钮:打开相应对象窗口,可以是文档或是用户窗体的对象窗口。

③"切换文件夹"按钮:显示或隐藏对象分类文件夹。

工程资源管理器列表窗口中列出了所有已装入的工程以及工程中的模块,双击其中的某个模块或类,相应的代码窗口就会显示出来。

(3)属性窗口

属性窗口列出了选定对象的属性,可以在设计时查看、改变这些属性。属性窗口的窗口部件如下:

①"对象"列表框:用于列出当前所选的对象,但只能列出当前窗体中的对象。如果选取了多个对象则会以第一个对象为准,列出各对象均具有的共同属性。

②"按字母序"选项卡:按字母顺序列出所选对象的所有属性以及其当前设置,这些启性和设置可在设计时改变。

③"按分类序"选项卡:根据性质、类别列出所选对象的所有属性。当展开或层叠列表时,可在分类名称的左边看到一个加号"+"或减号"-"图标,单击可完成展开或层叠操作。

(4)代码窗口

代码窗口用来显示、编写以及修改 VBA 代码。"代码窗口"的窗口部件主要有:"对象"列表框、"过程/事件"列表框、自动提示信息框。其中,"对象"列表框用于显示对象的名称。按列表框中的下拉箭头,可查看或选择其中的对象,对象名称为建立 Access 对象或控件对象时的命名。"过程/事件"列表框:在"对象"列表框选择了一个对象后,与该对象相关的事件会在"过程/事件"

列表框显示出来,可以根据应用需要设置相应的事件过程。

代码窗口是设计人员的主要操作界面,充分认识其功能与灵活运用代码窗口提供的开发手段,对模块代码开发具有很大帮助。双击工程窗口中的任何对象,都可以在代码窗口中打开该对象的对应模块代码,用户可以进行编写、修改与调试等处理。

### 10.2.3　VBA 代码处理

Access 中还提供了一些辅助功能,用于提示与帮助用户进行代码处理。

（1）对象浏览器

"对象浏览器"用于显示对象库以及工程中的可用类、属性、方法、事件及常数变量,常用来搜索及使用既有的对象,或是来源于其他应用程序的对象。

（2）自动显示提示信息

在代码窗口中输入命令代码时,系统能够自动显示命令关键字列表、关键字列表属性列表及过程参数列表等提示信息,可以选择或参考其中的信息,提高代码设计的效率和正确性。

（3）监视窗口

在代码窗口中,使用"视图"→"监视窗口"命令,打开"监视窗口"。"监视窗口"的窗口部件作用如下:

①"表达式":列出监视表达式,并在最左边列出监视图标。

②"值":列出在切换成中断模式时表达式的值。

③"类型":列出表达式的类型。

④"上下文":列出监视表达式的内容。如果在进入中断模式时,监视表达式的内容不在范围内,则当前的值并不会显示出来。

（4）本地窗口

在代码窗口中,使用"视图"→"本地窗口"命令,打开本地窗口,本地窗口自动显示出所有在当前过程中的变量声明及变量值。

（5）立即窗口

在代码窗口中,使用"视图"→"立即窗口"命令可以打开立即窗口。

使用立即窗口可以进行以下操作:

①键入或粘贴一行代码,然后按 Enter 键来执行该代码。

②从"立即窗口"中复制并粘贴一行代码到代码窗口中。

说明:立即窗口中的代码是不被存储的。

（6）F1 帮助信息

进行代码设计时,若对某个命令或命令语法参数不确定,可按 F1 键显示帮助文件;也可将光标停留在某个语句命令上并按 F1 键,系统会立刻提示该命令的使用帮助信息。

若需要在数据库窗口和 VBA 编程窗口之间进行便捷切换也可以通过 Alt＋F10 来实现。

### 10.2.4　VBA 编程语句

VBA 程序是由大量的语句构成,按照其功能不同可分为两大类型:

①声明语句,用于给变量、常量或过程定义命名。

②执行语句,用于执行赋值操作,调用过程实现各种流程控制。

VBA 语句书写规定为:将一个语句写在一行。语句较长,一行写不下时,可以用续行符"_"将语句连续写在下一行;可使用冒号将几个语句分隔写在一行中;当输入一行语句并按下回车键后,若该行代码以红色文本显示,则表明该行语句存在错误应更正。

(1)声明语句

声明语句用于命名和定义常量、变量、数组和过程。位置和使用的关键字等内容的定义意味着它们的生命周期与作用范围也被定义了。

分析程序段:

```
Sub Sample()
Const PI=3.14159265
Dim I as Integer
End Sub
```

该程序段定义了一个子过程 Sample。当这个子过程被调用运行时,包含在 Sub 与 End Sub 之间的语句都会被执行。Const 语句定义了一个名为 PI 的符号常量;Dim 则定义了一个名为 I 的整形变量。

(2)注释语句

注释语句的应用对程序的维护有很大的好处。在 VBA 程序中,注释能通过以下两种方式实现:

①使用 Rem 语句使用格式为:Rem 注释语句。

②使用单引号,使用格式为:'注释语句。

通常情况下,注释可以添加到程序模块的任何位置,并且默认以绿色文本显示。

(3)赋值语句

赋值语句是最基本的语句之一,使用赋值语句可以在程序的运行过程中改变变量的值或改变对象的属性值。将代表结果的表达式写在赋值号的右边,预存放结果的变量放在赋值号的左边,就构成了赋值语句。其语法为

变量名=值或表达式

对象.属性=值或表达式

使用赋值语句,先计算表达式的值,再将该值传送给赋值号"="左边的变量或对象。

### 10.2.5 VBA 编程语言

VBA 是 Microsoft Office 内置的编程语言,它继承了 VB 的开发机制,是一个与 VB 有着相似的语言结构、同样用 Basic 语言来作为语法基础的可视化的高级语言。与 Visual Basic 不同的是,VBA 不是一个独立的开发工具,一般被嵌入到像 Word、Excel、Access 这样的软件中,与其配套使用,从而实现在其中的程序开发功能。

1. 数据类型

在 VBA 应用程序中,也需要对变量的数据类型进行说明。VBA 支持多种数据类型。Access 数据表中的字段使用的数据类型(OLE 对象和备注字段数据类型除外)在 VBA 中都有对应的类型。

常用的基本数据类型有:数值型、字符型、货币型、日期型、逻辑型、对象型、变体型、字节型和

用户自定义数据类型。

(1)基本数据类型

表 10-1 所示为基本数据类型。

表 10-1　VBA 基本数据类型

| 数据类型 | 关键字 | 类型说明符 | 占用字节数 | 范　　围 |
|---|---|---|---|---|
| 字节型 | Byte | 无 | 1 | $0\sim2^8-1(0\sim255)$ |
| 整型 | Integer | % | 2 | $-2^{15}\sim2^{15}-1(-32768\sim32767)$ |
| 长整型 | Long | & | 4 | $-2^{31}\sim2^{31}-1$ |
| 单精度型 | Single | ! | 4 | $-3.4\times10^{38}\sim3.4\times10^{38}$ |
| 双精度型 | Double | # | 8 | $-1.7\times10^{38}\sim1.7\times10^{38}$ |
| 货币型 | Currency | @ | 8 | $-2^{96}\sim2^{96}-1$ |
| 字符型 | String | MYM | 不定 | $0\sim65535$ 个字符 |
| 日期型 | Date | 无 | 8 | $01,01,100\sim12,31,9999$ |
| 逻辑型 | Boolean | 无 | 2 | True<br>False |
| 对象型 | Object | 无 | 4 | 任何对象引用 |
| 变体型 | Variant | 无 | 不定 | |

说明:

①布尔型数据。布尔型数据只有两个值:True 或 False。布尔型数据转换为其他类型数据时,Ture 转换为-1,False 转换为 0;其他类型数据转换为布尔型数据时,0 转换为 False,其他类型转换为 Ture。

②日期型数据。"日期/时间"类型数据必须前后用"#"号括起来。

如 #2013-5-4 15:45:00 PM#。

③变体类型数据。变体类型数据是特殊的数据类型。VBA 中规定,如果没有显示声明或使用符号来定义变量的数据类型,则默认为变体类型。

(2)用户自定义数据类型

除了上述系统提供的基本数据类型外,VBA 还支持用户自定义数据类型。自定义数据类型实质上是由基本数据类型构造而成的一种数据类型,我们可以根据需要来定义一个或多个自定义数据类型。用户自定义的数据类型可以通过 Type 语句来实现。

形式如下:

Type[自定义数据类型名]

＜域名 1＞As 数据类型名

＜域名 n＞As 数据类型名

End Type

其中:元素名表示自定义类型中的一个成员,可以是简单变量,也可以是数组说明符。数据类型名可以是 VBA 的基本数据类型,也可以是已经定义的自定义类型,若为字符串类型,必须使用定长字符串。

用户自定义数据类型一般用来建立一个变量来保存包含不同数据类型字段的数据表的记录。用户自定义类型变量的赋值需指明变量名及域名,两者之间用句点分隔。

(3)对象数据类型

对象型数据用来表示引用应用程序中的对象。数据库中的对象,如数据库、表、查询、窗体和报表等,也有对应的 VBA 对象数据类型,这些对象数据类型由引用的对象类所定义。表 10-2 给出了 VBA 支持的数据库对象类型。

表 10-2　VBA 支持的数据库对象类型

| 对象数据类型 | 对象库 | 对应的数据库对象类型 |
|---|---|---|
| Database(数据库) | DAO3.6 | 使用 DAO 时用 Jet 数据库引擎打开的数据库 |
| Connection(连接) | ADO2.1 | ADO 取代了 DAO 的数据库连接对象 |
| Form(窗体) | Access9.0 | 窗体,包括子窗体 |
| Report(报表) | Access9.0 | 报表,包括子报表 |
| Control(控件) | Access9.0 | 窗体和报表上的控件 |
| QueryDef(查询) | DAO3.6 | 查询 |
| TableDef(表) | DAO3.6 | 数据表 |
| Command(命令) | ADO2.1 | ADO 取代 DAOQuery Def 对象 |
| DAO. Recordset(结果集) | DAO3.6 | 表的虚拟表示或 DAO 创建的查询结果 |
| ADO. Recordset(结果集) | ADO2.1 | ADO 取代了 DAO. Recordset 对象 |

**2. 常量、变量和数组**

(1)常量

常量是在程序中可以直接引用的实际值,其值在程序运行中不变。常量的使用可以增加代码的可读性,且使代码更加容易维护。除直接常量外,Microsoft Access 还支持 3 种类型的常量:

- 符号常量:用 Const 语句创建,并且在模块中使用的常量。
- 固有常量:是 Microsoft Access 或引用库的一部分。
- 系统常量:Tree、False 和 Null。

①符号常量。

一般地,可以用标识符保存一个常量值,称之为符号常量。符号常量用来代表在代码中反复使用的相同的值,或代表一些具有特定意义的数字或字符串。符号常量的使用可以增加代码的可维护性与可读性。符号常量可以分为系统提供的符号常量和用户声明的符号常量。

- 系统提供的符号常量。VB 为不同的活动提供了多个常量集合,有颜色定义常量、数据访问常量、形状常量等,如 vbRed、vbGreen。选择 VBE 窗口"视图"→"对象浏览器"命令,在"对象浏览器"对话框的列表中找到所需的常量,选中常量后,对话框底端的文本区域将显示常量的值和功能。

·用户声明的符号常量。尽管 VBA 定义了大量的常量,有时用户还要建立自定义常量,声明常量的语法格式为:

[Public l Private]Const<符号常量名>[As<类型>]=表达式

符号常量使用 Const 语句来创建。创建符号常量时需给出常量值,在程序运行过程中对符号常量只能作读取操作,而不允许修改或为其重新赋值,也不允许创建与固有常量同名的符号常量。

②固有常量。

除了用 Const 语句声明常量之外,Microsoft Access 还声明了许多固有常量,并可以使用 VBA 常量和 ActiveX Data Obiects(ADO)常量,还能在其他引用对象库中使用常量。

所有的固有常量都可在宏或 VBA 代码中使用。任何时候这些常量都是可用的。在函数、方法和属性的"帮助"主题中对于其中的具体内置常量都有描述。

固有常量有两个字母前缀,指明了定义该常量的对象库。来自 Microsoft Access 库的常量以"ac"开头,来自 ADO 库的常量以"ad"开头,而来自 Visual Basic 库的常量则以"vb"开头。

因为固有常量所代表的值在 Microsoft Access 的以后版本中可能会改变,所以应该尽可能使用常量而不用常量的实际值。可以通过在"对象浏览器"中选择常量或在"立即"窗口中输入"?固有常量名"来显示常量的实际值。

用户能够在任何允许使用符号常量或用户定义常量的地方使用固有常量,另外还能用"对象浏览器"对话框来查看所有可用对象库中的固有常量列表。

③系统常量。

系统定义的常量有 3 个:True、False 和 Null。系统常量是 VBA 预先定义好的,用户可以直接引用,还可以在计算机上的所有应用程序中使用。

(2)变量

变量在程序运行过程中值可以改变。在 VBA 程序中,每一个变量都必须有一个名称,用以标识该变量在内存单元中的存储位置。用户可以通过变量标识符使用内存单元存取数据;变量是内存中的临时单元,它可以用来在程序的执行过程中保留中间结果与最后结果,或者用来保留对数据进行某种分析处理后得到的结果。

①变量的命名规则。

为了区别存储着不同的数据的变量,需要对变量命名。在 VB 中,变量的命名要遵循以下规则。

·变量名必须以字母或汉字开头,比如 Name、C 用户、f23 等变量名是合法的,而 3jk、♯Num 等变量名是非法的。

·变量名的长度不得超过 255 个字符。

·变量名中不能包含除字母、汉字、数字和下划线以外的字符。

·变量名不能和关键字同名。关键字是系统使用的词,包括预定义语句(If、For 等)、函数(Sin、Abs 等)和操作符(And、Mod 等)。

·变量名在有效的范围内必须是唯一的。有效范围就是引用变量可以被程序识别、使用的作用范围,如一个过程。

②变量的声明。

使用变量前一般必须先声明变量名和其类型,声明变量要体现变量的作用域和生存期,其关键字 Dim、Static、Public、Private 也可以称为限定词。在声明变量的语句中也可以同时声明多个

变量,其类型可相同也可不同。其语法格式如下:

  <限定词><变量名>[[As<类型>][,<变量 2>[As<类型>]]……]

  <限定词>:Dim、Static、Public、Private 之一。

  <变量名>:编程者所起的符合命名规则的变量名称。

  <类型>:Integer、String、Long、Currency 等数据类型之一。

  用方括号括起来的"As<类型>"子句表示是可选的,

  在声明变量时,不但可以用类型关键字,而且可以用类型符。

  在默认情况下,VBA 允许在代码中使用未声明的变量,但如果在模块设计窗口的顶部"通用声明"区域中,加入语句"Option Explicit",那么所有变量就被强制要求必须先声明后使用。

  这种方法只能为当前模块设置了自动变量声明功能,如果想为所有模块都启用此功能,在通过菜单命令"工具"→"选项"打开的对话框中,选中"要求变量声明"选项即可。

  此外,还有一类数据库对象变量。由于 Access 建立的数据库对象及其属性均可被看成是 VBA 程序代码中的变量及其指定的值来加以引用。Access 中窗体和报表对象的引用格式为:

  Forms! 窗体名称! 控件名称[. 属性名称]

  或 Reports! 报表名称! 控件名称[属性名称]

  关键字 Forms 或 Reports 分别表示窗体或报表对象集合。感叹号"!"分隔开对象名称和控件名称。"属性名称"部分缺省,则为控件默认属性。

  如果对象名称中含有空格或标点符号,就要用方括号把名称括起来。

  ③变量的作用域。

  变量由于声明的位置不同以及用不同的关键字声明,可被访问的范围不同,变量的可被访问的范围通常称为变量的作用域。

  •局部变量。局部变量是在模块的过程内部,使用 Dim、Staic 声明的变量或没有声明直接使用的变量,只能在本过程中使用,别的过程不可以访问。局部变量在过程的被调用时分配存储空间,过程结束时释放空间。

  •模块级变量。用 Dim、Staic、Private 关键字,在模块的通用声明段进行定义的变量都是模块级变量。模块级变量定义在模块的所有过程之外的起始位置,可以被声明它所在模块中所包含的所有过程访问。

  •全局变量。变量定义在标准模块的所有过程之外的起始位置,运行时在类模块和标准模块的所有过程都可访问。在标准模块的变量定义区域,全局变量用 Public 关键字说明进行声明。

  ④变量的生命周期。

  变量的生命周期(持续时间)与作用域是两个不同的概念,它是指变量从首次出现(变量声明,分配存储单元)到程序代码执行完毕,并将控制权交回调用它的过程为止的时间。

  按照变量的生命周期,局部变量分为两类。

  •动态局部变量:以 Dim 关键字声明的局部变量,动态变量在定义它的过程被调用时分配存储单元,调用结束时释放占用的存储空间,变量的值也被丢失。

  •静态局部变量:以 Static 关键字声明的局部变量,静态变量在程序的运行中可以保留变量的值,不被丢失。静态变量可以用来计算事件发生的次数或者是函数与过程被调用的次数。

  (3)数组

  数组是包含一组相同数据类型的变量集合,由变量名和下标组成。VBA 中的数组具有以下特点。

- 数组是一组相同类型的元素的集合。
- 同一个数组中的所有数组元素共用一个数组名,采用下标来区分不同的数组元素。
- 数组中各元素有先后顺序,它们在内存中按排列顺序连续存储在一起。
- 使用数组前要对数组进行声明。数组的声明就是对数组名、数组元素的数据类型、数组元素的个数进行定义。

例如,a(1)、a(2)、a(3)表示数组 a 的三个元素。

数组必须先声明后使用,并且要声明数组名、类型、维数和大小。

①定长数组的声明。一维数组的声明格式为:

Dim 数组名([数组下标下界 to]数组下标上界)[As 数据类型]

其中:

数组名的命名规则与变量名的命名规则相同。

下标不能使用变量,必须是常量。一般是整型常量。

下标下界缺省时,默认为 0。若希望下标从 1 开始,可在模块的通用声明段使用 Option Base 语句声明。其使用格式为:

Option Base 011　　　一后面的参数只能取 0 或 1

如果省略 As 子句,则数组的类型为 Varient 变体型。

②动态(不定长)数组。在应用程序开发时,如果事先无法得知数组中元素的个数,可以使用动态数组,即不定长数组。

动态数组的声明和使用分两步。

- 用 Dim 语句声明数组,但不能指定数组的大小,形式为:

Dim 数组名()As 数据类型

- 用 ReDim 语句动态地分配元素个数,并且可以在 ReDim 后加保留字 Preserve 来保留以前的值,否则使用 ReDim 后,数组元素的值会被重新初始化为默认值。形式为:

ReDim 数组名([<下界>to)<上界>,[<下界>to)<上界>,…)[As<数据类型>]

同样,数组也可以使用 Public、Private 或 Static 来说明数组的作用域和生命周期。

### 3. 运算符和表达式

VBA 提供了丰富的运算符来完成各种形式的运算和处理。根据运算不同,可以分成 4 种类型的运算符:算术运算符、字符串运算符、关系运算符和逻辑运算符。

(1)算术运算符

算术运算符用于数值的算术运算,是常用的运算符。表 10-3 为 VBA 提供的 8 个算术运算符。其中,负号(一)是单目运算符,其他均为双目运算符,优先级为 1 的级别最高。

表 10-3　VBA 的 8 个算术运算符

| 运算符 | 含　义 | 优先级 |
|---|---|---|
| ^ | 乘方 | 1 |
| 一 | 负号 | 2 |
| * | 乘 | 3 |

续表

| 运算符 | 含 义 | 优先级 |
|---|---|---|
| / | 除 | 3 |
| \ | 整除 | 4 |
| MOD | 求余 | 5 |
| + | 加 | 6 |
| － | 减 | 6 |

算术运算中,如果操作数具有不同的数据精度,则 VB 规定运算结果的数据类型采用精度相对高的数据类型,即

Integer＞Long＞Single＞Double＞Currency

（2）字符串运算符

字符串运算有两个:"＆"和"＋",它们的功能都是将两个字符串连接起来,但存在着区别。

①"＆":无论进行连接的两个操作数是字符串型还是数值型,在进行连接之前,系统都要强制将它们转换成字符串型,然后再连接。使用"＆"运算符时应注意,变量与运算符"＆"之间应加一个空格。

②"＋":只有当运算符两边的操作数均为字符串型时,才将两个字符串连接成一个新字符串。若两边均为数值型,则进行算术加法运算;若一边为数值型,另一边为数字字符串,则将自动将数字字符串转换成数值型后,进行加法运算;若一边为数值型,另一边为非数字字符串则无法运算。

（3）关系运算符

关系运算符的作用是比较两个操作数的大小,两个操作数必须是相同的数据类型。关系运算的结果为逻辑值:真（True)和假（False)。关系运算符的优先级相同。

（4）逻辑运算符

逻辑运算符用于逻辑运算,运算结果为逻辑型。VBA 的常用逻辑运算如表 10-4 所示（表中 T 表示 True,F 表示 False)。其中 Not 是单目运算符,其他均为双目运算符。

表 10-4　逻辑运算符

| 运算符 | 含 义 | 优先级 | 说 明 |
|---|---|---|---|
| Not | 非 | 1 | 与操作数原来的值相反 |
| And | 与 | 2 | 当且仅当两个操作数同时为真时,结果才为真,否则结果为假 |
| Or | 或 | 3 | 当两个操作数同时为假时,结果才为假,否则结果为真 |
| Xor | 异或 | 3 | 当两个操作的值相同时,结果为假,不相同时结果为真 |

用括号和运算符将常量、变量、函数按一定的规则连接起来的式子称为表达式。表达式的数据类型取决于表达式的运算结果。对于多种运算符并存的表达式,运算符的先后顺序是:有括号的先运算,无括号的由运算符的优先级决定的,优先级高的先进行,优先级相同的运算依照从左向右的顺序进行。

不同种的运算之间的优先级如下：

算术运算符＞字符串运算符＞关系运算符＞逻辑运算符

### 4. 内部函数

在 VBA 中，经常用到的一些最基本的功能被编成了一段相对完整、独立的代码，放在系统内部供用户直接调用，称之为内部函数。在使用这些函数的时候，只要给出函数名和函数所要求的参数，就能得到函数的值。

VBA 提供的内置函数按其功能可分为数学函数、字符串函数、日期函数、转换函数等。

（1）数学函数

常见的数学函数如表 10-5 所示。

表 10-5　常见的数学函数

| 函数名称 | 函数说明 |
| --- | --- |
| Sin(x) | 返回来自 x 的正弦值 |
| Cos(x) | 返回来自 x 的余弦值 |
| Tan(x) | 返回来自 x 的正切值 |
| Atn(x) | 返回来自 x 的反正切值 |
| Abs(x) | 返回来自 x 的绝对值 |
| Exp(x) | 返回 e 的 x 次方 |
| Sqr(x) | 返回 x 的平方根 |
| Sgn(x) | 返回数的符号值 |
| Int(x) | 返回不大于 x 的最大整数 |
| Fix(x) | 返回不小于 x 的最小整数 |
| Rnd(x) | 返回一个位于[0,1]之间的随机数 |

（2）字符串函数

常见的字符串函数如表 10-6 所示。

表 10-6　常见的字符串函数

| 函数名称 | 函数说明 |
| --- | --- |
| Ltrim(字符串) | 去掉字符串左边的空白字符 |
| Rtrim(字符串) | 去掉字符串右边的空白字符 |
| Left(字符串,n) | 返回字符串左边的 n 个字符 |
| Right(字符串,n) | 返回字符串右边的 n 个字符 |
| Mid(字符串,p,n) | 返回从字符串位置 p 开始的 n 个字符 |
| Len(字符串) | 返回字符串长度 |
| String(n,字符串) | 返回由 n 各字符组成的字符串 |

| 函数名称 | 函数说明 |
| --- | --- |
| Space(n) | 返回 n 个空格的字符串 |
| InStr(字符串 1,字符串 2) | 返回字符串 2 在字符串 1 中的位置 |
| Uease(字符串) | 把小写字母转换成大写字母 |
| Lease(字符串) | 把大写字母转换成小写字母 |

（3）日期/时间函数

常见的日期/时间函数如表 10-7 所示。

表 10-7　常见的日期/时间函数

| 函数名称 | 函数说明 |
| --- | --- |
| Date() | 返回系统当前的日期 |
| Time() | 返回系统当前的时间 |
| Now() | 返回系统当前的日期和时间 |
| Day(表达式) | 返回表达式指定的日期 |
| WeekDay(表达式) | 返回表达式指定的星期 |
| Month(表达式) | 返回表达式指定的月份 |
| Year(表达式) | 返回表达式指定的年份 |
| Hour(表达式) | 返回表达式指定的小时 |
| Minute(表达式) | 返回表达式指定的分钟 |
| Second(表达式) | 返回表达式指定的秒 |

（4）类型转换函数

函数常见的类型转换函数如表 10-8 所示。

表 10-8　常见的类型转换函数

| 函数名称 | 函数说明 |
| --- | --- |
| Asc(x) | 返回字符串 x 中第 1 个字符的 ASCII 码 |
| Chr(x) | 返回与 ASCII 码 x 对应的字符 |
| Str(x) | 将数值表达式 x 转换成字符串 |
| Val(x) | 将字符串 x 转换成数字型数据 |
| Nz(x) | 将空值 x 转换成相应的值 |

（5）测试函数

测试函数可对数据校验,其返回值为逻辑型的,常见的类型转换函数如表 10-9 所示。

表 10-9　常用测试函数

| 函　　数 | 功　　能 |
|---|---|
| IsArray(E) | 测试是否为数组,是数组返回 True |
| IsNumeric(E) | 测试是否为数值型,是数值型返回 True |
| IsDate(E) | 测试是否为日期型,是日期型返回 Tme |
| IsNull(E) | 测试是否为无效数据,是无效数据返回 True |
| IsEmpty(E) | 测试是否已初始化,未初始化返回 True |
| IsError(E) | 测试是否为一个错误值,有错误返回 True |
| IsObject(E) | 测试是否为对象类型 |
| Eof | 测试文件是否到了文件尾,到了文件尾返回 True |

(6)输入输出函数

①输入对话框函数 InputBox。InputBox 函数用于产生一个能接收用户输人数据的对话框,并返回输入的值,函数返回值的类型为字符串类型。每执行一次 InputBox 函数只能输入一个值。

函数格式:

InputBox(提示信息[,标题][,默认值][,x 坐标][,y 坐标])

其中,提示信息为必选、字符串表达式,是对话框内要显示的提示信息。其它为可选。

②消息对话框函数 MsgBox。MsgBox 函数用来产生一个对话框来显示消息,等待用户选择一个按钮,并返回用户所选按钮的整数值。

函数格式:

MsgBox(提示信息[,按钮类型][,标题])

# 10.3　VBA 程序结构

VBA 程序是由大量的语句命令构成的,每条语句用于完成某项操作。VBA 程序代码是块结构,块构成程序的主体的事件过程或自定义过程,块的先后次序与程序执行的先后次序无关。

VBA 程序语句按照其功能不同分成两大类型。

·声明语句,用于给变量、常量或过程定义命名。

·执行语句,用于执行赋值操作,调用过程,实现各种流程控制。执行语句分为 3 种结构。顺序结构,按照语句顺序顺次执行;条件结构,又称为选择结构,根据条件选择执行路径;循环结构,重复执行某一段程序语句。

## 10.3.1　顺序结构

顺序结构是指按照语句的顺序逐条执行,即语句执行顺序和语句书写顺序一致。使用这种结构只需要将合法语句按照需要的执行顺序排列好,即可被执行。顺序结构中用到的主要语句是赋值语句和输入输出语句。控制流程如图 10-6 所示。

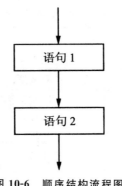

图 10-6　顺序结构流程图

### 10.3.2　选择结构

选择结构也叫分支结构,是在程序的执行过程中,通过对条件进行判断,选择执行不同的分支语句来实现的,分支语句也被称做条件语句或判断语句,是依据"条件的满足与否"来决定执行的语句。

选择结构还可以细分为单分支、双分支和多分支三种情况,并由不同的语句完成。

#### 1. 单分支语句 If…Then

IF…Then 结构语句对给定的表达式进行判断,若表达式的值为 True,即条件满足,则执行 Then 后的语句或语句体;若表达式的值为 False,即条件表达式不满足,则放弃执行,程序直接跳到 If 语句的下一条语句去执行;若 Then 后是语句体,则程序转到 End If 语句之后继续执行其他语句。

单分支语句的控制流程如图 10-7 所示。

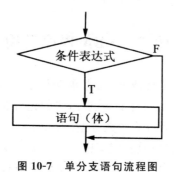

图 10-7　单分支语句流程图

语法 1:

If 条件表达式 Then 单一语句

这种语法适用于当条件满足,只执行一条语句的情况。

语法 2:

If 条件表达式 Then

语句体

End If

这种语法适用于当条件满足,需要执行很多条语句的情况。

2. 多分支语句 If…Then…Else

在多分之语句 If…Then…Else 中,若"条件 1"为 True,则执行"语句序列 1",否则当"条件 2"为 True 时执行"语句序列 2"……,否则执行"语句序列 n",如图 10-8 所示。

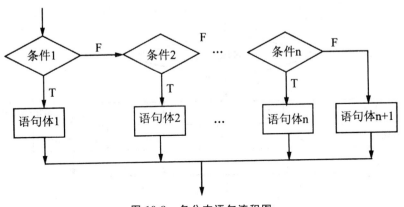

图 10-8　多分支语句流程图

语句形式:

If 条件 1 Then

[(语句序列 1)]

[ElseIf 条件 2 Then

(语句序列 2)]

……

[Else

(语句序列 n)]

If…Then…ElseIf 只是 If…Then…Else 的一个特例。可以使用任意数量的 ElseIf 子句,或一个也不用。也可以有一个子句,而不管有没有 ElseIf 子句。

3. Select Case 控制结构

Select Case 语句根据一个表达式的值,在一组相互独立的语句序列中挑选要执行的语句序列。尽管其功能类似于 If…Then…Else 语句,但只在语句和每个语句计算相同表达式时,才用 Select case 结构替换 If…Then…Else 结构。

Select case 控制结构,如图 10-9 所示。

语句表达形式如下:

Select Case 测试表达式

Case 表达式值 1

[语句块 1]

Case 表达式值 2

[语句块 2]

?

Case 表达式值 n

［语句块 n］

Case Else

［语句块 n＋1］

End Select

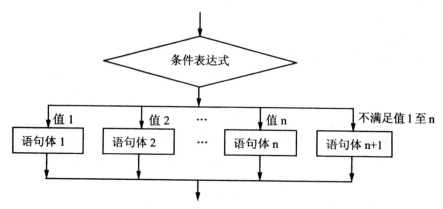

**图 10-9　Select case 控制结构**

程序执行时,先判断测试条件的值,然后根据条件值逐个匹配每个 Case 后面的表达式列表,如果该值符合某个表达式列表,执行该 Case 子句下面的语句序列。若第一个 Case 子句中的表达式列表不匹配,接着判断是否与下一个 Case 子句中的表达式列表匹配。当所有的 Case 子句中的表达式列表都不与条件测试值匹配,执行 Case Else 子句中的语句序列;如果给出的 Select Case 结构中没有 Case Else 子句,就从 End Select 退出整个 Select Case 语句。这里的语句序列 1、语句序列 2、……、语句序列 n＋1 可以是一个语句,也可以是一组语句。

测试条件可以为数值表达式或者字符串表达式,Case 子句中的表达式列表为必要参数,用来测试列表中是否有值与测试条件相匹配。列表中的表达式形式如表 10-10 所示。

表 10-10　表达式的形式

| 形式 | 示例 | 说明 |
|---|---|---|
| 表达式 | Case 2 * a,12,14 | 数值或字符串,测试条件的值可以是 2 * a、12、14 三者之一 |
| 表达式 1 To 表达式 2 | Case 1 To 10 | 1≤测试条件值≤10 |
| Is 关系运算符表达式 | Is<100 | 测试条件值<100 |

**4. 条件函数**

除了上述条件语句外,VBA 还提供了 IIf 函数、Switch 函数和 Choose 函数 3 个函数来完成相应选择操作。

（1）IIf 函数

IIf(条件表达式,表达式 1,表达式 2)

根据"条件式"的值来决定函数返回值:"条件式"值为真,函数返回"表达式 1"的值;"条件式"值为假,函数返回"表达式 2"的值。

（2）Switch 函数

Switch(条件表达式 1,表达式 1[,条件式 2,表达式 2][,条件式 3,表达式 3]…[,条件式 n,

表达式 n])

该函数是分别根据"条件 1"、"条件 2"直至"条件 n"的值来决定函数的返回值。

（3）Choose 函数

Choose（整数表达式,选项 1[,选项 2]…[,选项 n]）

根据"索引式"的值来返回选项列表中的某个值。

### 10.3.3　循环结构

循环语句可以实现重复执行一行或几行程序代码。VBA 支持以下循环语句结构：

For…Next

Do…Loop

#### 1. For…Next 循环语句

For…Next 循环称为计数循环,用于控制循环次数须知的循环结构。

语法如下：

For 循环变量－初值 to 终值[Step 步长]

　　[循环体]

[Exit for]

[语句块]

Next[循环变量]

其中,循环变量必须为数值型变量;值为一个数值表达式;终值为一个数值表达式;循环体可以是一句或多句语句;Exit For 是指退出循环,执行 Next 后的下一条语句;步长:当其值为正时,初值小于等于终值,当其值为负时,初值大于等于终值,循环变量也是一个数值表达式,默认为 1。

Next 后面的"循环变量"与 For 语句中的"循环变量"必须是相同的,若步长值是一个非负数,当程序执行到 For…Next 语句时,首先初值赋予循环变量判断循环变量的值是否大于终值。若不大于终值,则执行循环体中的语句,执行到 Next 关键字时返回到循环开始处,然后使步长值增加 1,再判断循环变量的值是否大于终值,若不大于终值则执行循环体,否则终止循环,执行 Next 下面的语句。若步长值为负数,且循环执行的条件与上面所讲的恰好相反,当循环变量的值不小于终止值时才执行循环体,否则结束循环。

此外,在进行第一次判断时,只是给循环变量赋以初值,而步长值并不自动加 1。

#### 2. Do…While(或 Until)…Loop 语句

Do…While…Loop 语句使用格式如下：

Do While 条件式

循环体

[条件语句序列]

Exit Do

[结束条件语句序列]

Loop

这个循环结构是在条件式结果为真时,执行循环体,并持续到条件式结果为假或执行到选择

Exit Do 语句而退出循环。

与 Do…While…Loop 结构相对应,还有另一个循环结构 Do…Until…Loop。该结构在条件式值为假时,重复执行循环,直至条件式值为真,结束循环。

### 10.3.4 以 GOTO 转移程序控制

VBA 的 GOTO 语句可以跳过一些代码块,执行标号处的语句。它的语法格式为:

GOTO　标号

从当前位置,程序跳到相应的标号位置。

GOTO 语句为程序的代码设计提供了一个极大的灵活方式,但是在程序设计过程中还是要尽量避免使用 GOTO 语句,主要原因就是 GOTO 语句的这种不加条件的任意跳转会使程序变得异常难读,一旦程序出现错误将导致程序难以调试。在程序设计过程中,通常可以用其他模块化方法来实现所有的 GOTO 语句要实现的功能,只有一个地方例外,即程序出错。在做系统软件时,一般都要预先设置错误陷阱,在开发过程中没有发现的错误可能会在应用中出现,这样我们要在程序的相应位置上设置"On Error Goto 标号"来设置陷阱捕获错误,进行预处理。

# 10.4　过程的定义与参数传递

### 10.4.1　过程定义

由于程序功能的日益复杂化,通常会有一些程序段落需重复使用。一般就会将这样的程序段落定义为一个过程。该过程是一段可以实现某个具体功能的程序代码。这里的过程指用户自定义的过程,它有 Function 函数过程和 Sub 子过程两类。

1. Function 函数过程的定义和调用

Function 函数过程也称用户自定义函数,其定义格式如下:
[Public | Private][Static]Function 函数过程名([<形参列表>])[As 数据类型]
[局部变量或常数定义]
[<函数过程语句>=
[函数过程名=<表达式>]
[Exit Function]
[<函数过程语句>
[函数过程名=<表达式>]
End Function
说明:

①Public 定义的函数过程是公有过程,可被程序中任何模块调用;Private 定义的函数是局部过程,仅供本模块中的其他过程调用。Public 为默认。

②Static 表示在调用之后保留过程中声明的局部变量的值。

③函数过程名的命名规则与变量命名相同。

④形参列表中形参定义时是无值的,用来接收调用过程时由实参传递过来的参数。也可以

无形参,但形参两旁的括号不能省略。

⑤AS 类型用于指出函数返回值的类型。

⑥函数过程名＝<表达式>用来指出函数的返回值,至少要对函数过程名赋值一次。

函数过程是一个通用过程,创建的方法是:在窗体、标准模块或类模块的代码窗口把插入点放在所有现有的过程之外,直接输入函数过程;或通过选择"插入"→"过程"菜单命令建立自定义函数过程框架,具体可见图 10-10 和图 10-11 所示。

函数过程的调用与内部函数的调用相同,格式如下:

函数过程名(<实参列表>)

说明:

①实参列表中的实参与函数过程定义时的形参类型、位置和数目要一一对应。

②由于函数过程返回一个值,因此函数过程不能作为单独的语句来调用,只能出现在表达式中。

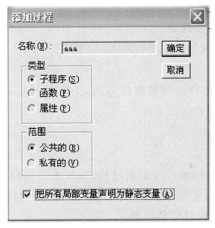

图 10-10　添加过程

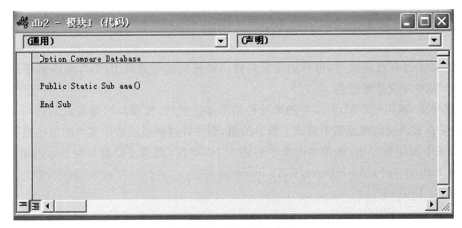

图 10-11　过程代码窗口

**2. Sub 子过程的定义和调用**

Sub 子过程的定义方法同函数过程。其定义格式为:

［Public｜Private］［Static］Sub 子过程名（［＜形参列表＞］）

［局部变量或常数定义］

［＜子过程语句＞］

［Exit Sub］

＜子过程语句＞

End Sub

说明：

①关键字 Public、Private 和 Static 的意义同函数过程。

②Sub 子过程没有返回值，所以过程名后面不需要说明类型，子过程体内也不需要对子过程名赋值。

Sub 子过程的创建方法同函数过程。

子过程的调用有以下两种格式：

格式 1：Call 子过程名（［实参列表］）

格式 2：子过程名［实参列表］

说明：

用 Call 调用子过程时，有实参必须写在括号内，无实参时括号可不写。用子过程名调用时，括号可加可不加。

### 10.4.2　参数传递

形式参数（形参）是在定义 Function 函数过程、Sub 子过程时过程名后圆括号中出现的变量名，多个形参之间用逗号分隔。实际参数（实参）是在调用过程时在过程名后的参数，其作用是将它们的值或地址传送给被调过程对应的形参。

形参可以是变量和带空括号的数组名；实参可以是常量、变量、数组元素、带空括号的数组名和表达式。

#### 1. 传地址

若在定义子过程或函数时，形参的变量名前不加任何前缀或加 ByRef，则表示传地址。传地址方式要求实参必须是变量名。

传递过程是：调用过程时，将实参的地址传给形参。此时，实参与形参变量共用同一个存储单元，因此如果在被调过程或函数中修改了形参的值，则主调过程或函数中实参的值也跟着变化。

例如，在下面的程序中，如果单击命令后输入 10 和 20，观察立即窗口会显示的结果。

Public Sub swap(x As Integer,y As Integer)

Dim t As Integer

t＝x：x＝y：y＝t

End Sub

按钮的单击事件如下：

Private Sub Command0_Click()

Dim x As Integer,y As Integer

x＝InputBox("x＝")

```
y＝InputBox("y＝")
Debug. Print x,y        '显示:10 20
swap x,y
Debug. Print x,y        '显示:20 10
End Sub
```

**2. 传值**

若在定义过程或函数时,形参的变量名前加 ByVal 前缀,即为传值。

传递过程是:这时主调过程将实参的值传给被调过程的形参后,实参和形参断开了联系,因此如果在被调过程或函数中修改了形参的值,则主调过程或函数中实参的值不会跟着变化。

例如,在下面的程序中,如果单击命令后输入 10 和 20,观察立即窗口会显示的结果。

```
Public Sub swap1(ByVal x As Integer,ByVal y As Integer)
Dim t As Integer
t＝x:x＝y:y＝t
End Sub
```

按钮的单击事件如下:

```
Private Sub Command0_Click()
Dim x As Integer,y As Integer
x＝InputBox("x＝")
y＝InputBox("y＝")
Debug. Print x,y        '显示:10 20
swap1 x,y
Debug. Print x,y        '显示:10 20
End Sub
```

# 10.5　面向对象程序设计

Access 2003 不仅提供了大量的控件对象,而且还提供了向导创建对象的机制,能处理基本的数据库操作,但设计功能更灵活、功能更强大的数据库应用系统,还是应该使用 VBA。Access 2003 内嵌的 VBA,不仅功能强大,而且采样目前主流的面向对象程序设计机制和可视化编程环境,其核心由对象及响应各种事件的代码组成。

面向对象技术提供了一个具有全新概念的程序开发模式,它将面向对象分析(Object-Oriented Analysis,OOA)、面向对象设计(Object-Oriented Design,OOD)和面向对象程序设计(Object-Oriented Programming,OOP)集成在一起,其核心概念是"面向对象"。

在这里我们可以将面向对象(Object-Oriented)定义为:面向对象＝对象＋类＋属性的继承＋对象之间的通信。如果一个数据库应用系统是使用这样的概念设计和实现的,则称这个应用系统是面向对象的。一个面向对象的应用系统中的每一个组成部分都是对象,所需实现的操作则通过建立对象与对象之间的通信来完成。

作为一个面向对象的程序设计语言,VBA 程序的关键组成要素也同样是对象,正确理解和掌握对象的概念,是学习 VBA 程序设计的基础。

### 1. 对象和类

对象是面向对象程序设计方法中最基本的概念,如一个人、一个气球、一辆汽车等都是对象;一份报告、一个账单也是对象。Access 中的表、查询、窗体、报表、页、宏和模块都是数据库的对象,而窗体和报表中的控件也是对象。

在面向对象程序设计中把对象的特征称为属性,对象自身的行为称为方法,外界作用在对象上的活动称为事件,每个对象具有属性、方法和事件,这就是构成对象的三要素。

我们把具有相似性质、执行相同操作的对象称为同一类对象。Access 中的表、查询、窗体、报表、页、宏和模块对象也是类,称为对象类。在窗体或报表设计视图窗口中,工具箱中的每个控件就是一个类,称为控件类,而在窗体或报表中创建的具体控件则是这个类的对象。类可看做是对象的模板,每个对象由类来定义。

此外,Access 还提供了一个重要的对象 DoCmd,它的主要功能是通过包含在内部的方法来实现 VBA 编程中对 Access 的操作,如打开窗体、打开报表、设置控件值、关闭窗口等。

使用 DoCmd 对象的方法可以从 Visual Basic 运行 Access 操作,这些操作可以执行诸如关闭窗口、打开窗体和设置值等任务。

DoCmd 的主要方法如下:

(1)Close 方法

用于执行关闭操作,其基本使用格式如下:

$$DoCmd. Close$$

(2)RunMacro 方法

用于运行宏,其基本使用格式如下:

$$DoCmd. RunMacro“宏名”$$

(3)OpenForm 方法

用于打开一个窗体,其基本使用格式如下:

DoCmd. OpenForm formname[,view][,filtername][,wherecondition]

其中各参数含义为:

①formname 是打开窗体的名称。在“宏”窗口的“操作参数”节中的“窗体名称”框中显示了当前数据库中的全部窗体。这是必选的参数。

②view 是打开窗体的视图。可在“视图”框中选择“窗体”、“设计”、“打印预览”或“数据表”。默认值为“窗体”。

③wherecondition 被 Access 用来从窗体的基础表或基础查询中选择记录的 SOIWHERE 子句或表达式。如果用 filtemame 参数选择筛选,那么 Access 将把这个 WHERE 子句应用于筛选的结果。

④filtemame 用于限制或排序窗体中记录的筛选。可以输入一个已有的查询的名称或保存为查询的筛选名称。不过,这个查询必须包含打开窗体的所有字段。

(4)OpenReport 方法

用于打开一个报表,其基本使用格式如下:

DoCmd. OpenReport reportname[,view][,filtername][,wherecondition]

各参数的含义与 OpenForm 方法中的参数类似。

### 2. 属性和方法

对象的属性用来描述对象的静态特征。如窗体的 Name(名称)属性、Caption(标题)属性等。不同的属性值就决定了这个对象不同于其他对象。不同类的对象具有各自不同的属性,但有些属性是很多对象共有的。比如 Name(名称)属性。

对象的方法用来描述对象的动态特征,即附属于对象自身的行为和动作。如窗体有 Refresh 方法,Debug 对象有 Print 方法等。

引用对象的属性或方法时应该在属性名或方法名前加对象名,并用对象引用符“.”连接,即对象、属性或对象、方法。

### 3. 事件和事件过程

事件是外界作用在对象上的可以为对象所识别和响应的动作。事件通常是由系统预定好了的操作。例如,单击、双击、按键、获得焦点、失去焦点等。同一事件,作用于不同的对象,会产生得到不同的响应。

当在对象上发生了事件后,应用程序就要处理这个事件,而处理的步骤就是事件过程。也就是说,事件过程是对象在识别了所发生的事件后执行的程序。

事件过程的形式如下:

Sub 对象_事件([参数列表])

事件过程代码

End Sub

例如,下面的事件过程描述了单击按钮之后所发生的一系列动作。

Private Sub Commandl_Click()

Me！Label1.Caption= "欢迎光临"

Me！Textl=" "

End Sub

实际上,Access 窗体、报表和控件的事件有很多,一些主要对象事件如表 10-11 所示。

**表 10-11　Access 的主要对象事件**

| 对象名称 | 事件名称 | 说　明 |
| --- | --- | --- |
| 窗体 | Load | 窗体加载时发生事件 |
| | UnLoad | 窗体卸载时发生事件 |
| | Open | 窗体打开时发生事件 |
| | Close | 窗体关闭时发生事件 |
| | Click | 窗体单击时发生事件 |
| | DblClick | 窗体双击时发生事件 |
| | MouseDown | 窗体上鼠标按下时发生事件 |
| | KeyPress | 窗体上键盘按键时发生事件 |
| | KeyDown | 窗体上键盘按下键时发生事件 |

续表

| 对象名称 | 事件名称 | 说　明 |
|---|---|---|
| 报表 | Open | 报表打开时发生事件 |
|  | Close | 报表关闭时发生事件 |
| 命令按钮控件 | Click | 按钮单击时发生事件 |
|  | DblClick | 按钮双击时发生事件 |
|  | Enter | 按钮获得输入焦点之前发生事件 |
|  | GetFoucs | 按钮获得输入焦点时发生事件 |
| 文本框控件 | BeforeUpdate | 文本框内容更新前发生事件 |
|  | AfterUpdate | 文本框内容更新后发生事件 |
|  | Enter | 文本框输入焦点之前发生事件 |
|  | GetFoucs | 文本框获得输入焦点时发生事件 |
|  | LostFoucs | 文本框失去输入焦点时发生事件 |
|  | Change | 文本框内容更新时发生事件 |

## 10.6　VBA 数据库编程

### 10.6.1　数据库引擎及其接口

VBA 是通过 Microsoft Jet 数据库引擎工具来支持对数据库的访问。所谓数据库引擎实际上是一组动态链接库(DLL),当程序运行时被链接到 VBA 程序而实现对数据库的数据访问功能。数据库引擎是应用程序与物理数据库之间的桥梁,它以一种通用接口的方式,使各种类型物理数据库对用户而言都具有统一的形式和相同的数据访问与处理方法。

在 VBA 中主要提供了 3 种数据库访问接口:

(1)开放数据库互连应用编程接口(ODBC API)

目前 Windows 提供的 32 位 ODBC 驱动程序对每一种客户/服务器 RDBMS、最流行的索引顺序访问方法(ISAM)数据库(Jet、dBase、Foxbase 和 FoxPro)、扩展表(Excel)和定界文本文件都可以操作。在 Access 应用中,直接使用 ODBC API 需要大量 VBA 函数原型声明(Declare)和一些繁琐、低级的编程,因此,实际编程很少直接进行 ODBC API 的访问。

(2)数据访问对象(DAO)

DAO 提供一个访问数据库的对象模型。利用其中定义的一系列数据访问对象,例如,Database、QueryDef、RecordSet 等对象,实现对数据库的各种操作。

(3)Active 数据对象(ADO)

ADO 是基于组件的数据库编程接口,是一个和编程语言无关的 COM 组件系统。使用它可以方便地连接任何符合 ODBC 标准的数据库。

VBA 通过数据库引擎可以访问的数据库有以下 3 种类型。

①本地数据库：即 Access 数据库。

②外部数据库：指所有的索引顺序访问方法（ISAM）数据库。

③ODBC 数据库：符合开放数据库连接（ODBC）标准的客户/服务器数据库。

### 10.6.2　数据访问对象 DAO

数据访问对象完全在代码中运行，使用代码操纵 Jet 引擎访问数据库数据，能够开发出更强大更高效的数据库应用程序。使用数据访问对象开发应用程序，使数据访问更有效，同时对数据的控制更灵活更全面，给程序员提供了广阔的发挥空间。

如图 10-12 所示，DAO 对象模型是一个分层的树型结构，包括对象、集合、属性和方法。在 Access 模块设计时要想使用 DAO 的各个访问对象，首先应该增加一个对 DAO 库的引用。

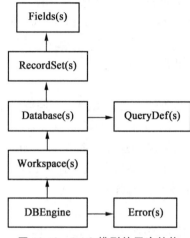

图 10-12　DAO 模型的层次结构

其中，DBEngine 对象：表示数据库引擎，是 DAO 模型最底层的对象，包含并控制 DAO 模型中的其他全部对象。Workspace(s)对象：表示工作区。Database(s)对象：表示操作的数据库对象。RecordSet(s)对象：表示数据操作返回的记录集。Field(s)对象：表示记录集中的字段信息。QueryDef(s)对象：表示数据库的查询信息。Error(s)对象：出错处理。

### 10.6.3　Active 数据对象 ADO

ADO 是基于组件的数据库编程接口，它是一个和编程语言无关的 COM 组件系统，可以对来自多种数据提供者的数据进行读取和写入操作。ADO 使用了与 DAO 相似的约定和特性，但 ADO 当前并不支持 DAO 的所有功能。

ADO 具有非常简单的对象模型，包括 7 个对象：Connection、Command、Parameter、Recordset、Field、Property 和 Error。此外，还包含 Fields、Properties、Parameters 和 Errors。ADO 的核心是 Connection、Recordset 和 Command 对象。

在 Access 模块设计时要想使用 ADO 的各个访问对象，首先应该增加一个对 ADO 库的引用。Access 2003 的 ADO 引用库为 ADO 2.8，其引用设置方式为：先进入 VBA 编程环境，选择菜单的"工具"→"引用"命令，弹出"引用"对话框，从"可使用的引用"列表框中选中"Microsoft ActiveX Data Objects Recordset 2.8 Library"选项，并单击"确定"即可。

下面介绍几个 ADO 的主要对象。

1. Connection 对象

Connection 对象用于建立与数据源的连接。在客户/服务器结构中,该对象实际上是表示了同服务器的实际的网络连接。

建立和数据库的连接是访问数据库的必要一步,ADO 打开连接的主要方法是通过 Connection 对象来连接数据库,即使用 Connection. Open 方法。另外也可在同一操作中调用快捷方法 Recordset. Open 打开连接并在该连接上发出命令。

Connection 对象的常用属性为:①Connect ionString 属性:为连接字符串,用于建立和数据库的连接,它包含了连接数据源所需的各种信息,在打开之前必须设置该属性。②Connection Timeout 属性:用于设置连接的最长时间。如果在建立连接时,等待时间超过了这个属性所设定的时间,则会自动中止连接操作的尝试,并产生一个错误。③Default Database 属性:为 Connection 对象指明一个默认的数据库。

Connection 对象的常用方法如下。

(1)Open 法

该法可建立同数据源的连接。该方法完成后,就建立了同数据源的物理连接。其使用语法如下:

Connection. Open ConnectionString, UserID, Password, Options

其中,ConnectionString 是前面指出的连接字符串;UserID 是建立连接的用户代号;Password 是建立连接的用户的口令;Options 参数提供了连接选择,是一个 ConnectionOptionEnum 值,可以在对象浏览器中查看各个枚举值的含义。

(2)Close 法

该法用于关闭一个数据库连接。关闭一个数据连接对象,并不是说将其从内存中移去了,该连接对象仍然驻留在内存中,可以对其属性更改后再重新建立连接。如果要将该对象从内存中移去,可使用以下代码:

Set Connection=Nothing

(3)Execute 法

该法用于执行一个 SQL 查询等。该法既可以执行动作查询,也可以执行选择查证。

2. RecordSet 对象

ADO RecordSet 对象包含某个查询返回的记录以及那些记录中的游标。可以不用显式地打开 Connection 对象的情况下,打开一个 RecordSet。不过,若选择创建一个 Connection 对象,就可以在同一个连接上打开多个 RecordSet 对象。任何时候,RecordSet 对象所指的当前记录均为集合内的单个记录。

RecordSet 对象的常用属性为:①AbsolutePage 属性:指定当前记录所在的页。②AbsolutePosition 属性:指定 RecordSet 对象当前记录的序号位置。③ActiveConnection 属性:指示指定的 Command 或 RecordSet 对象当前所属的 Connection 对象。④BOF 属性:指示当前记录位置位于 RecordSet 对象的第一个记录之前。⑤EOF 属性:指示当前记录位置位于 RecordSet 对象的最后一个记录之后。⑥Filter 属性:为 RecordSet 对象中的数据指示筛选条件。⑦MaxRecords 属性:指示通过查询返回 RecordSet 对象的记录的最大个数。⑧RecordCount 属性:指示 RecordSet 对象中记录的当前记录数。⑨Sort 属性：指定一个或多个 RecordSet 对象以之排序的字段名，并指定按升序还是降序对字段进行排序。⑩Source 属性：指示 RecordSet 对象中数据的来源。

RecordSet 对象的常用方法如下。

（1）Open 法

打开游标。使用语法如下：

recordset. Open source,activeconnection,cursortype,locktype,options

其中，source 参数可以是一个有效的 command 对象的变量名，或是一个查询、存储过程或表名等；activeconnection 参数指明该记录集是基于哪个 Connection 对象连接的，必须注意这个对象应是已建立的连接；cursortype 指明使用的游标类型；locktype 指明记录锁定方式；options 是指 source 参数中内容的类型。

（2）Cancel 法

取消执行挂起的异步 Execute 或 Open 方法的调用。

（3）Update 法

保存对 Recordset 对象的当前记录所做的所有更改。

（4）CancelUpdate 法

取消存调用 Update 方法前对当前记录或新记录所做的任何更改。

（5）AddNew 法

为可更新的 Recordset 对象创建新记录。

（6）Delete 法

删除当前记录或记录组。

（7）Move 法

移动 Recordset 对象中当前记录的位置。

（8）Save 法

将 Recordset 对象保存在文件中。该方法不会导致记录集的关闭，其使用语法如下：

Recordset. Save filename

其中，filename 是要存储记录集的文件完整的路径和文件名。

（9）MoveFirst、MoveLast、MoveNext 和 MovePreviOUS 法

移动到指定 Recordset 对象中的第一个、最后一个、下一个或上一个记录，并使该记录成为当前记录。

（10）Requery 法

通过重新执行对象所基于的查询，来更新 Recordset 对象中的数据。

（11）NextRecordset 法

清除当前 Recordset 对象并通过提前命令序列返回下一个记录集。

# 10.7　VBA 程序调试与错误处理

## 10.7.1　VBA 程序调试

程序的调试是应用程序开发过程中必不可少的环节，在编写的程序交付实际运行前，需要对

其进行调试,以便找到其中的错误并修正错误。VBA 的编程环境 VBE 提供了丰富的调试工具。常用的调试手段有设置断点、单步跟踪和设置监视点等。

VBA 提供了多种调试工具和方法。

1. 调试工具

在 VBA 窗口的工具栏中有"调试"工具栏,如图 10-13 所示。如果没有看到该工具栏,可通过选择"视图"→"工具栏"→"调试"命令将其打开。

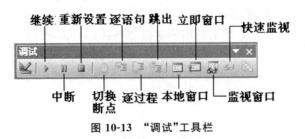

图 10-13 "调试"工具栏

工具栏中各按钮的功能介绍如表 10-12 所示。

表 10-12 "调试"工具栏中各按钮的主要功能介绍

| 名　称 | 功　能 |
| --- | --- |
| 设计模式/退出设计模式 | 进入/退出设计模式 |
| 继续 | 运行程序 |
| 中断 | 当一程序正在运行时停止其执行 |
| 重新设置 | 清除执行堆栈及模块级变量并重置工程 |
| 切换断点 | 在当前的程序行上设置或删除断点 |
| 逐语句 | 一次一个语句的执行代码 |
| 逐过程 | 在"代码"窗口中一次一个过程的执行代码 |
| 跳出 | 跳出正在执行的过程 |
| 本地窗口 | 自动显示所有当前过程中的变量声明及变量值 |
| 立即窗口 | 当程序处于中断时,列出表达式的当前值;使用 Debug. Print 输出表达式值时的结果显示窗口 |
| 监视窗口 | 显示监视表达式的值 |
| 快速监视 | 可以直接显示表达式的值 |
| 调用堆栈 | 显示"调用"对话框,列出当前活动的过程调用 |

2. 设置断点

设置断点可以使程序在运行到该处时暂停下来,这时若需检查程序中各变量的参数,可以直接将光标移到要查看的变量上,Access 会显示出该变量的值。

设置或取消断点的方法有以下几种。

①单击要设置断点处命令行左边空白区域,再次单击可取消。

②定位命令行,选择:"调试"→"切换断点"命令,设置或取消断点。

③定位命令行,选择"调试"→"切换断点"命令按钮,设置或取消断点。

④定位命令行,按 F9 键,设置或取消断点。

3. 单步跟踪

设置断点只能查看程序运行到此处的各个变量状态。程序运行到断点处停止运行后,如果需要继续往下一步运行,则可以使用跟踪功能。设置断点和单步跟踪相结合,是最简单有效的程序调试方法。

单步跟踪程序的方法是将光标置于要执行的过程内,然后执行下列步骤:

①选择"调试"→"逐语句"命令。

②按 F8 键设置。

4. 调试窗口

可将表达式添加到监视窗口,从而监视运行中各变量的变化情况。VBA 为调试提供了立即窗口、本地窗口和监视窗口,在这些窗口中可以观察有关变量、属性的值。借助这些窗口,再加上设置断点等调试手段,可以帮助程序员查找和排除错误,

(1)立即窗口

在代码窗口中,使用"视图"→"立即窗口"命令可以打开立即窗口。在立即窗口输入程序语句,按回车键后该语句会立即执行。可利用立即窗口直接赋值或直接使用 Print 方法显示表达式的值。

说明:立即窗口中的代码是不被存储的。

(2)本地窗口

在代码窗口中,使用"视图"→"本地窗口"命令,打开本地窗口,本地窗口自动显示出所有在当前过程中的变量声明及变量值。

(3)监视窗口

在代码窗口中,使用"视图"→"监视窗口"命令,打开"监视窗口"。"监视窗口"的窗口部件作用如下:

①"表达式":列出监视表达式,并在最左边列出监视图标。

②"值":列出在切换成中断模式时表达式的值。

③"类型":列出表达式的类型。

④"上下文":列出监视表达式的内容。

在中断模式上,监视窗口会自动显示当前的监视表达式及其值。监视表达式是程序中某些关键变量或表达式,需要事先设置好监视点。

### 10.7.2　VBA 程序错误类型

程序设计完成后,很少能够一次运行成功,必须反复地检查修改,多次调试后才能得到预期效果。常见程序错误有编译错误、运行错误和逻辑错误 3 种类型:

(1)编译错误

通常是在将 VBA 语句转换为可执行代码时出现的错误,是程序代码语法错误或结构错误

的结果。一般是语法上的错误,如 If 没有对应的 Endif,Sub 没有对应的 End Sub 等。

语法错误是文法检查或标点符号中的错误,包括不匹配的括号或者给函数参数传递了无效的数值。

(2)运行错误

一般是在 VBA 运行某个应用程序时发生的错误。在运行程序时发生的错误,如计算表达式时遇到除数为 0、要打开的表或窗体不存在等。

(3)逻辑错误

逻辑错误指应用程序没有按照希望的结果执行,或者生成无效的结果,如用错了计算公式、函数等,得到不正确的结果。

### 10. 7. 3　VBA 程序错误处理

对于编译错误,只有按照正确的语法要求对程序进行修改。逻辑错误要对算法进行重新设计。但是运行错误的发生有时是有条件的,例如,要打开一个表,如果该表存在,就没有发生错误;而如果该表不存在,则会发生错误。

VBA 中提供 On Error GoTo 语句来控制当有错误发生时程序的处理。On Error GoTo 指令有 3 种语法结构。

格式 1:On Error Resume Next

语句在遇到错误发生时不会考虑错误,并继续执行下一条语句。

格式 2:On Error GoTo 0

语句用于关闭错误处理。

格式 3:On Error GoTo 标号

语句在遇到错误发生时程序转移到标号所指定位置的代码处执行。

# 第 11 章  Access 数据库的安全管理

## 11.1  数据库安全维护

### 11.1.1  数据库安全加密技术

一般而言对数据库提供的其安全技术能够满足数据库应用的基本需要,但对于一些重要部门或敏感领域的应用,仅靠上述这些措施是难以完全保证数据的安全性的。某些用户可能非法获取用户名、口令字或利用其他方法越权使用数据库,甚至可以直接打开数据库文件来窃取或篡改信息。因此有必要对数据库中存储的重要数据进行加密处理,以强化数据存储的安全保护。

数据库加密的目标首先是对那些不超出安全域界限的数据采取对数据进行加密的措施,包括静态的和动态的加密措施。

数据加密就是将明文数据经过一定的变换变成密文数据。数据脱密是加密的逆过程,即将密文数据转变成可见的明文数据。

一个密码系统包含明文集合、密文集合、密钥和算法,这些构成了密码系统的基本单元。数据库密码系统要求将明文数据加密成密文数据,数据库中存储密文数据,查询时将密文数据取出脱密得到明文信息。

相比传统的数据加密技术,数据库密码系统有其自身的要求和特点。传统的加密以报文为单位,加脱密都是从头至尾顺序进行。数据库数据的使用方法决定了它不可能以整个数据库文件为单位进行加密,当符合检索条件的记录被检索出来后,就必须对该记录迅速脱密,然而该记录是数据库文件中随机的一段,无法从中间开始脱密,除非从头到尾进行一次脱密,然后再去查找相应的这个记录,显然这是不合适的,必须解决随机的从数据库文件中某一段数据开始脱密的问题。

①加密算法。加密算法是数据加密的核心,一个好的加密算法产生的密文应该频率平衡,随机无重码规律,周期很长而又不可能产生重复现象。窃密者很难通过密文频率、重码等特征的分析获得成功,同时算法必须适应数据库系统的特性,加/脱密响应迅速。

②多级密钥结构。数据库关系运算中参与运算的最小单位是字段,查询路径依次是库名、表名、记录号和字段名,因此字段是最小的加密单位,也就是说当查得一个数据后,该数据所在的库名、表名、记录名、字段名都应是知道的。对应的库名、表名、记录号、字段名都应该具有自己的子密钥,这些子密钥组成一个能够随时加/脱密的公开密钥。

③公开密钥。有些公开密钥体制的密码,如 RSA 密码,其加密密钥是公开的,算法也是公开的,只是其算法是各人一套,但是作为数据库密码的加密算法不能因人而异,因为数据库共享用户的数量大大超过一般 RSA 算法涉及的点到点加密通信系统中的用户数目。设计或寻找大批这类算法有其困难和局限性,也不可能在每个数据库服务器的节点为每个用户建立和存放一份

专用的算法,因此这类典型的公开密钥的加密体制不适合于数据库加密。数据库加/脱密密钥应该是对称的、公开的,而加密算法应该是绝对保密的。

④数据库加密的限制。数据加密通过对明文进行复杂的加密操作,以达到无法发现明文和密文之间、密文和密钥之间的内在关系,也就是说经过加密的数据经得起来自 OS 与 DBMS 的攻击。另外,DBMS 要完成对数据库文件的管理和使用,必须具有能够识别部分数据的条件,据此只能对数据库中数据进行部分加密。

⑤索引项字段不能加密。为了达到迅速查询的目的,数据库文件需要建立一些索引,索引必须是明文状态,否则将失去索引的作用,有的 DBMS 中可以建立簇聚索引,这类索引也需要在明文状态下建立和维护使用。

⑥关系运算的比较字段的加密问题。DBMS 要组织和完成关系运算,参加并、差、积、商、投影、选择和连接等操作的数据一般都要经过条件筛选,这种"条件"选择项必须是明文,否则 DBMS 将无法进行比较筛选。

⑦表间的连接码字段的加密问题。数据模型规范化以后,数据库表之间存在着密切的联系,这种相关性往往是通过"外码"联系的,若对这些码加密也无法进行表与表之间的连接运算。

目前 DBMS 的功能比较完备,然而数据库数据加密以后,它的一些功能将无法使用。

①对数据约束条件的定义。有些数据库管理系统利用规则定义数据库的约束条件,数据一旦加密 DBMS 将无法实现这一功能,而且值域的定义也无法进行。

②SQL 语言中的内部函数将对加密数据失去作用。DBMS 对各种类型的数据均提供了一些内部函数这些函数不能直接作用于加密数据。

③密文数据的排序、分组和分类。SQL 语言中 Select 语句的操作对象应当是明文状态,如果是加密数据,则数据的分组、排序、分类等操作的逻辑含义完全丧失;数据不能体现原语句的分组、排序、分类的逻辑语义。因此,密文的上述操作是无法实现的,必须根据明文状态操作,而这样的操作必然将大量数据在一个相对长的时间内,以明文状态在计算机内操作,这当然是在冒很大的失密的风险。

④DBMS 的一些应用开发工具的使用受到限制。

由于传统加密算法不能适应数据库的需要,因此数据库中的加密算法多采用类似 DES 的分组加密算法。

### 11.1.2 设置与撤销数据库密码

1. 设置数据库密码

设置数据库密码是指给数据库加上密码,Access 2003 允许用户对数据库设置访问密码,从而可以避免不受欢迎的人访问数据库。具体步骤如下:

①在 Access 2003 中,"文件"→"打开",选择"公司管理系统"数据库,单击"打开"按钮右侧的下三角按钮,选择"以独占方式打开"选项,如图 11-1 所示。要为数据库访问密码,必须以独占方式打开该数据库。

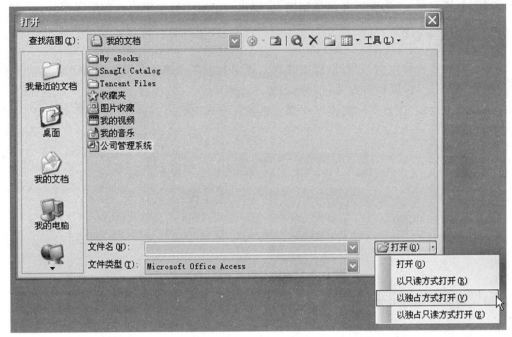

图 11-1　"打开"对话框

②打开数据库后，"工具"→"安全"→"设置数据库密码"，如图 11-2 所示。弹出"设置数据库密码"对话框，如图 11-3 所示。在"密码"文本框中设置数据库访问密码，在"验证"文本框中重新输入一遍数据库访问密码进行验证。

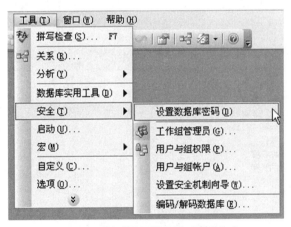

图 11-2　选择"设置数据库密码"命令

图 11-3　"设置数据库密码"对话框

③设置好密码后,如果要打开该数据库,会弹出一个对话框要求输入数据库密码。

2. 撤销数据库密码

设置了数据库密码以后,还可以撤销密码。撤销数据库密码的基本步骤如下:
①启动 Access 后,以独占方式打开已加密的数据库。
②选择菜单中的"工具"→"安全"→"撤销数据库密码"命令,打开"撤销数据库密码"对话框,如图 11-4 所示。

图 11-4 "撤销数据库密码"对话框

③输入当前正在使用的数据库密码,单击"确定"按钮,数据库密码就被取消。

### 11.1.3 数据库编码与解码

Access 2003 允许用户对数据库编码和解码。对数据库编码会压缩数据库文件,并使其无法通过工具程序或字处理程序解码。要对数据库编码,启动 Access 2003 以后,不要打开数据库,在多用户环境下,确保所有用户已经关闭了该数据库。具体步骤步骤如下:

①在 Access 2003 中,打开数据库后,"工具"→"安全"→"编码/解码数据库",弹出的对话框如图 11-5 所示。

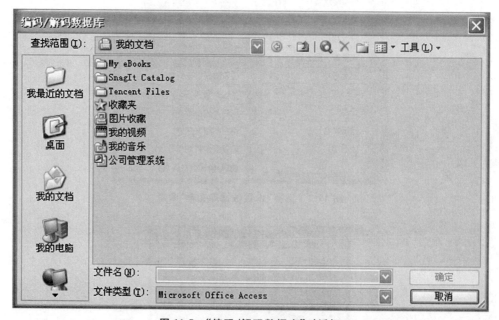

图 11-5 "编码/解码数据库"对话框

②指定要编码的数据库,单击"确定"按钮,弹出"数据库编码后另存为"对话框,如图 11-6 所示。

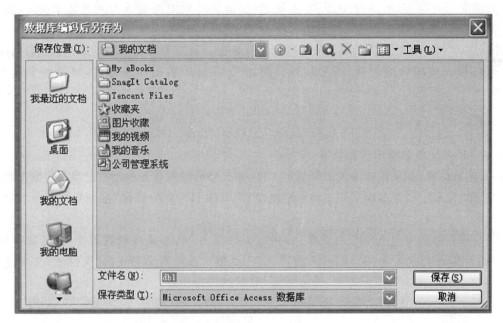

图 11-6　"数据库编码后另存为"对话框

③为另存的数据库指定保存位置和文件名,然后单击"保存"按钮,即可完成编码数据库。

如果使用原有的数据库名称、驱动器和文件夹,在编码或解码成功后,Microsoft Access 会自动将原有的数据库替换为编码或解码后的版本。但如果出现错误,Microsoft Access 将保留原有的数据库文件。

在编码数据库前,应当以其他名称或在不同的驱动器或文件夹中保存原始数据库的副本。在编码过程中,Microsoft Access 会在编码全部成功完成后,替换原始数据库。磁盘上必须有足够的存储空间,以供原始数据库和编码后的数据库使用。

解码数据库是编码的相反过程,操作步骤与编码数据库类似。

### 11.1.4　生成 MDE 文件

MDE 文件是 Access 数据库文件 MDB 的特殊形式,用于实现窗体、报表以及 VBA 代码的安全。在生成 MDE 文件时,Access 会编译所有 VBA 代码,并删除所有可编辑的源代码,然后压缩数据库。VBA 代码仍可运行,但不能查看或修改。除此之外,内存将优化使用,这将有助于提高性能。生成 MDE 文件后,用户不需要登录,也不需要创建用户账号与规定权限。

1. MDE 文件的作用

MDE 文件具有的作用如下:

①避免在设计视图中查看、修改或创建窗体、报表或模块。

②阻止添加、删除或更改指向对象库或数据库的引用。

③不允许更改使用 Access 或 VBA 对象模型的属性或方法的代码——MDE 文件不包含源代码。

④阻止导入或导出窗体、报表或模块，但可以在表、查询、数据访问页和宏中导入或导出非 MDE 数据库。任何 MDE 文件中的表、查询、数据访问页或宏都能导入到其他 Access 数据库中，但窗体、报表或模块不能导入到其他 Access 数据库中。

⑤在生成 MDE 文件之前，对备份数据库进行备份。若需要修改 MDE 文件中的数据库，如修改窗体、报表或模块的设计，则必须打开原始的 Access 数据库来修改，并重薪生成 MDE 文件。

2. 生成 MDE 文件

生成 MDE 文件的操作步骤如下：

①关闭数据库，如果正在多用户环境中工作，那么要确保所有其他用户已经关闭数据库。

②选择"工具"→"数据库实用工具"→"生成 MDE 文件"命令，弹出"保存数据库为 MDE"对话框。

③在"保存数据库为 MDE"对话框上，指定要另存为 MDE 文件的数据库，打开数据库后，Access 打开如图 11-7 所示的"将 MDE 保存为"对话框。在该对话框中的"文件名"文本框中输入 MDE 文件名。单击"保存"按钮，即可生成 MDE 文件操作。

图 11-7　"将 MDE 保存为"对话框

打开数据库后选择"工具"→"数据库实用工具"→"生成 MDE 文件"命令，弹出"将 MDE 保存为"对话框，在"保存位置"下拉列表中选择保存 MDE 文件的文件夹，在"文件名"文本框中输入 MDE 文件名。单击"保存"按钮，即可生成 MDE 文件。

3. 生成 MDE 文件时应注意的问题

生成 MDE 文件时应注意下列问题：

①必须先删除复制的表和属性再复制了数据库。

②必须有访问 VBA 代码的密码。

③引用其他数据库或加载项时必须将引用链中的所有数据库和加载项保存为 MDE 文件。

④若定义了数据库密码或用户级安全机制，则这些功能仍适用于 MDE 文件。若要删除数据库密码或用户级安全机制，则必须在生成 MDE 文件前删除。

使用带有用户级安全机制设置的数据库生成 MDE 文件时，应注意：

①用户账号必须有数据库的"打开/运行"和"以独占方式打开"权限。

②用户账号对数据库中的所有对象必须有"读取设计"的权限。

③用户账号在数据库中的任何表必须有"修改设计"或"管理员"的权限，或者必须是数据库中任何表的拥有者。

④必须连接工作组信息文件，用于定义用户访问数据库账号或创建数据库。

## 11.2　用户安全机制

### 11.2.1　信息安全与数据库安全

**1. 影响信息系统安全因素**

信息系统的不安全性主要来源于下列几个方面。

(1)操作失误所造成的破坏

操作人员、用户或系统管理员错误操作所造成的失误以及应用程序编制所造成的失误，从而引起系统的破坏。

(2)计算机系统遭受破坏

计算机系统的硬件、软件、网络设备等遭受破坏均属此种类型。

(3)外界环境遭受破坏

自然界的或人为的事故所造成的系统破坏，如战争、地震、电力故障等均属此种类型。

(4)蓄意的攻击

在信息化时代，大量破坏来源于外界的恶意攻击，这种攻击以破坏信息系统为其主要目的，其采用的手段可以有多种，如病毒入侵、特洛伊木马、非授权访问等。

**2. 信息系统安全措施**

为保证信息系统的安全，必须采取多种措施。

(1)安全政策、法律、法规的制定

政府与部门必须制定信息系统安全的相关政策、法律及法规等以保证系统安全，如制定计算机犯罪的相关法律、计算机安全、计算机监察等相关法规以及计算机保密等相关政策、规定等。

(2)管理安全

从管理角度加强信息系统的安全管理，如加强计算机网络的监控管理、加强计算机机房的监控与管理以及加强相关人员的安全防护意识、制定相应的规章制度等。

(3)技术安全

技术安全是指采用具有一定安全性质的计算机硬件、软件及网络系统以实现对信息系统的安全保证。

## 3. 信息系统技术安全分类

在信息系统技术安全类中又可分为两类,它们是设备安全与信息安全。

(1)设备安全

设备安全主要指的是整个信息系统中的相关设备的可靠性、稳定性,它包括计算机设备、通信线路、网络设备以及相关辅助设备等。

(2)信息安全

信息安全主要指的是信息系统内部数据的安全,它包括信息的传递安全、信息的存储安全以及信息的存取安全。

## 4. 信息安全的研究目标和内容

信息安全的研究目的是实现信息的完整性和信息的正确访问。

①信息的完整性即是信息的正确性,在信息系统内部是处于不断的活动中,包括传递、存储与存取之中,信息的完整性即是要保证信息在活动中的正确性与一致性,并防止恶意篡改与破坏。

②信息的正确访问即是要保证有权用户的正确访问与无权用户的禁止访问,同时还要防止正确访问的滥用。

信息安全所研究的内容有三个方面:传递安全、存储安全和存取安全。

①传递安全。信息在信息系统内是在不断流动的,其主要流动方式即是通过网络传播,它称为信息传递,而信息传递的安全即是网络安全,它是目前安全领域中主要研究内容之一。

②存储安全。在信息系统中数据主要存储于服务器中,因此信息的存储安全主要表现为服务器的安全,此外还包括管理服务器的操作系统安全。

③存取安全。信息存取安全是信息出/入的门户,它对信息安全具有重大意义。信息存取有4个层次,它们是基础层的磁盘物理存取,低层的文件系统,中层的数据库系统以及上层的应用程序,因此信息存取安全即是数据物理存取安全,文件系统安全、数据库系统安全以及应用程序安全,而这其中起关键作用的是数据库系统安全。

上面的三种安全构成了信息安全的全部内容,可用图 11-8 表示。

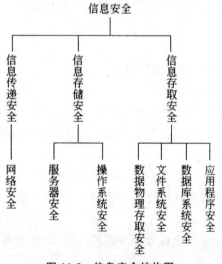

**图 11-8 信息安全结构图**

5. 信息安全的均衡性原则

信息系统非常注重其安全的均衡性,其原则为:

①信息安全追求的是整体、全局的安全,而不是部分、局部的安全。

②信息安全的传递、存储与存取具有相同的重要性。

③信息安全的上层、中层与下层具有相同的重要性。

④信息安全可以采用多种技术,如密码技术、CA 技术、防病毒技术、水印技术等,它们均具有同等的重要性。

6. 数据库安全

数据库安全是信息安全的一个部分,它是信息安全中的信息存取安全的一个重要部分。信息存取安全是由 4 个存取层次组成,它们分别是数据物理层、文件层、数据库层以及应用层,其结构如图 11-9 所示。其中数据库层在这个层次中具承上启下的作用,因此显得特别重要,同时数据库层的安全防护技术对其他几个层次也同样适用。

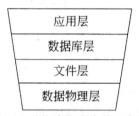

图 11-9　信息存取安全的层次结构

数据库安全是安全领域中的一个部分,基于安全的均衡性原则,因此它也是不可缺少的一个部分,它在安全领域中的关系如图 11-10 所示。

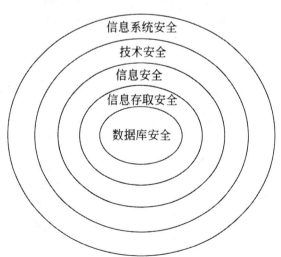

图 11-10　数据库安全在安全领域中的关系

### 11.2.2　设置用户与组的权限

当用户将自己的数据放到数据库中时,最关心的问题就是数据是否安全。如果您只是在自已的计算机上使用数据库系统,只要保管好您的计算机和存有数据库中数据的软盘、磁带、光盘等存储介质就可以了。但是,当您在网络上运行数据库系统时,数据的安全是否能得到保证就是一个非常重要的问题。在 Access 2003 中,系统管理员可以为每个用户设置一个用户名,并将其分配到一个用户组中。每个普通用户只能在系统管理员指定的范围内对数据库进行操作。

1. 在 Access 2003 中建立用户组

①单击"工具"→"安全"→"用户与组账户"命令,出现"用户与组帐户"对话框,打开"组"选项卡,如图 11-11 所示。

②在"名称"下拉列表中列出了目前所存在的组。如果要建立新的组,请单击"新建"按钮,弹出"新建用户/组"对话框,如图 11-12 所示。

图 11-11 "用户与组账户"对话框

图 11-12 "新建用户/组"对话框

③在"名称"文本框中输入组的名称,在"个人 ID"文本框中输入个人身份标识号码,这个个人身份标识号码由 4 到 20 个数字和字母组成,且区分大小写。单击"确定",新建的组就出现在组的列表中。

2. 在 Access 2003 中建立用户

①单击"工具"→"安全" →"用户与组账户",出现"用户与组账户"对话框,打开"用户"选项卡,如图 11-13 所示。

②单击"新建"后弹出"新建用户/组"对话框。在"名称"文本框中输入用户的名称,在"个人 ID"文本框中输入个人身份标识号码。单击"确定"按钮,新建的用户出现在"用户"的"名称"下拉列表中。

图 11-13　"用户与组账户"对话框

③打开"更改登录密码"选项卡可以设置用户的密码,如图 11-14 所示。

图 11-14　"用户与组账户"对话框

3. 设置用户与组的权限

设置了用户之后系统管理员就可以对用户的操作权限进行设置,以指定每个用户的权限范围。设置用户与组权限的具体步骤如下:

①单击"工具"→"安全"→"用户和组权限",出现"用户与组权限"对话框,如图 11-15 所示。

用户的操作权限可以分配给某个用户,也可以分配给某个组。将操作权限分配给某个组时,该组中的所有成员都将享有这些权限。在"列表"栏中选择要设置的对象是用户还是组。

在"对象类型"下拉列表中选择所要设置的操作权限的对象类型,在"对象名称"列表中会列出数据库中所有该类型中的对象。选取某个对象,然后在"权限"中设置要赋予他的操作权限。

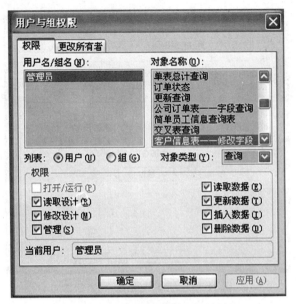

图 11-15 "用户和组权限"对话框

②单击"确定"后就完成了用户的权限设置。

在完成了上述用户组用户权限设置后，就可以运行 Access 2003 的安全机制来保护数据库免受非法用户的侵扰了。

单击"工具"→"安全"→"用户级安全性向导"，出现设置安全机制向导，在向导的指导下可以完成安全机制的建立。

### 11.2.3 安全机制向导

一个数据库可能有多个用户，这时安全问题就变得比较复杂，而且并不是所有用户都需要访问数据库的所有部分，不同的用户有不同的权限，把用户分成组，设置不同的权限，有利于数据库的安全。在多用户环境下，帮助保护数据库的最佳方法是用户级安全机制。使用用户级安全机制的两个主要原因是：防止用户不小心更改应用程序所依赖的表、查询、窗体和宏而破坏应用程序；帮助保护数据库中的敏感数据。

在用户级安全机制下，当用户启动 Microsoft Access 时要键入一个密码，然后 Access 开始读取工作组信息文件，在该文件中每个用户都由唯一标识代码标识。在工作组信息文件中，通过用户的个人 ID 和密码将用户标识为已授权的单个用户，同时还标识为指定组的成员。Microsoft Access 提供两个默认组：管理员和用户，但也可以定义其他组。

安全机制向导可以帮助我们指定权限，创建用户账户和组账户，设置表、查询、窗体、报表和宏的默认权限。

#### 1. 安全机制的创建

设置安全机制的具体步骤如下：

①在 Access 2003 中，单击"工具"→"安全"→"安全"→"设置安全机制向导"，弹出"设置安全机制向导"对话框，如图 11-16 所示。

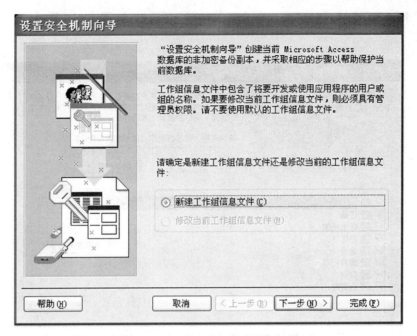

图 11-16　"设置安全机制向导"对话框

②第一次设置安全机制只能建立新工作组文件,单击"下一步",弹出"设置安全机制向导"对话框,如图 11-17 所示,这样可以指定工作组编号 WID。

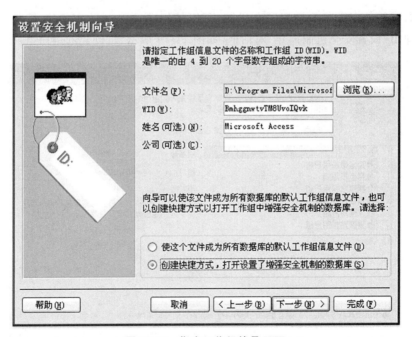

图 11-17　指定工作组编号 WID

在创建工作组信息文件时,需为它分配一个唯一的工作组编号(WID),其长度必须是 4～20 个字符。如果使用向导,那么 Access 将自动创建一个 WID。若需要,可在此对话框中改变 WID,当然,接受默认的 WID 也可以。

③单击"下一步"按钮，弹出"设置安全机制向导"对话框，如图 11-18 所示，可选择设置安全机制的对象。

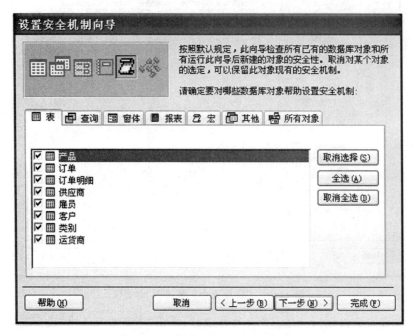

**图 11-18　选择设置安全机制的对象**

④确定对哪些数据库对象设置安全机制，可以使用选项卡选择，这里选择所有对象。单击"下一步"后弹出"设置安全机制向导"对话框，如图 11-19 所示，可创建的用户组。

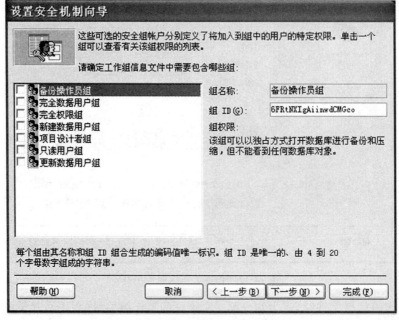

**图 11-19　创建的用户组**

　　⑤确定工作组信息文件中包含的组,根据用户层次和系统需要在复选框中选择不同的组。单击"下一步"后弹出"设置安全机制向导"对话框,如图 11-20 所示,可将权限分配到各个用户组。

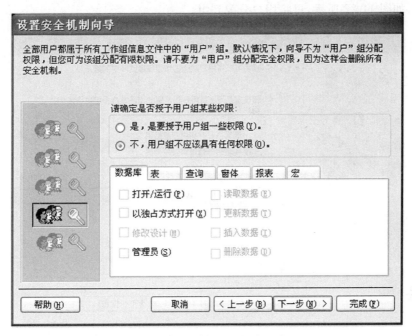

图 11-20　将权限分配到各个用户组

　　⑥所有用户都属于用户组,默认情况下系统不为用户组分配权限,但是在该对话框中可以指定一些权限,建议用户不要为用户组分配完全权限,否则不利于数据库系统的安全。单击"下一步"后弹出"设置安全机制向导"对话框,如图 11-21 所示,可在工作组信息文件中添加用户。

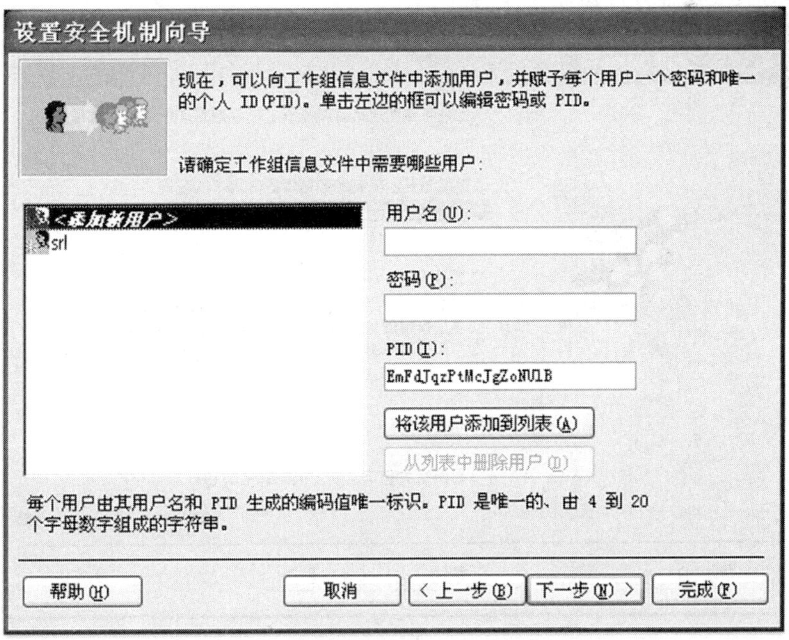

图 11-21　在工作组信息文件中添加用户

⑦现在可以添加用户了，指定用户名和密码，系统会给出一个默认的个人标识号（PID）。单击"将该用户添加到列表"按钮即可完成添加用户账户。单击"下一步"按钮，弹出"设置安全机制向导"对话框，如图 11-22 所示，可将用户分配到组。

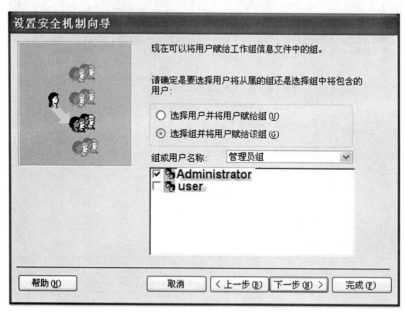

**图 11-22　将用户分配到组**

⑧可以将用户赋到组中，有"选择用户并将用户赋给组"和"选择组并将用户赋给该组"两种方式可供选择，图中选择了后者，从"组或用户名称"下拉列表框中指定组名，列表框中会出现用户名的复选框，选择属于某一个组的用户即可。单击"下一步"后弹出"设置安全机制向导"对话框，如图 11-23 所示，可命名备份副本文件。

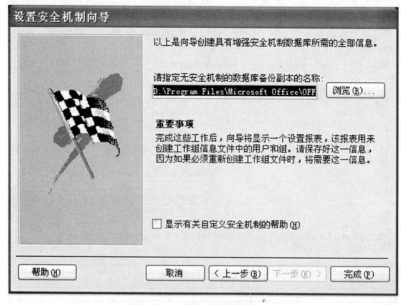

**图 11-23　命名备份副本文件**

⑨设置安全机制所需的所有信息已经完成，系统对数据库进行备份，备份是没有安全机制的，若有安全机制的数据库出现问题，可以使用备份文件。单击"完成"后弹出"设置安全机制向导报表"。该报表应当保存好，以便于将来使用报表中的信息。

⑩用户级安全机制设置完成以后，双击桌面上的数据库快捷方式，会弹出"登录"对话框。输入用户名和密码就可以登录已设置安全机制的数据库了。

**2. 打开已建立的安全机制**

数据库的安全机制建立完成后，这个数据库只能以建立的特定方式打开。打开数据库的具体步骤如下：

①双击桌面数据库文件的快捷方式，显示"登录"对话框。

②输入用户账户名称和密码。

③单击"确定"按钮。

**3. 删除已建立的安全机制**

删除用户级安全机制的步骤如下：

①启动 Microsoft Access，打开使用用户级安全机制保护的数据库。

②以工作组管理员身份登录。

③授予用户组对数据库中所有表、查询、窗体、报表和宏的完全权限。

④退出并重新启动 Microsoft Access。

⑤新建一个空数据库。

⑥从原有数据库将所有对象导入到新数据库中。

⑦如果在打开数据库时会使用当前的工作组信息文件，那么要清除"管理员"的密码以关闭当前工作组的"登录"对话框。如果使用安装 Microsoft Access 时创建的默认工作组信息文件，不必执行这一步。

# 11.3　数据库的压缩和恢复

在删除或修改 Access 中的表记录时，数据库文件可能会产生很多碎片，使数据库在硬盘上占据比其所需空间更大的磁盘空间，并且响应时间变长。Access 系统提供了使用菜单命令压缩数据库的功能，可以重新安排数据库文件在磁盘今的存储位置，以增加磁盘的有效空间。

## 11.3.1　数据库的压缩

数据库在不同的状态下，可以采用不同的压缩方法。

**1. 对当前数据库的压缩**

如果当前需要压缩的数据库为一个共享数据库，即位于某个服务器或共享文件夹中，请确定网络中没有其他用户打开该数据库。单击"工具"→"数据库实用工具"→"压缩和修复数据库"，如图 11-24 所示，Access 将对当前数据库进行压缩和修复。

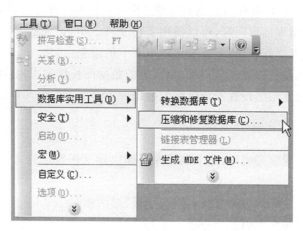

图 11-24　选择压缩和修复数据库"命令

2.压缩未打开的数据库

具体操作步骤如下：

①关闭打开的 Access 数据库。

②单击"工具"→"数据库实用工具"→"压缩和修复数据库"，弹出"压缩数据库来源"对话框，如图 11-25 所示。

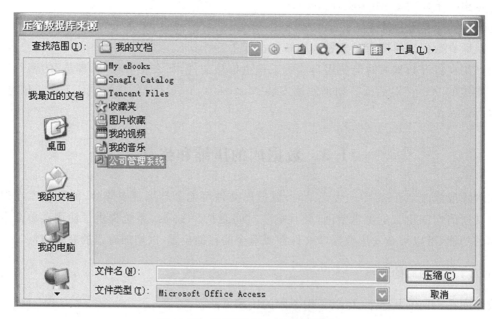

图 11-25　"压缩数据库来源"对话框

③在"压缩数据库来源"对话框中指定想要压缩的数据库，并单击"压缩"按钮，系统将对选定的数据文件进行检查，检查无误后出现"将数据库压缩为"对话框，如图 11-26 所示。

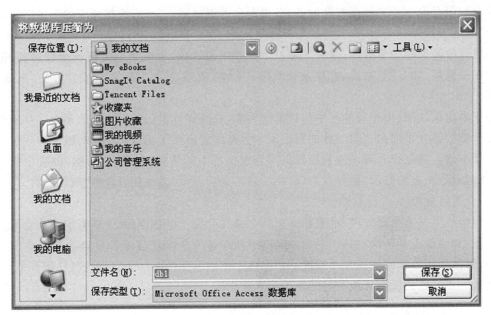

图 11-26　"将数据库压缩为"对话框

④在"将数据库压缩为"对话框中指定压缩数据库的名称、驱动器以及文件夹。若使用相同的名称、驱动器和文件夹，那么 Access 将以压缩后的版本替换原始的文件。

⑤单击"保存"按钮。

3. 关闭数据库时自动压缩

使用 Access 2003 提供的"关闭时自动压缩"功能，可以在关闭任何数据库文件时自动压缩数据库，而不必每次关闭数据库时考虑手动进行压缩。

如果要启用"关闭时自动压缩"功能，可以按照下述步骤进行操作。

①打开任何一个 Access 数据库文件。

②单击"工具"→"选项"→"常规"→"关闭时自动压缩"→"确定"。

压缩和修复已被改进，现在已经集成到一个过程中，因此发现数据库有异常时，可以选择"工具"→"数据库实用工具"命令，从出现的级联菜单中选择"压缩和修复数据库"命令。在一个数据库修复以后，可能会丢失一些数据。因此，防止数据丢失的最好办法是经常备份数据库文件。

### 11.3.2　数据库的恢复

1. 数据库的故障

从数据库恢复的角度，数据库的故障可以分成以下三类。

(1)事务级故障

这类故障只发生在事务上，而整个数据库系统仍在控制下运行。例如，算术运算溢出、死锁、破坏完整性约束、超时、申请资源过多、输入错误、人工操作干预等。

对于事务级故障，只要在系统运行状态下执行一定的恢复操作，排除这种故障造成的干扰，数据库即可获得恢复，这是因为整个数据库系统仍是完好的，并未遭到破坏。例如，当某个事务违反安全权限存取一个未经授权存取的表,出现事务级故障,那么只要把相应的事务回滚即可。

（2）系统级故障

系统级故障又称为软故障,这种故障发生在系统范围内,影响当前处理的全部事务,但是数据库尚未被破坏,如 CPU 故障、操作系统故障、DBMS 故障、死循环时系统安排停止、系统崩溃、断电等。

对于系统级故障,由于缓冲区中的数据已丢失,外存储器上的数据一般也丧失了一致性。这就需要重建故障发生前的逻辑一致的数据库。数据库管理系统为这种故障的恢复提供的手段是日志和档案库。数据库管理员应利用数据库管理系统中的恢复子系统的功能,设置定期的安全点,并及时登记所有的修改,做好日志,以便一旦出现故障,可以按照日志恢复数据库。

（3）介质级故障

介质级故障又称为硬故障,这类故障损坏存储在介质上的数据库,并且影响正在存取数据的所有事务,如磁盘上某些块损坏。这类故障发生后,必须在排除故障后重建故障发生前的数据库,基本做法是用数据库的恢复子系统从档案库中把数据库的某一个完整的备分版本重新装入,并把从这一点开始的所有修改按时间顺序送入数据库。

2. 数据库的恢复相关概念

任何数据库系统都不可能不出现故障。为了保护数据库须采取多种安全措施,提高数据库系统的可靠性。一旦数据库出现了故障,须采取措施把数据库恢复到正常的一致的状态。

现代的数据库管理系统都设置有数据库恢复机制,它包括一个数据库恢复子系统和一套特定的数据结构。数据库的恢复是建立在事务管理的基础上的。事务由一系列对数据库的操作组成,它是数据库系统工作的基本单位,是保持完整性约束或逻辑一致性的单位,又是数据库恢复的单位。

（1）后备副本

为了有效地恢复被破坏的数据,通常须把整个数据库备分两个以上的副本,称为后备副本。它们应存放在与运行数据库不同的介质上,一般是存储在磁带上,保存在安全可靠的地方。当数据库遭到破坏后可以利用后备副本把数据库恢复。这时,数据库只能恢复到备份时的状态,从那以后的所有更新事务必须重新运行才能恢复到故障时的状态。

一般是周期性地把运行数据库转储到后备副本。但是复制后备副本是很费时间的,尤其是静态备份一般要中断数据库的运行,多半在计算机比较空闲时进行。然而此种方法虽然笨拙,却是数据库恢复的根本,应当周期性地倒库取得新副本。

（2）日志

日志（Log）是一个数据库系统文件,它记录最近一次后备副本后的所有数据库的变更以及所有事务的状态。数据库的变更无非是由插入、删除和修改三个操作引起的,只要记录这些操作前后的数据状态,就容易恢复数据库了。

事务在运行过程中,系统把事务开始、事务结束以及对数据库的插入、删除、修改等每一个操作作为一个日志记录存放到日志文件中。日志大致记录以下内容:执行更新数据库的事务标识符,操作类型,更新前的数据的旧值,更新后的数据新值和记录事务处理中各个关键时刻。

（3）档案库

用于数据库恢复的档案库至少应包含后备副本和日志的档案版本。一个大型的数据库运行系统，一天可以很容易地产生高达 200 MB 的日志记录。应把日志记录划分成两部分，一部分是当前活动的联机部分，存放在直接存取设备上，另一部分是档案部分，把它存放在档案库里，前者称为日志的联机版，后者称为日志的档案。档案库的介质一般是磁带或光盘。需要注意的是，后备副本和日志是数据库恢复的基础，档案库必须绝对可靠地保存。

（4）活动事务表与提交事务表

活动事务表（ATL）存放所有正在执行的、尚未提交的事务的标识符。提交事务表（CTL）存放所有已提交的事务的标识符。当事务提交时，应先把所提交的事务的标识符写入 CTL，再从 ATL 中删除相应的事务标识符。

（5）检查点

检查点也称安全点、恢复点。当数据库系统发生故障后，有些事务要撤销。为了减少恢复的工作量，常用设置检查点的方法。当事务正常运行时，数据库系统按一定的时间间隔设置检查点。它包括：①把数据库缓冲区的内容强制写入外存的日志中；②在日志中写一个日志记录，它的内容包含当时正活跃的所有事务的一张表，以及该表中的每一个事务的最近的日志记录在日志上的地址。用户也可以在事务中设置检查点，要求系统记录事务的状态，称为事务检查点。一旦系统需要恢复数据库状态，就可以根据最新的检查点的信息，从检查点开始执行，而不必从头开始执行那些被中断的事务。

### 3. 数据库恢复的方法

数据库管理员的职责之一是保证数据库系统正常运行，当系统出现故障时，能够尽快地把数据库恢复到正常状态。下面是几种常见故障及相应的解决办法。

（1）用户错误

常见的用户错误有用户偶然删除仍然需要的表等，这类错误可通过对用户的操作权限控制、以及对用户进行使用原则的培训来减少或避免。这类用户错误也较容易补救。

（2）进程故障

如果用户进程出现故障，Oracle 的后台进程 PMON 通过回滚事务解决这种故障，这种恢复工作是自动进行的。如果后台进程出现故障，Oracle 系统不能继续运行，数据库管理员要先关闭数据库系统，然后重新启动它。

（3）语句故障

在 Oracle 系统处理一个 SQL。语句的过程中出现逻辑故障。对这类错误，Oracle 可通过回滚语句来撤销不正确的操作，并把控制返回到用户或用户程序。一旦将出错的原因解决，用户可重新执行这条语句。

（4）网络故障

当以 Client/Server 方式工作时，或连接 Ⅳ 个数据库服务器构成一个分布的数据库系统时，网络故障会中断数据库系统的正常操作。这种进程故障由 Oracle 后台进程 PMON 检测并解决。网络故障也会中断一个分布事务的两阶段提交。一旦网络故障排除后，每个数据库服务器的后台进程 RECO 会自动地恢复由于网络故障挂起来的分布事务。

### 4. 双磁盘镜像技术

双磁盘镜像技术常用于可靠性要求高的数据库系统中。数据库以双副本的形式存放于 2 个独立的磁盘系统中,每个磁盘系统有各自的控制器和 CPU,且可以互相自动切换。

当写入数据时,数据库系统同时把同样的数据分别写入两个磁盘;当读数据时,则可以任意读其中一个磁盘。当一个磁盘中的数据被损坏时,可用另一个磁盘中的数据进行恢复。

# 11.4　数据库的备份

为了减少数据丢失的危险,有必要对数据库进行备份。在 Access 2003 中,可以利用导出数据和备份数据库两种方法对数据进行备份。

### 11.4.1　导出数据

在 Access 2003 中,可以将数据库对象导出到已有的 Access 数据库或 Access 项目中。要导出数据,必须首先打开数据库。具体步骤如下:

①在数据库窗口中单击要导出的对象"员工信息"表,选择"文件"菜单中的"导出"命令,或者右击"员工信息"表,在快捷菜单中选择"导出"命令,会弹出"将数据访问页'员工信息'导出为"对话框,如图 11-27 所示。

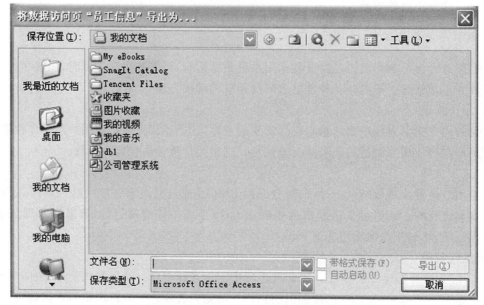

**图 11-27　"将数据访问页'员工信息'导出为"对话框**

②在对话框中指定保存位置和要导出到哪一个数据库。单击"导出"按钮,弹出"导出"对话框,如图 11-28 所示。

**图 11-28　"导出"对话框**

可以在文本框中更改对象名称,单击"确定"即可完成导出。如果数据库中已存在用户指定的对象名称,会弹出对话框提示用户更改对象名称或替换已有对象。

### 11.4.2　备份数据库

如果处在一个多用户的环境下,必须确保所有的用户没有打开将要进行备份的数据库,否则将无法完成备份操作。有如下几种方法可以实现数据库的备份。

①将数据库文件从所在的磁盘复制到另一个磁盘中。

②使用 Windows 2000 以及后续版本的备份和恢复工具,或者第三方的备份软件。有些软件提供了压缩的功能。

如果采用了用户级安全机制,那么需要连同工作组信息文件进行备份。如果该文件丢失或损坏,就将无法启动 Microsoft Access,只有还原或更新该文件后才能启动。

可以通过创建空数据库,然后从原始数据库中导入相应的对象来备份单个的数据库对象。

(1)用 Access 自带的命令备份数据库。

①打开要备份的"公司管理系统"数据库,单击"工具"→"数据库实用工具"→"备份数据库"命令,弹出如图 11-29 所示的"备份数据库另存为"对话框。

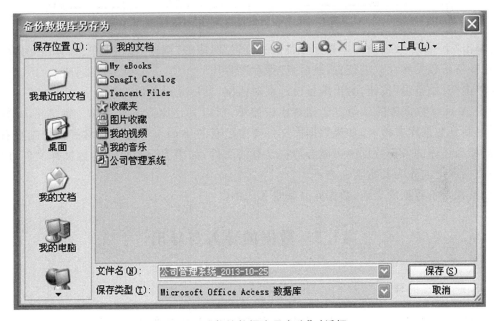

**图 11-29　"备份数据库另存为"对话框**

②选择备份数据库存放的位置,输入备份数据库文件名。

③单击"保存"按钮,Access 为原数据库创建了一份备份。

(2)用 Windows 中的备份程序"Microsoft 备份程序"来备份数据库。

①单击"开始"→"程序"→"附件"→"系统工具"→"备份"命令,出现的对话框如图 11-30 所示。

②选中"让我选择要备份的内容"单选按钮,单击"下一步"按钮,在弹出的对话框中选择要备份的数据库文件"公司管理系统"。

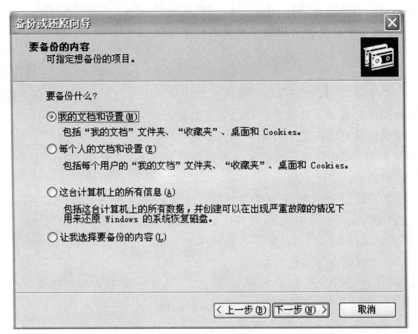

图 11-30　"备份或还原向导"对话框

③单击"下一步"按钮,在"选择保存备份的位置"对应的"浏览"按钮上单击,弹出"另存为"对话框,选择备份数据库存放的位置,然后点"保存"即可。

④单击"开始备份"按钮,会出现备份进度对话框,最后完成备份。

因为 Access 数据库的备份方法相对比较简单,所以其还原方法也简单。将 Access 数据库的备份复制到数据库文件夹,如果数据库文件夹中已有的 Access 数据库文件和备份副本有相同的名称,那么还原的备份数据库可能会替换已有的文件;如果要保存已有的数据库文件,应在复制备份数据库之前先为其重新命名。

注意,在备份数据库之前,数据库必须是关闭的。

# 11.5　数据的导入与导出

## 11.5.1　数据的导入

从原数据库中将所有对象导入到新建的空白数据库中的操作步骤如下:

①选择菜单中的"文件"→"获取外部数据"→"导入"命令,出现"导入"对话框。

②选择原数据库,单击"导入"后出现"导入对象"对话框,依次选择"表"、"查询"、"窗体"、"报表"、"页"、"宏"和"模块"选项卡,并在每个选项卡中单击"全选"按钮。单击"确定"按钮,Access 开始复制工作。

③复制完毕后,新数据库中含有与原数据库完全相同的表。但新数据库没有建立安全机制。

如果在打开数据库时会使用当前的工作组信息文件,那么要清除"管理员"的密码以关闭当前工作组的"登录"对话框。如果使用安装 Access 时创建的默认工作组信息文件,不必执行这一步。

### 11.5.2　数据的导出

在 Access 2003 中,可以将数据库对象导出到已有的 Access 数据库或 Access 项目中。要导出数据,必须首先打开数据库。我们以导出数据库对象"员工信息"表为例说明如何导出数据,具体步骤如下:

①在数据库窗口中单击要导出的对象"员工信息"表,选择"文件"菜单中的"导出"命令,或者右击"员工信息"表,在快捷菜单中选择"导出"命令,会弹出导出表对话框。

②在对话框中指定保存位置和要导出到哪一个数据库。单击"导出"按钮,弹出"导出"对话框。

可以在文本框中更改对象名称,单击"确定"即可完成导出。如果数据库中已存在用户指定的对象名称,会弹出对话框提示用户更改对象名称或替换已有对象。

# 第12章 Access 2003 应用系统开发实例

## 12.1 数据库应用系统的开发过程

关系数据库采用关系模型作为数据的组织方式。关系数据库因其具有数学理论严格、使用简单灵活、数据独立性强等特点，而被公认为是最有前途的一种数据库管理系统。它的发展十分迅速，目前已成为占据主导地位的数据库管理系统。自 20 世纪 80 年代以来，作为商品推出的数据库管理系统几乎都是关系型的，例如，Oracle、Sybase、Informix、Visual FoxPro 以及 Access 等。因此，关系数据库的设计方法和设计规范最具代表性。

相当长的一段时间，数据库设计主要采用手工试凑法。数据库的设计水平与设计人员的经验有直接关系。数据库设计只是一种经验的反复实施，而不能称为是一门科学，因其缺乏科学分析理论基础和工程手段的支持，因而设计质量很难保证。以至于数据库投入运行后，才发现很多问题，需要不断地修改甚至从头来过，这样，不但增加了成本，也带来很多隐患。此后，人们努力探索提出了许多数据库设计方法。这些方法主要应用了软件工程的成果，提出了一系列的设计规范，形成了规范设计法。基于 E-R 模型的数据库设计方法，基于 3NF（第三范式）的设计方法，基于抽象语法规则的设计方法等，都是在数据库设计的各个过程中采用的具体技术与方法。

然而，规范设计法仍旧是一种手工方法。现在，人们进一步研制了很多系统，用于数据库设计，甚至应用编程。前提是设计人员必须采用规范化的设计手段，规范化的设计会给后期的开发带来很大的方便。对于一个大型的项目而言，设计阶段的工作量，远远大于开发和维护阶段的工作量。对于大型的项目，规范化是必须遵循的设计思想。

通常，数据库的设计要经历六个阶段：需求分析、概念结构设计、逻辑结构设计、物理结构设计、数据库实施、运行和维护。图 12-1 为数据库设计过程。

①需求分析。准确了解与分析用户需求（包括数据与处理）。

②概念结构设计。对用户需求进行综合、归纳与抽象，形成一个独立于具体 DBMS 的概念模型。

③逻辑结构设计。将概念结构转换为某个 DBMS 所支持的数据模型，并对其进行优化。

④物理结构设计。为逻辑数据模型选取一个最适合应用环境的物理结构（包括存储结构和存取方法）。

⑤数据库实施。建立数据库，编制与调试应用程序，组织数据入库，进行试运行。

⑥数据库运行与维护。对数据库系统进行深入评价、调整与修改。

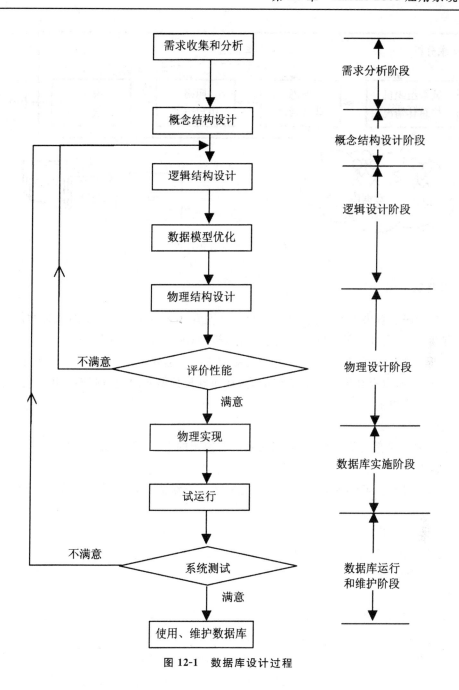

图 12-1　数据库设计过程

### 12.1.1　需求分析

需求分析的根本任务就是开发团队和用户共同明确要开发一个什么样的系统。需求分析是整个设计过程的基础，也是最困难、最耗时间的。需求分析不到位，为影响整个数据库设计的进度，严重的甚至会导致整个工程重做。图 12-2 为需求分析过程。

需求分析一般有以下两个步骤。

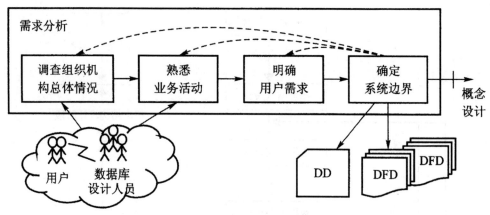

图 12-2　需求分析过程

1. 需求获取

需求分析阶段要解决的问题,就是让用户和开发者共同明确将要开发的系统的任务和目标。核心任务有两个:根据处理的实际问题,建立分析模型;编写需求说明书。

首先,要确定数据库的数据范围和应用功能要求。不但要考虑现在的需求,还必须考虑今后可能的扩充和改变,以提高数据库的应变能力,从而延长数据库的生命周期。用户对数据库的需求一般有以下 4 个方面。

(1)信息要求

在数据库中需要存入哪些数据,如当前系统所使用的卡片、账册和报表等。

(2)处理需求

用户希望计算机如何能提高效率和增加功能等。系统需求包括用户对软件功能和界面两方面的需要。

(3)组织机构的情况

这个组织由哪些部门组成,各部门的职责是什么,为分析信息流程做好准备。

(4)数据安全性与完整性要求

①数据安全性。

数据库是企业或组织的重要资源。因此,在数据库运行期间,数据库管理员应该保障数据库的安全,使数据库不受某些有意或无意的侵犯。

数据库的安全措施与所使用的操作系统和 DBMS 有密切关系。在日常维护中,数据库管理员应当充分掌握系统的特点,采取正确合理的安全措施,在保障良好的安全性和完整性的前提下,满足用户不同要求。定期做好数据库备份。严格审查用户的身份和权限,防止越权访问,防止黑客和病毒的恶意攻击。

②完整性。

· 域的完整性:关系模式规定属性值应是域中的值,一个属性能否为 NULL,由语句决定。

· 实体的完整性:每一个关系应有一个主键,每个元组的主关键字的值应是唯一的。主关键字的值不能为 NULL。

· 参照完整性:不同关系之间或同一关系的不同元组间的约束。

·用户定义的完整性:允许用户对个别数据说明一些约束及违反约束时的处理过程。

### 2. 需求提炼

需求提炼的主要任务是建立实体模型。一般采用结构化分析(Structured Analysis,SA)的方法,即按照软件生命周期(从研发到退出市场)采用自顶向下、逐步求精、模块化的独立性原则进行分析。SA 是一个简单实用的方法,通常使用数据流图、数据字典来描述。它是概要设计(系统层次结构图)的基础。

(1)数据流图

数据流图是软件工程中专门描绘信息在系统中流动和处理过程的图形化工具。也就是结合系统处理的要求,用数据流图来表述原有人工处理的过程,即反映数据在设计的系统中是如何流动的。数据流图是系统设计的描述工具。主要涉及的描述图形有以下 4 个。

①数据的起点(系统的起点),终点(系统的终点):用 F □ q 表示,在方框内写上具体的名称。

②加工处理:描述系统中数据的加工处理环节,用○表示。在圆框内写上具体的加工名称,例如信息录入处理系统。要注意,加工处理一定要有数据的输入和加工后的数据输出。

③数据的存储:描述系统中数据的存储环节,用□□□表示,在框内写上具体存储数据的名称。

④数据流:描述在系统中流动的数据是从哪里来到哪里去,用→表示。箭尾指向数据出自何处,箭头指向数据去向何方,箭身写明具体的数据。

(2)数据字典

数据字典(Data Dictionary)是一种用户可以访问的记录数据库和应用程序源数据的目录,用于对数据的数据项、数据结构、数据流、数据存储、处理逻辑、外部实体等进行定义和描述,其目的是对数据流程图中的各个元素做出详细的说明。

数据字典是关于数据的信息的集合,也就是对数据流图中包含的所有元素的定义的集合。数据字典的组成如下:

①数据项:数据项是最基本的数据元素,是有意义的最小数据单元,在数据字典中,定义数据项特性包括数据项的名称、编号、别名和简述;数据项的长度;数据项的取值范围。

②数据结构:数据项是不能分解的数据,而数据结构是可以进一步分解的数据包。数据结构由两个或两个以上相互关联的数据元素或者其他数据结构组成的。一个数据结构可以由若干个数据元素组成,也可以由若干个数据结构组成,还可以由若干个数据元素和数据结构组成。

③数据流:数据流由一个或一组固定的数据项组成。定义数据流时,不仅说明数据流的名称、组成等,还应指明它的来源、去向和数据流量等。

④数据存储:数据存储在数据字典中只描述数据的逻辑存储结构,而不涉及它的物理组织。

⑤处理过程:处理逻辑的定义仅对数据流程图中最底层逻辑加以说明。

### 12.1.2　概念结构设计

概念结构设计是产生从用户的角度反映企业组织信息需求的数据库概念结构的过程。

概念结构设计阶段的目标是产生整体数据库概念结构,即概念模式。概念模式是整个组织各个用户关心的信息结构。如图 12-3 所示,在设计时将现实世界中的客观对象直接转换为计算机世界中的对象,设计者会非常不方便,注意力被牵扯到更多的细节限制方面,而不能集中在最重要的信息的组织结构和处理模式上。因此,通常是将现实世界中的客观对象首先抽象为不依赖任何具体计算机的信息结构,这种信息结构不是 DBMS 支持的数据模型,而是概念模型,然后再把概念模型转换成具体计算机上 DBMS 支持的数据模型。概念模型就是现实世界到计算机世界的过渡中间层次。

图 12-3　数据模型转化过程

概念结构设计的主要原料是需求分析中得到的用户信息。在设计的过程中,如果检查出需求分析中有遗漏或错误的地方,应返回需求分析进行补救。同时,概念结构设计的成果又是逻辑设计的原料,因此,概念结构设计在整个设计过程中比较重要。

概念结构设计的主要特征是:

①真实、充分地反映客观世界,事物以及事物之间的联系。

②独立于数据库逻辑结构,独立于存储安排和效率问题的考虑。

③易于理解,不含具体 DBMS 所附加的技术细节,有利于与用户交流。

④易于维护。

⑤易于向各种数据模型转换。

描述概念结构的有力工具是 E-R 图。

通常,概念结构设计有 4 类方法。

(1)自顶向下

先定义全局概念结构的框架,然后逐步细化,如图 12-4 所示。

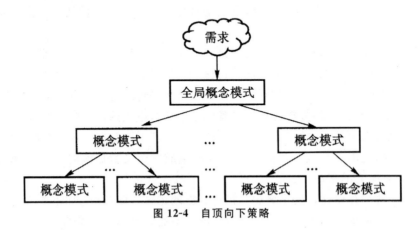

图 12-4　自顶向下策略

(2)自底向上

先定义各局部的概念结构,然后将它们集成起来,得到全局概念结构,如图 12-5 所示。

(3)逐步扩张

先定义最核心概念结构,然后向外扩充,以滚雪球的方式逐步生成其他概念结构,直至总体概念结构,如图 12-6 所示。

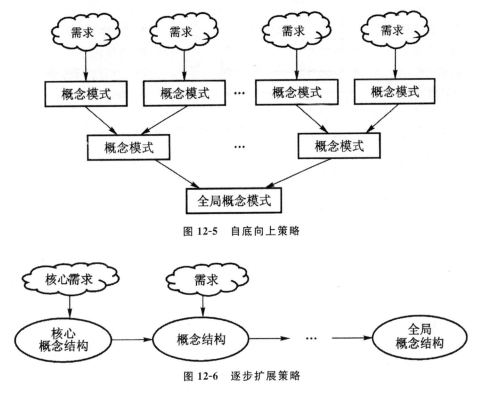

图 12-5　自底向上策略

图 12-6　逐步扩展策略

（4）混合策略

将自顶向下和自底向上策略相结合，用自顶向下策略设计一个全局概念结构的框架，以它为骨架集成由自底向上策略设计的全局概念结构。

### 12.1.3　逻辑结构设计

逻辑设计就是把上述概念模型转换成为某个具体的数据库管理系统所支持的数据模型。

逻辑设计阶段主要分成两块：逻辑结构设计和应用程序设计。逻辑结构设计是静态结构设计，主要任务是将概念结构设计阶段的 E-R 模型转换为特定计算机上的 DBMS 所支持的数据模型，并进行优化。而应用程序设计是动态行为设计，主要任务是使用主语言和 DBMS 的 DML 进行结构式的程序设计。

逻辑结构设计的主要原料来自概念结构设计的结果基本 E-R 模型。在设计的过程中，如果检查出需求分析或概念结构设计中有遗漏或错误的地方，应返回出错的阶段进行补救。同时，逻辑结构设计的成果又是物理设计的原料，如果设计失败可能导致前面工作的浪费和后面工作无法进行的严重后果。因此，逻辑结构设计在整个设计过程中占据重要位置。

#### 1. 逻辑结构设计环境

逻辑结构设计涉及的因素如图 12-7 所示。
其中需要输入的信息为包含以下内容。

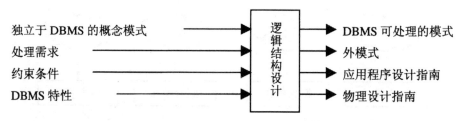

**图 12-7　逻辑结构设计的设计因素**

（1）概念模式

概念结构设计阶段产生的局部和全局概念模式。

（2）处理需求

需求分析中产生的业务活动分析结果。

（3）约束条件

完整性、一致性、安全性，以及响应时间要求等。

（4）DBMS 特征

特定的 DBMS 所支持的模式、外模式和程序语法的形式规则。

输出信息包含内容如下。

（1）DBMS 可处理的模式

即能用特定 DBMS 实现的数据库的说明，对某些访问路径参数的说明。

（2）外模式

与单个用户观点和完整性约束一致的 DBMS 所支持的数据结构。

（3）应用程序设计指南

为应用程序员提供访问路径选择。

（4）物理设计指南

完全文档化模式和外模式，其中包括容量、使用频率、软硬件等信息，为物理设计服务。

## 2. 逻辑结构设计步骤

逻辑结构设计是系统设计里的重要一环，主要经过转换、优化等步骤得到满意结果。图 12-8 为设计逻辑结构时的 3 个步骤。

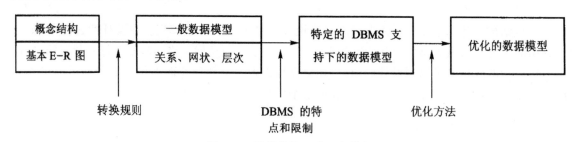

**图 12-8　逻辑结构设计 3 个步骤**

（1）概念模型向关系模型的转换

关系模型是一组关系（二维表）的集合，而 E-R 模型则是由实体、属性及实体间的联系三个要素组成的。因此，将 E-R 模型转换为关系模型，就是将实体、属性及实体间的联系都转换为关

系模式,具体的转换规则如下:

①实体类型转换为关系模式。将每个实体类型转换为一个关系,实体的属性转变为关系的属性,实体的关键字就是关系的关键字。

②1∶1 联系转换为关系模式,有两种方式:转换为一个独立的关系模式。联系名为关系模式名,与该联系相连的两个实体的关键字及联系本身的属性为关系模式的属性,其中每个实体的关键字均为该关系的候选码;合并到关系模式中,可将任意一个关系的主关键字属性合并到另一个关系中,即在关系中包含了联系。

③1∶n 联系转换为关系模式,可以由两种方式:1∶n 联系转换为独立的关系模式。联系名为关系模式名,与该联系相连的各实体的关键字及联系本身的属性为关系模式的属性。关系模式的关键字为 n 端实体的关键字;将 1∶n 联系与 n 端关系合并。1 端的关键字及联系属性将合并到 n 端的关系模式中。

④m∶n 联系转换为关系模式。联系名为关系模式名,与该联系相连的各实体的关键字及联系本身的属性为关系模式的属性。关系模式的关键字为联系中各实体的关键字的并集。

(2)逻辑模型优化

数据库的概念模型到逻辑模型转换的结果并不是唯一的,为了进一步提高数据库的运行效率,应对所得到的关系模型进行适当的修改和调整,也就是数据库关系模式的优化。

①对各关系之间的数据依赖进行极小化,消除冗余的联系,使关系之间的数据依赖尽可能的小。

②按照关系规范化理论对关系模式逐一进行分析,检查是否存在部分函数和传递函数依赖等,从而确定关系属于第几范式。

③根据需求分析和实际应用的要求,确定是否对某些关系模式进行分解合并,从而达到要求的范式,逐步消除各种插入异常和删除异常,减少数据冗余。

### 12.1.4 物理结构设计与编码测试

数据库在物理设备上的存储结构与存取方法称为数据库的物理结构,它依赖于选定的 DBMS。为一个给定的逻辑数据模型选取一个最适合应用要求的物理结构的过程,就是数据库的物理结构设计。

1. 物理结构设计环境

物理结构设计的整个过程是以逻辑结构设计的结果——模式和外模式为原料,综合考虑应用处理频率、操作顺序等用户具体要求,以及软硬件环境等各方面的因素,在检查逻辑结构设计正确的基础上,设计出理想的物理结构,其过程如图 12-9 所示。

其中,输入信息包括内容如下:

①逻辑数据库结构包括模式和外模式结构,为物理设计提供一个工作框架。

②应用处理频率、操作顺序和运行要求由需求分析得到的用户需求而定。

③数据容量视系统给定的存储空间而定。

④DBMS 和 OS 为物理结构设计提供软件环境。

⑤硬件特性为物理结构设计提供硬件环境。

输出信息则是物理数据库结构说明书,即物理结构设计的产品。说明书的主要内容涵括:存储记录格式、存储记录位置分布、访问方法等。

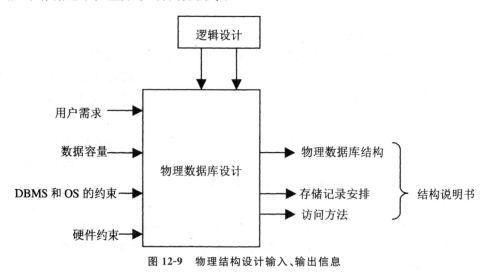

图 12-9　物理结构设计输入、输出信息

2. 物理结构设计步骤

物理结构设计步骤的主要两点如下。

(1)确定数据库的物理结构

在关系数据库中主要是确定存储结构和存取方法。在计算机系统中,有多种存储设备,如磁带、磁鼓、磁盘等。这些存储设备在存储成本上和存取时间上差别很大。一般,存储成本低的存取时间长,存储成本高的存取时间短。因此,确定物理结构的问题,既要确定数据库的数据文件存放在哪里比较好,还要确定以何种形式存储的问题。

(2)从时间和空间等角度对物理结构进行评价

若干个物理结构方案确定以后,数据库设计人员会依据需求分析中用户对数据查询速度的要求和客观允许的物理存储空间量,对其进行评价和选择,以达到最佳的设计效果和用户满意度。

3. 编码测试

进入编码测试阶段后,需要按照逻辑设计和物理设计的结构利用 DBMS 的数据定义语言把数据库描述出来,采用某种设计语言设计应用程序,经过反复调试生成目标模式,然后组织部分数据入库进行测试。

### 12.1.5　数据库的实施和维护

当数据库正式投入运行之后,数据库的开发任务完成,数据库的实施和维护阶段开始。

1. 数据库的实施工作

在完成物理设计,确定了数据库的逻辑结构和物理结构后,设计人员会结合 DBMS 提供的数据定义语言(DDL)、逻辑设计、物理设计的结果,形成 DBMS 可以接受的源程序,经过调试产生目标模式后组织数据入库,这个阶段就叫作实施阶段。实施阶段的工作分成两部分组成:一是数据载入,二是应用程序的编码和调试。

（1）数据载入

数据载入是将各类源数据从各个局部应用中抽取出来，输入计算机，再分类转换，最后综合成符合新设计的数据库结构的形式，输入数据库。

在数据输入时，应注意原系统的特点。若原系统为手工数据处理系统，那新系统的输入格式应尽量与原系统相近。若现有的 DBMS 不提供不同 DBMS 之间的数据转换，则可将原数据库中的关系转换为与新系统相同结构的临时表，再转换为新系统的数据模式。

（2）试运行

将一部分数据录入后，对数据库系统进行联合调试的过程就是试运行工作。

这一阶段要执行数据库的各种操作，测试系统的性能指标，分析是否达到设计目标。一般情况下，设计阶段的考虑都是近似的，会和实际系统运行的值有一定的差距。如果测试的结果无法满足设计要求则返回物理设计阶段，重新调整物理结构，修改系统参数，在有些情况下，甚至要返回逻辑设计阶段。如果测试结果满足设计要求则进入系统正式运行和维护阶段。

注意，由于系统在试运行阶段状态不稳定或软硬件故障的问题，人员误操作随时可能发生。因此，调试时应先调试运行 DBMS 的恢复功能，一旦发生故障，可以将损失降到最少。

2. 数据库的维护工作

系统在通过了试运行之后，进入正式运行和维护阶段。这个工作较为长期，对数据库设计进行评价、调整、修改等维护工作是一项重要、长期的任务，一直延续到系统退役为止。维护的主要工作由 DBA（数据库管理员）完成。

（1）对数据库性能的监测、分析和改善

由于数据库的应用环境和物理存储的变化，特别是用户和数据量的不断增加，数据库系统的运行性能会不断发生变化。因此，数据库管理员必须利用计算机系统提供的性能监控和分析工具，经常对数据库的运行、存储空间和响应时间进行分析，以制定改进措施。

（2）数据库的安全性和完整性

数据库是企业或组织的重要资源。因此，在数据库运行期间，数据库管理员应该保障数据库的安全，防止数据库受到某些有意或无意的攻击与侵犯。

数据库的安全措施与所使用的操作系统、DBMS 有密切关系。在日常维护中，数据库管理员应当充分掌握系统的特点，采取合理的安全措施，在保障良好的安全性和完整性的前提下，满足用户不同要求。

（3）数据库的转储和恢复

数据库在运行过程中，会有各种不可预知的人为的非人为的因素，诸如断电、机械故障电气故障等，导致数据库中的数据被破坏。因此，必须定期把整个数据库复制到磁带或者磁盘光盘上，从而保存一个最近的完整的数据库副本，这就是所谓的数据转储。

数据转储的周期和时间视数据库更新的频率而定。一旦数据库发生故障，可立即将备份的数据恢复到数据库系统中去，使系统迅速恢复到备份时的正常状态，也即是仅丢失备份之后到故障发生之前被更新的数据，使损失减少到最低限度。

数据库的备份和恢复方案，一般基于具体的 DBMS 提供的工具。

（4）数据库的重组和重构

数据库在运行一段时间后，由于不断地插入、删除和修改，使得数据库的物理存储结构变差，数据存取的效率降低,数据库的性能下降。应及时对数据库进行重组,以提高数据库的系统性能。

如果数据库的应用环境和用户需求有所改变,需要增加、删除某些属性和实体集或者需要修改某些实体集之间的联系,从而对数据库的逻辑模式和内模式进行修改,也就是要重构数据库。例如,新建或撤销某些表,新建或撤销某些索引等。

重组和重构的区别在于,重组并不改变数据库原有的逻辑模式和内模式,而重构则会部分修改原有的逻辑模式和内模式。

# 12.2　教学管理系统设计

### 12.2.1　需求分析

经过对教学管理系统需求分析,确定系统的功能模块组成如图 12-10 所示。

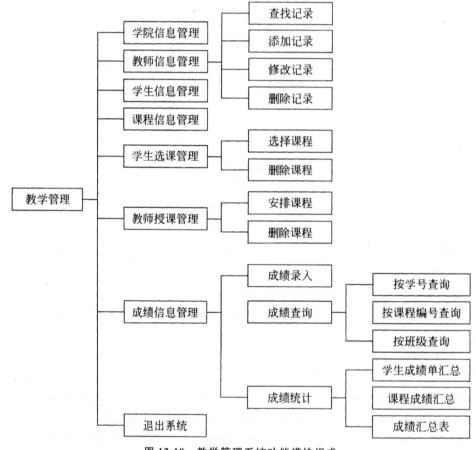

**图 12-10　教学管理系统功能模块组成**

建立"教学管理系统"数据库的目的是为了实现对教学信息的管理,所以应该包括以下功能。

①基本信息的管理:实现对学院信息、教师信息、学生信息及课程信息的查找、添加、修改和删除。

②学生选课管理:实现学生选择课程和删除已选课程。

③教师授课管理:实现为教师安排课程和删除已安排课程。

④成绩信息管理:实现对学生成绩的录入、查询和统计。成绩查询包括按学号查询、按课程编号查询和按班级查询。成绩统计包括学生成绩单汇总、课程成绩汇总和成绩汇总表。

### 12.2.2　系统设计

1. 概念设计

通过需求分析"教学管理"数据库,可以从实际的教学活动中抽象出"学院"、"教师"、"课程"和"学生"三个主要实体及其属性,其 E-R 图如下图所示。

①学院实体的属性包括学院编号、学院名称,如图 12-11 所示。

图 12-11　学院实体集 E-R 图

②教师实体的属性包括职工号、姓名、性别、工作日期、职称、政治面貌、联系电话和婚姻状况,如图 12-12 所示。

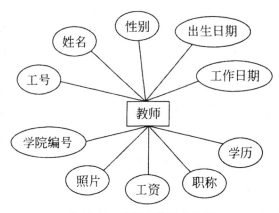

图 12-12　教师实体集 E-R 图

③课程实体的属性包括课程号、课程名称、课程类别和学时,如图 12-13 所示。

图 12-13　学生实体集 E-R 图

④学生实体的属性包括学号、姓名、系别、性别、出生日期、出生地点、入学时间、政治面貌、爱好和照片,如图 12-14 所示。

图 12-14 课程实体集 E-R

学生可以选修课程,教师讲授课程。学院和教师之间、学院和学生之间、学院和课程之间是1∶m 的联系,学生和课程之间、教师和课程之间是 m∶n 的联系。实体的联系可以用 E-R 图表示出来,并画出教学管理系统的数据模型,如图 12-15 所示。图中省略了各实体集的属性。其中,"成绩"是"选课"联系具有的属性。

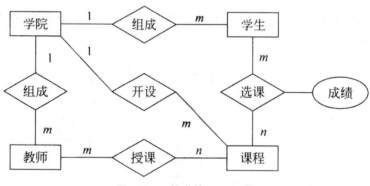

图 12-15 教学管理 E-R 图

2. 逻辑设计

从"教学管理"的数据模型分析入手,将 E-R 图转换为关系框架,分析得知一位教师可以讲授多门课程,一个学生能够选修多门课程。为了更好地表示选修和讲授两个联系,需要教师、课程和学生的三个主键:职工号、课程号和学号。本例中,教学管理系统的学院、教师、学生和课程实体集转换为关系模式,如下所示。

(1)学院的关系框架

学院(学院编号,学院名称)

(2)教师的关系框架。

教师(工号,姓名,性别,出生日期,工作日期,职称,学历,学院编号,照片,工资)

(3)课程关系框架。

课程(课程编号号,课程名称,课程性质,学时,学分,学期,学院编号)

(4)学生关系框架。

学生(学号,姓名,性别,学院编号,班级出生日期,入学时间,党员否,籍贯,民族,照片,简历)

(5)教师与课程的联系"授课"的关系框架。

授课(课程编号,工号)

(6)学生与课程的联系"选课"的关系框架。

选课(学号,课程编号,成绩)

其中,学院和教师之间、学院和学生之间、学院和课程之间 1∶m 的联系通过各实体集间的公共属性"学院编号"联系,学生和课程之间、教师和课程之间 m∶n 的联系可以转换为以下两个关系:

选课(学号,课程编号,成绩)

授课(工号,课程编号)

其中,"学号+课程编号"是"选课"关系的主键,"学生"关系和"选课"关系之间通过"学号"联系,"课程"关系和"选课"关系之间通过"课程编号"联系,"选课"关系成为连接"学生"关系和"课程"关系的纽带。"授课"关系成为连接"教师"关系和课程关系的"纽带"。通过这两个关系可以查询学生每门课程的成绩情况和教师讲授课程的情况。

3. 物理设计

从数据表的字段、数据类型、长度、格式和约束几个方面综合分析,可以建立数据表:教师任课信息表、学生成绩表、教师基本信息表、学生基本信息表和学生课程信息表。具体可见表 12-1至表 12-6 所示。

表 12-1　学院表结构

| 字段名 | 类型 | 字段大小 | 说明 |
| --- | --- | --- | --- |
| 学院编号 | 文本 | 2 | 主键 |
| 学院名称 | 文本 | 10 | |

表 12-2　教师任课信息表结构

| 字段名 | 类型 | 字段大小 | 说明 |
| --- | --- | --- | --- |
| 编号 | 自动编号 | 长整型 | 主键 |
| 课程编号 | 文本 | 3 | |
| 工号 | 文本 | 10 | |

表 12-3　学生成绩表结构

| 字段名 | 类型 | 字段大小 | 说明 |
| --- | --- | --- | --- |
| 编号 | 自动编号 | 长整型 | 主键 |
| 学号 | 文本 | 6 | |
| 课程编号 | 文本 | 3 | |
| 成绩 | 数字 | 单精度型 | |

表 12-4　教师基本信息表结构

| 字段名 | 类型 | 字段大小 | 说明 |
|---|---|---|---|
| 工号 | 文本 | 10 | 主键 |
| 姓名 | 文本 | 10 | |
| 性别 | 文本 | 8 | |
| 工作日期 | 日期/时间 | 8 | |
| 出生日期 | 日期/时间 | 8 | |
| 职称 | 文本 | 10 | |
| 学历 | 文本 | 10 | |
| 照片 | OLE 对象 | | |
| 学院编号 | 文本 | 2 | |
| 工资 | 货币 | | |

表 12-5　学生基本信息表结构

| 字段名 | 类型 | 字段大小 | 说明 |
|---|---|---|---|
| 学号 | 文本 | 10 | 主键 |
| 姓名 | 文本 | 8 | |
| 学院编号 | 文本 | 2 | |
| 班级 | 文本 | 10 | |
| 性别 | 文本 | 1 | |
| 照片 | OLE 对象 | | |
| 出生日期 | 日期/时间 | 8 | |
| 党员否 | 是/否 | | |
| 籍贯 | 文本 | 8 | |
| 民族 | 文本 | 5 | |
| 简历 | 备注 | | |

表 12-6　学生课程信息表结构

| 字段名 | 类型 | 字段大小 | 说明 |
|---|---|---|---|
| 课程编号 | 文本 | 3 | 主键 |
| 课程名称 | 文本 | 20 | |
| 课程性质 | 文本 | 8 | |
| 学时 | 数字 | 整型 | |
| 学分 | 数字 | 单精度 | |
| 学期 | 文本 | 1 | |
| 学院编号 | 文本 | 2 | |

### 12.2.3　系统实现

#### 1. 建立数据库

建立一个数据库,命名为"教学管理系统"。

教学管理系统(简化模型)在这里我们主要涉及三个表:课程情况、学生情况以及学生成绩。打开 Access 开发环境,选择"文件"→"新建"命令,在右侧出现如图 12-16 所示的"新建文件"工具栏。

图 12-16　创建数据库

单击选择"空数据库",出现保存文件弹出式对话框具体可见图 12-17 所示,选择存盘路径,在"文件名"输入框中输入数据库的名称"教学管理系统",单击"创建"即可。

图 12-17　建立数据库

**2. 创建表**

操作步骤如下：

①在"对象"列表框中，选择"表"对象，在"表"对象面板中，双击"使用设计器创建表"项，打开数据表的设计视图。

②在"字段名称"栏中，写入字段的名称，在"数据类型"栏中选择字段对应的数据类型，在相应字段的"常规"选项卡中设置字段属性，如字段大小，在"说明"栏中输入特定字段的注释信息。

③重复上述步骤，直至完成所有字段的添加和设置。

④设置数据表的关键字，单击鼠标选中教师信息表"工号"字段所在的行，这时整行呈黑色选中状态，单击菜单栏中的"编辑"下拉后选中"主键"后单击，完成设置"工号"为主关键字的设置，具体见图 12-18 所示。

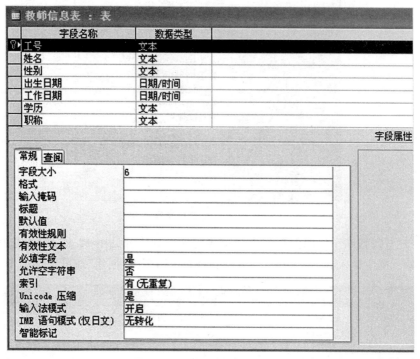

**图 12-18　教师信息表结构设计**

其他各表依次建立即可。值得注意的是，任课信息表和学生成绩表不需要创建主键，完成所有字段的添加和设置后，"保存"表时会出现如图 12-19 所示的提示框，单击"是"按钮，系统自动完成主键的创建，字段名称为"编号"，数据类型为自动编号。

**图 12-19　是否为创建主键**

在这里建立的数据表都没有添加索引,这时系统将使用添加的主键或者默认的主键"编号"作为索引,排序次序为升序,索引属性中主索引和唯一索引状态为"是",忽略 nulls 状态为"否"。如果要自行添加索引,打开表设计器后,选择"视图"→"索引"选项,可设置索引名、索引字段、排序方式和索引属性。任课信息表和学生成绩表的索引创建完毕后如图 12-20 和图 12-21 所示。

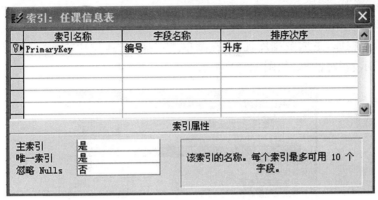

图 12-20　设置任课信息表索引

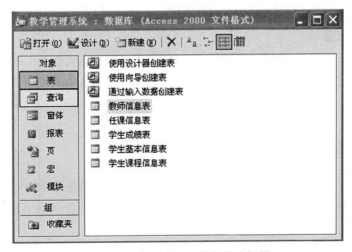

图 12-21　设置学生成绩表索引

所有数据表创建完毕后,教学管理系统的数据库视图如图 12-22 所示。

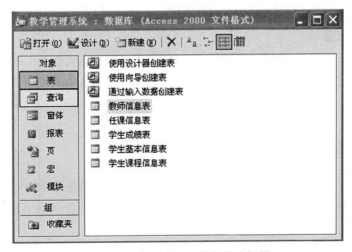

图 12-22　教学管理系统数据库视图

### 3. 建立表关系

建立好数据库和数据表后,便可以建立教师信息表——<任课信息表>——学生课程信息表之间的关系,即"授课"关系,再建立学生基本信息表——<学生成绩表>——学生课程信息表的关系,即"选课"关系。

操作步骤如下:

①打开教学数据库,进入数据库视图,在菜单栏选择"工具"→"关系"选项,即出现"关系"窗口,自动弹出"显示表"对话框,如图 12-23 所示。

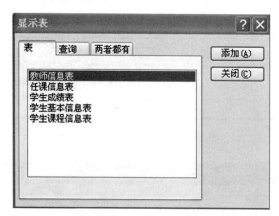

**图 12-23 "显示表"对话框**

②在"显示表"对话框中依次添加要建立关系的表——教师信息表、任课信息表、学生课程信息、学生基本信息表和学生成绩表,选中要添加的表,单击"添加"按钮,即可将表添加到"关系"窗口中,如图 12-24 所示。将所有表都添加到关系窗口中后,单击"关闭"按钮,关闭"显示表"对话框。

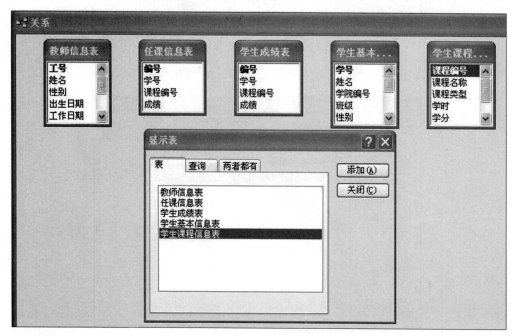

**图 12-24 添加关系**

③在"关系"窗口中选中教师信息表中的"工号"字段,拖曳至任课信息表中的"工号"字段后,释放鼠标左键,会出现"编辑关系"对话框,如图 12-25 所示。

图 12-25　"编辑关系"对话框

④选中"实施参照完整性(E)"复选框后,单击"创建"按钮后,就在教师信息表与任课信息表之间建立了一个一对多的关系。

⑤使用同样的方法建立学生课程信息表与任课信息表、学生基本信息表与学生成绩表和学生课程信息表与学生成绩表三个联系。这样数据表之间关系创建完毕,最终教学管理系统的关系如图 12-26 所示。

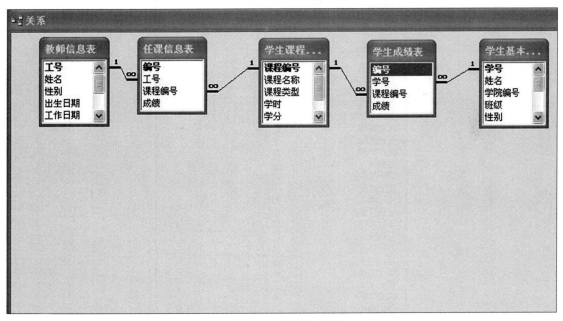

图 12-26　关系状态图

### 4. 界面窗体

①在"对象"列表中选择"窗体"对象,双击"窗体"对象面板中的"在设计视图中创建窗体"。这时会弹出一个窗体设计视图,如图 12-27 所示。

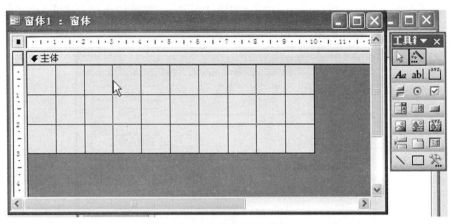

图 12-27　窗体设计视图窗口

②选择"视图"→"属性"菜单选项,显示窗体属性对话框。在窗体属性对话框中进行窗体属性设置,例如,设置:滚动条,两者均无;记录选择器,否;导航按钮,否;分隔线,否;边框样式,无等都可根据功能需要进行设置。如图 12-28 所示。

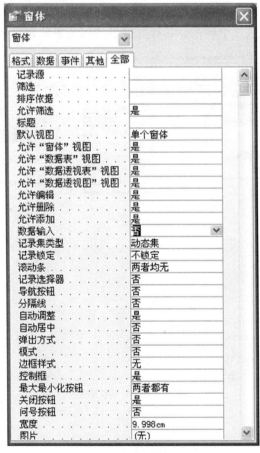

图 12-28　窗体属性

再利用"工具箱"中的控件设计需要的窗体界面。

这里以"学生基本信息表"为例,制作"学生基本信息表"的窗体,具体步骤可按如下操作:

①在"窗体"对象面板中,单击"新建"命令按钮,弹出"新建窗体"对话框,选择对象数据的来源表或查询为"学生基本信息表",如图 12-29 所示。

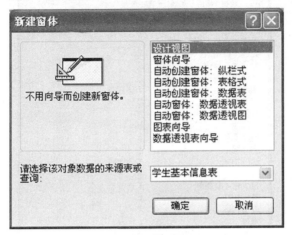

图 12-29　"新建窗体"对话框

②单击"确定"按钮,进入如下图 12-30 所示的界面。

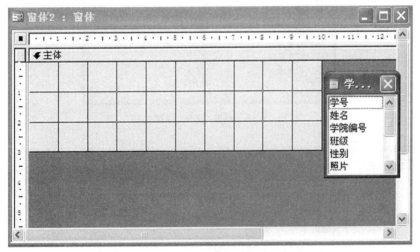

图 12-30　"窗体"设计界面

③将窗体的标题属性设置成"学生基本信息管理"。

在窗体标题处右击,在弹出的下拉菜单中选择"属性"命令,弹出"窗体"属性框,单击切换到"格式"参数项,在"标题"框中,键入"学生基本信息管理"。如图 12-31 所示。

④在"工具箱"中,通过"命令按钮"向导将第一条记录、前一条记录、后一条记录、最后一条记录、保存记录、添加记录、删除记录、查找记录按钮依次放置到数据源窗口中。"命令按钮"如图 12-32 所示。

⑤添加"返回"按钮,返回的功能是关闭当前窗体并打开主界面窗体,并编写相应的单击事件代码。

图 12-31　修改"窗体"标题名称

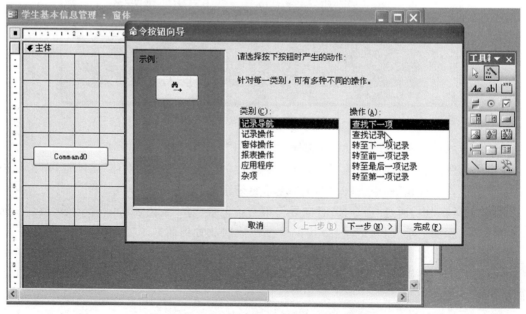

图 12-32　添加"记录"命令按钮向导示意图

⑥调整好各个控件的位置、标题文字的大小，设置相应属性。保存并将窗体命名为"学生基本信息管理"，学生基本信息管理窗体如图 12-33 所示。

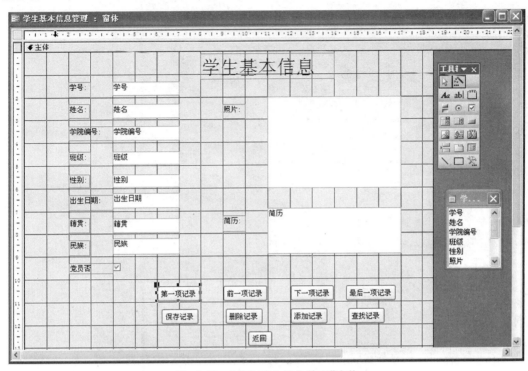

**图 12-33　"学生基本信息管理"窗体**

⑦最终的"学生基本信息表"的主界面如图 12-34 所示。

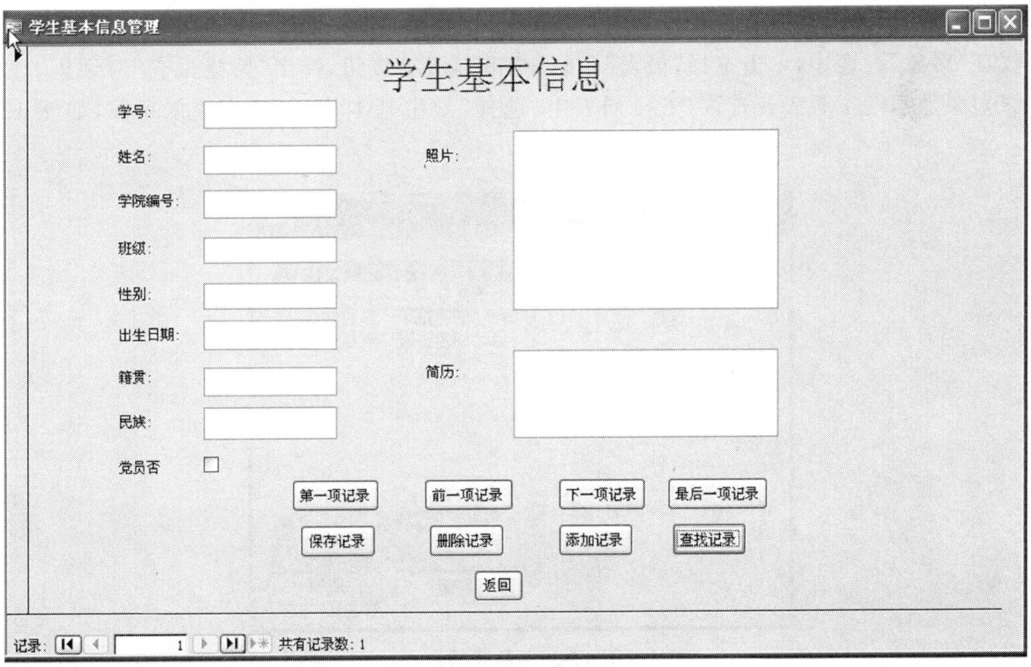

**图 12-34　"学生基本信息"的主界面**

⑧为了让界面更加美观,可以在"属性"框中选择"窗体",并设置窗体的背景图片。界面如图 12-35 所示。

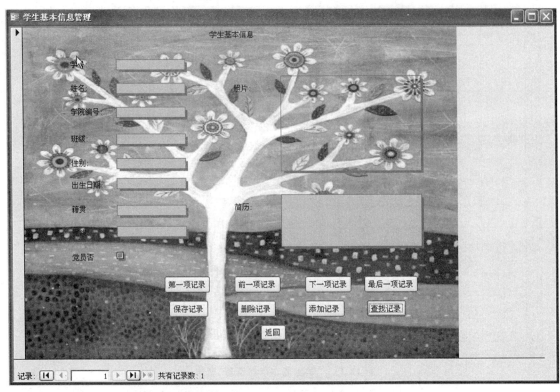

**图 12-35　设置窗体的背景图片**

同样,也可以通过数据表进行报表的制作。

①在"对象"列表中,单击选择"报表"对象,单击"新建"按钮,弹出"新建报表"对话框,在"请选择该对象数据的来源表或查询"下拉列表中,选择"学生基本信息表"为数据来源,如图 12-36 所示。

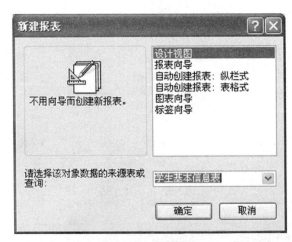

**图 12-36　新建报表**

②在"页面页眉"中,使用标签,在"主体"中,把表字段拖入的方式,设置成如图 12-37 所示的样式。

图 12-37　设计报表

③查看打印预览情况。

经过上述的操作,基本完成了数据库应用系统功能模块所需的各项功能,为了保证系统的正常运行还需要进行测试。根据系统的复杂程度,对于较大的系统可以分模块进行测试,对于较小的系统可以按功能测试。按实现功能进行测试,首先确保在正常情况下,如果录入的都是正确的合法数据,每个功能都可以正常使用,再录入一些错误的非法数据进行测试,检测系统是否能够做出正确的响应。系统测试是系统开发过程中必不可少的重要环节,只有经过反复的测试和调整,才能保证开发出的系统在实际使用时不会出现问题。

测试完成后,数据库应用系统就可以投入使用了,系统的维护工作随之开始。在系统的运行和维护阶段,数据库管理员需要收集和记录实际系统运行的数据,以评价系统的性能,对系统使用中出现的问题进行修改、维护和调整,该过程将一直持续到系统不再使用为止。

# 参考文献

[1]冯伟昌.Access 2003 数据库技术与应用.北京:高等教育出版社,2011.

[2]刘宏,马晓荣.Access 2003 数据库应用技术.北京:机械工业出版社,2012.

[3]程伟渊.数据库基础——Access 2003 应用教程.北京:中国水利水电出版社,2007.

[4]蒋涛,白致铭.Access 2003 中文版入门与提高.北京:清华大学出版社,2004.

[5]赵增敏.数据库应用基础——Access 2003.北京:电子工业出版社,2010.

[6]瞿有甜.数据库技术与应用.杭州:浙江大学出版社,2010.

[7]魏茂林.数据库应用技术——Access 2003.北京:电子工业出版社,2009.

[8]解圣庆.Access 2003 数据库教程.北京:清华大学出版社,2006.

[9]单颀,李建勇.数据库技术与应用基础——Access.北京:科学出版社,2012.

[10]王行言等.数据库技术及应用.北京:高等教育出版社,2004.

[11]訾秀玲等.Access 数据库技术及应用教程.北京:清华大学出版社,2007.

[12]段雪丽等.数据库原理及应用(Access 2003).北京:人民邮电出版社,2010.

[13]陈恭和.数据库基础与 Access 应用教程.北京:高等教育出版社,2008.

[14]朱子江,胡毅.Access 2003 数据库应用技术.北京:中国水利水电出版社,2010.

[15]李春葆等.Access 2003 程序设计教程(第 2 版).北京:清华大学出版社,2007.

[16]刘永宽,吴荣华.数据库(Access 2003)原理与应用.北京:北京师范大学出版社,2007.

[17]李杰,郭江.Access 2003 实用教程.北京:人民邮电出版社,2007.

[18]柳超,何立群.数据库技术与应用(Access 2003 版).北京:人民邮电出版社,2012.

[19]杨涛.中文版 Access 2003 数据库应用实用教程.北京:清华大学出版社,2009.

[20]邵丽萍,王伟岭,朱红岩.Access 数据库技术与应用.北京:清华大学出版社,2007.

[21]王娟等.Access 数据库应用技术.北京:清华大学出版社,2012.

[22]刘卫国.Access 数据库基础与应用.北京:北京邮电大学出版社,2011.

[23]姜继红.Access 2003 中文版实用教程(第 2 版).北京:人民邮电出版社,2009.

[24]陈光军,张秀芝.数据库原理及应用(Access 2003)(第二版).北京:中国水利水电出版社,2008.

[25]张凤荔等.数据库新技术及其应用.北京:清华大学出版社,2012.

[26]徐慧.数据库技术与应用.北京:北京理工大学出版社,2010.

[27]王珊等.数据库技术与应用.北京:清华大学出版社,2005.

[28]张泽虹.数据库原理及应用——Access 2003.北京:电子工业出版社,2005.